JIACHUN
JI XIAYOU CHANPIN

李 峰 主编
朱铨寿 副主编

甲醇及下游产品

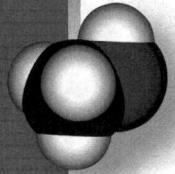

CH₃OH

化学工业出版社

·北京·

本书以化学反应为基础，以工业应用为背景，结合当前新的发展动向、生产与消费情况，较全面地介绍了甲醇及下游产品的工业合成方法、基础研究成果和发展建议，对我国甲醇工业在广度和深度上向下游延伸发展有一定的促进作用，实用性强。

本书可供从事甲醇及下游产品生产、应用、贸易的相关人员阅读参考。

图书在版编目（CIP）数据

甲醇及下游产品/李峰主编. —北京：化学工业出版社，2008.3（2025.8 重印）

ISBN 978-7-122-02157-1

Ⅰ.甲…　Ⅱ.李…　Ⅲ.甲醇-衍生物　Ⅳ.O623.411

中国版本图书馆 CIP 数据核字（2008）第 022605 号

责任编辑：靳星瑞　　文字编辑：丁建华　张　艳

责任校对：宋　玮　　装帧设计：史利平

出版发行：化学工业出版社（北京市东城区青年湖南街 13 号　邮政编码　100011）

印　　装：北京盛通数码印刷有限公司

710mm×1000mm　1/16　印张 23¾　字数 467 千字　2025 年 8 月北京第 1 版第 2 次印刷

购书咨询：010-64518888　　售后服务：010-64518899

网　　址：http://www.cip.com.cn

凡购买本书，如有缺损质量问题，本社销售中心负责调换。

定　　价：68.00 元

编委会名单

编委会主任　戴自庚

编委会副主任　李　峰　朱铨寿

编委　（按姓氏汉语拼音排序）

戴自庚　李　峰　李彦祥　刘　宇　刘志勇　唐　田

王平尧　文咏祥　杨慧敏　杨仲春　朱铨寿

前　言

　　甲醇是重要的有机化工原料，也是补充能源和近代 C_1 化工的优质基础产品，在国民经济中占有十分重要的地位。作为多种化工产品的原料，甲醇的应用很广泛，这使甲醇的合成和应用研究越来越受到世界科学家的重视。特别是经过 50 年的发展，我国已成为世界甲醇生产大国，深度下游产品的开发已成当务之急。所以，甲醇深度下游产品的开发对发展中国甲醇合成工艺、推动甲醇下游产品深加工以及向高附加值发展具有深远意义。

　　我国甲醇生产企业和相关单位都十分关注甲醇下游产品的应用研究与开发。为此，特组织有关方面的行家共同编撰了《甲醇及下游产品》一书，以满足这方面的需要。

　　本书以化学反应为基础，工业应用为背景，结合当前新的发展动向和生产与消费情况，较全面地介绍了甲醇及下游产品的工业合成方法和基础研究成果。

　　全书共分 20 章。第 1 章简要介绍甲醇的工业合成方法及进展，并对国内外甲醇的生产和消费进行了分析。第 2 章至第 20 章分别论述了甲醇的重要下游产品：二甲醚（DME）、甲醇汽油、甲醇合成烯烃（MTO）、甲醇燃料电池、甲醇蛋白（SCP）、甲醛、醋酸、甲胺、甲酸甲酯、甲基丙烯酸甲酯（MMA）、聚乙烯醇（PVA）、甲烷氯化物（CMS）、甲基叔丁基醚（MTBE）、对苯甲二酸二甲酯（DMT）、二甲基甲酰胺（DMF）、碳酸二甲酯（DMC）、二甲基亚砜（DMSO）、甲酸、甲醇制氢的工业合成方法和发展动向，以及目前国内外的生产和消费情况。

　　《甲醇及下游产品》与《甲醛及其衍生物》为姐妹书。编者虽然在甲醇及下游产品领域有一定的工作基础，但本书的内容远不足成为一部专著。因此，本书仅是在对文献的学习、分析基础上结合作者的实际工作经验所编写而成。由于甲醇化学与化工的多学科性和新的内容不断出现，以及作者水平所限，书中不足之处在所难免，恳请读者和同行指正。

　　本书完稿之时恰逢我国甲醇工业发展 50 年和北京苏佳惠丰化工技术咨询有限公司成立 10 周年之际，谨以此书献给全国甲醛与甲醇行业和生产企业及相关单位。

编　者

2008 年 1 月于北京

目 录

1 甲　醇

　　甲醇是有机物醇类中最简单的一元醇。甲醇绝大多数是以酯或醚的形式存在于自然界中，只有某些树叶或果实内含有少量的游离甲醇。

　　1661年，英国化学家R.波义耳首先在木材干馏后的液体产物中发现了甲醇，故甲醇俗称木精、木醇。1857年，法国的M.贝特洛用一氯甲烷水解也制得了甲醇。

　　1923年，德国BASF公司用合成气在高压下实现了甲醇的工业化生产，这种高压法工艺作为当时惟一的生产方法一直延续到1965年。1966年，英国ICI公司开发了低压法工艺，接着又开发了中压法工艺。1971年，德国的Lurgi公司相继开发了以天然气-渣油为原料的低压法工艺。工业甲醇生产经过了80多年的发展历程，形成了以ICI工艺、Lurgi工艺和三菱瓦斯化学公司（Mitsubishi Gas Chemical，MGC）工艺为代表的先进的生产方法，甲醇的工业生产已经具有规模大型化、投资省、热效率高、生产成本低等显著特点，使甲醇的生产应用成为了化学工业一个不可或缺的重要组成部分。

　　在当代社会，甲醇已成为最重要的、应用十分广泛的大宗基本有机化工原料之一，目前甲醇的深加工产品已达120多种，我国以甲醇为原料的一次加工产品已有近30种，其中甲醛、醋酸、二甲醚、甲烷氯化物、聚乙烯醇、甲胺、甲酸甲酯、甲基叔丁基醚、对苯二甲酸二甲酯、二甲基酰胺、碳酸二甲酯、甲醇燃料等是甲醇的主要下游产品。

1.1　物化性质

1.1.1　物理性质

　　甲醇分子式CH_3OH，相对分子质量32.04。常温常压下，纯甲醇是无色透明、易挥发、可燃、略带醇香气味的有毒液体。甲醇蒸气能和空气形成爆炸性混合物。甲醇燃烧时无烟，火焰呈淡蓝色，在较强的阳光下不易被肉眼发现。甲醇能和水以及常用有机溶剂（乙醇、乙醚、丙酮、苯等）以任意比相溶，但不能和脂肪烃类化合物互溶。甲醇的一般物理性质见表1-1。

表 1-1 甲醇的一般物理性质

性　质	数　据	性　质	数　据
密度(0℃)/(g/mL)	0.8100	蒸气压(20℃)/Pa	1.2879×10^4
相对密度 d_4^{20}	0.7913	比热容	
熔点/℃	−97.8	液体(20～25℃)/[J/(g·℃)]	2.51～2.53
沸点/℃	64.5～64.7	气体(25℃)/[J/(mol·℃)]	45
闪点/℃		黏度(20℃)/(Pa·s)	5.945×10^4
开杯	16	热导率/[J/(cm·s·K)]	2.09×10^3
闭杯	12	熔融热/(kJ/mol)	3.169
自燃点/℃		燃烧热/(kJ/mol)	
空气中	473	液体(25℃)	238.798
氧气中	461	气体(25℃)	201.385
临界温度/℃	240	膨胀系数(20℃)	0.00119
临界压力/Pa	79.54×10^5	腐蚀性	常温无腐蚀性,铅、铝例外
临界体积/(mL/mol)	117.8		
临界压缩指数	0.224	空气中爆炸性(体积分数)/%	6.0～36.5

1.1.2 化学性质

甲醇分子中含有 α-氢原子和羟基基团,化学性质较活泼,能与许多化合物进行反应,生成有工业应用价值的化工产品。甲醇的主要化学反应有:氧化反应、脱氢反应、裂解反应、置换反应、脱水反应、羰基化反应、氨化反应、酯化反应、缩合反应、氯化反应等。

(1) 氧化反应

$$CH_3OH+\frac{1}{2}O_2\longrightarrow HCHO+H_2O \qquad (1-1)$$

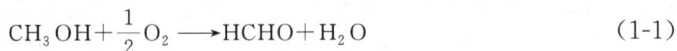

在一定条件下,甲醇不完全氧化成甲醛和水,这是工业上制取甲醛的主要反应之一。以下反应是甲醛工业生产中需要通过控制工艺条件加以抑制的反应。

甲醛进一步氧化会生成甲酸:

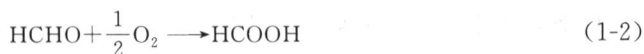

$$HCHO+\frac{1}{2}O_2\longrightarrow HCOOH \qquad (1-2)$$

甲醇部分氧化:

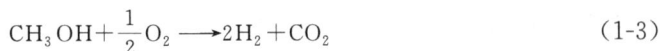

$$CH_3OH+\frac{1}{2}O_2\longrightarrow 2H_2+CO_2 \qquad (1-3)$$

甲醇完全燃烧氧化,放出大量的热:

$$CH_3OH+O_2\longrightarrow CO_2+H_2O \qquad (1-4)$$

(2) 脱氢反应

在金属催化剂存在下,甲醇气相脱氢生成甲醛,这也是工业上制取甲醛的基本反应之一。

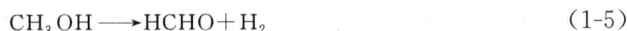

$$CH_3OH\longrightarrow HCHO+H_2 \qquad (1-5)$$

在铜系催化剂存在下和在一定温度下,两分子甲醇脱氢可生成甲酸甲酯。由此,可进一步制得甲酸、甲酰胺和二甲基甲酰胺等。

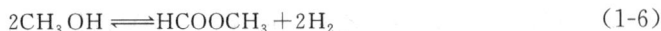

$$2CH_3OH\rightleftharpoons HCOOCH_3+2H_2 \qquad (1-6)$$

(3) 裂解反应

在铜催化剂存在下，甲醇能裂解成一氧化碳和氢：

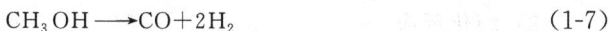

$$CH_3OH \longrightarrow CO + 2H_2 \tag{1-7}$$

若裂解过程中有水蒸气存在，则发生水蒸气转化反应：

$$CO + H_2O \longrightarrow H_2 + CO_2 \tag{1-8}$$

另外，甲醇与水蒸气也可发生反应：

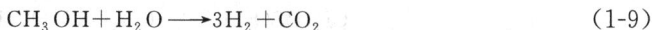

$$CH_3OH + H_2O \longrightarrow 3H_2 + CO_2 \tag{1-9}$$

（4）置换反应

甲醇能与活泼金属发生反应，生成甲氧基金属化合物，典型的反应有：

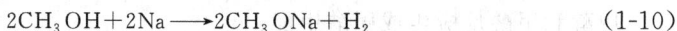

$$2CH_3OH + 2Na \longrightarrow 2CH_3ONa + H_2 \tag{1-10}$$

（5）脱水反应

甲醇在 Al_2O_3 或氟石、分子筛催化剂作用下，分子间脱水生成二甲醚：

$$2CH_3OH \longrightarrow (CH_3)_2O + H_2O \tag{1-11}$$

（6）羰基化反应

甲醇和光气发生羰基化反应生成氯甲酸甲酯，进一步反应生成碳酸二甲酯：

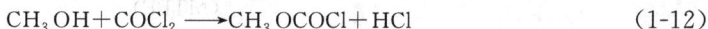

$$CH_3OH + COCl_2 \longrightarrow CH_3OCOCl + HCl \tag{1-12}$$

$$CH_3OCOCl + CH_3OH \longrightarrow (CH_3O)_2CO + HCl \tag{1-13}$$

在压力 65MPa，温度 250℃下，以碘化钴作催化剂；或在压力 3MPa，温度 160℃的条件下，以碘化铑作催化剂，甲醇和 CO 发生羰基化反应生成醋酸或醋酸酐：

$$CH_3OH + CO \longrightarrow CH_3COOH \tag{1-14}$$

$$CH_3OH + CO \longrightarrow (CH_3CO)_2O + H_2O \tag{1-15}$$

在压力 3MPa，温度 130℃下，以 CuCl 作催化剂，甲醇和 CO、氧气发生氧化羰基化反应生成碳酸二甲酯：

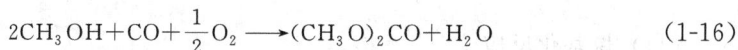

$$2CH_3OH + CO + \frac{1}{2}O_2 \longrightarrow (CH_3O)_2CO + H_2O \tag{1-16}$$

在碱催化剂作用下，甲醇和 CO_2 发生羰基化反应生成碳酸二甲酯：

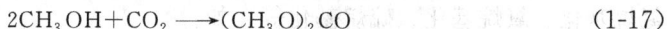

$$2CH_3OH + CO_2 \longrightarrow (CH_3O)_2CO \tag{1-17}$$

在压力 5~6MPa，温度 80~100℃下，以甲醇钠为催化剂，甲醇和 CO 发生羰基化反应可生成甲酸甲酯：

$$CH_3OH + CO \longrightarrow HCOOCH_3 \tag{1-18}$$

（7）氨化反应

在压力 5~20MPa，温度 370~420℃下，以活性氧化铝或分子筛作催化剂，甲醇和氨发生反应生成一甲胺、二甲胺和三甲胺的混合物，经精馏分离可得一甲胺、二甲胺和三甲胺产品。

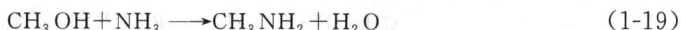

$$CH_3OH + NH_3 \longrightarrow CH_3NH_2 + H_2O \tag{1-19}$$

$$2CH_3OH + NH_3 \longrightarrow (CH_3)_2NH + 2H_2O \tag{1-20}$$

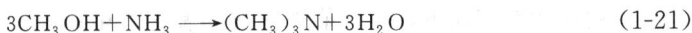

$$3CH_3OH + NH_3 \longrightarrow (CH_3)_3N + 3H_2O \qquad (1-21)$$

（8）酯化反应

甲醇可与多种无机酸和有机酸发生酯化反应。甲醇和硫酸发生酯化反应生成硫酸氢甲酯，硫酸氢甲酯经加热减压蒸馏生成重要的甲基化试剂硫酸二甲酯：

$$CH_3OH + H_2SO_4 \longrightarrow CH_3OSO_2OH + H_2O \qquad (1-22)$$

$$CH_3OSO_2OH \longrightarrow CH_3OSO_2OCH_3 + H_2SO_4 \qquad (1-23)$$

甲醇和硝酸作用生成硝酸甲酯：

$$CH_3OH + HNO_3 \longrightarrow CH_3NO_3 + H_2O \qquad (1-24)$$

甲醇和甲酸反应生成甲酸甲酯：

$$CH_3OH + HCOOH \longrightarrow HCOOCH_3 + H_2O \qquad (1-25)$$

（9）缩合反应

甲醇能与醛类发生缩合反应，生成甲缩醛或醚，例如：

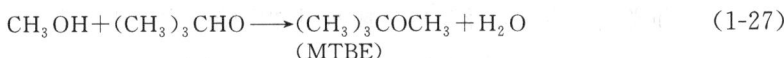

$$2CH_3OH + HCHO \longrightarrow CH_3OCH_2OCH_3 + H_2O \qquad (1-26)$$

$$CH_3OH + (CH_3)_3CHO \longrightarrow (CH_3)_3COCH_3 + H_2O \qquad (1-27)$$
$$(MTBE)$$

（10）氯化反应

甲醇和氯化氢在 ZnO/ZrO 催化剂作用下发生氯化反应生成一氯甲烷：

$$CH_3OH + HCl \longrightarrow CH_3Cl + H_2O \qquad (1-28)$$

一氯甲烷和氯化氢在 $CuCl_2/ZrO_2$ 催化剂作用下进一步发生氧氯化反应生成二氯甲烷和三氯甲烷：

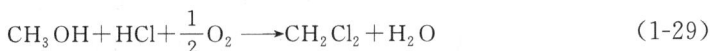

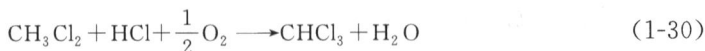

$$CH_3OH + HCl + \frac{1}{2}O_2 \longrightarrow CH_2Cl_2 + H_2O \qquad (1-29)$$

$$CH_3Cl + HCl + \frac{1}{2}O_2 \longrightarrow CHCl_3 + H_2O \qquad (1-30)$$

（11）烷基化反应

甲醇作为烷基化试剂的研究开发，是甲醇化学的一个新领域，包括碳烷基化、氮烷基化、氧烷基化、硫烷基化等，如：

甲醇与甲苯侧链烷基化生成乙苯，进一步脱氢可生成苯乙烯：

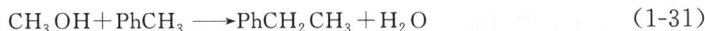

$$CH_3OH + PhCH_3 \longrightarrow PhCH_2CH_3 + H_2O \qquad (1-31)$$

甲醇与甲苯在择形催化剂合成二甲苯：

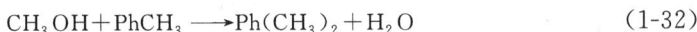

$$CH_3OH + PhCH_3 \longrightarrow Ph(CH_3)_2 + H_2O \qquad (1-32)$$

甲醇与苯酚在磷酸盐催化剂作用下生成 2,6-二甲基苯酚：

$$2CH_3OH + PhOH \longrightarrow (CH_3)_2PhOH + 2H_2O \qquad (1-33)$$

甲醇与苯胺反应生成 N-甲基苯胺，N,N-二甲基苯胺：

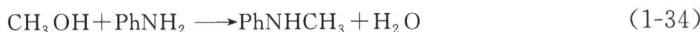

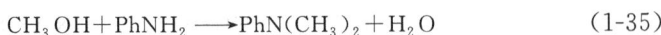

$$CH_3OH + PhNH_2 \longrightarrow PhNHCH_3 + H_2O \qquad (1-34)$$

$$CH_3OH + PhNH_2 \longrightarrow PhN(CH_3)_2 + H_2O \qquad (1-35)$$

（12）其他反应

甲醇和异丁烯在酸性离子交换树脂的催化作用下生成甲基叔丁基醚（MTBE）：

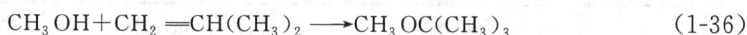

$$CH_3OH+CH_2=CH(CH_3)_2 \longrightarrow CH_3OC(CH_3)_3 \tag{1-36}$$

甲醇和二硫化碳在 γ-Al_2O_3 的催化作用下生成二甲基硫醚，进一步氧化成二甲基亚砜：

$$4CH_3OH+CS_2 \longrightarrow 2(CH_3)_2S+CO_2+2H_2O \tag{1-37}$$

$$3(CH_3)_2S+2HNO_3 \longrightarrow 3(CH_3)_2SO+2NO+H_2O \tag{1-38}$$

甲醇在 $0.1\sim0.5MPa$，$350\sim500℃$ 条件下，在硅铝磷酸盐分子筛（SAPO-34）催化作用下生成低碳烯烃：

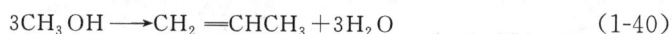

$$2CH_3OH \longrightarrow CH_2=CH_2+2H_2O \tag{1-39}$$

$$3CH_3OH \longrightarrow CH_2=CHCH_3+3H_2O \tag{1-40}$$

甲醇在 $750℃$ 下，在 Ag/ZSM-5 催化剂作用下生成芳烃：

$$6CH_3OH \longrightarrow C_6H_6+6H_2O+3H_2 \tag{1-41}$$

甲醇在 $240\sim300℃$，$0.1\sim1.8MPa$ 下，和乙醇在 Cu/Zn/Al/Zr 催化作用下生成乙酸甲酯：

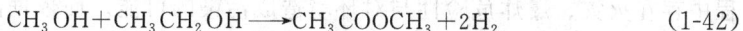

$$CH_3OH+CH_3CH_2OH \longrightarrow CH_3COOCH_3+2H_2 \tag{1-42}$$

甲醇在 $220℃$，$20MPa$ 下，在钴催化剂的作用下发生同系化反应生成乙醇：

$$CH_3OH+CO+2H_2 \longrightarrow CH_3CH_2OH+H_2O \tag{1-43}$$

1.2 质量标准

甲醇质量标准见表 1-2（参照《工业用甲醇》GB 338—2004），表 1-3。

表 1-2 工业用甲醇技术要求

项 目	指标			试验方法
	优等品	一等品	合格品	
色度/Hazen 单位（铂-钴色号） ≤	5		10	GB/T 3143
密度 ρ_{20}/（g/cm³）	0.791～0.792	0.791～0.793		GB/T 4472—84 或其他
沸程（101.3 kPa，在 64.0～65.5℃ 范围内，包括 64.6℃±0.1℃）/℃ ≤	0.8	1	1.5	GB/T 7534
高锰酸钾试验/min ≥	50	30	20	GB/T 6324.3—93
水混溶性试验	通过试验(1+3)	通过试验(1+9)	—	GB/T 6324.1
水的质量分数/%	0.1	0.15		GB/T 6283
酸的质量分数（以 HCOOH 计）/% ≤	0.0015	0.003	0.005	GB 338—2004 中 4.7 节的试验方法
或碱的质量分数（以 NH₃ 计）/% ≤	0.0002	0.0008	0.0015	
羰基化合物的质量分数（以 HCHO 计）/% ≤	0.002	0.005	0.01	GB/T 6324.6
蒸发残渣的质量分数/% ≤	0.001	0.003	0.005	GB/T 6324.2
硫酸洗涤试验/Hazen 单位（铂-钴色号） ≤	50		—	GB 338—2004 中 4.10 节的试验方法
乙醇的质量分数/%	供需双方协商		—	GB 338—2004 中 4.11 节的试验方法

表 1-3　工业甲醇美国联邦标准（O-M-232G）AA 级

指标名称	指标	指标名称	指标
乙醇	$\leqslant 10\times10^{-6}$	馏程(760mmHg)	1℃(64.6℃±0.1℃在内)
丙酮	$\leqslant 10\times10^{-6}$	相对密度 d_{20}^{20}	$\leqslant 0.7928$
游离酸(以 HAc 计)	$\leqslant 30\times10^{-6}$	不挥发物	$\leqslant 10mg/100mL$
外观	无色透明	气味	醇类特征,无其他气味
可炭化物(加浓 H_2SO_4)	不褪色	水分(质量分数)	$\leqslant 0.1\%$
颜色	不暗于 ASTM(美国试验与材料协会)的铂-钴标度 5	高锰酸钾试验	30min 内不褪色

1.3　环保及安全

甲醇在常用危险化学品的分类及标志（GB 13690—92）中划分为第 3.2 类中闪点易燃液体（危规编号 32058），甲醇有毒、易燃、易爆。甲醇在生产和消费过程中存在火灾、爆炸危险性与对环境造成污染的可能。而依据国家相关的法规，针对甲醇的特性运用相关的安全环保应对措施，可以做到安全生产、消费与保护环境。

1.3.1　生产过程的污染物与治理

首先要把着眼点放在如何防范和将污染减少到最低限度，其次才是如何治理产生的污染。

1.3.1.1　防范和减少污染的主要环节

（1）工艺路线设计与选择

工艺路线的设计与选择是从源头上杜绝和减少甲醇生产中污染物产生的首要环节。

我国原有的合成氨"联醇"工艺、近几年出现的甲醇联氨工艺、氮肥生产中的污水零排放技术，以及近几年在炼焦行业推广的焦炉煤气制甲醇工艺技术，都是我国自行开发设计的与甲醇生产相关联的先进技术成果，这些成果都有效地从工艺技术路线的选择与设计上做到了资源综合利用，减少了污染物排放。

2006 年，我国天然气制甲醇的企业产能占甲醇总产能的 31.4%，产量比重占 28.6%；煤头甲醇企业产能比重占 67.3%，产量比重占 69.7%。目前，我国甲醇生产的原料以煤为主。鉴于我国自身的资源结构和储量现状，今后一个很长的时期，煤也还将是我国甲醇生产的主要原料，继续选择、设计以煤为原料的、能节能减排的、先进的甲醇生产工艺路线，是我国甲醇行业进一步做到清洁生产的主要课题。

（2）采用新技术

针对关键设备和工序存在的污染源及时采用新技术，是解决甲醇生产过程污染治理的又一重要环节。

例如，天津大学研究开发出甲醇精馏系统模拟计算软件，为甲醇精馏系统的优化、设计和改造提供精确可靠的设计参数。该技术成功地应用于以煤和天然气为原料并应用"联醇"工艺的（6～35）万吨/a 等多套甲醇精馏系统的设计、改造中，产出的甲醇质量达到美国 AA 级或国优级标准，做到了节能和提高甲醇收率，废水中甲醇含量小于 30×10^{-6}。此例说明：针对关键工序采用新技术是减少甲醇生产过程污染物的有效措施。

（3）针对污染源正确选择治理方案与措施

针对污染源正确选择治理方案与措施是做到甲醇生产过程最终不造成污染的重要环节。

治理甲醇生产过程的污染，主要是针对污染源项、源种、源强用物理方法、化学方法、生物方法进行治理。由于甲醇生产的原料路线、采用的工艺技术路线不同，所以只有针对具体情况制定不同的治理方案，才可以达到最佳治理效果。

1.3.1.2 主要污染物及治理措施

（1）煤制甲醇

煤制甲醇生产过程的污染物主要有废气、废水、废渣等，治理措施主要是采用除尘排放、焚烧、循环使用及废物综合利用等。

① 废气　主要有锅炉排放烟气粉尘；备煤系统中的煤的输送、破碎、筛分、干燥等过程中产生的粉尘；脱碳工段 CO_2 排放气；甲醇合成尾气等。

处理措施：锅炉烟道气可先分离除尘，后送至备煤系统回转干燥机，利用烟道气余热加热原料煤粉，再二次除尘后，经引风机送至烟囱排入大气；原料煤破碎、筛分产生的粉尘，可经布袋除尘后排入大气；脱碳再生气主要是 CO_2 气体，可考虑回收加工成较纯的液体 CO_2 商品出售；甲醇合成尾气可采用变压吸附回收尾气中的氢，再返回作原料气，回收氢后的废气可送至锅炉燃烧。

② 废水　甲醇生产过程中废水有：造气洗涤废水、变换冷凝液、脱碳冷凝液、酸性气体脱除分离水、压缩分离水、甲醇精馏釜残液、空分分离水、分析化验废水、车间冲洗水、生活污水、软水站酸碱废水、软水站含盐废水、循环水系统排水。其中，甲醇残液是生产甲醇企业 COD（化学需氧量）最大的污染源，必须重视对这部分废水的治理。

处理措施：变换冷凝液和脱碳冷凝液可补入造气洗涤水；软水站酸碱排水可复用于出渣补水；软水站含盐废水和循环水系统排水可直接外排；造气洗涤废水可经过预处理措施后排入污水处理站处理；甲醇精馏釜残液可采用三塔加回收塔精馏工艺使其中的甲醇含量小于 0.05％，从而使 COD_{Cr}（用重铬酸钾作为氧化剂测定的化学需氧量）浓度大大降低，然后就可与其他的废水一起送入污水处理站进行最后处理。

经过循环利用和预处理后进入污水处理站的废水中一部分属于可生化性好的废水。但含有醇类、酸类、醚类、胺类和氰化物等物质，且氨氮浓度相对较高。目前去除这些污染物使之达到排放指标的常用方法有厌氧、好氧或厌氧加好氧复合等多种生物处理工艺。具体有序列间歇式循环活性污泥法、固定化微生物-曝气生物滤池（Gaia-BAF）生物处理工艺。也需要针对情况对处理工艺进行选择，通过对每个工艺在投资费用、运行费用、工艺效果、运行管理等方面的比较，最终确定较为合理的甲醇厂污水处理工艺。

③ 废渣 煤制甲醇工厂废渣主要来自气化炉炉底排渣及锅炉排渣，气化炉二旋排灰。其处理方法是：气化炉炉渣及锅炉渣，经过高温煅烧，含残炭很少，可作为基建回填、铺路材料；气化炉二旋排灰，经增湿处理回收后，可作为经济附加值较高的炭黑加工材料。

（2）天然气制甲醇

我国大型天然气制甲醇项目的主要污染治理参考措施有以下几个方面。

① 废气 主要废气污染源为转化炉烟气。转化炉采用清洁燃料——天然气，设置低氮氧化物烧嘴，以减少废气污染物的排放；设置火炬系统，将开停车、事故状态下以及系统内安全阀、油封排气槽等设备排出的可燃气体输送到火炬燃烧器进行焚烧。

天然气制甲醇工艺可利用天然气中的 CO_2 调节氢碳比。这样可节省天然气的消耗，与用作燃料时相比，可大大减少温室气体 CO_2 的排放量。

② 废水 主要是工艺冷凝液和含醇工艺水。处理措施是设置工艺冷凝液汽提塔，用以处理回收装置产生的大量废水，处理后的工艺水作为锅炉给水重复利用，避免了大量含醇废水的排放。还要配套建设规模匹配的污水处理场，处理综合废水。

③ 固废 特殊固体废物（固废）主要是多种废催化剂，均属于《国家危险废物名录》中规定的危险废物。其中，属于含锌废物（HW23）的有 ZnO 脱硫槽废脱硫剂和废甲醇合成催化剂；属于含镍废物（HW46）的有废镍钼加氢脱硫剂、废转化催化剂。这些固体废物可集中送交当地国家危险废物处置中心处置。

一般工业固体废物包括自建净水厂和污水处理站产生的污泥。上述污泥可经压滤装置脱水后形成泥饼（含水率约70%），集中放置空地堆存，根据环评单位意见设置工业固体废物填埋场，并应符合 GB 18599—2001 的要求，以解决甲醇项目和企业后续发展产生的一般工业固体废物处置问题。

④ 噪声 主要噪声设备包括压缩机、风机、机泵等，以及蒸气放空噪声和火炬噪声。在设计上应选用低噪声产品，并安装消声器、隔声罩，设置隔声间等隔声降噪措施。

1.3.2 防火、防爆

1.3.2.1 甲醇的火灾、爆炸危险性

（1）挥发性

甲醇的温度愈高，蒸气压愈高，挥发性越强。即使在常温下甲醇也很容易挥发，而挥发产生的甲醇蒸气就是造成火灾和爆炸的危险源之一。

（2）流动/扩散性

甲醇的黏度随温度升高而降低，有较强的流动性。同时，由于甲醇蒸气的密度比空气密度略大（约10%），有风时会随风飘散，即使无风时，也能沿着地面向外扩散，并易积聚在地势低洼地带。因此，在甲醇储存过程中，如发生溢流、泄漏等现象，物料就会很快向四周扩散，特别是甲醇储罐一旦破裂，又突遇明火，就可能导致火灾。

（3）高易燃性

甲醇属中闪点、甲类火灾危险性可燃液体。可燃液体的闪点越低，越易燃烧，火灾危险性就越大。由于可燃液体的燃烧是通过其挥发的蒸气与空气形成可燃性混合物，在一定的浓度范围内遇火源而发生的，因此液体的燃烧是其蒸气与空气中的氧进行的剧烈和快速的反应。所谓液体易燃，实质上就是指其蒸气极易被引燃。甲醇的沸点为64.5℃，自燃点为473℃（空气中）、461℃（氧气中），开杯试验闪点为16℃。应当指出，罐区中常见的潜在点火源，如机械火星、烟囱飞火、电器火花和汽车排气管火星等的温度及能量都大大超过甲醇的最小引燃能量。

（4）蒸气的易爆性

由于甲醇具有较强的挥发性，在甲醇罐区通常都存在一定量的甲醇蒸气。当罐区内甲醇蒸气与空气混合达到甲醇的爆炸浓度范围6.0%～36.5%时，遇火源就会发生爆炸。此外，由于甲醇的引爆能量小，罐区内绝大多数的潜在引爆源，如明火、电器设备点火源、静电火花放电、雷电和金属撞击火花等，具有的能量一般都大于该值，因此决定了甲醇蒸气的易爆性。

（5）热膨胀性

甲醇和其他大多数液体一样，具有受热膨胀性。若储罐内甲醇装料过满，当体系受热时，甲醇的体积增加，密度变小（如20℃时0.7915g/mL，30℃时0.7820g/mL）的同时会使蒸气压升高，当超过容器的承受能力时（对密闭容器而言），储罐就易破裂。如气温骤变，储罐呼吸阀由于某种原因来不及开启或开启不够，就易造成储罐破坏或被吸瘪。对于没有泄压装置的罐区地上管道，物料输送后不及时部分放空，当温度升高时，也可能发生胀裂事故。另外，在火灾现场附近的储罐受到热辐射的高温作用，如不及时冷却，也可能因膨胀破裂，增大火灾危险性。

（6）聚积静电荷性

静电产生和聚积与物质的导电性能相关。一般而言，介电常数小于10（特别

是小于 3)、电阻率大于 $10^6\Omega\cdot cm$ 的液体具有较大的带电能力。而甲醇的介电常数为 30，电阻率为 $5.8\times10^6\Omega\cdot cm$，说明有一定的带电能力。因此，甲醇在管输和灌装过程中能产生静电，当静电荷聚积到一定程度则会放电，故有着火或爆炸的危险。

1.3.2.2 预防甲醇火灾、爆炸的措施

（1）严禁明火

甲醇的生产和使用区域严禁吸烟和带入火种，杜绝一切潜在点火源的存在，如机械火星、烟囱飞火、电器火花和汽车排气管火星等。必须发生的，如汽车进入禁火区域，必须按规定在排气口安装防火罩。

（2）规范进行动火作业

在生产和使用甲醇的区域进行必需的设备检修和其他动火作业，应严格遵守国家关于厂区动火作业安全规程（HG 23011—1999）的有关规定。例如：凡盛有或盛装过甲醇的容器、设备、管道等生产、储存装置，必须在动火作业前进行清洗置换，经分析合格后方可动火作业（取样分析与动火间隔不得超过 30min，超过 30min 要重新取样分析）、办理相应级别的《动火安全作业证》等。

（3）防静电

甲醇在管内流动摩擦会产生静电，一般静电虽然电量不大，但电压很高，会因放电而产生电火花。甲醇的电阻率较低，一般情况下是不容易产生静电的，尽管如此，甲醇在生产和储运过程为防止一旦产生和积蓄静电可能造成的火灾和爆炸危险，防静电措施主要有：接地、控制流速、延长静置时间、改进灌注方式。

① 接地　接地是消除静电危害的最常见的措施，车间的金属设备和管路应当接地，设备和管路的法兰应在螺栓处另加导电良好的金属片（铜或铝）来消除静电。

② 控制流速　产生静电荷的数量与物料流动速度有关，流动的速度越大，产生的静电荷越多，所以要控制甲醇的流速，以限制静电的产生。允许流速取决于液体的性质、管径和管内壁光滑的程度等条件，控制流速一般可通过选配合适的管道口径和输送泵来实现。

③ 延长静置时间　甲醇等液体注入储槽时会产生一定静电荷。液体内的电荷将向器壁和液面集中并可慢慢泄漏消散。完成这一过程需要一定时间，因此可采取适当增加静置时间的办法来消除静电。

④ 改进灌注方式　为了减少从储槽顶部灌注液体时因冲击而产生的静电，通常都是将甲醇进液管延伸至靠近储槽底部或有利于减轻储槽底部沉淀物搅动的部位。

（4）防雷

雷电可造成停电甚至火灾、爆炸、触电等事故。一般采用避雷针等防雷装置。防雷装置就是利用高出被保护物的突出地位，把雷引向自身，然后通过引下线和接地装置，把雷电泄入大地，以保护人身和建筑物及生产设备免受雷电袭击。防雷装

置应定期检查，并做好防腐蚀工作，以防接地引下线腐蚀中断。特别对甲醇储槽应加强防雷工作。

（5）消防措施

甲醇生产和使用场所必须按规定配置品种和数量齐全的消防器材，如二氧化碳、干粉、1211、抗溶性泡沫灭火器和雾状水灭火设施。从事甲醇生产和使用的人员要经过消防知识和实际操作培训，懂防火知识和会使用灭火器扑灭初期小火。消防人员必须配备和穿戴防护服和防毒面具。

（6）泄漏处理

遇到泄漏须穿戴防护用具进入现场；排除一切火情隐患；保持现场通风；用干沙、泥土等收集泄漏液，置于封闭容器内；不得将泄漏物排入下水道，以免爆炸。

1.3.3 防毒

甲醇属中等毒性物质，其毒性对人体的神经系统和血液系统影响最大，由于甲醇对视神经和视网膜有特殊的选择作用，易引起视神经萎缩，其蒸气能损害人的呼吸道黏膜和视力。

（1）中毒途径

甲醇中毒一般有两个途径：一是职业性甲醇中毒，是指从业人员由于生产中吸入甲醇蒸气所致；二是误服含甲醇的酒或饮料引起急性甲醇中毒，这是近年来引发甲醇中毒事件的主要原因。

甲醇侵入人体的途径：主要经呼吸道和胃肠道吸收，皮肤也可部分吸收。

（2）毒理学简介

大鼠经口 LD_{50}：5628mg/kg；吸入 LC_{50}（4h）：640mg/kg。小鼠经口 LD_{50}：7300mg/kg，吸入 LCLo(2h)：50mg/m^3。兔经皮 LD_{50}：15800mg/kg。

甲醇吸收至体内后，可迅速分布在机体各组织内，其中，以脑脊液、血、胆汁和尿中的含量最高，眼房水和玻璃体液中的含量也较高，骨髓和脂肪组织中最低。

甲醇在肝内代谢，经醇脱氢酶作用氧化成甲醛，进而氧化成甲酸。甲醇在体内氧化缓慢，仅为乙醇的1/7，排泄也慢，有明显蓄积作用。未被氧化的甲醇经呼吸道和肾脏排出体外，部分经胃肠道缓慢排出。

推测人吸入空气中甲醇浓度 39.3～65.5g/m^3，30～60min，可致中毒。人口服 5～10mL，可致严重中毒；一次口服 15mL，或 2 天内分次口服累计达 124～164mL，可致失明。有报告称，一次口服 30mL 可致死。

甲醇的毒性与其代谢产物甲醛和甲酸的蓄积有关。以前认为毒性作用主要为甲醛所致，甲醛能抑制视网膜的氧化磷酸化过程，使膜内不能合成 ATP，细胞发生变性，最后引起视神经萎缩。后经研究表明，甲醛很快代谢成甲酸，急性中毒引起的代谢性酸中毒和眼部损害，主要与甲酸含量相关。甲醇在体内抑制某些氧化酶系统，抑制糖的需氧分解，造成乳酸和其他有机酸积聚以及甲酸累积，而引起酸中毒。

(3) 临床表现

急性甲醇中毒后主要受损靶器官是中枢神经系统、视神经及视网膜。吸入中毒潜伏期一般为1～72h，也有96h的，口服中毒多为8～36h，如同时摄入乙醇，潜伏期较长些。

刺激症状：吸入甲醇蒸气可引起眼和呼吸道黏膜刺激症状。

中枢神经症状：患者常有头晕、头痛、眩晕、乏力、步态蹒跚、失眠、表情淡漠、意识混浊等。重者出现意识蒙胧、昏迷及癫痫样抽搐等。严重口服中毒者可有锥体外系损害的症状或帕金森综合征。头颅CT检查发现豆状核和皮质下中央白质对称性梗塞坏死。少数病例出现精神症状如多疑、恐惧、狂躁、幻觉、忧郁等。

眼部症状：最初表现为眼前黑影、闪光感、视物模糊、眼球疼痛、畏光、复视等。严重者视力急剧下降，可造成持久性双目失明。检查可见瞳孔扩大或缩小，对光反应迟钝或消失，视乳头水肿，周围视网膜充血、出血、水肿，晚期有视神经萎缩等。

酸中毒：二氧化碳结合力降低，严重者出现紫绀，呼吸深而规则（称为Kussmaul呼吸）。

消化系统及其他症状：患者有恶心、呕吐、上腹痛等，可并发肝脏损害。口服中毒者可并发急性胰腺炎。少数病例伴有心动过速、心肌炎、（心电图上）S-T段和T波改变，急性肾功能衰竭等。

严重急性甲醇中毒出现剧烈头痛、恶心、呕吐、视力急剧下降，甚至双目失明，意识蒙胧、谵妄、抽搐和昏迷。最后可因呼吸衰竭而死亡。

(4) 防护措施

从事甲醇生产的单位应采取各种技术与管理措施，使车间空气中甲醇含量小于我国相关的甲醇生产车间空气卫生标准：MAC（最高容许浓度）$50mg/m^3$；从业人员要定期进行肝功能、眼睛、视力检查，发现问题及早采取治疗和其他保护措施。

从事甲醇作业的人员可根据作业场所的情况，采取以下防护措施。

呼吸系统防护：佩戴过滤式防毒面具（半面罩）；眼睛防护：戴防护眼镜和面罩；身体防护：穿戴清洁完好的用橡胶制作的防静电工作服，戴橡胶手套等；其他：工作场所禁止吸烟、进食和饮水。

为防止误服甲醇造成的急性严重中毒事件的发生，凡盛装甲醇的容器都应按照国家有关标准，在明显位置标示出画有交叉骨头和头骨组合标志和“甲醇——剧毒品”字样。

(5) 急救措施

发生甲醇中毒，应按照中华人民共和国国家职业卫生标准GBZ 53—2002《职业性急性甲醇中毒诊断标准》的规定与处理原则进行及时诊断处理。

现场人员可参照以下办法紧急预处理。

皮肤接触：用肥皂水或大量清水彻底冲洗，然后就医；眼接触：用大量清水或生理盐水冲洗 15min 以上，然后就医；吸入：将患者移至空气新鲜处，输氧，必要时进行人工呼吸；食入：给饮 240～300mL 温水，用清水或 1％硫代硫酸钠溶液洗胃，然后就医。

1.4　包装及储运

甲醇的包装储运应按照我国常用化学危险品储存通则（GB 15603—1995）的相关规定执行。

1.4.1　甲醇的包装

甲醇应用干燥、清洁的铁制槽车、船、铁桶等包装，并定期清洗和干燥。槽车、船和铁桶装甲醇后应在容器口加胶皮垫片密封，避免泄漏。

包装容器上应标出危险品规定的标志：生产厂名称、产品名称、净重，按铁道部《危险货物包装标志》GB 190—90 中标志 7（易燃液体）及标志 13（剧毒品）标示出标志，明确显示出画有交叉骨头头骨标志和"甲醇——剧毒品"字样。标识要粘贴牢固、正确。

每一批出厂甲醇都应该附有质量证明书。证明书包括下列内容：生产厂名称、槽车号、批号、产品出厂日期、产品净重或件数。

1.4.2　甲醇的运输

甲醇运输应遵守国家关于危险化学品运输的有关规定。具体注意事项如下。

① 从事运输工作的人员应避免甲醇接触皮肤和吸入甲醇蒸气。如果溅到皮肤和眼睛里，应迅速用大量的水冲洗。甲醇作业区和运输车辆应备有防毒面具、橡皮手套、防护眼镜和消防等安全用具。

② 甲醇运输作业环境内严禁吸烟及动用明火。未经清洗干净并未经检测容器内甲醇气体残余量是否符合动火作业标准的槽车、储罐、桶等容器，严禁焊接、气割修理等明火作业。

③ 运输甲醇要合理规划运输路线、运输时间，尽量避开人员、车辆密集地和通行高峰，夏天高温季节应在早晚运输。公路运输时勿在居民区和人口稠密区停留。铁路运输时要禁止溜放。严禁用木船、水泥船散装运输。

④ 装运甲醇要使用危险品专用运输车辆，铁路运输甲醇时仅限使用钢制企业自备罐车装运，车辆应有明显的剧毒和严禁烟火标识，装运前需报有关部门批准。运输车辆应配备相应品种和数量的消防器材及泄漏应急处理设备。运输时所用的槽（罐）车应有接地链，槽内可设孔隔板以减少震荡产生静电，车辆排气管必须配备

阻火装置，禁止使用易产生火花的机械设备和工具装卸。要由经过培训的专业人员负责驾驶、装卸等工作。

⑤ 严禁将甲醇与氧化剂、酸类、碱金属、食用化学品等混装混运。运输途中应防曝晒、雨淋，防高温。中途停留时应远离火种、热源、高温区。

⑥ 储运桶装甲醇要注意轻装轻卸，防止容器破损，避免日光曝晒，严禁接触火源。

⑦ 甲醇运输过程一旦发生泄漏、倾洒等事故时，应迅速用水冲洗。同时应迅速报告公安机关和环保等有关部门，疏散群众，妥善处理现场。

1.4.3 甲醇的储存

（1）甲醇储存容器的选用与相关问题

甲醇一般用储罐储存，储罐可以用碳钢制造，其顶部应有与大气相通的排气孔，气孔上应安装阻火器，罐体应设置液位计，以便于计量和随时知道罐内液面变化情况。甲醇注入的管口设计应紧贴内壁，使甲醇沿内壁流下，或将注入管延伸到距离罐底面 200mm 处，以避免注入甲醇时产生静电引起火灾或爆炸事故。甲醇储罐的外壳，应进行静电接地，储罐应在避雷针的保护范围之内。甲醇罐区与生产车间的距离应大于 20m。甲醇的储罐应设防日晒的固定式水喷淋系统。储罐的基础、防火堤、隔堤均应采用非燃烧材料。

甲醇储罐如采用固定顶罐，储罐间的防火间距不应小于 0.6D（D 为相邻较大罐的直径）。两排立式储罐的间距不应小于 5m；两排卧式储罐的间距，不应小于 3m；罐组的专用泵（或泵房）应布置在防火堤外，其与甲醇罐组的防火间距不应小于 12m。

规模较大的甲醇储罐区可按《石油化工可燃气体和有毒气体检测报警设计规范》SH 3063—1999 的有关规定设计可燃气体检测报警系统。有条件的企业可安装"储油罐自力式防爆自动灭火装置"。

按照《安全标志》（GB 2894—1996）和《消防安全标志》（GB 13495—92）的要求，甲醇储罐区周围及其入口处应设置："禁止吸烟"、"禁止烟火"、"禁止带火种"等永久性禁止标志；和"灭火器"、"灭火设备或报警装置方向"、"地下消火栓"、"消防水泵接合器"、"消防手动启动器"等消防安全提示标志。

（2）甲醇储存注意事项

储存于阴凉、通风仓库内。远离火种、热源。仓库内温度不宜超过 30℃，防止阳光直射。保持容器密封。应与氧化剂分开存放。储存间内的照明、通风等设施应采用防爆型，开关设在仓外。配备相应品种和数量的消防器材。桶装堆垛不可过大，应留墙距、顶距、柱距及必要的防火检查走道；罐储存时要有防火防爆技术措施。露天储罐夏季要有降温措施。禁止使用易产生火花的机械设备和工具。灌装时应注意流速（不超过 3m/s），且有接地装置，防止静电积聚。

（3）甲醇泄漏应急处理

发生甲醇泄漏应迅速将人员撤离泄漏污染区至安全区，并将泄漏区进行隔离，严格限制出入。切断火源。应急处理人员应穿戴防毒服和自给正压式呼吸器，不要直接接触泄漏物。尽可能切断泄漏源，防止进入下水道、排洪沟等限制性空间。

小量泄漏：用沙土或其他不燃材料吸附或吸收。也可以用大量水冲洗，使用后的水经稀释后放入废水系统。

大量泄漏：构筑围堤或挖坑收容。用泡沫覆盖，降低甲醇蒸气灾害和火灾危险性。用防爆泵将甲醇转移至槽车或专用收集器内，回收或运至废物处理场所处置。

1.5 甲醇的合成工艺

气相法—氧化碳加氢合成甲醇是目前工业化合成甲醇的主要工艺。

甲醇合成反应是一个可逆的强放热反应过程，甲醇合成反应的两个基本化学反应式（常压 25℃）如下：

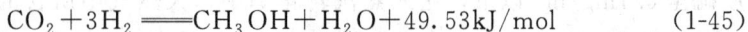

$$CO+2H_2 =\!=\!= CH_3OH+96.69kJ/mol \tag{1-44}$$

$$CO_2+3H_2 =\!=\!= CH_3OH+H_2O+49.53kJ/mol \tag{1-45}$$

在工业生产中，甲醇气相法合成工艺的典型流程一般由原料气制造、原料气净化、甲醇合成、粗甲醇精馏等工序构成，甲醇合成气主要是指 CO、CO_2、H_2 及少量的 N_2 和 CH_4。当代甲醇合成工艺技术主要分三种：高压法（30.0MPa 以上）、中压法（15.0MPa）、低压法（5.0～10.0MPa），目前普遍采用的是后两种。

甲醇合成中的原料有轻油（石脑油）、重油、焦油、天然气、焦炉气、炼厂气、各种煤、焦炭、有机废料、生物质（植物杆、壳）等。不同原料生产甲醇的差别主要体现在合成气的制造上，例如有天然气、水煤浆、焦炉气、黄磷尾气、乙炔尾气、城市煤气制合成气生产工艺等。

目前，世界上典型的气相法甲醇合成工艺主要有英国 ICI 工艺、德国 Lurgi 工艺和日本三菱瓦斯公司工艺，我国甲醇生产原料是以煤为主，煤气化制甲醇、天然气制甲醇、焦炉气制甲醇以及城市煤气联产甲醇、合成氨联产甲醇等各种工艺并存。世界各国对于液相甲醇合成新工艺和甲烷氧化制甲醇等具有潜在技术发展前景的研究开发也在不断进行中。

1.5.1 国内外甲醇的工业生产方法

1.5.1.1 ICI 低压甲醇合成工艺

1966 年，ICI 公司使用 Cu-Zn-Al 氧化物催化剂，成功地实现了操作压力为 5MPa 的 CO 和 H_2 合成甲醇的生产工艺，该过程称为 ICI 低压法。1972 年，ICI 公司又成功地实现了 10MPa 的中压甲醇合成工艺。

ICI 低压法首先将 H_2、CO、CO_2 及少量 CH_4 组成的合成气经过变换反应以

调节 CO/CO_2 比例，然后用离心压缩机升压到 5MPa，送入温度为 270℃冷激式反应器，反应后的气体经冷却分离出甲醇，未反应的气体经压缩升压与新鲜原料气混合再次进入反应器，反应中所积累的甲烷气作为驰放气返回转化炉制取合成气。低压工艺生产的甲醇中含有少量水、二甲醚、乙醚、丙酮、高碳醇等杂质，需要蒸馏分离才能得到精甲醇。

1.5.1.2　MGC 低压合成工艺

日本三菱瓦斯公司有与 ICI 类似的 MGC 低压合成工艺，该工艺流程以碳氢化合物为原料，脱硫后进入 500℃的蒸气转化炉，生成的合成气冷却后经离心压缩与循环气体相混合进入反应器，使用的也是铜基催化剂，操作温度和压力分别为 200～280℃与 5～15MPa。反应器为冷激式，外串一中间锅炉以回收反应热。

1.5.1.3　Lurgi 低压合成工艺

1970 年，德国 Lurgi 公司采用 Cu-Zn-Mn、Cu-Zn-Mn-V 或 Cu-Zn-Al-V 氧化物铜基催化剂，成功地建成了甲醇的低压生产装置，该法称为 Lurgi 低压法。

德国 Lurgi 低压合成甲醇的合成气是由天然气、水蒸气重整制备的。天然气经脱硫至 $0.1mg/m^3$ 以下，送入蒸汽转化炉中，天然气中所含的甲烷在镍催化剂作用下转化成含有一氧化碳、二氧化碳及惰性气体等的合成气。合成气经冷却后，送入离心式透平压缩机，将其压至 4.053～5.066MPa（40～50atm）后，送入合成塔。合成气在铜催化剂存在下，反应生成甲醇。合成甲醇的反应热用以产生高压蒸汽，并作为透平压缩机的动力。合成塔出口含甲醇的气体与混合气换热冷却，再经空气或水冷却，使粗甲醇冷凝，在分离器中分离。冷凝的粗甲醇至闪蒸罐闪蒸后，送至精馏装置精制。粗甲醇首先在初馏塔中脱除二甲醚、甲酸甲酯及其他低沸点杂质。塔底物即进入第一精馏塔。经蒸馏后，50%的甲醇由塔顶出来，气体状态的精甲醇用来作为第二精馏塔再沸器加热的热源；由第一精馏塔底出来的含重组分的甲醇在第二精馏塔内精馏，塔顶部出精甲醇，底部为残液；第二精馏塔来的精甲醇经冷却至常温后，送入储槽，即为纯甲醇成品。工艺流程图见图 1-1。

1.5.1.4　合成氨"联醇"工艺

我国合成氨"联醇"工艺研究开发始于 20 世纪 60 年代，并迅速实现了工业化，这是化肥工业史上的一次创举，它使化肥企业的产品结构突破了单一的局面，节能降耗有了新发展，还增强了企业的市场应变能力，这是一种优化的净化组合工艺，是为了替代我国不少合成氨生产中用铜氨液脱除微量碳氧化物的工艺而开发的一种新工艺。

传统"联醇"工艺是以合成氨生产中需要清除的 CO、CO_2 及原料气中 H_2 为原料，该工艺是在压缩机五段出口与铜洗工序进口之间增加一套甲醇合成的装置，包括甲醇合成塔、循环机、水冷器、分离器和粗甲醇储槽等有关设备，工艺流程是压缩机五段出口气体先进入甲醇合成塔，大部分原先要在铜洗工序除去的 CO 和

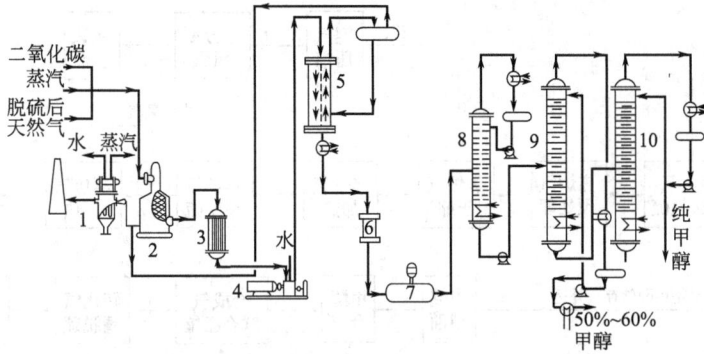

图 1-1 Lurgi 低压法合成甲醇生产工艺流程图

1—废热锅炉；2—转化炉；3—冷却器；4—透平压缩机；5—合成塔；
6—分离器；7—闪蒸塔；8—粗馏塔；9—第一精馏塔；10—第二精馏塔

CO_2 在甲醇合成塔内与 H_2 反应生成甲醇，联产甲醇后进入铜洗工序的气体 CO 含量明显降低，减轻了铜洗负荷，同时变换工序的 CO 指标可适量放宽，降低了变换的蒸气消耗，而且压缩机前几段汽缸输送的 CO 成为有效气体，压缩机电耗降低。

合成氨联产甲醇后能耗降低较明显。"联醇"工艺流程必须重视原料气的精脱硫和精馏等工序，以保证甲醇催化剂使用寿命和甲醇产品质量。

传统"联醇"工艺流程见图 1-2。

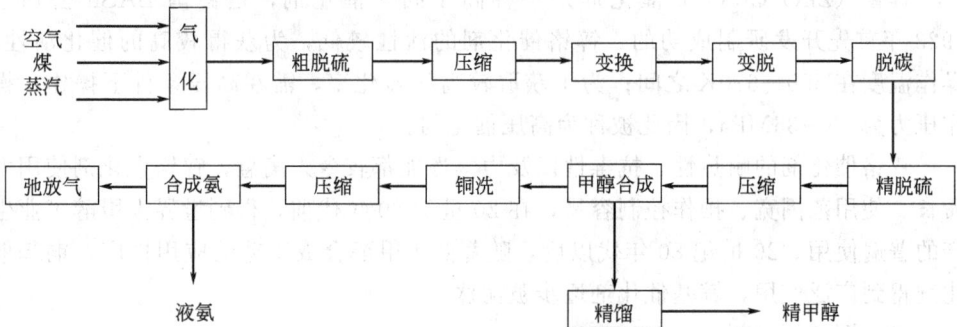

图 1-2 合成氨"联醇"工艺流程

1.5.1.5 焦炉煤气制甲醇

焦炉煤气中的主要成分是 H_2，高达 $55\% \sim 60\%$；甲烷次之，一般为 $25\% \sim 26\%$；还有少量的 CO、CO_2、N_2、硫及其他烃类。采用焦炉煤气生产甲醇是炼焦企业废物综合利用、减少污染的极好方法。我国各单位设计的焦炉煤气制甲醇系统大致相同，焦炉煤气制甲醇工艺流程示意见图 1-3。

1.5.2 甲醇合成催化剂

优良的甲醇合成催化剂，可使合成的粗甲醇杂质含量少，精馏单元易操作，是

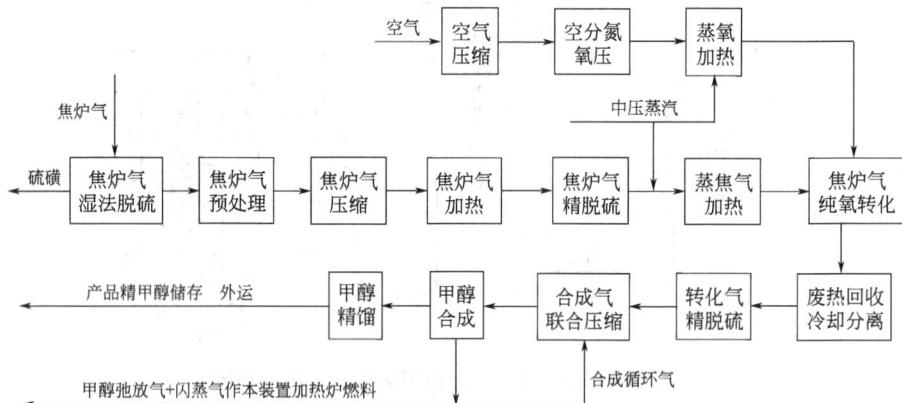

图 1-3　焦炉煤气制甲醇工艺流程示意

获得高质量、高产量甲醇的前提条件。好的甲醇合成催化剂必须具有高活性、高机械强度、显著的抗毒能力和好的热稳定性。

1.5.2.1　锌基和铜基催化剂

甲醇合成催化剂主要有锌基催化剂和铜基催化剂两大系列。锌基催化剂以氧化锌为主体，铜基催化剂以氧化铜为主体。

（1）锌铬催化剂

锌铬（ZnO/Cr_2O_3）催化剂是一种高压固体催化剂，是德国 BASF 公司于1923 年首先开发研制成功的。锌铬催化剂的活性较低，为获得较高的催化活性，操作温度在 590～670K 之间；为了获取较高的转化率，需在高压条件下操作，操作压力为 25～35MPa，因此被称为高压催化剂。

锌铬催化剂的耐热性、抗毒性以及力学性能都较令人满意，锌铬催化剂使用寿命长、使用范围宽、操作控制容易，在 20 世纪 80 年代前，得到世界上甲醇工业生产的普遍使用。20 世纪 80 年代以后，随着低压甲醇合成工艺的应用推广，铜基催化剂得到广泛使用，锌基催化剂逐步被淘汰。

（2）铜基催化剂

铜基催化剂是一种低压催化剂，其主要组分为 $CuO/ZnO/Al_2O_3$，是由英国ICI 公司和德国 Lurgi 公司先后研制成功的。操作温度为 500～530K，压力却只有5～10MPa，比传统的合成工艺温度低得多，对甲醇合成反应平衡有利。

20 世纪 70 年代中后期至今，国际上新建的甲醇生产流程大多数采用低压法，广泛采用铜基催化剂，使用铜基催化剂已成为甲醇合成工业的主要方向。

1.5.2.2　国外合成甲醇催化剂

BASF、ICI、Dupont、Lurgi 等公司的研究人员不断地对铜基催化剂进行了新的研究，他们把铜基催化剂加入其他助剂，开发出具有工业价值的新一代铜基催化剂。这些新一代铜基催化剂根据加入的不同助剂可以分为以下 3 个系列：CuO/

ZnO/Cr_2O_3 铜锌铬系；$CuO/ZnO/Al_2O_3$ 铜锌铝系；其他铜锌系列催化剂，如 $CuO/ZnO/Si_2O_3$、$CuO/ZnO/ZrO$ 等。其中铜锌铝系和铜锌铬系催化剂应用得最多。由于铬对人体有毒，实际上 $CuO/ZnO/Cr_2O_3$ 大有被淘汰的趋势。

研究人员还进行了铜基催化剂加入其他助剂的研究，如加入 B、Mg、Ce、Cr、V 等，但是它们的活性、选择性等不如铜锌铝、铜锌铬。

目前，国外低压气相法甲醇合成催化剂已相继开发出诸多 Cu-Zn-Al 系催化剂，代表性的产品有 ICI51-1、ICI51-2、ICI51-3、ICI51-7 型号的催化剂。第三代产品还有丹麦托普索（Topsoe）公司的催化剂 MK-101、德国 BASF 公司的催化剂 S3-86、德国 Lurgi 公司的催化剂 C79-5GL 等。

目前，世界上最先进的催化剂有 ICI51-7、ICI51-8 和 MK-121 等型号。MK-121 型号催化剂的使用要和保护催化剂 MG-901 配套使用更能发挥它的特点。丹麦托普索公司的 MK-121 型号催化剂具有极高的活性、较宽的操作温度范围、具有良好的选择性、合成气成分适应性强、配合保护剂后抗中毒的能力更强。

1.5.2.3 我国合成甲醇催化剂

我国从 20 世纪 50 年代开始开发甲醇合成催化剂，几十年来，我国已研制开发出多种适合我国合成甲醇所需要的催化剂，有适宜高温高压的 C102 催化剂和其替代产品 C301；适宜"联醇"工艺的催化剂 C207 及其替代产品 NC401、NC501。其中，C302 是我国目前大、中型低压甲醇装置使用的主要催化剂。还有 C306 型低压甲醇催化剂、QCM-01、XNC-98、C307 等新型催化剂。

我国研究和生产催化剂最有影响力的单位有西南化工研究设计院和南化集团研究院等。

西南化工研究设计院从事甲醇合成催化剂的研究和开发已有几十年的历史。先后研制开发出 C302、C302-1、C302-2、CNL101、CNJ206 等多种甲醇催化剂。该院从 1993 年开始研制新型甲醇合成催化剂——XNC-98 型催化剂。通过在以煤造气、天然气造气和炼厂富气造气等甲醇工业装置上使用的效果证明，该催化剂在活性、选择性和稳定性等技术指标上均表现出良好的性能。

南化集团研究院是全国开展催化剂研究历史最久的单位之一，他们研制开发的甲醇合成催化剂有 C207、NC501-1 型"联醇"催化剂、C301 型、C301-1 型、NC501 型、NC501-1 型和 C306 型等，均广泛在我国大、中、小型甲醇装置和"联醇"装置上得到应用。新技术产品 C306 型低压甲醇催化剂自 1997 年投放市场以来已广泛应用于全国各低压甲醇装置，使用性能达到国际领先水平，成功地在几家大型低压甲醇装置上应用，代替了国外进口产品，实现了大型引进装置甲醇合成催化剂的国产化。目前，南化集团研究院通过优化催化剂组分配方和制造工艺，制备出了高活性和高热稳定性的新型催化剂 C307。

西北化工研究院开发了 LC210"联醇"催化剂和 LC308 型合成甲醇催化剂，工业生产运行表明其性能优良，各项性能指标达到工厂要求。

四川亚联瑞兴化工新型材料有限责任公司通过在传统的 Cu-Zn-Al 系催化剂中加入第四组分 Mn，采用新的制备方式，成功开发了 KC603 低温低压高活性甲醇合成催化剂，工业生产运行效果良好。

温州市复兴化学有限公司采用络合蒸馏法甲醇催化剂生产工艺开发了主要特点是防结蜡的 FXC 系列甲醇合成催化剂，FXC-101、FXC-102、FXC-103 型催化剂，分别适用于"联醇"、单醇装置和高压"双甲"装置，用户使用该系列产品，效果良好。

山东临朐大祥精细化工有限公司 DC207、DC503 型甲醇催化剂均采用我国最先进的生产工艺流程——"硝酸法"进行生产。系圆柱形甲醇催化剂，主要适用于"联醇"装置，也可用于中、低压下甲醇合成。

经过几十年的不断发展，我国已具有与大型国产化合成甲醇装置相匹配的相对成熟的催化剂技术和系列产品。

在我国的甲醇合成工业中，也有使用德国南方化学公司生产的 GL-104 型催化剂和其在 20 世纪 80 年代开发的新型催化剂 C79-4GL 和丹麦托普索公司的 MK-101 催化剂及保护催化剂的历史和经验。

1.5.3 合成技术的发展

目前，世界甲醇合成技术的发展可以归纳为气相法合成工艺的改进、液相法合成工艺的研究开发和新的原料路线的开发研究等几个方面。

我国合成甲醇技术的发展主要体现在"联醇"工艺的开发与改进、煤和天然气制甲醇大型化装置和工艺技术的引进消化、焦炉煤气等多种原料制甲醇工艺的开发应用、反应器和催化剂的开发应用。通过这些方面的发展，我国目前已具有了用自主知识产权的专利技术建设大型甲醇生产装置的能力。

1.5.3.1 国外甲醇合成工艺的进展

（1）气相法合成工艺进展

首先，在一氧化碳加氢气相合成甲醇的放热特性研究方面取得大量成果。这些成果的应用主要体现在甲醇合成反应器不断完善，并朝着生产规模大型化、能耗低、CO 与 CO_2 单程转化率高、碳综合转化率高、热利用率高、催化层温差小、塔压降小、操作稳定可靠、结构简单、催化剂装卸方便等方向发展，使反应尽量沿着最佳动力学和最佳热力学曲线进行，从而降低甲醇的生产成本。当今世界上工业甲醇合成反应器开发应用主要成果如下。

① ICI 冷激型反应器 该塔内设四层催化剂，各层间有喷头喷入冷激气以降低温度，在压力为 8.4MPa 和空速为 $12000h^{-1}$ 下，当出塔气甲醇含量为 4% 时，一、二两段升温约 50℃。它的优点是结构简单，易于大型化，缺点是绝热反应，催化床层温差大，反应曲线离平衡曲线较远，合成效率相对较低。近年来，ICI 提出新概念甲醇工艺（leading comcept mathanol，LCM），即冷管合成塔（TCC）。冷气

进入催化层中的逆流冷管胆后被加热，出冷管后进催化层反应。在此基础上，ICI又设计出了并流冷管反应器。冷管合成塔（TCC）的床层温差较冷激型有了很大改善，反应曲线也较平稳。ICI认为冷管式合成塔投资低，操作简便，设计弹性大，因为没有冷气喷入，效率高，能耗低，可以造就高效率的世界一流甲醇工厂。

② Lurgi 的管壳式反应器　Lurgi（鲁奇）公司根据甲醇合成反应热大和现有铜基催化剂耐热性差的特点而开发了列管式反应器。管内装催化剂，管间用循环沸水，用很大的换热面积来移去反应热，达到接近等温反应的目的，故其出塔气中甲醇含量和空时产率均比 ICI 冷激塔高，催化剂使用寿命也较长。Lurgi 列管式反应器主要优点是：合成反应几乎是在等温条件下进行，反应器除去有效的热量，可允许较高 CO 含量气体，采用低循环气流限制了最高反应温度，使反应等温进行，可将甲醇合成副产品降到极低。

此外，鲁奇公司开发了采用气冷反应器和水冷反应器的联合转化合成工艺，水冷反应器催化剂用量可减少 50%，可省去原料预热器并可减少其他设备，合成部分的投资可节省 40%。

③ 托普索（Topsoe）的管壳式反应器　托普索开发了管壳式反应器，为管外走水移去反应热的甲醇合成反应器，其特点是：利用平衡曲线限制绝热升温，即控制各段出口温度，增大循环比，移动平衡曲线，使各段出口温度控制在催化剂耐热温度以内；允许使用小颗粒催化剂。

④ 东洋工程公司（TEC）的 MRF-Z 型甲醇反应器　MRF-Z 型甲醇反应器冷管为双套管，管内走水，锅炉水由内管从下向上导入，然后经外套管向下流动，吸收管外催化床层中的反应热（汽包可产生 2.6MPa 的中压蒸汽），整个过程用泵进行强制循环，气体在催化层中呈径向流动。操作压力 8MPa 左右。该类塔的特点是：由于合成气呈径向流动，阻力相对轴向流较小；催化剂床层温差较小；反应基本沿着最佳温度曲线进行，故合成效率较高；热回收利用率高；单位体积的催化剂反应量大，同等反应量可以减少催化剂的使用量。不足的是：结构相对较复杂，锅炉水需泵强制打循环，增加了该部分的设备投资和能耗。但正因是强制循环，增强了换热效果。

⑤ 林德（Linde）螺旋管反应器　林德螺旋管反应器也称等温反应器，盘管内走锅炉水，移去管外催化剂层反应热。该类塔的特点是：使用螺旋冷管较好地解决了热应力问题；由控制蒸汽压力来调节反应器操作温度，使操作稳定可靠，且催化床层温差较小；基本在等温下操作，使反应器内温度分布与理想的动力学条件相近。不足的是：设备加工难度大，投资相对较大，不利于放大。

⑥ 三菱瓦斯/三菱重工（MGC/MHI）的超转化反应器（SPC 型）　MGC/MHI 的 SPC 甲醇合成塔实际上是 Lurgi 管壳式的改进，其结构为双套管，催化剂装在内外套管间，冷气从塔底进入，然后通过冷管（内套管）与管外催化剂层逆流换热后进入催化床层反应，管间为沸腾水，同 Lurgi 塔一样，外设蒸汽汽包。该类

塔的特点是：反应器内气-气、气-液都是逆流换热，使催化床层温差较小（特别是降低了塔底部温度），提高了甲醇合成率，单程转化率高（在空速为 $5000h^{-1}$、8MPa 的条件下出口甲醇含量可达 14%）；以高位能形式回收热量，可副产蒸汽（每吨甲醇产 4MPa 的蒸汽 1t）；气体在合成塔内预热，相当于一个换热器，操作线接近最佳温度线。不足的是：结构复杂，冷管长 10m 以上，每根内冷管用挠管接到内封头；气体呈轴向流，阻力较大；要日产 2000 t 以上的规模才能显示其综合优势。

⑦ 卡萨利（Casale）卧式甲醇反应器 卡萨利卧式甲醇反应器属绝热式段间换热反应器，合成气为轴-径向流，与 ICI 不同的是卡萨利为卧式。合成塔一般由四个催化床层组成，床间采用间接换热（换热器设在合成塔里，两个采用工艺冷凝液换热，一个采用气-气换热），工艺冷凝液用泵强制打循环，加热后供一段转化炉前的天然气饱和用或直接产生低压蒸汽供精馏用。合成塔操作压力为 7～10MPa。该卧式甲醇反应器的特点是床层阻力比 ICI 的小，但比完全意义上的径向流大；塔径小于 Lurgi 塔。不足的是：属绝热反应，反应曲线离平衡曲线较远，合成效率相对较低；床间一般只有三个换热器，同一床层的热点温差较大；与汽包式（如 TEC 的 MRF-Z 型、hlrgi 的管壳式等）相比，属低位能回收。

⑧ Kvaemer 公司组合 BP 阿莫科的 Kvaemer 紧凑式转化器 2004 年，该转化器与低压甲醇合成的甲醇新工艺被推向工业化。紧凑式转化器采用模块化管式反应器设计，它将一侧的燃烧与另一侧的催化蒸汽转化紧密地组合在一起。由于有大的内部热循环，紧凑式转化器的热效率超过 90%，而常规装置为 60%～65%。

其次，世界甲醇合成工艺进展还体现在一些其他改进方面。例如，鲁奇和 Synetix 公司的 LCM 工艺。LCM 工艺已用于 2006 年投产的 6500t/d 装置。LCM 工艺的目标之一是要完全取消蒸汽发生系统，工艺用蒸汽为用一个饱和器回路回收的低等级热发生蒸汽。在 LCM 甲醇工艺中，饱和器回路的 30%～ 40% 的热源来自甲醇合成系统。因此，LCM 工艺的另一个特点是易于启动和停工。

（2）液相法甲醇合成工艺

甲醇的液相合成方法是 Sherwin 和 Blum 于 1975 年首先提出的。甲醇液相合成是在反应器中加入碳氢化合物的惰性油介质，把催化剂分散在液相介质中。在反应开始时合成气要溶解并分散在惰性油介质中才能到达催化剂表面，反应后的产物也要经历类似的过程才能移走。这是化学反应工程中典型的气-液-固三相反应。

液相合成由于使用了热容高、热导率大的石蜡类长链烃类化合物，可以使甲醇的合成反应在等温条件下进行。同时，由于分散在液相介质中的催化剂的比表面积非常大，加速了反应过程，反应温度和压力也下降许多。

由于气-液-固三相物料在过程中的流动状态不同，三相反应器主要有滴流床、搅拌釜、浆态床、流化床与携带床 5 种。目前在液相甲醇合成方面，采用最多的主要是滴流床和浆态床。

① 浆态床反应器在甲醇合成中应用　在浆态床反应器中，催化剂粉末悬浮在液体中形成浆液，气体在搅拌桨或是气流的搅动作用下形成分散的细小气泡在反应器内运动。美国化学系统公司（ChemSystem Inc.）在 1975 年提出开发液相法甲醇合成工艺的新概念（liquid-phase methanol synthesis），并于 20 世纪 90 年代与美国空气与化学产品公司（Air Products and Chemicals Inc.）一起开发出使用液升式浆态床反应器的 LPMEOHTM 工艺（液相法甲醇工艺）。其主要技术经济指标与传统的气相合成比较见表 1-4。

表 1-4　气、液相合成工艺的技术经济指标比较

合成工艺	φ_{CH_4OH}(出口)/%	热效率/%	甲醇相对成本	相对投资
气相合成	5.0	86.3	100	100
液相合成	14.5	97.9	70.5	77

在美国能源部（DOE）清洁煤技术计划支持下，1998 年美国空气与化学产品公司将液相甲醇合成工艺在伊士曼化学公司田纳西州的 Kingsport 煤气厂进行了工业试运行，取得了令人满意的结果。该公司认为，LPMEOHTM 工艺中煤制合成气的加工效率比通常的甲醇合成技术更高。液相甲醇合成技术与"煤气发电"工程相配套，甲醇的生产成本能够与天然气制甲醇的生产成本相竞争，同时还可以降低发电成本，调节用电峰谷。当用电量处于低峰时生产和储藏甲醇，处于高峰时用甲醇作为燃料来增加发电量。所生产的甲醇既可以作为发电厂燃气轮机和汽车等的清洁燃料，也可以作为化工原料使用。

南非的 Sasol 公司开发出工业化的浆态床反应器，它比管式固定床反应器结构简单，容易放大，其最大的优点是混合均匀，可以在等温下操作，可在较高的平均温度下运行，能获得较高的反应速率。其单位反应器体积的收率高，催化剂用量只是管式固定床的 20%～30%，造价低。

② 滴流床反应器在甲醇合成中应用　由于浆态床反应器中催化剂悬浮量过大时，会出现催化剂沉降和团聚现象。要避免这些现象的发生，就得加大搅拌器功率，但这同时使得搅拌桨和催化剂的磨蚀加大，反应中的返混程度增加。Pass 等人在 1990 年首先用滴流床进行合成甲醇的实验，此后关于这方面的研究迅速增多。

Tjandra 等人对滴流床中合成甲醇的传质传热进行了一系列的研究，与同体积的浆态床相对比，滴流床合成甲醇的产率几乎增加了一倍。从工业角度来看，滴流床中的液相流体中所含的催化剂粉末很少，输送设备易于密封且磨损小，长时间运行将更为可靠。

③ 其他合成方法　随着均相催化技术的发展，也出现了液相甲醇的均相合成工艺。1988 年 Mahajan 等人于美国的 Brookhaven 国家实验室开发出甲醇均相合成工艺，此项工艺具有更高的合成气转化率和甲醇产率，合成反应可以在低温低压下进行。均相合成工艺存在着巨大的市场潜力，但技术难度也更大，要实现工业化的

突破还有许多工作要做。

Berty 等在 20 世纪 90 年代提出溶剂甲醇合成工艺的概念，在保留三相床甲醇合成所有优势的基础上，将惰性液相改为能对产物甲醇与水进行选择性吸收的溶剂，从而将在反应过程中生成的产物同时转移到液体中，使反应更加有利于向生成甲醇的方向进行。他们采用了有很好的热稳定性的四亚乙基乙二醇二甲醚溶剂。实验结果表明，合成气转化率极高。

从世界范围来看，甲醇生产工艺采用气相甲醇合成工艺、德国 Lurgi 工艺和英国 ICI 工艺的大约占 70% 以上，液相甲醇合成工艺逐渐成为研究热点。

（3）甲烷氧化制甲醇工艺

目前的一氧化碳加氢合成甲醇工艺能耗高，单程转化率低。较为理想的制甲醇方法是由甲烷直接氧化合成甲醇，它是一个很有潜在发展前景的技术。催化剂的选择性是该工艺的关键，许多学者做了大量的工作。有报道说，国外开发过甲醇收率 60% 的甲烷选择氧化合成甲醇的方法，用铱作催化剂，在 2MPa 和 410～420K 下，以环辛烷作溶剂，甲烷氧化反应得到甲醇。一旦选择性高的催化剂和相适合的反应器开发成功，甲烷直接氧化合成甲醇工艺将获得突破与发展。

1.5.3.2 我国甲醇合成工艺的进展

我国甲醇合成工艺的进展的主要体现是多样性和先进性。多样性指工艺上有单产、联产、多联产，原料路线由石油产品、天然气向煤炭、煤层气、焦炉气等方面拓展；先进性指工艺上更加合理、催化剂更加先进、规模趋向大型化、操作实现电脑调控、能源消耗和生产成本大幅下降。

（1）进展历程

① 高压合成工艺　1957～1980 年，我国甲醇生产装置基本上都采用传统高压法合成工艺。在 30～32MPa 压力下，使用锌铬催化剂合成甲醇，反应器出口气甲醇含量 3% 左右。我国自主开发在 25～27MPa 压力下，使用铜系合成甲醇催化剂的技术，反应温度 230～290℃，反应器出口气甲醇含量 4% 左右。

② 中压"联醇"工艺　20 世纪 60 年代末，我国开发了合成氨联产甲醇新工艺，充分利用氨生产中需脱除的 CO 和 CO_2，借用合成系统的压力设备，在 11～15MPa 下联产甲醇。这是我国自主开发创新的甲醇生产工艺。20 世纪 70 年代，南化集团研究院开发出"联醇"催化剂（C207），促进了我国"联醇"工艺的发展。"联醇"工艺具有投资省、见效快的特点，在历史上为增加我国甲醇产量发挥了重要作用。

③ 引进低压合成工艺　20 世纪 70 年代末期，四川维尼纶厂引进英国 ICI 公司低压合成甲醇装置，规模为 9.5 万吨，用天然气乙炔尾气制合成气生产甲醇，采用多段冷激式反应器，于 1979 年底投产。随后，齐鲁石化公司第二化肥厂又引进德国 Lurgi 公司低压合成甲醇装置，其规模为 10 万吨/a，用渣油为原料气化制合成气生产甲醇，采用沸水型管壳式反应器，于 1986 年投产。

④ 锌铬催化剂改用铜系催化剂　1980年，上海吴泾化工厂为了提高甲醇产量和甲醇质量，降低能耗，率先将"联醇"铜系催化剂用于高压法甲醇装置（8万吨/a，石脑油造气），在华东化工学院（现更名为华东理工大学）和南化集团研究院等协作下顺利实现了催化剂的改用。运行结果表明：生产能力提高50%，能耗下降20%，产品100%为优级品。随后，南化集团甲醇装置、兰化公司甲醇装置、吉化公司甲醇装置、太化公司甲醇装置等先后都改用了铜系催化剂，为我国甲醇工业技术创新开辟了新路子。

⑤ 国产化低压工艺　20世纪80年代，南化集团研究院和西南化工研究设计院分别开发成功C301型和C302型铜系低压合成甲醇催化剂，西南化工研究设计院还同时开发成功沸水型管壳式低压合成甲醇反应器及合成工艺，从而推动了我国大型化低压甲醇装置国产化的发展。

⑥ 大型化装置快速发展　进入21世纪，我国甲醇工业进入快速发展时期，以天然气为原料的甲醇装置建设跨入大型化时期，如苏里格天然气化工股份有限公司、中海油富岛化工有限公司大型甲醇装置相继建成。同时，以煤为原料的甲醇装置建设也在向大型化发展。杭州林达化工技术工程有限公司开发的气冷（水冷）均温型大型反应器，已成功用于内蒙古天野化工集团有限公司（20万吨/a）、陕西渭化集团（20万吨/a）和大连大化集团（30万吨/a）等甲醇装置建设，促进了我国大型甲醇装置国产化的发展。与此同时，我国还建成了10万吨/a焦炉煤气制甲醇生产装置。湖南安淳高新技术有限公司开发的"联醇"新工艺进一步完善了氨工艺净化体系，增加了"联醇"产量，推动了"联醇"工艺的发展，其规模也在向中型化迈进。我国以多种原料生产甲醇的生产规模正齐头并进向大型化迈进。

（2）进展成果

① "联醇"工艺　自20世纪90年代以来，我国的研究者从"联醇"工艺操作中发现，甲醇化后再进行甲烷化是解决合成气体净化的有效办法。先后有湖南安淳高新技术有限公司中压"双甲"工艺（5～15MPa，专利号：94110903.8）、河南省化肥总公司高压深度净化"双甲"工艺（24.0～31.4MPa，专利号：96112370.2）、杭州林达化工技术工程有限公司等高压"双甲"工艺（专利号：93105920.8）、南京国昌化工科技有限公司非等压"双甲"精制工艺（专利申请号：200410014826.X）等开发成功。这些技术成果均以"联醇"工艺（甲醇化）配合甲烷化工艺开展研究。这些工艺技术吸收了当时的科技成果，在工艺技术流程、操作条件、合成关键技术（催化剂）和节能降耗等方面各有所长，在提高我国"联醇"工艺的技术水平和增加企业的经济效益等方面都做出了贡献。

② 新型甲醇合成反应器

a.均温（JW）型甲醇反应器　杭州林达化工技术工程有限公司的均温（JW）型甲醇合成塔（反应器）是我国拥有自主知识产权的气-气换热型甲醇反应器。该类塔的特点是：结构较简单；催化床层温差相对较小；CO单程转化率较高。他们还成功地创造开发了用于甲醇合成的反应器模拟计算软件——"Reactor Designer"，数学模型经过大量实际生产数据校正，更逼近实际效果。可用于均温型单（联）醇反应器、管壳式反应器、ICI冷激型反应器及大型甲醇装置的联合反应器，内含各种甲醇催化剂动力学数据，可方便地对反应器进行优化设计，为开发、优化、设计高性能甲醇合成反应器提供强有力的技术保障。采用我国低压甲醇塔技术及配件还为我国成功改造国外进口甲醇塔提供了可行的技术途径。

b. GC型轴径向低压甲醇合成塔　南京国昌化工科技有限公司研发的GC型轴径向低压甲醇合成塔技术，通过了中国石油和化学工业协会的鉴定。专家认为该甲醇合成塔结构新颖、设计合理，属我国首创，填补了我国轴径向低压甲醇合成塔的空白。该项目为我国甲醇工业提供了一种技术先进、造价低且易于大型化的新型合成装置。

c. 绝热-管壳复合型低压甲醇合成反应器　华东理工大学在调查研究大型甲醇合成反应器的基础上，研究开发了绝热-管壳复合型低压甲醇合成反应器（专利号：ZL 96222256.9）。该研究成果开发了新型甲醇合成反应器形式与模拟计算方法，形成了我国专有的甲醇合成反应器技术，达到了国际先进水平。

该项目拓展的研究成果可为年产（10～40）万吨甲醇合成反应器、（50～80）万吨并联甲醇合成反应器、（60～100）万吨的串联甲醇合成反应器提供大型化单系列基础设计工艺软件包。

此外，还有卧式管壳水冷甲醇合成塔。浙江工业大学化学工程与材料学院开发的等温冷管型低压甲醇合成塔及工艺已用于天然气制甲醇老厂改造。

以上介绍的具有自主知识产权的大型甲醇合成反应器已经成功应用在我国改造国外装置、老厂改造和众多新建甲醇项目，为我国进一步建设更大型的甲醇装置，提供了技术和装备基础。

③ 城市煤气联产甲醇　河南省化工设计院承担的"城市煤气联产甲醇创新集成新工艺"项目，把甲醇生产工艺和城市煤气生产工艺科学的组合在一起，对煤气和甲醇联产工艺进行了集成创新，既满足了城市煤气调峰、热值的要求，又脱除了有机硫，延长了甲醇合成催化剂寿命；采用膜分离回收甲醇释放气中的氢返回甲醇合成系统，将合成气氢碳比参数调整至最佳；使用甲醇分离专利技术等提高了甲醇收率。

义马气化厂日产净煤气（标准状态）120万立方米、联产甲醇8万吨/a的装置是我国第一套完全采用该技术的工业化装置。投产以后，生产装置运行稳定，各项技术经济指标及装置能力达到或超过了设计指标，取得了显著的经济和社会效益。该项目被中国石油和化学工业协会评为2006年科技进步一等奖。它为城市煤气联产甲醇项目的进一步推广应用开辟了新途径和提供了宝贵的经验。

④ 洁净煤气化技术　华东理工大学等单位开发的对置式四喷嘴水煤浆加压气化技术已成功用于大型化工装置；中国科学院山西煤炭化学研究所、陕西秦晋煤气

化工程设备有限公司等开发的利用灰熔聚气化技术的加压气化工业装置已经建成，正在试运行；清华大学等单位开发的技术正在进行工业装置建设。这些技术的开发成功，对我国建设大型煤头甲醇装置提供了条件。

⑤ 焦炉煤气制甲醇　近年来，焦炉煤气制甲醇引起了我国诸多科研院所和生产厂家的高度关注，国家化工行业生产力促进中心、四川天一科技股份有限公司、化学工业第二设计院、华东理工大学洁净煤技术研究所、太原理工大学煤科学与技术教育部和山西省重点实验室、西南化工研究设计院等在这方面进行了深入的研究开发，并取得了许多应用成果。截止到 2007 年 6 月，我国已经有将近 20 个焦炉煤气制甲醇项目相继投产和在建，其中规模最大的已经达到 20 万吨/a。

在焦炉煤气制甲醇合成气的制取方法选择方面，化学工业第二设计院的研究人员为焦炉煤气制甲醇提供了全面的工艺设计参考方案。

焦炉煤气制取甲醇的流程中，脱硫、压缩、甲醇合成、精馏相对成熟，而焦炉煤气制取甲醇合成气的方法却处于发展初期，需要根据不同的情况做出合理选择。焦炉煤气制取甲醇合成气的方法可分为两类。

非转化法　此类方法的典型是深冷分离法。本法不对气体中的甲烷等烃类进行转化，而是将其深冷分离。焦炉气经过净化并压缩到 1.3～1.5MPa 后，深度冷冻到 -180～-190℃，可以把其中的甲烷和少量其他烃类冷凝分离，甲烷如同天然气一样成为高热值燃料，剩余富氢气体作为合成甲醇的原料，此原料由于碳不足，需要补充碳。流程示意见图 1-4。

焦炉煤气深冷分离是 20 世纪我国外成熟的技术，在焦炉气充足，需要高热值甲烷气，又有碳来源的情况下可考虑选择此法是否合算。

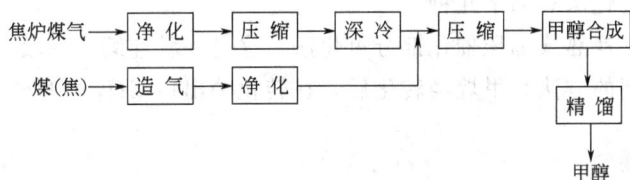

图 1-4　焦炉气深冷分离法制取甲醇合成气流程示意

转化法　所谓转化，就是焦炉气中甲烷转化为 H_2 和 CO，使之成为甲醇合成气。转化法又分为非催化转化法和催化转化法两种。

a.非催化转化法　焦炉气非催化部分氧化法就是在转化炉内不用催化剂的甲烷不完全氧化法。采用非催化法，转化炉内不需要装填催化剂，不需要脱除焦炉煤气中的无机硫和有机硫就可进行甲烷高温转化，该法技术成熟，流程简单，转化操作、管理方便。但氧气及焦炉气的消耗略高于催化法。此法在压力设计上，宜采用一个压力体系，如 6.0MPa 起始压力体系，有利于后面对硫化物的脱除。流程示意见图 1-5。

焦炉煤气 → 压缩 →(6.0MPa)→ 非催化部分氧化 → MNHD脱硫 → 甲醇合成 → 精馏 → 甲醇

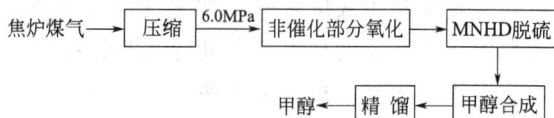

图 1-5　焦炉气非催化部分氧化法制取甲醇合成气流程示意
MNHD—物理溶剂吸收的气体脱硫脱碳净化方法

b. 催化转化法　可分为间歇催化转化和连续催化转化法。

间歇催化转化法的特点是焦炉气中烃的转化所需热量用间歇加热来取得。该方法分吹风和制气两个阶段，各占 50% 的时间。吹风阶段利用焦炉气与空气的燃烧使蓄热炉和转化催化剂升温蓄热，而且残氧使镍氧化放热。在制气阶段，氧气与水蒸气被蓄热炉加热后再与焦炉气混合，经短暂的高温反应使温度升高至 950～980℃后再进入转化炉催化剂层进行转化反应。间歇转化应采用双系统，以保证总管的转化气流量均匀、压力稳定。此法利用了燃烧蓄热和催化剂氧化放热的原理，可使氧耗减少，但工艺相对落后，能否提高压力操作，尚待研究。流程示意见图 1-6。

对于已有煤焦造气炉系统的工厂可考虑是否利用旧设备进行焦炉煤气的间歇转化。

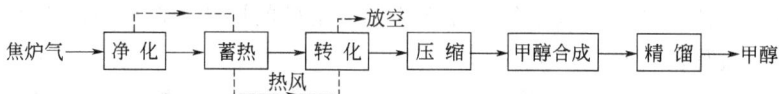

焦炉气 → 净化 → 蓄热 → 转化 → 压缩 → 甲醇合成 → 精馏 → 甲醇

图 1-6　焦炉煤气间歇催化转化法制取甲醇合成气流程示意

连续催化转化法有以下几种。

·焦炉煤气换热式加压催化部分氧化法　这是一种连续、一段、内混合且转化炉内有燃烧空间的方法。甲烷经转化后，在转化炉出口 CH_4 含量≤0.4%。流程示意见图 1-7。

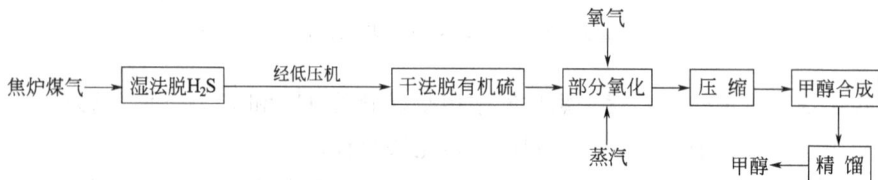

焦炉煤气 → 湿法脱H_2S →(经低压机)→ 干法脱有机硫 → 部分氧化 → 压缩 → 甲醇合成 → 精馏 → 甲醇

图 1-7　焦炉煤气换热式加压催化部分氧化法制取甲醇合成气流程示意

·焦炉气加压蒸汽转化法　早在 20 世纪 70 年代我国已将此法应用于焦炉煤气制合成氨的生产中，该法为二段连续催化法。若用于生产甲醇，脱硫后的焦炉煤气与蒸汽先进入外热式的蒸汽转化炉（此法靠燃烧焦炉气或其他燃料供热）。在催化剂的作用下，一部分甲烷转化为 H_2 和 CO，剩余未转化甲烷进入二段炉，并补入纯氧，进行部分氧化转化，使转化炉出口 CH_4 含量≤0.4%，生成甲醇合成气。此法氧耗少，技术成熟可靠，但总能耗大、投资多，操作复杂。实际上焦炉气中的甲烷远比天然气低得多，这使采用二段法的必要性大大减小。因此，可采用二段炉出口的高温转化气作为一段炉的热源，这样可以大幅度降低能耗。流程示意见图 1-8。

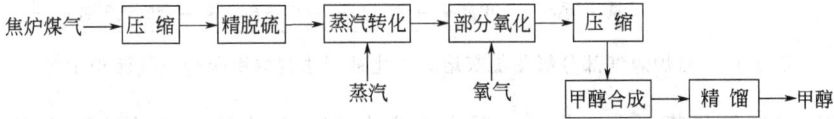

图 1-8　焦炉气加压蒸汽转化法制取甲醇合成气流程示意

· 焦炉气部分氧化加水煤气补碳法　焦炉煤气部分氧化法所得甲醇合成气中氢多碳少，这是由焦炉煤气的成分决定的，而水煤气用于生产甲醇，则氢少碳多，两种气体按一定比例混合即可配制 $(H_2-CO_2)/(CO+CO_2)=2.05\sim2.1$ 的甲醇合成气，从而取长补短，相得益彰。流程示意见图 1-9。

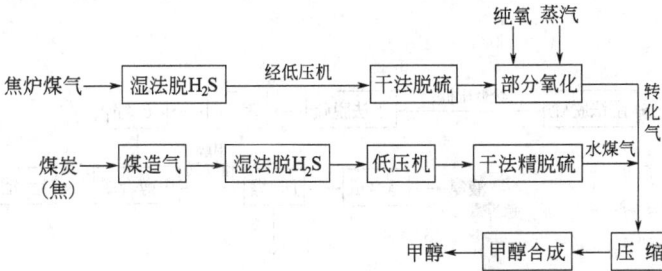

图 1-9　焦炉气部分氧化加水煤气补碳法制取甲醇合成气流程示意

此法虽增加了原料煤（焦）消耗，但可减少每吨甲醇的焦炉气消耗和氧耗，减少了甲醇弛放气，适合于煤（焦）价格相对低廉的场合。

· 焦炉煤气蒸汽转化加水煤气补碳法　此法由于采用了蒸汽转化，由外部燃料（如焦炉气）燃烧供热，又不设二段炉，故不需纯氧，节省了空分装置投资，这是该法的最大优点。其所产转化气与水煤气混合使氢碳平衡后同样可以作甲醇合成气。但此法的不利因素为：蒸汽转化的反应温度远低于部分氧化，转化气中仍含有百分之几未转化的甲烷经压缩进入合成圈而未利用，显得不经济；另外蒸汽转化炉投资比部分氧化转化炉投资高，且需消耗燃料。如果有已停产的蒸汽转化炉，则可以利用，煤气价格低廉的场合也可以考虑采用此法。

· 焦炉煤气部分氧化加灰熔聚气化补碳法　灰熔聚流化床气化由中国科学院山西煤炭化学研究所开发，该技术可用 0~8mm 粒度的各种粉煤，不同于间歇固定床气化炉需要使用块状无烟煤和焦炭，从而扩大了煤源，降低了用煤成本。流程示意见图 1-10。

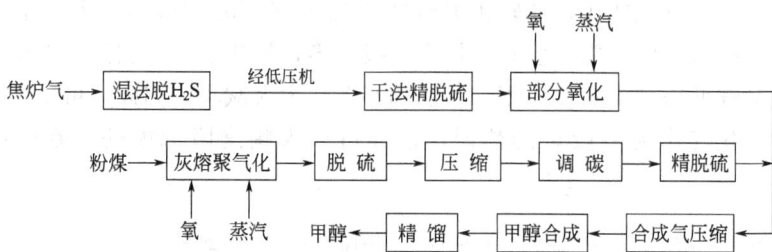

图 1-10　焦炉煤气部分氧化加灰熔聚汽化补碳法制取甲醇合成气流程示意

该法以氧气和蒸汽为气化剂，反应温度在 1100℃ 左右，该法适用于有大量低廉粉煤的场合，所生产的煤气含 N_2 及 CH_4 少，有利于甲醇合成。用这种方法合理补碳后生产规模可达年产（20～50）万吨甲醇。

•焦炉煤气生产甲醇联产合成氨　对于生产甲醇来说，焦炉煤气中氢多碳少，若要充分利用焦炉煤气资源生产甲醇，应当采取补碳措施。另一条思路就是将多余的氢，即甲醇合成弛放气（含 H_2 达80％左右）与空分装置产生的氮气作为原料生产合成氨。这种方案适合于已有闲置压缩机及氨合成装置的企业考虑。工艺流程示意见图 1-11。

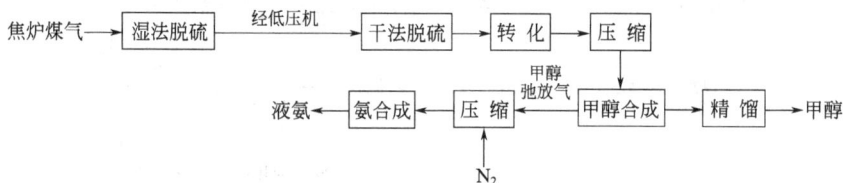

图 1-11　焦炉煤气生产甲醇联产合成氨工艺流程示意

1.5.4　我国合成甲醇工艺的选择分析

从原料路线的选择来看，有人采用能值分析方法对天然气制甲醇、水煤浆制甲醇、焦炉气制甲醇、黄磷尾气制甲醇和乙炔尾气制甲醇进行了分析与比较。结果表明：水煤浆制甲醇工艺环境负荷率低，能值产出率适中，能值投资率高，可持续发展指数适中，而且所产甲醇能值置换比也较低，因此该工艺优于另外 4 种工艺。

在石油、天然气供需矛盾日益紧张的今天，我国应充分利用储量丰富的煤炭资源，大力发展水煤浆制甲醇工艺，以满足经济社会高速发展对甲醇的需求。其他 4 种工艺，应结合当地资源、工业布局和经济发展水平审慎发展，避免受一时经济利益驱动，导致资源的不合理利用，造成浪费。

2006 年，我国焦炭产量已接近 3 亿吨，所副产的焦炉煤气也跟着大量产生。据粗略统计，我国目前每年没有利用而白白排放的焦炉煤气已超过 250 亿立方米。

这不仅是能源的浪费，而且对环境造成极大污染。采用焦炉煤气生产甲醇是炼焦企业废物综合利用、减少污染的极好方法。有人测算过，如果将全国放散的焦炉煤气全部用来制甲醇，则每年可生产甲醇 20Mt，相当于 100 个 20 万吨/a 甲醇厂的产量。因此，焦炉煤气制甲醇是我国炼焦行业在继续关注的课题。

尽管天然气制甲醇流程短、投资少、成本低、效益好，具有相当强的市场竞争力，但是它适合于中东和南美洲地区盛产石油及天然气的地区。我国天然气价格受国际油价和天然气价的影响，近年上升较快，即使富产天然气的西北、四川要得到 0.7 元/m^3 的天然气也很困难。就我国市场而言，以天然气为原料生产甲醇的装置能力还没有达到较大的规模，甲醇成本不容易低到 800 元/t。

焦炉煤气作为废气价格很低。实际上焦炉煤气为原料制甲醇的生产厂就是焦化厂，焦炉煤气不是市场流通产品，价格完全由企业自定。

通过对我国特定地区相同规模的焦炉煤气、天然气、煤为原料制甲醇的消耗成本投资比较可以发现，焦炉煤气制甲醇具有明显优势。以年产 20 万吨甲醇为例，就焦炉煤气、天然气、煤三种不同原料制甲醇的消耗、成本、投资比较，见表1-5。

表 1-5   不同原料制甲醇比较

原料类别	煤	天然气	焦炉煤气	焦炉煤气与煤比	焦炉煤气与天然气比
消耗	1.5t/t	1000m^3/t	2040m^3/t		
单价	360 元/t	0.7 元/m^3	0.12 元/m^3		
原料成本	540 元/t	700 元/t	244.8 元/t	-54.67%	-65.03%
完全成本	1100 元/t	1000 元/t	800 元/t	-27.27%	-20.00%
投资	6.0 亿元	4.0 亿元	4.5 亿元	-25%	$+12.5\%$

以上比较说明，焦炉煤气制甲醇投资较低，原料成本和完全成本也较低，焦炉煤气制甲醇具有较强的市场竞争力和抗风险能力，只要焦炉能够生存，焦炭能够生存，焦炉煤气制甲醇就能生存。

此外，用 0.408Gm^3 焦炉煤气制成 20 万吨甲醇，每年能少排放 CO_2 12.28Mm^3、CO 28.56Mm^3。如果全国放散的焦炉煤气都制成甲醇，每年可减少 CO 排放量 2.856 Gm^3、CO_2 排放量 1.228 Gm^3，将大大减轻环境压力。焦炉煤气制甲醇具有很强的生命力和广阔的发展前景，应当大力发展。

从总体来看，我国在不同地区应根据当地资源条件因地制宜的选择适合自己的原料路线与合成工艺生产甲醇。

1.6 甲醇的衍生物

甲醇可以生成众多的衍生产品，甲醇深加工产品系列见图 1-12。

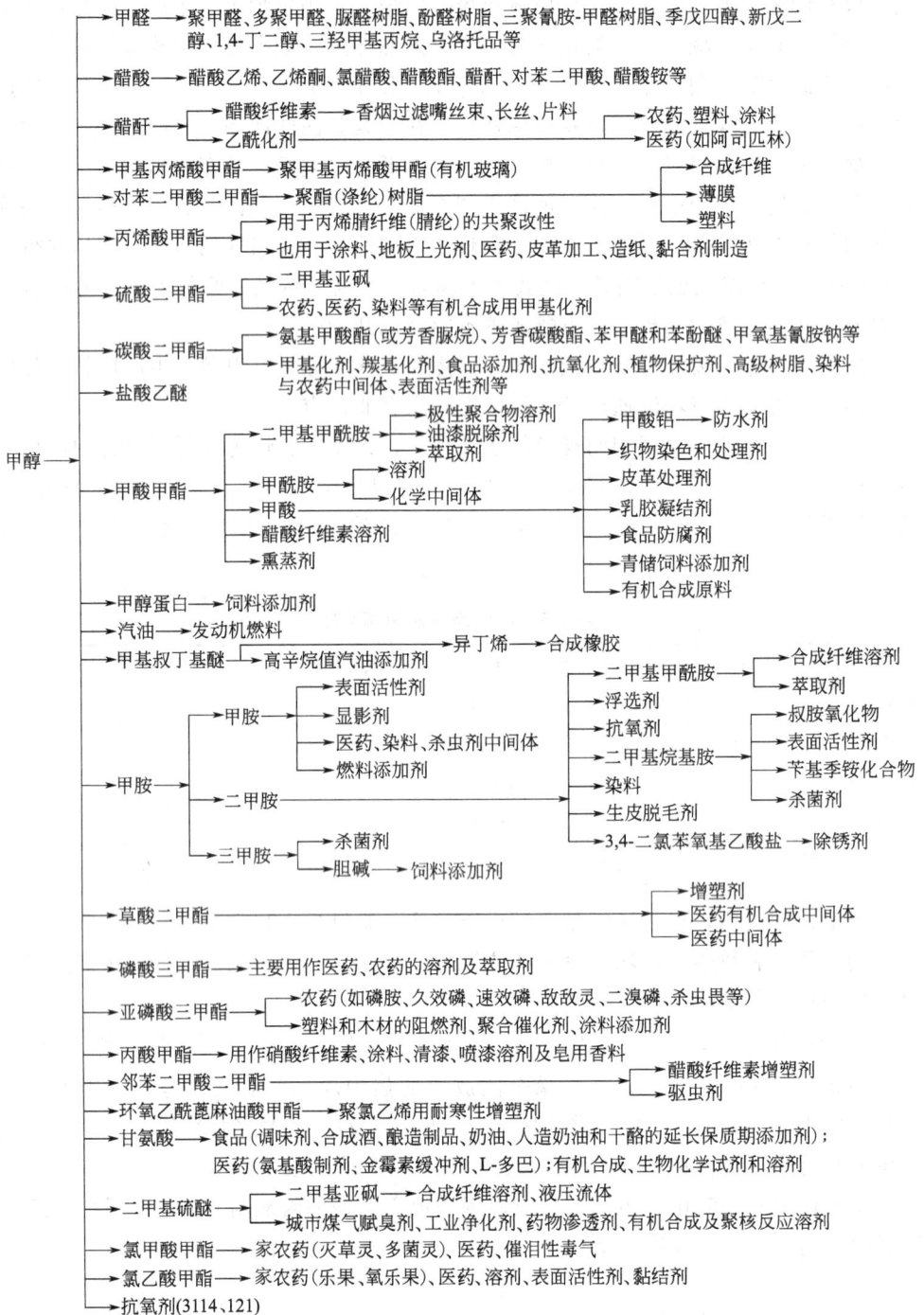

甲醇 →
- 甲醛 → 聚甲醛、多聚甲醛、脲醛树脂、酚醛树脂、三聚氰胺-甲醛树脂、季戊四醇、新戊二醇、1,4-丁二醇、三羟甲基丙烷、乌洛托品等
- 醋酸 → 醋酸乙烯、乙烯酮、氯醋酸、醋酸酯、醋酐、对苯二甲酸、醋酸铵等
- 醋酐 →
  - 醋酸纤维素 → 香烟过滤嘴丝束、长丝、片料
  - 乙酰化剂 →
    - 农药、塑料、涂料
    - 医药(如阿司匹林)
- 甲基丙烯酸甲酯 → 聚甲基丙烯酸甲酯(有机玻璃)
- 对苯二甲酸二甲酯 → 聚酯(涤纶)树脂 →
  - 合成纤维
  - 薄膜
  - 塑料
- 丙烯酸甲酯 →
  - 用于丙烯腈纤维(腈纶)的共聚改性
  - 也用于涂料、地板上光剂、医药、皮革加工、造纸、黏合剂制造
- 硫酸二甲酯 →
  - 二甲基亚砜
  - 农药、医药、染料等有机合成用甲基化剂
- 碳酸二甲酯 →
  - 氨基甲酸酯(或芳香脲烷)、芳香碳酸酯、苯甲醚和苯酚醚、甲氧基氰胺钠等
  - 甲基化剂、羰基化剂、食品添加剂、抗氧化剂、植物保护剂、高级树脂、染料与农药中间体、表面活性剂等
- 盐酸乙醚
- 甲酸甲酯 →
  - 二甲基甲酰胺 →
    - 极性聚合物溶剂
    - 油漆脱除剂
    - 萃取剂
  - 甲酰胺 →
    - 溶剂
    - 化学中间体
  - 甲酸 →
    - 甲酸铝 → 防水剂
    - 织物染色和处理剂
    - 皮革处理剂
    - 乳胶凝结剂
    - 食品防腐剂
    - 青储饲料添加剂
    - 有机合成原料
  - 醋酸纤维素溶剂
  - 熏蒸剂
- 甲醇蛋白 → 饲料添加剂
- 汽油 → 发动机燃料
- 甲基叔丁基醚 →
  - 异丁烯 → 合成橡胶
  - 高辛烷值汽油添加剂
- 甲胺 →
  - 甲胺 →
    - 表面活性剂
    - 显影剂
    - 医药、染料、杀虫剂中间体
    - 燃料添加剂
  - 二甲胺 →
    - 二甲基甲酰胺 →
      - 合成纤维溶剂
      - 萃取剂
    - 浮选剂
    - 抗氧剂
    - 二甲基烷基胺 →
      - 叔胺氧化物
      - 表面活性剂
      - 苄基季铵化合物
      - 杀菌剂
    - 染料
    - 生皮脱毛剂
    - 3,4-二氯苯氧基乙酸盐 → 除锈剂
  - 三甲胺 →
    - 杀菌剂
    - 胆碱 → 饲料添加剂
- 草酸二甲酯 →
  - 增塑剂
  - 医药有机合成中间体
  - 医药中间体
- 磷酸三甲酯 → 主要用作医药、农药的溶剂及萃取剂
- 亚磷酸三甲酯 →
  - 农药(如磷胺、久效磷、速效磷、敌敌畏、二溴磷、杀虫畏等)
  - 塑料和木材的阻燃剂、聚合催化剂、涂料添加剂
- 丙酸甲酯 → 用作硝酸纤维素、涂料、清漆、喷漆溶剂及皂用香料
- 邻苯二甲酸二甲酯 →
  - 醋酸纤维素增塑剂
  - 驱虫剂
- 环氧乙酰蓖麻油酸甲酯 → 聚氯乙烯用耐寒性增塑剂
- 甘氨酸 →
  - 食品(调味剂、合成酒、酿造制品、奶油、人造奶油和干酪的延长保质期添加剂);
  - 医药(氨基酸制剂、金霉素缓冲剂、L-多巴);有机合成、生物化学试剂和溶剂
- 二甲基硫醚 →
  - 二甲基亚砜 → 合成纤维溶剂、液压流体
  - 城市煤气赋臭剂、工业净化剂、药物渗透剂、有机合成及聚核反应溶剂
- 氯甲酸甲酯 → 家农药(灭草灵、多菌灵)、医药、催泪性毒气
- 氯乙酸甲酯 → 家农药(乐果、氧乐果)、医药、溶剂、表面活性剂、黏结剂
- 抗氧剂(3114、121)

图 1-12

甲醇 →

- O,O'-二甲基二硫代磷酸酯 → 农药(乐果、马拉硫磷等)
- 二氯乙酸甲酯 → 医药(合霉素、氯霉素等)
- 邻苯二甲酸二甲氧基乙酯 → 增塑剂(用于醋酸纤维) 电缆涂料 层压塑料黏合剂 电线用高强度漆
- N-甲基苯胺 → 有机合成中间体、溶剂、酸接受体
- 对茴香胺 → 染料(枣红色基GP、蓝色盐VB、色酚AS-RL等冰染染料);医药(阿的平等)
- 邻茴香胺 → 偶氮染料、冰染染料、色酚AS-OL等;医药(愈创木酚、安痢平等)、香兰素
- 溶剂、防冻剂
- 红色基RC → 冰染染料的色基(用于棉、麻、黏胶)
- 磷羟基苯甲酸甲酯 → 医药(牙齿防腐、消毒、消炎、镇痛)、杀虫剂、杀菌剂、香料、化妆品、油墨、涂料、合成纤维助染剂
- 三氟氯乙烯 → 氟塑料、氟橡胶、氟氯润滑油；吸入麻醉剂、防腐剂(以氟取代甾体、碳水化合物中的羟基)
- 2-甲基-4-氨基-5-(乙酰胺基甲基)嘧啶 → 维生素B₁的中间体
- N,N-二甲基甲酰胺 → 农药(杀虫脒)；抽提丁二烯溶剂(用于制聚氨酯、聚丙烯腈、聚氯乙烯等)；医药(合成磺胺嘧啶、可的松、维生素B₆等)
- N,N-二甲基苯胺 → 碱性染料重要中间体,也用于香料、橡胶促进剂、炸药、农药、医药等
- O,O'-二二甲基硫代磷酰一氯 → 农药中间体,可制马蝶松、杀螟腈、1605、甲基1605、甲胺磷等
- 甲醚 → 硫酸二甲酯、乙酸甲酯、乙烯；特殊燃料、制冷剂、麻醉剂
- 甲硫醇 → 用于染料、农药、医药的合成；甲烷磺酰氯、甲硫基丙醇
- 氯甲醚 → 氯甲基化剂,主要用于生产阴离子交换树脂
- 四氯化碳 → 溶剂、谷物熏蒸剂、灭火剂、有机物氯化剂、香料浸出剂、纤维脱脂剂、药物萃取剂、氟里昂、杀钩虫剂
- 发动机燃料
- 氯甲烷 → 氟里昂；发泡剂、氯硅烷化合物
- 10-十一碳烯酸 → 合成香料的原料(如:桃醛、聚环十五内酯等);抗生素皮肤霉菌药的原料
- 苯磺酸甲酯 → 烷基化剂、染料(艳绿FFB)辅助原料
- 月桂醇 → 增塑剂、表面活性剂、矿物浮选剂、植物生长调节剂、润滑油添加剂、特种化学品
- 聚乙烯醇 → 纺织经纱浆料；聚乙烯醇缩甲醛纤维(维尼纶)；聚乙烯醇缩丁醛；胶黏剂、纸张浆、涂料、聚合辅料等
- 乙二醇单甲醚 → 溶剂、试剂、涂层稀释剂、染料渗透剂和均染剂、密封剂
- 1,2-丙二醇-1-单甲醚 → 溶剂、分散剂、稀释剂(用于涂料、油墨、印染、农药、纤维素、丙烯酸酯等工业)、燃料抗冻剂、清洗剂、萃取剂、有色金属选矿剂等
- 一缩二丙二醇单甲醚 → 溶剂(涂料、染料)、刹车油
- 甲醇钠 → 缩合剂、强碱性催化剂及医药(VB₁、VA、磺胺嘧啶)、农药、食用脂肪处理催化剂
- 甲缩醛 → 阴离子交换树脂、溶剂、特种燃料、香料、格利尼亚反应和雷帕反应的反应介质
- 溴甲烷 → 杀虫剂、杀菌剂、谷物熏蒸剂、木材防腐剂、制冷剂、低沸点溶剂、增湿剂等

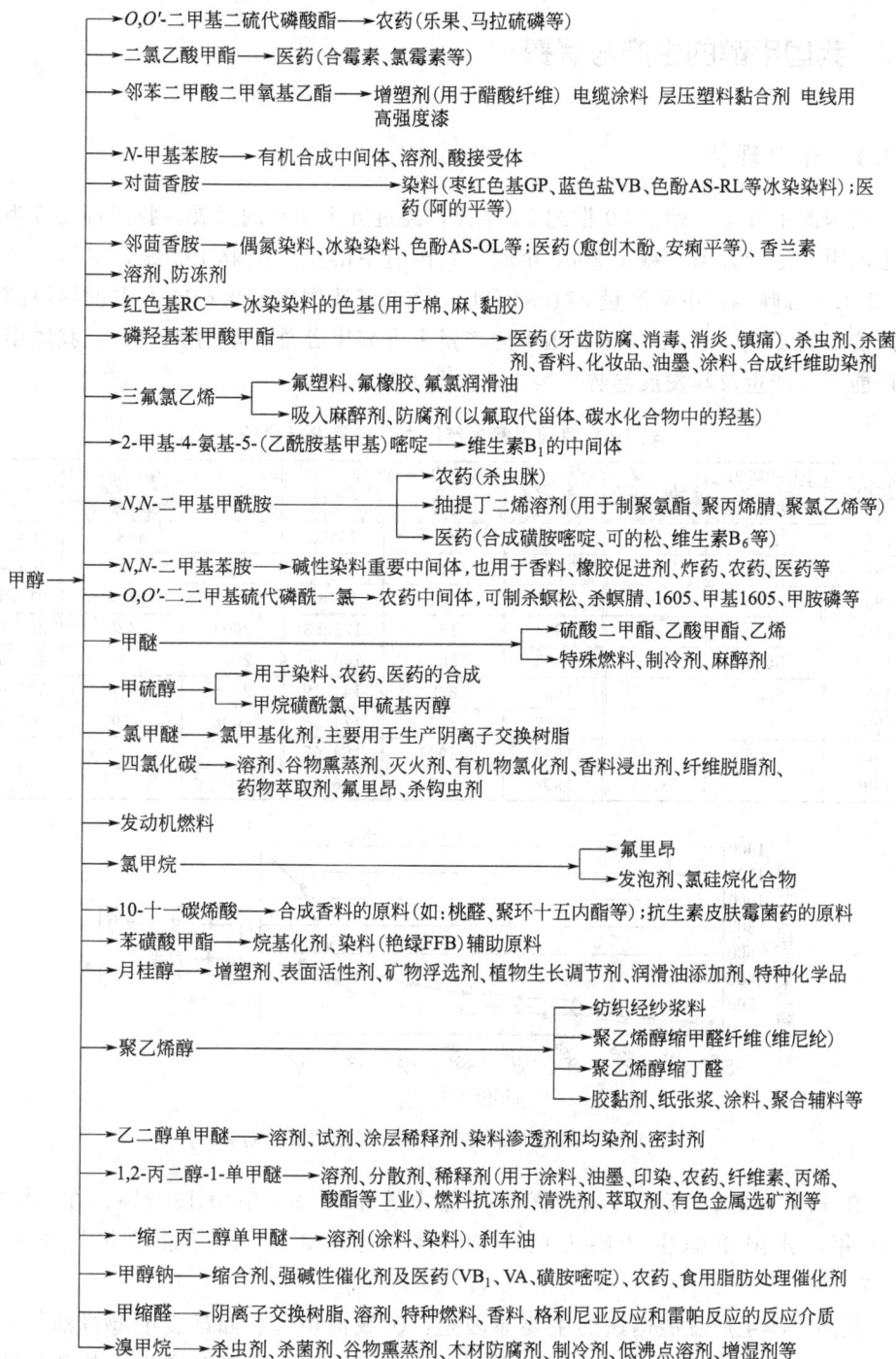

图 1-12　甲醇深加工产品系列

1.7 我国甲醇的生产与消费

1.7.1 生产现状

我国的甲醇生产始于 20 世纪 50 年代，经过五十多年的发展，我国现已成为世界上的甲醇生产大国。截至 2006 年底，我国有甲醇生产企业 195 家，甲醇生产能力 1291.3 万吨/a，甲醇产量 871.3 万吨。2006 年我国甲醇生产能力占世界甲醇总生产能力的 28.5%，2006 年我国甲醇产量占世界甲醇总产量的 24.9%。我国甲醇生产能力、产量及其发展趋势见表 1-6 和图 1-13。

表 1-6 我国甲醇生产能力、产量发展趋势

年份	生产能力/(万吨/a)	产量/万吨	年份	生产能力/(万吨/a)	产量/万吨	年份	生产能力/(万吨/a)	产量/万吨
1957	2.8	—	1991	93	76.03	2000	348.2	198.69
1971	10	—	1992	118	87.13	2001	390	206.48
1981	40	—	1993	122	92.69	2002	404	210.95
1985	54.4	—	1994	163	125.53	2003	432	298.87
1986	55.4	—	1995	258.9	146.90	2004	650	440.64
1987	68.4	—	1996	272	141.19	2005	1090	535.64
1988	69.6	—	1997	285	174.33	2006	1291	871.3
1989	79.5	—	1998	292	158.07			
1990	86	63.97	1999	305	146.48			

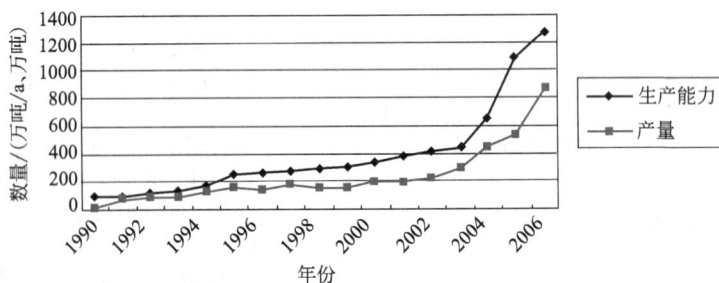

图 1-13 我国甲醇生产能力、产量的发展趋势

在 1957～2006 年，我国甲醇生产能力的年均增长率为 13.3%；在 1990～2006 年，我国甲醇生产能力的年均增长率为 18.5%，产量的年均增长率为 17.7%。

我国甲醇生产发展迅速的主要原因是：①我国甲醛、醋酸、甲醇汽油、MT-BE、甲基丙烯酸甲酯等化工产品的发展；②我国甲醇生产工艺和生产装备的技术进步。

2006 年我国甲醇产量在 10 万吨以上的生产企业见表 1-7。

表 1-7　2006 年我国甲醇产量 10 万吨以上的生产企业

序号	公司名称	生产工艺	生产能力/(万吨/a)	产量/万吨
1	榆林天然气化工有限责任公司	天然气	45.0	36.220
2	上海焦化有限公司	煤	35.0	35.668
3	泸天化(集团)有限责任公司	天然气	40.0	33.268
4	中国石化集团四川维尼纶厂	乙炔尾气 天然气	35.0	28.295
5	蓝天集团光山化工分公司	联醇	20.0	23.917
6	兖矿国泰化工有限公司	煤	24.0	23.406
7	河南蓝天集团有限公司遂平化工厂	联醇	20.0	20.532
8	山西丰喜肥业(集团)股份有限公司	联醇	20.0	19.952
9	大庆油田化工有限公司	天然气	20.0	19.623
10	山东省联盟化工集团有限公司	联醇	15.0	18.559
11	陕西神木化学工业有限公司	煤	20.0	18.355
12	苏里格天然气化工股份有限公司	天然气	18.0	17.980
13	河南蓝天集团有限公司中原甲醇厂	天然气	40.0	17.445
14	宁津县永兴化工有限责任公司	联醇	20.0	17.016
15	湖北宜化集团有限责任公司	联醇	20.0	15.863
16	中国天然气股份公司青海分公司	天然气	40.0①	15.437
17	兖矿鲁南化肥厂	联醇	15.0	15.309
18	中海石油建滔化工有限公司	天然气	60.0①	14.953
19	河南省煤气(集团)有限责任公司义马气化厂	煤	14.0	13.469
20	巨化集团公司	联醇	10.0	11.439
21	哈尔滨气化厂	焦炉气	14.0	11.010
22	长庆油田公司	天然气	10.0	10.301

① 2006 年 9 月投产。

注：一些甲醇产品基本自用的企业未包括在内。

1.7.2　生产的发展趋势

据调查，2006～2007 年我国拟、在建甲醇项目有 100 个以上，其中包括在产厂家的扩建改造、焦炉煤气制甲醇等规模较小的项目，甲醇制烯烃与二甲醚等规模较大项目，以及在煤炭与天然气产地建设的较大的商品甲醇项目。由于合理利用能源与市场需求等原因，拟建项目不可能全部实施。我国规模较大的甲醇拟、在建项目见表 1-8。2005～2015 年我国甲醇生产发展预测见表 1-9。

表1-8　我国规模较大的甲醇拟、在建项目　　　单位：万吨/a

企业名称	规模		原料	预计建设周期
	全部	一期		
中国神华煤制油有限公司	180	180	煤	2010年
中煤能源集团公司	420	420	煤	2007～2010年
赤峰泽楷能源化工有限公司	180	60	煤	2008～2010年
山东新汶矿业集团有限责任公司	360	180	煤	
兖矿煤业榆林能化有限公司	230	60	煤	
陕西中化益业能源投资有限公司	240	60	煤	
山西华运煤电股份有限公司	180		煤	
鹤岗华鹤煤化股份有限公司	240	120	煤	
鲁能宝清煤电化项目有限公司	180	180	煤	2007～2011年
合计	2210	1260		

表1-9　2005～2015年我国甲醇生产发展预测

项目	实际		预测		年均增长率/%		
	2000年	2005年	2010年	2015年	2000～2005年	2005～2010年	2010～2015年
生产能力/(万吨/a)	348.2	1090	2500	3500	25.6	18.1	7.0
产量/万吨	198.69	535.64	2000	3000	21.9	30.1	8.5
开工率/%	57.1	49.1	80.0	85.7	-3.0	10.3	1.4

我国甲醇生产的发展趋势是：煤、天然气、焦炉煤气等多种原料路线并存，以煤为主；新建装置大型化。

1.7.3　消费与市场

（1）消费

2006年，我国甲醇市场表观消费量为965.03万吨，占世界甲醇消费总量的27.6%。2000～2006年我国甲醇市场表观消费量见表1-10，图1-14。

表1-10　我国甲醇市场表观消费量　　　单位：万吨

年份	产量	进口量	出口量	表观消费量	年份	产量	进口量	出口量	表观消费量
2000	198.69	130.65	0.54	328.8	2004	440.64	135.85	3.29	573.2
2001	206.48	152.13	0.96	357.65	2005	535.64	136.03	5.45	666.22
2002	210.95	179.97	0.09	390.83	2006	871.3	112.73	19.0	965.03
2003	298.87	140.16	5.08	433.95					

在2000～2006年，我国甲醇市场表观消费量的年均增长率为16.6%。我国甲醇市场消费量增长的主要原因是甲醇衍生产品快速发展对甲醇需求量的增加，特别是甲醛、醋酸、MTBE对甲醇的需求量增加迅速。

2006年，中国甲醇消费构成见表1-11。

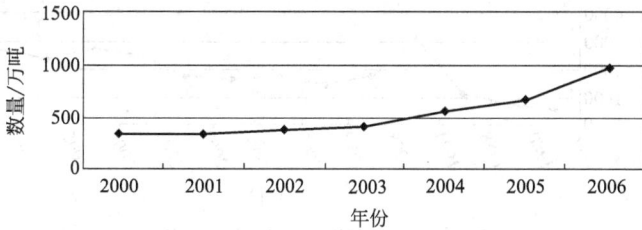

图 1-14 我国甲醇市场表观消费量

表 1-11 2006 年中国甲醇的消费构成

用　途	消费量/万吨	消费构成/%	用　途	消费量/万吨	消费构成/%
甲醛	505	52.3	甲烷氯化物(CMS)	20	2.1
甲基叔丁基醚(MTBE)	45	4.7	聚乙烯醇(PVA)	14	1.5
醋酸	76	7.9	二甲醚(DME)	55	5.7
对苯二甲酸二甲酯(DMT)	18	1.9	甲缩醛	5.5	0.5
硫酸二甲酯	3.5	0.4	甲醇掺烧	110	11.4
碳酸二甲酯	5	0.5	医药	26	2.7
丙烯酸甲酯(MA)	10	1.0	农药	10	1.0
甲基丙烯酸甲酯(MMA)	9.0	0.9	其他	10	1.0
甲胺	43	4.5	合计	965.00	100

　　据预测，2010 年和 2015 年我国甲醇需求量将达到 1895 万吨和 3500 万吨，二甲醚和甲醇制烯烃将是未来我国甲醇需求增长最快的领域，市场容量会跳跃式扩大。届时，我国甲醇消费量约占同期世界甲醇消费总量的 40% 以上，我国将成为未来世界甲醇消费市场中心。我国甲醇消费量预测（与 2005 年数据比较）见表 1-12。

表 1-12 我国甲醇消费量预测　　　　　　　　　　　单位：万吨

2005 年	2010 年	2015 年	年均增长率/%	
			2005～2010 年	2010～2015 年
708.18	1895	3500	21.8	13.1

（2）价格

我国甲醇市场价格走势见表 1-13，图 1-15。

表 1-13 我国甲醇市场价格走势（平均价格）　　　　　单位：元/t

年份	1968	1980	1988	1994	1998	1999	2000	2001	2002	2003	2004	2005	2006
价格	550	750	1100	3100	1750	1430	1748	1637	1745	2467	2752	2345	2658

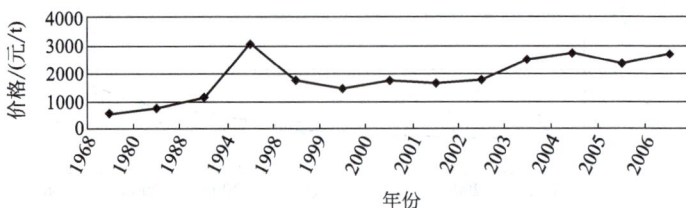

图 1-15 我国甲醇市场价格走势

影响我国甲醇市场价格的主要因素是：①我国原料煤炭、天然气等价格的变化；②生产工艺方法的不同；③国际市场的天然气和甲醇价格的影响。

我国甲醇生产厂家众多，原料来源不同，生产方法多样，造成我国甲醇市场价格多样化，差异较大。例如，2002 年 1 月份平均价格为 1380 元/t，12 月平均价格为 2060 元/t；通常我国闽粤、东北、赣湘鄂、江浙沪地区甲醇市场价格较高，西北、华北、豫鲁皖地区价格较低，西北最低，2007 年 1、2 月份，西北地区甲醇平均价格 2721 元/t，而闽粤地区为 3650 元/t；以天然气为原料的格尔木甲醇厂甲醇价格为 2150～2450 元/t，而大庆甲醇厂的同期价格为 3400～3500 元/t。

2006 年中国液体化工交易网甲醇期货价格及其走势见表 1-14，图 1-16。

表 1-14 2006 年中国液体化工交易网甲醇期货价格

阶段	1	2	3	4	5	6	7
时间	1 月 4 日～ 7 月 31 日	7 月 31 日～ 9 月 1 日	9 月 1 日～ 9 月 19 日	9 月 19 日～ 10 月 20 日	10 月 20 日～ 11 月 2 日	11 月 2 日～ 11 月 21 日	11 月 21 日～ 2007 年 1 月 4 日
价格/（元/t）	2500	2955	2750	3360	3005	3420	3100

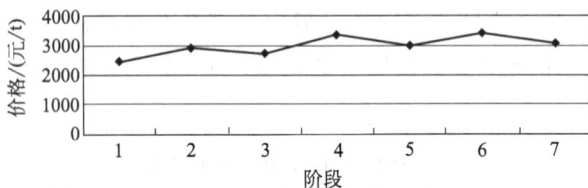

图 1-16 2006 年中国液体化工交易网甲醇期货价格走势

（3）贸易

自 20 世纪 50 年代以来，我国每年都进口甲醇，2002 年我国进口甲醇 179.97 万吨，创历史最高，1955～2002 年我国甲醇进口量的年均增长率为 20.7%。2006 年我国进口甲醇量下降为 112.7 万吨。2002～2006 年我国甲醇进口量的年均递减率为 11%。

2006 年我国甲醇进口金额为 3.04 亿美元，2000～2006 年我国甲醇进口额的年均增长率为 8.3%。

我国出口甲醇始于 20 世纪 80 年代中期，2006 年我国出口甲醇 19 万吨，

1985～2006 年我国甲醇出口量的年均增长率为 24.8%，2000～2006 年我国甲醇出口量的年均增长率为 81%。

2006 年我国甲醇出口额为 6638.7 万美元，2000～2006 年我国甲醇出口额的年均增长率为 146.6%。

近年我国甲醇进出口概况与动态见表 1-15、图 1-17。

表 1-15　我国甲醇进出口概况

年份	进　口			出　口		
	数量/万吨	金额/美元	单价/(美元/t)	数量/万吨	金额/美元	单价/(美元/t)
2000	130.65	187919322	143.83	0.0451	295103	654.33
2001	152.13	212780725	139.87	0.9589	2060509	214.88
2002	179.96	278726198	154.89	0.0885	403614	456.06
2003	140.16	328082970	234.08	5.08	12172540	239.62
2004	135.85	345784201	254.53	3.29	8581788	260.85
2005	136.03	335057123	246.31	5.45	14488124	265.84
2006	112.73	303904415	269.59	19.00	66387142	349.35

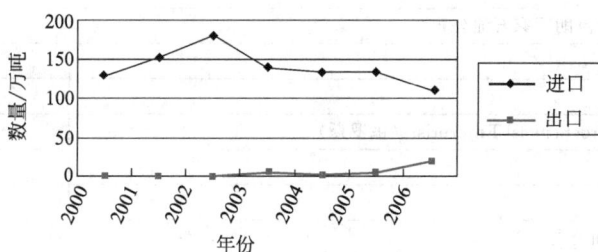

图 1-17　我国甲醇进出口动态

在传统的进出口贸易和我国的现货贸易以外，近年来我国甲醇期货贸易悄然兴起，甲醇是中国液体化工交易网最早上市的三个品种之一，并成为最活跃的交易产品。随着我国市场经济的深入和成熟发展，期货交易依托高速发展的互联网络和现代电子商务技术，有望成为我国甲醇贸易新颖、简便、有效的购销流通渠道。

1.8　世界甲醇的生产与消费

1.8.1　生产

2006 年世界甲醇生产总能力 4539.2 万吨/a，产量 3509.2 万吨。2001～2006 年世界甲醇生产能力的年均增长率为 4.2%。2001～2006 年世界甲醇产量的年均增长率为 3.6%。世界甲醇生产的相关内容见表 1-16～表 1-18。

表 1-16　2006 年世界各地区甲醇生产情况

地区	生产能力/(万吨/a)	产量/万吨	开工率/%
非洲	183.9	131.1	71
亚洲	1149.6	832.8	72
中东欧	510.1	326.5	64
中东	866.9	710.2	82
北美	261.1	194.9	75
大洋洲	39.8	28.4	71
中南美洲	1248.8	1064.5	85
西欧	279.0	214.5	77
总计	4539.2	3502.9	77

表 1-17　2006 年世界主要甲醇生产企业　　　　　　　　　单位：kt/a

公　　　　司	生产能力
Methanex	6159
SABIC(沙特基础工业公司)	2500
Methanol Holdings[甲醇控股(特立尼达和多巴哥)有限公司]	2160
Celanese	1958
Japan Saudi Methanol Consortium(日本沙特阿拉伯甲醇协会)	1775
National Iranian Oil(伊朗国家石油公司)	1760
Ferrostaal AG	1575
Metafrax(俄罗斯)	960
Tomsk Group of Petrochemical Enterprises(俄罗斯)	788
PDVSA(委内瑞拉)	765
BP(英国石油公司)	759
Statoil(挪威国家石油公司)	738
Petronas(马来西亚国家石油公司)	726
National Methanol(沙特)	660
Obedinenie Azot	650
其他	22610

表 1-18　世界甲醇生产发展预测

项　　目	实际		预测		年均增长率/%		
	2001 年	2006 年	2011 年	2016 年	2001~2006 年	2006~2010 年	2010~2015 年
生产能力/(万吨/a)	3690.4	4539.2	6822.5	6889.6	4.2	8.5	0.2
产量/万吨	2938.2	3509.2	4589.2	5298.4	3.6	5.6	2.9
开工率/%	80	77	67	77			

1.8.2　消费

世界甲醇消费的相关内容见表 1-19，图 1-18 和表 1-20。

表 1-19　世界甲醇消费与预测　　　　　　　　　　　　单位：万吨

项目	实际		预测		年均增长率/%		
	2006 年	2006 年 消费比例/%	2011 年	2016 年	2001~ 2006 年	2006~ 2011 年	2011~ 2016 年
醋酸	349.5	10.0	479.8	550.8	7.2	6.5	2.8
醋酐	19.6	0.56	21.5	23.3	1.8	1.9	1.6
防冻剂	24.7	0.7	26.4	27.6	1.3	1.3	0.9
氯甲烷	152.9	4.36	171.6	183.5	3.3	2.3	1.3
燃料	247.9	7.1	836.9	1097.5	38.5	27.6	5.6
DMT	20.5	0.58	20.0	19.7	−9.5	−0.5	−0.3
甲醛(37%)	1190.7	34.0	1397.8	1560.0	2.9	3.3	2.2
MMA	98.4	2.8	123.8	148.6	5.9	4.7	3.7
甲胺	114.5	3.3	141.2	169.8	6.2	4.3	3.7
MTBE	559.7	16.0	487.6	488.0	−5.4	−2.7	0.0
聚苯醚	4.8	0.1	5.3	5.7	6.4	2.0	1.6
溶剂	112.0	3.2	135.8	154.4	4.8	3.9	2.6
TAME	72.0	2.0	65.4	72.3	3.5	−1.9	2.0
其他	535.7	13.1	676.3	797.4	6.2	5.3	3.6
总计	3502.9	100	4589.2	5298.4	3.2	5.6	2.9

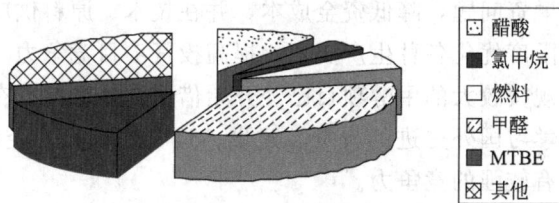

图 1-18　2006 年世界甲醇消费构成

表 1-20　2006 年世界各地区甲醇贸易与消费量　　　　　　单位：万吨

区　域	进口量	出口量	消费量
非洲	6.3	116.6	20.8
亚洲	748.5	120.7	1460.6
中东欧	68.9	185.1	210.3
中东	34.6	553.3	191.5
北美	648.1	51.2	791.8
大洋洲	6.3	23.0	11.7
中南美洲	34.8	971.5	127.8
西欧	710.1	236.2	688.4
合计	2257.6	2257.6	3502.9

　　甲醇是世界石化产品中最重要的贸易产品之一。2006 年，甲醇的贸易量占全球甲醇产量的 64%，美国是世界最大的甲醇进口国，进口量占世界甲醇进口总量的 26%。特立尼达和多巴哥共和国是世界最大的甲醇出口国，出口量占世界甲醇出口总量的 22.5%。

预计，甲醇制烯烃（MTO/MTP）和二甲醚（DME）将是未来驱动甲醇市场需求增长的主要动力，而我国将是未来甲醇需求的重点地区。未来十年内，世界甲醇供应能力可能会大于市场需求，竞争将会加剧，一些不具竞争力的小装置或原料价格较高地区的甲醇装置将关闭。根据未来甲醇装置建设趋势，世界甲醇的生产中心正在向南美、沙特、伊朗和我国转移，其甲醇产品的目标市场主要是亚太地区。

1.9 发展建议

（1）改进我国甲醇项目投资融资模式和建设运营方式

目前我国甲醇项目的投资模式不尽合理，大多是独资企业，少有合资合作，并由投资商独立运营。大规模的甲醇及下游产品项目，投资往往超过上百亿元，投资大，风险高，独立投资加大了融资难度和投资风险，并且投资方还要协调和落实原料供应和产品销售等诸多事项，总体过程都要承担很大风险和压力。而国外甲醇装置建设大多为合资合作建设与运营。一般股东构成包括投资商、专利商、销售商和资源供应商等，且投资商委托专业资产管理公司协助运营。多家投资合作方式，降低风险，有效解决融资问题，降低资金成本，并在技术、原料供应和产品销售等方面给以保证，最大限度优化各种生产要素，提高投资项目竞争力。

我国目前一些规模较大的甲醇项目已经开始借鉴国外经验。在这方面应当进一步改变传统观念，学习国外先进的投资、建设、运营模式，使企业从投资、建设、运营结构组成上具有较强的竞争力。

在资金来源方面，我国东部企业有资金没有资源，西部有资源而缺少资金，东部企业可以到西部发展业务，把资金与资源结合起来，东西部企业合资、优势互补是一条发展我国甲醇产业的有效融资途径，一些企业已经这样做了并取得了很好的效果，应当继续推广。

（2）因地制宜地发展以煤为主的多种原料路线和工艺

2007 年 9 月国家发改委发布《天然气利用政策》，政策规定我国将优先发展城市燃气，禁止以天然气为原料生产甲醇。这一政策将对我国甲醇生产原料路线产生较大影响。

为了节约资源、降低产品成本、抵御国际甲醇市场的冲击，我国应继续因地制宜地发展以煤为主、焦炉煤气制甲醇等多种原料路线的甲醇生产。在煤产地建设大型甲醇和下游产品联合装置，可大大降低成本，形成一定竞争能力。焦炉煤气制甲醇从合理利用资源、环境保护、降低生产成本等方面都具有明显的优势，如果把我国目前排放的焦炉煤气的 50% 用来制造甲醇，可达到 1000 万吨/a 甲醇生产能力，其数量相当于我国 2010 年预计甲醇生产能力的 40%。如果这一目标能够实现，将在节能、减排和促进甲醇产业良性可持续发展方面发挥很好的作用，应当继续提倡和加快建设规模更大、技术更先进的焦炉煤气制甲醇项目。

（3）加快发展建设我国自有技术的大型甲醇装置

建设大型甲醇装置需要解决的主要技术问题有煤气化技术、催化剂开发、工艺设计和大型反应器制造等。从大型煤制甲醇装置工艺技术和设备开发看，我国煤气化技术和制甲醇工艺已经十分成熟，南化集团研究院、西南化工研究设计院等研制的甲醇催化剂也已达国际先进水平。近几年来，华东理工大学和杭州林达化工技术工程有限公司都开发成功了大型低温反应器数学模型和计算软件，掌握了大型低压反应器设计和制造的核心技术。我国已能够自主设计、制造大型甲醇反应器。我国今后新建甲醇装置大型化是必然之路，应当加快完善全套大型甲醇装置及其配套技术，新建装置应考虑采用我国技术。

（4）宣传和推广电子商务促进甲醇市场流通

市场流通对于任何一个产品的发展都至关重要，电子商务的广泛应用可以降低企业经营、管理和商务活动的成本，促进资金、技术、产品、服务和人员在全球范围的流动，推动经济全球化发展。越来越多的化工企业开始相信网上交易的优势，化工产品的网上交易量持续攀升，许多大型化工公司非常重视电子商务的发展，并将其视为一种新的竞争力。甲醇是一种大宗化工产品，了解和应用电子商务是今后促进甲醇及其相关产品交易的好方法，应当推广。

（5）建立甲醇行业预警机制，维护甲醇产业安全

近年来我国对外贸易迅速发展，贸易量大幅增加，贸易摩擦越来越多，我国已成为世界上最大的反倾销受害国。我国一直是甲醇进口国，甲醇出口也日渐增加。维护我国甲醇生产和使用企业在进出口方面的合法权益至关重要。

2005 年 12 月，欧洲议会和欧盟国家部长理事会批准了《欧盟关于化学品注册、评估、授权和限制法规》（REACH），目的是保护生命健康和环境，提高欧盟化学工业竞争力，维护统一内部市场，增强化工产品信息透明度。REACH 的实施将对我国化工及其他产业产生重大影响。根据这项法规的要求，我国向欧盟出口的800 多种化学品和几千种化工下游产品将面临注册、评估、许可的问题，必须通过欧盟境内的生产商或进口商进行注册，注册成本的增加，必然降低中国产品的竞争力。如果不注册，不仅丢掉欧盟市场，与注册的商品相比，因缺乏可信度也要降低在国际市场上的竞争力。如何应对，也需要认真进行研究。

因此，应建立甲醇产业损害预警机制，以防范市场风险。通过运用反倾销、反补贴、保障措施等法律武器，维护我国甲醇企业的合法权益，确保我国甲醇产业经济安全。

甲醇产业的预警工作，2006 年已纳入中国氮肥工业协会的工作计划，并得到商务部的重视，2007 年已着手建立甲醇行业产业损害预警机制，这一机制的建立需要甲醇企业积极参与和支持，并发挥作用。

（6）重视新技术的基础研究工作

液相甲醇合成工艺具有技术和经济双重优势，在不远的将来可能会趋于完善并

与气相合成工艺在工业上形成竞争。CO_2 加氢合成甲醇、甲烷直接合成甲醇也是甲醇工业的热点开发技术。因此，应加大对液相合成工艺、CO_2 加氢合成甲醇、甲烷直接合成甲醇等新技术、新工艺的研究开发力度，一方面要跟踪国外先进技术，同时要加大基础研究工作，开发出自主的先进成套技术，尤其是催化剂的研究开发等，使我国甲醇工业能够有可持续发展的技术储备。

参 考 文 献

[1] 谢克昌，李忠.甲醇及其衍生物.北京：化学工业出版社，2002.

[2] 王允生.甲醇罐区的火灾爆炸危险性分析及防火防爆设计.化工设计，2000，(5)：32-37.

[3] 戴自庚.甲醛生产.成都：电子科技大学出版社，1993.

[4] 李天文，曹永生.甲醇合成工艺进展.现代化工，1999，(9)：8-11.

[5] 白添中.焦炉煤气制取甲醇的若干方法//全国炼焦行业利用焦炉煤气生产甲醇集应用研讨会.北京：中国炼焦行业协会，2005：50.

[6] 王良辉.焦炉煤气制甲醇工程设计中应注意的若干问题//全国炼焦行业利用焦炉煤气生产甲醇集应用研讨会.北京：中国炼焦行业协会，2005：117.

[7] 王春荣，纪智玲，刘云义.甲醇合成催化剂及其在甲醇合成工业中的应用.甲醇与甲醛，2007，2：17.

[8] 中海石油化学股份有限公司日产 4000 吨甲醇项目建设项目环境影响公示信息.海南日报，2006-4-26.

[9] 杨挺，李生效，张文效."联醇"工艺的进展.煤化工，2004，(6)：10.

[10] 梁建敏.甲醇行业发展机会及融资途径//2005 年全国加醇及下游产品市场分析与发展研讨会专辑.北京：中国氮肥工业甲醇专业委员会，2005：17.

[11] 刘淑兰.深入贯彻科学发展观，促进甲醇工业健康发展.甲醇与甲醛，2007，(2)：1.

[12] 魏华，丁明公.20 万吨/a 焦炉煤气制甲醇.有机化学和基本有机化学工业，2006，(6)：7-15.

[13] 刘鸿生，朱德林.我国外低压甲醇合成塔简介//2004 年全国甲醇及下游产品生产、技术、市场及发展研讨会论文集.北京：中国氮肥工业协会甲醇专业委员会，2004：230.

[14] 化学事故技术援助数据系统.上海：上海市化工职业病防治院出版，v1.0.2007.http://www.ahmasepa.gov.cn/admin/uploaddir/20050613-153556.doc.

[15] 刘延伟.甲醇市场与投资建议.2007 甲醇市场论坛，2007.4.http://bbs.hcbbs.com/thread-39112-1-1.html.

（朱铨寿　编写）

二甲醚

2.1 物化性质

二甲醚又称甲醚，简称DME，在常压下是一种无色气体或压缩液体，具有轻微醚香味；具有优良的溶解性，易溶于水及醇、乙醚、丙酮、氯仿等多种有机溶剂；易燃，在燃烧时火焰略带光亮；常温下DME具有惰性，不易自动氧化，无腐蚀、无致癌性，毒性很低，蒸气有刺激和麻醉作用。二甲醚用途比较广泛，主要用于气雾制品喷射剂、制冷剂、溶剂等，另外也可用于化学品合成。

近年来，由于二甲醚易压缩、易储存、燃烧效率高、污染低，可以替代液化石油气（LPG）、煤气作民用燃料。同时，二甲醚的十六烷值较高，可直接用作汽车燃料替代柴油。表2-1比较了二甲醚、柴油、液化石油气和压缩天然气（CNG）的物化特性。作为普通的化工原料，全球二甲醚的产量很少，但是随着原油价格的不断上涨，二甲醚优良的物理性能使其在民用燃料和车用原料的替代方面显示出巨大的潜力。

表 2-1 二甲醚、柴油、LPG 和 CNG 的物化特性比较

性　　质	二甲醚	柴油	LPG	CNG
化学式	CH_3OCH_3	C_xH_y	C_3H_8、C_4H_{10}	CH_4
相对分子质量	46.07	190～220	44～56	16.04
液态密度/(kg/m³)	667	820～880	501	445
沸点/℃	−24.9	175～360	−42	−162
十六烷值	55～60	40～55	<10	<10
自燃温度/℃	235	250	470	650
低位发热量(气态)/(MJ/kg)	28.9	42.5	46.4	50.0
汽化潜热/(kJ/kg)	467.7	250～300	426.0	510.0
理论空热比/(kg/kg)	9.0	14.6	15.3	17.3
动力黏度(20℃)/$\mu Pa\cdot s$	0.15	2～4	0.15	—
蒸气压(20℃)/MPa	0.51	<0.001	0.84	—
爆炸极限(空气中)/%	3.4～17	0.6～0.65	2.1～9.4	4.7～15

2.2 质量标准

二甲醚作为化工原料的产品规格，目前我国暂无产品质量国家标准。对于燃料级二甲醚，国内外也均无国家级质量指标。2007 年 4 月 13 中华人民共和国国家发展和改革委员会发布了二甲醚的行业标准，见表 2-2。

表 2-2　二甲醚技术要求（HG/T 3934—2007）

项目		I	II
二甲醚的质量分数/%	≥	99.9	99.0
甲醇的质量分数/%	≤	0.05	0.5
水的质量分数/%	≤	0.03	0.3
铜片腐蚀实验	≤	—	1 级
酸度（以 H_2SO_4 计）/%		0.0003	—

注：1. I 型产品作制冷剂时检测酸度。

2. 该产品 I 型作为工业原料主要用于气雾剂的推进剂、发泡剂、制冷剂、化工原料等，II 型主要用于民用燃料、车用燃料及工业燃料的原料。

2007 年 8 月 21 日，建设部关于发布行业产品标准《城镇燃气用二甲醚》的公告，批准《城镇燃气用二甲醚》为城镇建设行业产品标准，编号为 CJ/T 259—2007，自 2008 年 1 月 1 日起实施。该标准的实施表明，二甲醚作为液化气的替代燃料已具合法身份，将正式作为替代燃料推广。不仅如此，国家标准化管理委员会还建议将《城镇燃气用二甲醚》行业标准上升为国家标准。

2.3 毒性及防护

二甲醚有轻微麻醉作用，高浓度吸入可致人窒息。侵入人体的途径主要是吸入，长期的吸入可能导致协调功能丧失、视力模糊、头痛、眼花、兴奋及情绪不稳，严重时可导致中枢神经系统受抑制，甚至缺氧而死。皮肤接触二甲醚会导致龟裂和干燥，接触到液体可能导致冻伤。高浓度二甲醚蒸气会刺激眼睛，如眼睛接触到液体可能导致冻伤。误食二甲醚液体后，可能会造成口、唇冻伤、协调功能丧失、视力模糊、头痛、痛觉丧失、意识丧失及呼吸不畅。

二甲醚常温状态为气态，属易燃、易爆气体。与空气混合能形成爆炸性混合物。接触热、火星、火焰或消化剂易燃烧爆炸。接触空气或在有阳光的条件下可生成具有潜在爆炸危险性的过氧化物。气体比空气重，能在较低处扩散到相当远的地方，遇明火会引起回燃。若遇高热，容器内压力增大，有开裂和爆炸的危险。

如吸入二甲醚需将患者移至空气新鲜的地方，若停止呼吸，则立刻实施人工呼吸后就医。皮肤接触到二甲醚液体时，立刻用温水（不超过 40℃）使冻伤处回暖，严重时立刻就医。本品溅入眼睛，立刻用水彻底冲洗，然后立刻就医。

工程运行中，二甲醚要单独使用不会产生火花且通风的系统，排风口直接通到室外，供给充分新鲜空气以补充排气系统抽出的空气。如遇泄漏事故，需迅速撤离事故区人员至上风处，并进行隔离，严格限制出入，并切断火源。建议应急处理人员戴自给正压式呼吸器，穿消防防护服。要尽可能切断泄漏源。用工业覆盖层或吸附/吸收剂盖住泄漏点附近的下水道等地方，防止气体进入。合理通风，加速扩散。喷雾状水稀释、溶解，构筑围堤或挖坑收容产生的大量废水。漏气容器要妥善处理、修复、检验后再用。若发生燃爆事故，要采用雾状水、抗溶性泡沫、干粉、二氧化碳、沙土等灭火剂处理。

2.4　包装及储运

二甲醚包装容器上应有牢固清晰的标志，内容包括：产品名称、商标、生产厂厂名、厂址、净含量、批号、产品等级、标准编号、GB 190—90 规定的"易燃液体"标志。二甲醚小批量产品用钢瓶包装运输，钢瓶质量应符合 GB 5842、GB 15380 的规定，充装应符合 GB 14193 的规定。大批量产品采用液化罐车运输。

二甲醚应储存于液化气储罐中，储罐应放置在阴凉干燥的地方，不得靠近火源及热源，严禁烈日曝晒，夏季储罐应装有降温装置。

装有二甲醚的钢瓶和液化罐车为压力容器，在运输及装卸过程中严禁烟火、撞击、摔落和曝晒。包装和储存容器内保持正压，防止空气进入。

二甲醚用作民用燃料，其压力等级符合液化气的要求，可用现有的液化气灌装设备集中统一灌装，灶具也可通用。储存灌装设备都可与液化石油气通用。

2.5　二甲醚的合成工艺

早期工业用二甲醚是从合成甲醇的副产物中分离回收，产量较低，不足以形成工业化规模。当前二甲醚的合成方法有两种：一种是采用合成气直接合成二甲醚的生产工艺，称为一步法；另一种是合成气生产甲醇，再经由甲醇脱水生成二甲醚的方法，即两步法，也称为甲醇法。

2.5.1　合成气一步法

一步法是把由 CO 和 H_2 组成的合成气通过复合催化剂层，直接生成二甲醚的工艺（见图 2-1）。在该工艺中合成甲醇反应和甲醇脱水反应在一个反应器中完成，同时伴随 CO 的转化反应。反应平衡常数大，反应生成的甲醇立即进行脱水反应生成二甲醚，克服了合成甲醇反应转化率低的弱点。合成气单程转化率高，达 $40.0\% \sim 75.0\%$。其反应式为：

$$CO + 2H_2 \xlongequal{\quad} CH_3OH \qquad (2\text{-}1)$$

$$CO + H_2O \Longrightarrow CO_2 + H_2 \qquad (2-2)$$

$$2CH_3OH \Longrightarrow CH_3OCH_3 + H_2O \qquad (2-3)$$

总反应：
$$3CO + 3H_2 \Longrightarrow CH_3OCH_3 + CO_2 \qquad (2-4)$$

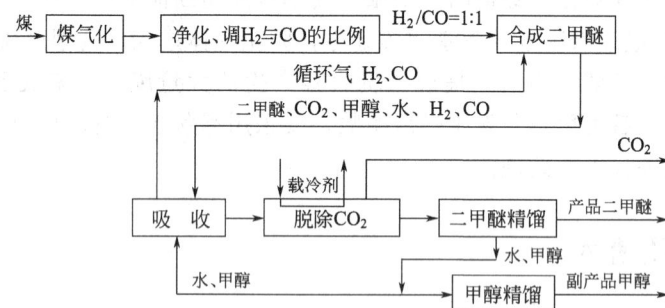

图 2-1　合成气一步法生产流程

合成气一步法又有气相一步法（两相法，固定床）和液相一步法（三相法，浆态床）之分。气相一步法是一种固定床生产方式，合成气在固体催化剂表面上进行反应生成二甲醚。液相一步法工艺采用的是浆态床，将复合催化剂磨细悬浮于惰性介质溶液中，合成气首先溶解于惰性介质溶液，然后通过扩散作用与催化剂颗粒接触，发生甲醇合成与脱水的反应，生成二甲醚，因此反应是在气、液、固三相中进行。

国外开发合成气一步法有代表性的公司有：丹麦托普索公司（气相法）、美国APCI（美国气体化工产品公司，浆态床）和日本NKK公司（日本钢管株式会社，浆态床）。

丹麦托普索公司开发的合成气一步法工艺属联合型，甲醇反应器和二甲醚反应器串联在同一合成回路中，采用的技术和工艺部件与甲醇工艺相似。该工艺是专门针对天然气原料开发的一项新技术，造气部分选用的是自热式转化器（ATR），操作条件为 240～290℃，压力 4.2MPa。1995 年托普索公司在丹麦哥本哈根建了一套 50kg/d 的中试装置对工艺性能进行测试。托普索二甲醚工艺流程见图 2-2。

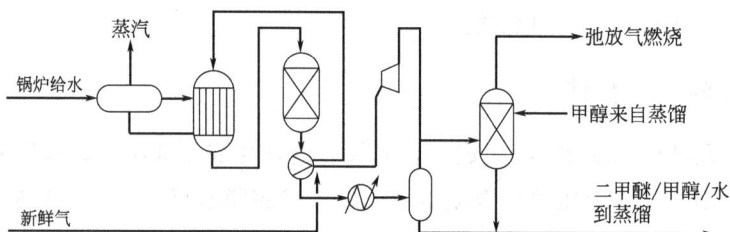

图 2-2　托普索二甲醚工艺流程

美国 APCI 公司的浆态床整体一步法工艺（见图 2-3）的主要优势是放弃了传统的气相固定床反应器而使用了浆液鼓泡塔反应器。催化剂颗粒呈细粉状，用惰性矿物油与其形成浆液。公司已在 5000 吨/a 的中试工厂对该工艺进行了测试，结果令人满意。

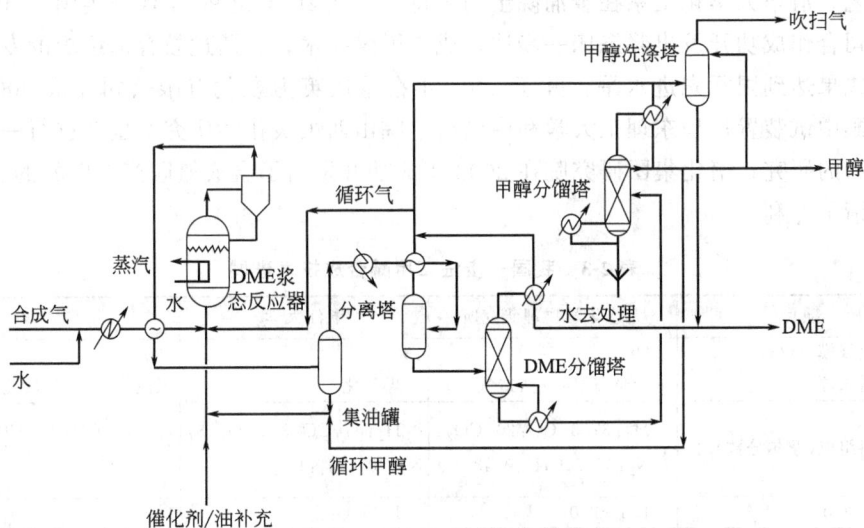

图 2-3　美国 APCI 公司的浆态床整体一步法工艺流程

自 1989 年起，NKK 公司一直在进行二甲醚的研究和开发。该公司开发的联合工艺采用单台反应器。该技术采用 H_2 与 CO 的混合比为 1 的原料气。在 250～320℃、3.0～5.0MPa 下，于 1995 年进行了三相浆态床液相合成二甲醚 5kg/d 的实验，1999 年进一步进行了合成二甲醚 5t/d 工业中间试验。目前，日本新泻已建成 1 万吨/a 合成气一步法生产二甲醚的半工业化装置；（100～200）万吨/a 的大型装置也在计划之中。NKK 二甲醚工艺流程见图 2-4。

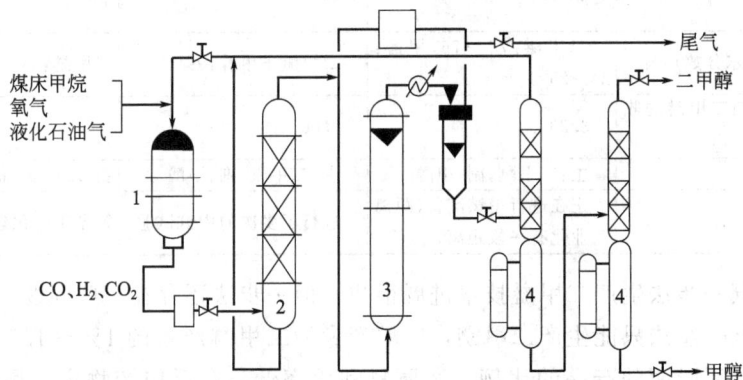

图 2-4　NKK 二甲醚工艺流程
1—合成气转化炉；2—CO_2 吸收塔；3—反应器；4—蒸馏塔

我国自 20 世纪 90 年代初开始一步法合成二甲醚的工艺研究，已经逐步取得成效（见表 2-3）。中国科学院大连化学物理研究所 1993 年开发用水煤气生产二甲醚的工艺。清华大学化工系在金涌院士的主持下，在 20 世纪 90 年代与美国空气化学品公司合作成功开发出浆态床一步法合成二甲醚技术，并通过教育部组织的专家鉴定，成果达到国际先进水平，并于 2004 年在重庆英力燃化有限公司建成 3000t/a 二甲醚中试装置；华东理工大学和中国科学院山西煤炭化学研究所也在进行一步法淤浆床的研究；南化集团研究院在 2003 年成功开发出了合成氨联产二甲醚的工艺，并申请了专利。

表 2-3　我国一步法二甲醚合成技术进展

项目	大连化学物理研究所	浙江大学	清华大学
试验规模/(t/a)	300	1500	3000
原料来源	天然气、空气法造气	煤气化	天然气、水蒸气转化
原料组成(摩尔分数)/%	H_2:37.3,CO:20,CO_2:7,N_2:35.7,CH_4:0.43	H_2:41,CO:30,CO_2:8,N_2:20,CH_4:1	H_2:40,CO:40,CO_2:2,N_2+CH_4:18
n_{H_2}/n_{CO}	1.8~2.0	1.36	1.0
二甲醚合成方法	一步法	一步法	一步法(尾气循环)
反应器类型	浆态床接固定床	固定床	浆态床
催化剂类型	Cu-ZnO-Al_2O_3（大连化学物理研究所制备）ZSM5(25H)（天津大学制备）	Cu-Mn-Al_2O_3（浙江大学）脱水分子筛（华华集团）	TP 系列+TH 系列复配改性
反应温度/℃	220~280	200~240	240~280
反应压力/MPa	6.0	5.0	4.5~4.9
反应空速/(1/h)	1000	1500	3000
催化剂量/m^3	0.31	1.0	
一氧化碳单程转化率(摩尔分数)/%	90~91	85	60~70
选择性(摩尔分数)/%	二甲醚:75~76,甲醇:24~25	二甲醚+甲醇:99	二甲醚:95
单位催化剂二甲醚的收率/[(t/m^3·d)]	3.23	5.00	
最终产品	主:二甲醚,副:甲醇	主:二甲醚,副:甲醇	主:二甲醚,副:甲醇
技术现状	正在进行中试准备(距离工业化有一段距离)	进行了多次的中试试验	筹备工业化建设

合成气一步法生产二甲醚技术进展很快，但一步法还存在一些问题。①产品单一，合成气一步法只能生产二甲醚，甲醇产量为二甲醚产量的 1%~10%，不能调节甲醇和二甲醚两种产品的比例。②原料利用率低，在反应产物中二甲醚与 CO_2 的比例为 1:1（分子比），而二氧化碳利用价值是很低的。因此，以目标产品二甲醚计，合成气一步法的原料利用率很低，故其生产成本也相应较高。③大型化难度大，合成甲醇、CO 变换、甲醇脱水均为放热反应，总反应热效应很大，绝热温升

达 500~1050℃。如不能有效移走热量，则合成甲醇的催化活性中心将被破坏而导致失活，因此必须使用换热式反应器。而无论是固定床还是浆态床，由于反应器效率低，大型化均有一定问题。④催化剂使用寿命短，迄今为止未找到同时对两个反应均有较好催化作用，且稳定性好的催化剂。这是技术突破的关键。现使用的复合型催化剂两种活性中心相互干扰，甲醇催化活性中心易被氧化而失活，催化剂使用寿命短。⑤分离能耗高。

因此，合成气一步法还需要较长时间的研究探索，只有等突破性的技术成果完成后，其工业化才可能成为现实。

2.5.2 甲醇法

2.5.2.1 甲醇液相法

甲醇液相法由硫酸法发展而来，是甲醇在浓硫酸存在下，加热脱水生成二甲醚，同时有 CO、CO_2 及少量烷烃等副产物。该法是一种操作简单的生产方法，其反应如下：

$$2CH_3OH \longrightarrow CH_3OCH_3 + H_2O \tag{2-5}$$

甲醇液相法具有反应温度低（<100℃）、转化率高（>80%）、选择性高（>99%）等优点，但是采用浓硫酸作催化剂存在设备腐蚀严重、污染严重、操作条件恶劣等缺点，此法已经逐渐淘汰。该工艺流程如图 2-5 所示。

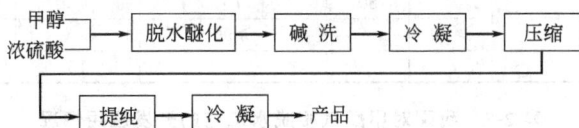

图 2-5 甲醇液相法合成二甲醚工艺流程

当前，山东久泰化工科技股份有限公司拥有自主知识产权的复合酸液相催化脱水技术在液相法中是我国乃至世界领先的。

2.5.2.2 甲醇气相法

甲醇气相法是将甲醇蒸气通过固体酸催化剂床层，发生非均相反应脱水而得到二甲醚。甲醇脱水反应的化学反应式为：

$$2CH_3OH \longrightarrow CH_3OCH_3 + H_2O \tag{2-6}$$

主要副反应：

$$CH_3OH \longrightarrow CO + 2H_2 \tag{2-7}$$

$$CH_3OCH_3 \longrightarrow CH_4 + H_2 + CO \tag{2-8}$$

$$CO + H_2O \longrightarrow CO_2 + H_2 \tag{2-9}$$

该工艺的生产技术成熟，工艺流程相对也较简单，具有规模大、操作控制容易、无腐蚀的优点，是目前我国使用最多的二甲醚工业生产方法。典型的甲醇气相

法流程如图 2-6 所示。我国拥有该项技术并已工业化的有西南化工研究设计院和四川天一科技股份有限公司、中国科学院山西煤炭化学研究所、上海石油化工研究院等。国外主要生产厂家有杜邦（Du Pont）公司、阿克苏公司、德国联合莱茵褐煤燃料公司等。国外对甲醇气相脱水工艺的开发应用情况见表 2-4，我国的开发应用情况见表 2-5。

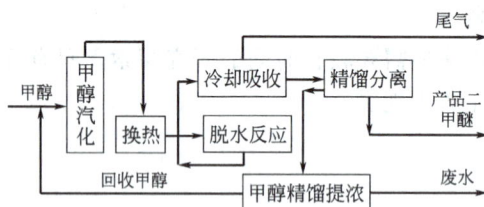

图 2-6　甲醇气相法流程

表 2-4　国外对甲醇气相脱水工艺的开发应用情况

项　目	(美)Mobil 公司		(意)ESSO	(美)Du Pont	(日)三井东压化学	(德)DEA
开发年份	1965	1981	1965		1991	1984
催化剂	ZSM-5	HZSM-5	纳米含金属硅酸铝	含 V-Al$_2$O$_3$，铝钛酸盐	特殊孔分布 V-Al$_2$O$_3$	
压力/MPa	0.1	0.1				
温度/℃		200				
转化率/%	70	80	70		74.2	
选择性/%	>90	>98	>90			约 99
工业装置规模/(kt/a)				15	10	65

表 2-5　我国对甲醇气相脱水工艺的开发应用情况

项目	西南化工研究设计院	上海石油化工研究院	浙江化工研究院	中国科学院山西煤炭化学研究所	南化集团研究院	华东理工大学	上海吴泾化工公司
开发年份	1995	1991	1996				
催化剂	CM-3-1 型 ZSM-5	D-4 型 V-Al$_2$O$_3$			Al$_2$O$_3$	ZSM-5	硅铝酸盐粉状结晶
压力/MPa	0.1～1.0	0.8	0.85			0.1	0.1
温度/℃	250～380	280～330	300			210～240	130～200
液空速/(1/h)	1.0～2.0	0.8～1.0				2.0～4.0	
转化率/%	75～85	60～70	70～85	>85	>80	约 100	
选择性/%	>99	99	>99		>99	约 100	约 100
工业装置/(t/a)	2500	1000	1000	500	1500	无	无
所在公司		昆山化工厂	吴县合成化工厂	陕西新型燃料燃具公司			

2.5.2.3　先进的液相法

山东久泰化工科技股份有限公司采用自主知识产权的专利技术生产二甲醚。由煤气化生成水煤气，经脱硫、脱碳等净化工序，合成气（主要成分是 H_2 和 CO）催化合成粗甲醇，再利用粗甲醇在液化催化剂的条件下生成二甲醚。工艺过程如下。

① 粗甲醇由泵连续加入甲醇分布器中均匀雾化，在液体催化剂中催化脱水，液液接触进行反应，以破坏水和催化剂共沸的现象，使水分能够稳定均衡的蒸发出来，达到连续生产二甲醚的目的。

② 催化反应条件：反应温度 110～160℃，反应压力小于 0.1MPa，一次反应收率大于 93%，总反应收率大于 95%。

③ 催化反应生成的二甲醚气体、脱水生成的水蒸气、未反应的甲醇气体经过换热冷凝、干燥，脱除水分和甲醇后，加压液化为 99.9% 的液态二甲醚成品。

④ 反应脱水过程产生的水蒸气和部分未反应的甲醇，经冷凝后进入精馏塔。回收的甲醇返回反应器继续反应，塔底排出的甲醇含量小于 5% 的气体送入煤气化炉焚烧。整个工艺过程是清洁生产，无废水排放。

技术特点：该技术利用低成本的催化剂进行生产，反应在低温低压下进行，后处理很简单，副反应少，收率高（总收率达 99.5%）。其生产成本低，与汽油、柴油、液化石油气相比具有较强的优势和竞争力。另外，工艺流程短、设备投资少。连续、封闭、清洁生产且无三废排放，属环保型清洁生产。

我国先进的甲醇液相法工艺流程如图 2-7 所示。

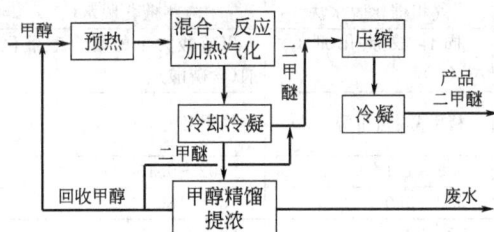

图 2-7 我国先进的甲醇液相法工艺流程

先进的液相法虽然在原硫酸法的基础上有了多方面的改进，但仍有需要完善的地方。如提高反应压力以减少压缩能耗、用精馏方法提纯二甲醚以提高产品质量、强化反应器的搅拌混合以减小反应器的容积等。

2.5.2.4 先进的气相法

西南化工研究设计院是我国最早从事二甲醚生产技术研发与工业化推广的单位。早在 20 世纪 90 年代就已有十几套醇醚燃料和气雾剂级二甲醚生产装置。近年来，西南化工研究设计院和四川天一科技股份有限公司加大了甲醇气相催化脱水法的研究开发力度，并取得了多项技术创新成果。与我国现有甲醇气相催化脱水法比较，有较大的改进和创新，处国际先进水平。其流程如图 2-8 所示。

与其他甲醇气相催化脱水法相比，该生产工艺有以下特点：①与甲醇装置联产时，以粗甲醇为原料，可大幅度降低生产成本；②反应器采用多段冷激式固定床，催

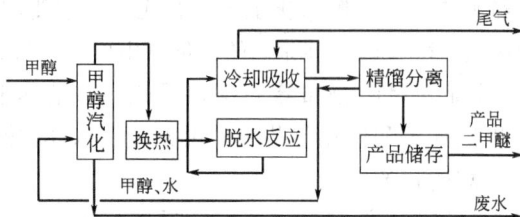

图 2-8　先进的甲醇气相法流程图

化剂装填容量大，投资低，反应温度适当，副反应少，易于大型化；③采用独特的汽化提馏塔结构和分离工艺，不设置用于回收未反应甲醇的甲醇提浓塔；④以二甲醚精馏塔塔釜排出的甲醇-水溶液做反应尾气洗涤塔的吸收剂，减少了外排尾气中的甲醇含量，同时由于降低了二甲醚精馏塔进料的甲醇浓度，使得二甲醚分离难度降低，减少回流比，从而节省了蒸汽消耗；⑤采用自行研究开发的专用催化剂，规模生产，活性好、热稳定性好、脱水反应选择性在 99％以上；⑥拥有 2 项中国发明专利。

　　与我国先进的液相法相比较，西南化工研究设计院和四川天一科技股份有限公司的新技术气相法也有一定的优势，见表 2-6。

表 2-6　先进的气相法与液相法的全面比较

序号	比较项目	先进的甲醇气相催化脱水法	先进的甲醇液相催化脱水法	备　注
1	催化剂	固体酸催化剂（γ-Al_2O_3）	以硫酸为主的复合酸催化剂（含磷酸）	
2	原料	精甲醇、粗甲醇	精甲醇	气相法以粗甲醇为原料，成本大幅降低
3	反应压力/MPa	0.5～1.1	0.02～0.15	
4	反应温度/℃	230～350	130～180	
5	甲醇单程转化率/％	78～88	88～95	
6	反应系统材质	碳钢或普通不锈钢	石墨等耐腐蚀材料	
7	甲醇消耗(生产每吨DME)/t	1.40～1.43	1.41～1.45	
8	电力消耗(生产每吨DME)	液相增压，电耗≤10kW·h	反应产物气相增压，反应器搅拌混合，电耗≥100kW·h	液相法电耗高
9	水蒸气消耗(生产每吨 DME)/t	1.45	1.44	液相法未体现其甲醇单程转化率高的优势
10	大型化	简单，反应系统单系列	难度大，反应器需多套并联	液相法反应系统操作麻烦
11	装置投资	低，投资系数 100％（基准）	高，投资系数 130％～300％	液相法投资高
12	毒性	除甲醇外无其他有毒介质	磷酸、磷酸盐毒性大，中间产物硫酸氢甲酯为极度危害介质	
13	装置占地	小	大，多套并联则更大	
14	产品质量	纯度高，不含酸	纯度较低，含微量无机酸	液相法提高产品质量还需增加蒸汽消耗

从表 2-6 比较的情况看，与先进的液相法相比较，先进的气相法从投资和生产直接成本、稳定操作运行等方面，都有着较为明显的优势。

2.6 二甲醚的生产

我国二甲醚生产起步较晚，20 世纪 90 年代初，我国仅有江苏吴县合成化工厂、武汉硫酸厂等少数几个厂家生产，与近年来建成的新装置相比，原有的二甲醚生产厂家规模小、工艺技术落后、生产成本高，没有竞争力，现大多数处于停产或半停产状态。

近年来，鉴于二甲醚市场前景看好，以及二甲醚生产技术的发展，我国有许多地方已建设了或计划建设二甲醚项目。从发展趋势上看，二甲醚装置规模向大型化方向发展，将从目前的万吨级升级到十万吨级，甚至百万吨级；生产技术向一步法发展，尤其是液相浆态床一步法；原料则继续保持煤与天然气并举的局面，各地因地制宜选择原料。我国二甲醚企业生产状况见表 2-7，拟建二甲醚项目见表 2-8。

表 2-7 二甲醚企业生产状况　　　　　单位：万吨/a

公　司	现有能力	正在建设的能力	技术来源	用　途
云南解化集团有限公司	0.5	15		民用清洁燃料和柴油的替代品
重庆强源化工有限公司	0.5			燃料
重庆民生燃气(集团)有限公司		15	托普索公司的技术	
四川泸天化集团有限责任公司	1		引进国外技术	气雾剂
四川泸天化绿源醇业有限责任公司	15			
内蒙古天河醇醚有限责任公司		20		
上海焦化有限公司	0.5		西南化工研究设计院	
陕西渭河煤化工集团有限责任公司	1	4	西南化工研究设计院	气雾剂
陕西绿源化工有限公司		2	中国华陆工程公司	车用燃料,民用燃料
陕西盐池县宁鲁石化有限责任公司	1		西南化工研究设计院	
宁夏宝塔集团		10		
山西临汾同世达实业有限公司		10	西南化工研究设计院	
山西长子丹峰化工有限责任公司		2	西南化工研究设计院	
山西榆次佳新能源化工公司	1		西南化工研究设计院	

续表

公　司	现有能力	正在建设的能力	技术来源	用　途
山西兰花科技创业股份有限公司		10		
山西丰喜肥业(集团)股份有限公司	1		中国科学院山西煤炭化学研究所	
山西长治业兴化工有限公司		3	西南化工研究设计院	
山东东明石化集团有限公司		3		
山东久泰化工科技股份有限公司	45	70	自有技术	气溶剂、气雾剂、燃料
内蒙古西洋煤化工有限公司		10		
内蒙古伊高化学有限责任公司	2			
内蒙古协鑫锡林能源有限公司		15	山西省化学第二设计院	
江苏吴县合成化工厂	0.15		浙江化工研究院	
湖南雪纳新能源有限公司	2			
湖北天茂实业集团股份有限公司	10		西南化工研究设计院	民用燃料
河南金鼎化工有限公司	5	15	西南化工研究设计院	民用燃料
河南新红石化有限公司	2.5		西南化工研究设计院	
河南煤气(集团)义马新源化工能源有限责任公司	10		西南化工研究设计院	燃料、气雾剂
河南开祥化工有限公司		10		
河南安阳市贞元(集团)有限责任公司	1	10	西南化工研究设计院	民用燃料、内燃机燃料
河北中捷石化集团有限公司		10	西南化工研究设计院	
新能能源有限公司	2	40	新奥新能(北京)科技有限公司	民用燃料、内燃机燃料、气雾剂、制冷剂
河北凯跃集团化肥有限公司		10	西南化工研究设计院	
河北金源化工股份有限公司	2		西南化工研究设计院	
贵州天福化工有限责任公司		15	中国五环化学工程公司	
广东中山凯达精细化工公司	1		西南化工研究设计院	气雾剂
黑龙江远东建业燃料有限公司	3		自有技术	民用

注：数据截止到 2007 年 6 月。

表 2-8 二甲醚拟建项目　　　　　　　　　　　单位：万吨/年

公司（单位）	拟建能力	技术来源	用　途
新疆屯河工贸有限公司	5		
新疆广汇新能源有限公司	80	国外技术	民用燃料
新疆阿克苏地区行署油区工作管理委员会	1		
四川达州天然气能源化工产业区	100		
内蒙古天河醇醚有限责任公司	100（第一期 20 万吨在建）		
陕西榆林天然气化工有限责任公司	100		
陕西咸阳市煤炭工业局	80	西南化工研究设计院	
宁夏煤业集团有限责任公司	83		
宁夏宝塔集团	40（第一期 10 万吨在建）	中国科学院大连化学物理研究所	
陕西榆林神木县项目研究开发办公室	50	西南化工研究设计院	
山西秦鹏煤炭科技发展有限公司	40	中国科学院山西煤炭化学研究所	
山西兰花科技创业股份有限公司	100（第一期 10 万吨在建）	中国五环化学工程公司	
山西丰喜肥业（集团）股份有限公司	2	中科院山西煤化所	
山西长治业兴化工有限公司	15	西南化工研究设计院	
山西天成大洋能源化工有限公司	20	西南化工研究设计院	
山西煤炭运销总公司阳泉分公司	10		
山西大川中天煤化工有限公司	10		
山西天脊集团	10		
山西潞安集团	20		
山西安泰集团	10		
山东世纪煤炭化工有限公司	10		
山东肥城矿业集团	15	久泰集团专利技术	
山东滕州鲁化凤凰化肥有限公司	10	西南化工研究设计院	燃料、气雾剂、制冷剂
山东久泰化工科技股份有限公司	100（第一期 10 万吨在建，内蒙古）	自有技术	
	300（天津）	自有技术	燃料
	100（第一期 10 万吨在建，张家港）	自有技术	
山东兖州矿业集团	60	国外技术	
鲁能集团内蒙古伊泽矿业投资有限公司	100		
山东鲁能集团	100		
内蒙古蒙大新能源化工基地开发有限公司	300		
中天合创能源有限公司	300		民用燃气
辽宁华锦化工（集团）有限责任公司	20		液化石油气

续表

公司（单位）	拟建能力	技术来源	用　途
徐州禄恒能源化工有限公司	100		
吉林鸿钧工贸集团有限公司舒兰分公司	10	中国科学院山西煤炭化学研究所	
湖北天茂实业集团股份有限公司	100	西南化工研究设计院	民用燃料
河南金鼎化工有限公司	60（第一期15万吨在建）	西南化工研究设计院	民用燃料
河南平煤集团煤盐联合化工产业园	20		
河南中原大化集团	10		
河南永煤集团（河南龙宇煤化工有限公司）	30		
河南义煤集团	10		
河南平顶山煤业（集团）有限责任公司	40		
河南金义集团	30		
河南济源市中亿石油实业有限责任公司	20		
河南安阳贞元（集团）有限责任公司	100	西南化工研究设计院	民用燃料、内燃机燃料
河南新郑韩春化工有限公司	3		
河南昊华骏化集团有限公司	10	西南化工研究设计院	
新能能源有限公司	100		
河北凯跃集团化肥有限公司	100（第一期10万吨在建）	西南化工研究设计院	
河北金源化工股份有限公司	20	西南化工研究设计院	
河北永年县化肥厂	1.5		
河北沧州绿色环保包装厂	10	中国华陆工程公司	
贵州六盘水市煤化工规划	80		
安徽淮南矿区	100		
安徽淮化集团	20		
青海德令哈市发展计划局	5		
青海油田分公司	20		
黑龙江黑化集团有限公司	10		汽车燃料
黑龙江远东建业燃料有限公司	15	自有技术	民用
大唐国际发电股份有限公司	300		
甘肃白银煤化工规划	3		
辽河油田广茂油气工程有限二公司	1		

注：数据截止到2007年6月。

截止到2007年6月，我国二甲醚的产能有100多万吨，但项目的开工率低，全国总产量较少，四川泸天化集团有限责任公司及山东久泰化工科技股份有限公司是2007年产能、产量居高的两大二甲醚生产企业。2007年在建的二甲醚项目，规模大多集中于10万吨以上，上百万吨规模的二甲醚项目则在拟建项目中占较大比重，其中内蒙古地区就集中了1000万吨以上的二甲醚的拟建规模。由此可见，二甲醚装置的大型化、地区化是二甲醚产业发展的必然趋势。同时，也可以看到，以煤为原料在今后二甲醚生产中将占到绝对的主导地位。

在二甲醚装置的大型化和地区化的趋势面前也必须看到其存在的一些问题。资源优势造成项目的集中，生产的过分集中会对当地资源及销售网络提出挑战。因此，各地应综合考虑多方因素，切忌盲目求多、求大。国家也要从宏观上予以控制，保证地区资源、环境、经济的可持续发展。

我国二甲醚项目还呈现技术单一化的特点。我国二甲醚的研究机构较多，山东久泰化工科技股份有限公司、清华大学、浙江大学、中国科学院大连化学物理研究所、太原理工大学、西南化工研究设计院、中国科学院山西煤炭化学研究所等多家企业及科研院所从事相关的研究工作。在众多二甲醚项目中除山东久泰化工科技股份有限公司应用自己的技术、个别企业引进国外技术外，大多数项目都采用的是西南化工研究设计院的甲醇制二甲醚的技术。西南化工研究设计院二甲醚的专利技术已经相当成熟，在我国的许多装置上都得到了使用，这就在一定程度上降低了项目风险。但我国也应同时推进其他研究机构的二甲醚技术的研究与应用，因地制宜地发展多元化的二甲醚生产技术。

2.7　二甲醚的用途与消费

二甲醚是最简单的醚类化合物，用途十分广泛。该产品除了做有机化工中间体外，还有很多工业用途，如化妆品工业中的发胶、摩丝，还有空气清新剂、发泡剂等。目前二甲醚在作为氯氟烃的替代品、民用燃料及车用燃料方面的用途逐渐凸显。

2.7.1　作为氯氟烃的替代品

20世纪60年代以后，国际上气溶胶工业得到了迅速发展，尤其是气雾剂产品的开发极为迅速。到目前为止，世界各工业国家中溶胶工业已自成体系，其产品在国民生产总值中已占相当比例。我国在20世纪70年代后才着手研究和开发。以往的气溶胶生产中，气溶胶喷射剂主要采用氯氟烃（俗名氟里昂），近10年来，许多研究结果证实了氯氟烃产品可极严重地破坏大气臭氧层，使人们充分认识到，必须全面停止生产和使用氯氟烃。目前二甲醚作为氟里昂的替代物，在气雾剂制品中显示出良好的性能，不污染环境，其对臭氧的破坏系数为零；与各种树脂和溶剂有良好的相溶性，毒性很微弱，可用水或氟制剂作阻燃剂等。此外，二甲醚作为气雾剂制品，还具有使喷雾产品不易受潮的特点，再加之二甲醚生产成本低、建设投资省、制造技术不太复杂等特点，从而被人们认为是新一代理想的气雾推进剂。目前，二甲醚在西欧各国民用气溶胶制品中已是必不可少的氟里昂替代物。

目前，有许多国家正开发二甲醚替代氯氟烃作制冷剂和发泡剂的新方法，我国在制冷剂方面的研究很少。国外研究者通过对用二甲醚与氟里昂混合制成的系列制冷剂进行比较发现，随着二甲醚含量的增加，制冷能力加强，能耗降低。我国在二甲醚作发泡剂方面还是空白。

2005 年，我国在气雾剂等工业中消耗二甲醚约 3 万吨，2006 年消耗二甲醚约 3.2 万吨，到 2010 年消耗将达到 4 万吨，年均增长率达 6%。

2.7.2　作为民用燃料

20 世纪 70 年代，国外有人提出用二甲醚加入城市煤气，或将二甲醚代替液化石油气（LPG）作为民用燃料。随着民用燃料市场的开拓、石油和进口液化石油气价格的上涨，以及二甲醚生产技术和能力的提升，近年来，二甲醚进入民用燃料市场的契机已经初步显现。我国二甲醚在民用燃料方面替代 LPG 已经成熟。

二甲醚作为民用燃料有其自己的特点：①可燃性好。虽然二甲醚的热值比液化气低，但由于二甲醚本身含氧，在燃烧过程中所需的理论空气量远低于液化气，从而使得二甲醚的预混气热值与理论燃烧温度高于液化气。其燃烧更加充分、完全，无碳析出，几乎无残留物，废气无毒，符合卫生标准。②在同等的温度条件下，二甲醚的饱和蒸气压低于液化气，其储存、运输等均比液化气安全。③无毒性。二甲醚对人体呼吸道、皮肤有轻微刺激作用，但对人体无毒性反应。④有更高的安全性。其爆炸下限比 LPG 高 1.3 倍，爆炸隐患大大缩小。⑤二甲醚因其常温下为气体，使用时不需预热，随用随开，快捷方便。

二甲醚单独用作燃料，其压力等级符合液化气的要求，可用现有的液化气灌装设备集中统一灌装，灶具也可通用。储存灌装设备都可与液化石油气通用。二甲醚也可以以一定比例掺入到液化石油气、城市煤气或天然气中，改善燃气质量，使其充分燃烧，提高热值。二甲醚灶具（含低比例掺烧或高比例使用）配套技术也已完成。权威机构检测结果表明：二甲醚燃料着火性能、燃烧工况、热负荷、热效率、烟气成分等都完全符合（优于）国家标准，见表 2-9、表 2-10。

表 2-9　二甲醚灶具燃烧检测结果

检测项目	GJ4—83 标准规定要求	实测结果
着火率	启动 10 次，着火不少于 8 次	100%
点火性能	0.5 和 1.5 倍压力下，能正常点燃	正常
传火性	点燃 1 孔后，4s 内传遍所有孔	1s
火焰状况	均匀、清晰、稳定	均匀
热负荷	≥2.9kW	3.64～3.81kW
热效率/%	额定负荷下应大于 55%	59.5%～60.1%
烟气成分 CO 含量	额定负荷下使用，CO 含量<0.05%	0.0017%～0.021%
O_2	$O_2 \leqslant 14\%$	11%

表 2-10　二甲醚燃烧后有害物残留量（标准状态）　　　　单位：mg/m³

有害组分	夏　季		冬　季				卫生标准
	早餐 点火 30s	早餐 后 30s	早餐 点火 30s	早餐 后 30s	午餐 点火 30s	午餐 后 30s	日均
甲醇	0.29	0.06	0.65	0.33	0.35	0.16	1.0
甲醛	0.0260	0.02	0.029	0.021	0.026	0.020	0.050
CO	1.05	0.56	2.21	1.27	3.21	2.49	10

与 LPG 相比，DME 还有一定的经济优势。1t 液化气的发热量相当于 1.6t DME。按以天然气为原料 DME 成本 2500 元/t 计算，1.6tDME 成本价格为 4000 元；若是以煤为原料，则 1.6tDME 成本价格为 3200 元。与 2006 年我国液化气价格范围 4500～5500 元/t 相比，仍有一定空间；与进口液化气市场价 5800 元/t 相比，则更有优势。

资源短缺是二甲醚代替液化石油气的关键所在。当前，美国是世界 LPG 消费量最大的国家。继美国、日本之后，中国的 LPG 消费量（表 2-11）位居世界第三。预计 2010 年、2015 年我国 LPG 的需求量将分别达到 2620 万吨和 3050 万吨，其中民用 LPG 的需求量为 1720 万吨、1980 万吨。如果按 5％的替代率算，未来几年作为民用燃料的二甲醚的需求量接近百万吨。

表 2-11　我国液化石油气（LPG）消费　　　　单位：万吨/a

年份	产量	进口量	宏观消费量	年份	产量	进口量	宏观消费量
2000	973.0	481.7	1454.7	2005	1473.4	614.1	2087.5
2002	1190.1	620.4	1810.5	2006	1613.7	535	2168.7
2003	1319.7	635.9	1955.6	2010（预测）	1950～2000	约 1000	2950～3000
2004	1472.0	635.4	2107.4	2015（预测）	2500～2550	约 1250	3750～3800

注：2005 年进口价格暴涨抑制了生产增长，抑制了进口，供需矛盾加大。

DME 在原料、技术、经济等方面都优于 LPG，可作为城市燃气。2006 年，经山东省技术监督局、消防局以及国家建设部、中国城市燃气协会等单位鉴定，认为二甲醚可以作为民用燃气，符合国家推广新型能源和城镇燃气发展的有关政策。经国家燃气用具监督中心及山东省产品质量监督检验研究院检测，认为二甲醚的有关参数和燃烧性能，符合城镇燃气有关标准要求。

2.7.3　作为车用燃料

二甲醚是迄今为止最有可能替代柴油的合成燃料，因此近年来备受关注。研究表明，二甲醚的十六烷值较高，自燃温度低，含氧量高，燃烧后生成的碳烟少，对金属无腐蚀性、对燃油系统的材料也没有特殊要求，其直接作为车用燃料燃烧效果好。柴油机和燃用二甲醚燃料的系统的性能对比见表 2-12。

表 2-12　柴油机和燃用二甲醚燃料的系统的性能对比

项　　　目	柴　　油	二　甲　醚
功率/扭矩	相等	
燃料经济性	相等	
瞬态循环排放物/(g/kg)	3.8	1.6
氮氧化物/[g/(bhp·h)]	0.3	0.3
总碳氢/[g/(bhp·h)]	0.3	0.3
总微粒量/[g/(bhp·h)]	0.08	0.02
最高加速烟度/%	5	0
最大燃烧噪声/dB(A)	88	78

注：重型卡车柴油机涡轮增压，中冷无废气后处理或废气再循环。1bhp=0.746kW。

除此以外，二甲醚发动机的功率也高于柴油机，可降低噪声，实现无烟燃烧，符合环保要求，是理想的柴油代用燃料。1997 年以来，西安交通大学在"福特-中国研究与发展基金"的资助下，开展了直喷式柴油机燃用二甲醚的性能和排放研究，结果指出：二甲醚发动机的单位功率比柴油机高 10%～15%，热效率高 2%～3%，噪声低 10%～15%，氮氧化物、CO、碳氢化合物分别降低 30%、40%、50%。这说明，使用二甲醚不仅可以满足欧洲 Ⅱ 标准，而且也满足美国加州超低排放标准（ULEV），见表 2-13、表 2-14。

表 2-13　二甲醚发动机实验排放值和欧洲 Ⅱ 标准排放要求的比较　单位：g/(kW·h)

项　　　目	欧洲 Ⅱ 标准	二甲醚发动机实验排放值
全部 HC	1.1	0.2
CO	4.0	2.17
NO_x	7.0	3.85
PM	0.15	0.05

表 2-14　二甲醚发动机实验释放值和 ULEV 的比较　　　单位：g/(kW·h)

项　　　目	ULEV	二甲醚发动机实验释放值
全部 HC	1.3	0.22
CO	7.2	3.2
NO_x+HC	2.5	2.4
PM	0.05	0.033
CO	0.25	0.25

1 吨柴油的发热量相当于 1.48t DME。按照成本较高的以天然气为原料 DME 成本 2500 元/t 计算，1.48t DME 成本价格为 3700 元；若是以煤为原料，则 1.48t DME 成本价格为 3000 元。我国市场近年柴油价格均在 4000 元/t 以上，特别是随着我国成品油价格上调，2006 年初每吨柴油的市场价格已达到 5500 元/t 左右。因此，在价格方面，二甲醚无疑拥有较大的竞争优势。国际与国内市场柴油价格走势见图 2-9。

近年来，欧美、日、韩等发达地区和国家十分看好二甲醚燃料汽车的市场前景

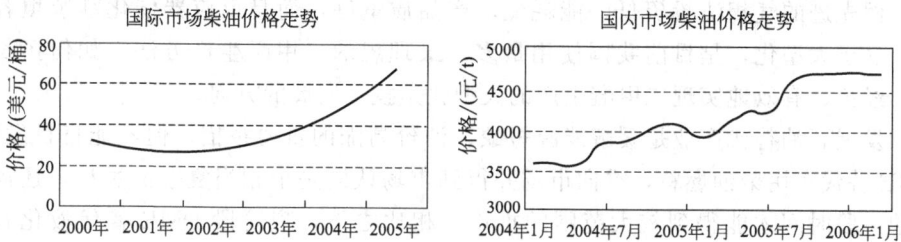

图 2-9　国际与国内市场柴油价格走势

（资料来源：《中国石油和化工经济分析》）

和环保效益，纷纷开展二甲醚燃料发动机与汽车的研发。在欧洲，VOLVO 汽车公司研制出了燃用二甲醚燃料的大客车样车，用于试车与示范。在日本，NKK 公司和交通公害研究所分别研制了燃用二甲醚燃料的卡车样车，计划在 3～5 年内小规模推广。

　　针对我国自然条件和"富煤、少油、有气"的能源资源特色，发展洁净能源二甲醚，对于我国经济发展、环境保护与生态平衡具有重大战略意义。2005 年 5 月 16 日，由上海交大、上汽集团、华谊集团等合作研制的我国第一台以二甲醚为燃料的城市公交车正式上路。经国家权威部门检测，这辆新型客车动力强劲，车内噪声比原型车下降 2.5dB，排放远优于欧Ⅲ排放限值，碳烟排放为零，能彻底解决城市公交车冒黑烟问题。2007 年，上海把二甲醚汽车产业化列为清洁燃料汽车攻关项目，计划年底在上海建成首条二甲醚公交示范线路，期望世博会以前形成 1000 辆以上的使用规模。

2.8　发展建议

　　二甲醚是 21 世纪的超清洁燃料。目前，二甲醚产业发展的关键问题在于配套措施不完善、市场发展不成熟、群众的认知度低等问题。

　　国家政策的引导和国家、行业标准的出台是二甲醚产业发展的前提。作为国家新兴能源产业，国家有关部门应在其产业化及配套政策上加以扶持，确立二甲醚在我国能源替代工程中的重要地位，明确其规模化、产业化的发展方向，以促进二甲醚产业的快速、健康发展。

　　二甲醚的成本控制是二甲醚产业发展的关键环节。目前，二甲醚生产成本随甲醇价格波动而变化，如何控制二甲醚价格、维持市场稳定对于二甲醚替代产业的发展至关重要。

　　在现有的二甲醚生产方法中，合成气一步法工业化技术尚未成熟，生产成本高，也无工业化装置连续生产的报道；甲醇液相法虽然有技术突破，但仍有投资高、电耗高，生产成本高等问题，而且反应器放大难度大，大装置反应器需多套并联。而先进的气相法投资低、能耗低、产品质量好，而且反应器催化剂装填容量大，易于大型化，是目前我国使用最多、最理想的二甲醚生产方法。如何扬长避短，经济、有效地实现二甲醚生产的大型化是技术发展的方向。

发展石油替代产业是缓解能源短缺、油价高涨的重要举措，但不能盲目发展。DME 替代车用柴油燃料，推向市场并得到市场认同是个相当复杂的过程，还需较长的一段时间才能得到较大范围的推广。相比之下，现阶段 DME 替代液化石油气，作为民用替代燃料更具现实可操作性。

二甲醚产业的发展是一个系统工程，涵盖了技术研发、标准制定、产业布局、推广应用等诸多方面。只有各方面通力配合，才能把二甲醚产业建成重要的石油替代产业。在不久的将来，随着二甲醚本身产量的提高和国家相关政策的支持，二甲醚必然会成为一种新兴能源被人们普通接受，对我国能源的优化利用及实现可持续发展具有深远的意义。

参 考 文 献

[1] 贾明生，凌长明.二甲醚的物化特性和我国应用前景分析.石油与天然气化工，2003，32 (6)：336-338.

[2] 丁攀，王五全，刘存祥，赵伟利.二甲醚（DME）的应用现状及替代柴油的经济性分析.拖拉机与农用运输车，2006，33 (5)：94-96.

[3] 李继进.二甲醚的工业化生产及其应用.化工技术经济，2005，23 (7)：12.

[4] 刘征宇.二甲醚的工业生产及开发.化学工程师，2006，(6)：32-33.

[5] 徐江南.二甲醚的生产方法比较及市场预测.化工科技市场，2005，(8)：41-43.

[6] 孟秀芳.二甲醚的生产及市场前景.科技情报开发与经济，2005，15 (6)：139-141.

[7] 王立华，刘爱华.二甲醚的生产技术现状及前景展望.江苏化工，2005，33 (6)：25-27.

[8] 崔心存.二甲醚在柴油机上的应用与研究.柴油机，2005，27 (5)：45-48.

[9] 闫俊民，张文霞，杨艳芳.二甲醚作为 LPG 和柴油替代品问题探讨.煤化工，2006 (1) 122：50-51.

[10] 广宏.二甲醚作为城市燃气的可行性探讨.城市燃气，2006，(2)：7-11.

[11] 蔡飞鹏，林乐腾，孙立.二甲醚合成技术研究概况.生物质化学工程，2006，40 (5)：37-41.

[12] 秦洪武.二甲醚（DME）汽车应用分析.机械设计与制造，2006，(9)：172-174.

[13] 中言之.二甲醚未来生产及发展展望.中国石油和化工经济分析，2007，(1)：42-50.

[14] 张丽.二甲醚燃料市场前景分析.化学工业，2007，25 (7)：39-42.

[15] 黎汉生，任飞，王金福.浆态床一步法二甲醚产业化技术开发研究进展.化工进展，2004，23 (9)：921-924.

（杨慧敏　编写）

3 甲醇汽油

甲醇汽油是指在国际车用无铅汽油中，按体积或重量比加入一定比例的变性甲醇，经严格科学工艺配制而成的一种车用清洁燃料。世界各国根据不同国情，研发了 M3（在汽油里添加 3％甲醇）、M5、M10、M15、M20、M50、M85、M100（全甲醇）等不同掺和比的甲醇汽油。研究已经证实，低浓度的甲醇汽油可以在不改变内燃机结构的条件下，作为内燃机燃料广泛应用，而在使用掺和比比较高的甲醇汽油时就必须对发动机进行技术改造。目前，商用甲醇汽油主要为 M85 和 M100（全甲醇）。

3.1 物化性质

甲醇和汽油相似，可以方便地储存、运输和添加等，甲醇作为汽油的替代品，具有其他物质无可比拟的优越性。甲醇和汽油的物化性质对比见表 3-1。

甲醇汽车燃料与汽油相比的优势是：①甲醇辛烷值较高，抗爆性能好，理论上可以提高汽油机的压缩比；②甲醇含氧量高，当加入汽油中时，无疑也提高了汽油的含氧量，有助于汽油的充分燃烧，进而可相应的减少尾气的排放量，燃料的热值损失也同样会减少；③甲醇的点火温度和自燃温度都比汽油高，燃烧过程比汽油更安全；④由于热效率的提高，使用甲醇汽油的汽车尾气中的 CO、碳氢化合物（HC）、SO_2、NO_x 和固体悬浮颗粒都会下降。

同时人们也注意到甲醇汽油存在的一些问题：①分层问题。研究表明，当甲醇汽油中的甲醇含量较低或较高时，甲醇和汽油能在较低温度下互溶，不会产生分层现象，而当甲醇含量居中时，相互溶解的温度相对较高。为了使甲醇汽油能互溶且能稳定储存和使用，必须加入助溶剂，如 C_4 以上的高级醇类。②热值低。事实上甲醇与汽油混合使用时燃料的热值降低并不大，消耗量增加也不大，根本不会影响到甲醇汽油的经济性。③腐蚀性。由于甲醇燃烧后会产生少量的甲醛或甲酸，造成腐蚀性。为了保证汽车汽缸的使用寿命及安全性，可使用甲醇腐蚀抑制剂及甲醇汽车专用的润滑油。④溶胀性。甲醇对汽车供油系统的材料如橡胶、塑料具有溶胀和皲裂作用，影响材料的使用性能。因此建议使用甲醇汽油的汽车的部分非金属材料零件应改用耐甲醇溶胀的材料。⑤毒性。如果甲醇汽油未燃烧完全，使用甲醇汽油

表 3-1 甲醇和汽油物化性质对比

性　　　质	甲　醇	汽　油
分子式	CH_3OH	$C_5 \sim C_{12}$
蒸气密度(0.1MPa,10℃)/(g/L)	1.4	2~5
相对分子质量	32.04	70~170
氧含量/%	50	—
冰点/℃	−96	<−60
密度(20℃)/(kg/L)	0.792	0.73
沸点/℃	64.7	27~225
自燃温度/℃	473	456
汽化潜热/(kJ/kg)	1167	293~841
辛烷值	112(RON),92(RON)	70~90
燃烧值/(kJ/kg)	19930	43030
理论混合气进气温度/℃	112.4	21.6
蒸气压(38℃)/kPa	31.8	48.3~103.3
理论混合气热值/(kJ/kg)	2650	2780
水中溶解度/(mL/L)	互溶	100~200
理论空燃比/(kJ/kg)	6.5	14.8
闪点/℃	12	6.1
层流燃烧速度/(m/s)	52	38

的汽车尾气中就含有甲醇及甲醛,且甲醇在燃料中的比例越高,未燃烧的甲醇排放量及甲醛排放量就越高。相关研究表明,对于非常规排放物甲醛和未燃甲醇经催化转换器转换后大部分可消除。

3.2　技术要求

甲醇作为燃料的产品规格,目前国家暂无相关标准,只有个别省份在其地方标准中对车用燃料甲醇、不同比例的甲醇汽油提出一定技术要求,见表 3-2~表 3-4。

表 3-2 车用燃料甲醇的技术要求(参见 DB14/T 93—2002《车用燃料甲醇》)

序号	项　　目	指标	序号	项　　目	指标
1	密度(20℃)/(kg/m³)	791~795	5	碱度(以 NH_3 计)/%	≤0.002
2	水分含量/%	≤0.15	6	蒸发残渣含量/%	≤0.005
3	沸程(101.3kPa)/℃	64~66	7	羟基化合物(以 CH_2O 计)/%	≤0.015
4	酸度(以 HCOOH 计)/%	≤0.005	8	辛烷值(RON)	≥110

表 3-3　M5 车用甲醇汽油技术要求（参见 DB14/T 92—2002《M5、M15 车用甲醇汽油》）

项　　目	指　　标		试　验　方　法
	90#	93#	
甲醇(体积分数)/%	4.8～5.0		SH/T 0663《汽油中某些醇类和醚类测定法(气相色谱法)》
抗爆性			
辛烷值(RON)	≥90	≥93	GB/T 5487《汽油辛烷值测定法(研究法)》
抗爆指数[(RON+MON)/2]	≥85	≥88	GB/T 503《汽油辛烷值测定法(马达法)》 GB/T 5487《汽油辛烷值测定法(研究法)》
铅含量/(g/L)	≤0.005		GB/T 8020　《汽油含铅量测定法(原子吸收光谱法)》
馏程			
10%蒸发温度/℃	≤70		
50%蒸发温度/℃	≤120		
90%蒸发温度/℃	≤190		GB/T 6536　《石油产品蒸馏测定法》
终馏点/℃	≤205		
残留量(体积分数)/%	≤2		
饱和蒸气压/kPa			
4 月 1 日～10 月 31 日	≤86		GB/T 8017　《石油产品蒸气压测定法(雷德法)》
11 月 1 日～3 月 31 日	≤90		
实际胶质/(mg/100mL)	≤5		GB/T 8019　《车用汽油和航空燃料实际胶质测定法(喷射蒸发法)》
诱导期/min	≤480		GB/T 8018　《汽油氧化安定性测定法(诱导期法)》
硫含量(质量分数)/%	≤0.08		GB/T 380　《石油产品硫含量测定法(燃灯法)》
硫醇(需满足下列要求之一)			
博士实验	通过		SH/T 0174　《芳烃和轻质石油产品硫醇定性实验法(博士实验法)》
硫醇硫含量(质量分数)/%	≤0.001		GB/T 1792　《馏分燃料中硫醇硫测定法(电位滴定法)》
铜片腐蚀(50℃,3h)/级	≤1		GB/T 5096　《石油产品铜片腐蚀试验法》
水溶性酸或碱	无		GB/T 259　《石油产品水溶性酸及碱测定法》
机械杂质	无		目测法(将试样注入 100mL 比色管中,在白色背景下观察,应符合本标准要求)、重量法(按 GB/T 511　《石油产品和添加剂机械杂质测定法》)
水分(体积分数)/%	≤0.15		SH/T 0246　《轻质石油产品中水含量测定法(电量法)》
苯含量(体积分数)/%	≤2.5		SH/T 0693《汽油中芳烃含量测定方法(气相色谱法)》
芳烃含量(体积分数)/%	≤38		GB/T 11132　《液体石油产品烃类测定法》
烯烃含量(体积分数)/%	≤35		GB/T 11132　《液体石油产品烃类测定法》
低温抗相分离性能(−30℃,48h)	清澈透明,无相分离		取样品 200mL 分别置于两支 250mL 具塞量筒中,将容器垂直放置于已调至−30℃的低温冰箱中进行低温测试,48h 后取出观察,样品应清澈透明,无相分离
遇水抗相分离性能(加水1.5%,振荡 5min)	静置 48h,无相分离		取样品 200mL 分别置于两支 250mL 具塞量筒中。向 1样品中加入 3mL 蒸馏水振荡 5min,2 样品中加入 3mL 自来水振荡 5min。室温下放置 48h 后观察,两个样品应透明无相分离

表 3-4　M15 车用甲醇汽油技术要求（参见 DB14/T 92—2002 《M5、M15 车用甲醇汽油》）

项　目	指　标			试　验　方　法
	90#	93#	95#	
甲醇含量(体积分数)/%	14.0～15.0			SH/T 0663 《汽油中某些醇类和醚类测定法(气相色谱法)》
抗爆性				
辛烷值(RON)	≥90	≥93	≥95	GB/T 5487 《汽油辛烷值测定法(研究法)》
抗爆指数[(RON+MON)/2]	≥85	≥88	≥90	GB/T 5487、GB/T 503 《汽油辛烷值测定法(马达法)》
铅含量/(g/L)	≤0.005			GB/T 8020 《汽油含铅量测定法(原子吸收光谱法)》
馏程				
10%蒸发温度/℃	≤70			
50%蒸发温度/℃	≤110			
90%蒸发温度/℃	≤185			GB/T 6536 《石油产品蒸馏测定法》
终馏点/℃	≤205			
残留量(体积分数)/%	≤2			
饱和蒸气压/kPa				
4月1日～10月31日	≤86			GB/T 8017 《石油产品蒸气压测定法(雷德法)》
11月1日～3月31日	≤90			
实际胶质/(mg/100mL)	≤5			GB/T 8019 《车用汽油和航空燃料实际胶质测定法(喷射蒸发法)》
诱导期/min	≤480			GB/T 8018 《汽油氧化安定性测定法(诱导期法)》
硫含量(质量分数)/%	≤0.08			GB/T 380 《石油产品硫含量测定法(燃灯法)》
硫醇(需满足下列要求之一)				
博士实验	通过			SH/T 0174 《芳烃和轻质石油产品硫醇定性实验法(博士实验法)》
硫醇硫含量(质量分数)/%	≤0.001			GB/T 1792 《馏分燃料中硫醇硫测定法(电位滴定法)》
铜片腐蚀(50℃,3h)/级	≤1			GB/T 5096 《石油产品铜片腐蚀试验法》
水溶性酸或碱	无			GB/T 259 《石油产品水溶性酸及碱测定法》
机械杂质	无			目测法(将试样注入100mL比色管中,在白色背景下观察,应符合本标准要求)、重量法(按GB/T 511 《石油产品和添加剂机械杂质测定法》)
水分(体积分数)/%	≤0.15			SH/T 0246 《轻质石油产品中水含量测定法(电量法)》
苯含量(体积分数)/%	≤2.5			SH/T 0693 《汽油中芳烃含量测定方法(气相色谱法)》
芳烃含量(体积分数)/%	≤34			GB/T 11132 《液体石油产品烃类测定法》
烯烃含量(体积分数)/%	≤30			GB/T 11132 《液体石油产品烃类测定法》
低温抗相分离性能(−30℃,48h)	清澈透明,无相分离			取样品200mL分别置于两支250mL具塞量筒中,将容器垂直放置于已调至−30℃的低温冰箱中进行低温测试,48h后取出观察,样品应清澈透明,无相分离
遇水抗相分离性能(加水1.5%,振荡5min)	静置48h,无相分离			取样品200mL分别置于两支250mL具塞量筒中。向1样品中加入3mL蒸馏水振荡5min,2样品中加入3mL自来水振荡5min。室温下放置48h后观察,两个样品应透明无相分离

3.3 毒性及防护

车用甲醇汽油和甲醇一样是易燃、易爆、有毒性液体，我国在车用甲醇汽油的防火、防爆、防中毒方面没有针对性的规定。但甲醇汽油作为甲醇调配的产物，其在生产中的防火、防爆、防中毒措施可参见甲醇的相关规定。

对于从事车用甲醇汽油销售的加油站而言，除严格遵守安全、消防等相关法律制度和建设标准外，还应遵循一定规则，但当前国家在这方面也没有统一的规定。某省在《加油站销售车用甲醇汽油注意事项》中的相关规定如下：

① 从事调配、储存、运输和销售车用甲醇汽油的工作人员，应当经过安全培训，考核合格后方可上岗。作业时应当严格遵守安全管理制度和操作规程。

② 加油站销售车用甲醇汽油，应当符合该省地方标准 DB61/T 352—2004《车用 M15 甲醇汽油》和 DB61/T 353—2004 《车用 M25 甲醇汽油》，不得掺杂使假，以次充好。

③ 车用甲醇汽油的销售价格应当遵循当地物价局出台的指导价格。

④ 加油机的要求：a.机身应贴有推广使用甲醇汽柴油办公室统一印制的明显车用甲醇汽油标志。b.加油机前应设置永久过滤器（40目）。c.相关皮碗、管线、阀柱、垫圈等必须满足耐油耐醇的条件。

⑤ 遵守石油接卸操作规范。a.储油罐材质应是不锈钢、玻璃纤维或不加内防腐涂料的碳钢。b.储油罐应坡向入孔端安装，坡度 3%～5%，且通气管加密封干燥装置，干燥剂可采用变色硅胶。c.确认储油罐、管线等清洗后干净、干燥、无水及其他杂质。d.清洗储油罐首先要使人员做好工具、防爆电板和隔离式防毒面具的准备后进入罐内作业。罐内外人员 5min 呼应一次。罐内作业切记要使用木质工具，并用适量甲醇汽油清洗直至确认无锈垢、无水及其他杂质。

⑥ 规范作业，确保安全。a.清洗储罐作业人员不得将打火机、火柴、香烟、手机等易燃和金属物品带入罐内。b.清洗现场不能少于 2 人监护，以便随时应急救援。c.清洗现场禁止和杜绝一切明火。

⑦ 认真清洗，记录完整。a.每次清洗储罐，应填写现场记录（时间、状况、环境、人员）。b.清洗正常并签署意见，如有重大问题速逐级上报。c.认真回答，详细解说客户提出的每一个问题，并作好记录，必要时联系供油中心。

3.4 包装及储运

针对甲醇汽油的标志、包装、运输、储存及交货验收，各甲醇汽油生产省均按 SH/T 0164—92 《油产品包装、储运及交货验收规则》实施。

除此以外，在某省地方标准 DB61/T 352—2004 《车用 M15 甲醇汽油》和

DB61/T 353—2004 《车用 M25 甲醇汽油》中规定：①甲醇汽油在运输、储存过程中不得使用含铅汽油使用过的管道、容器、机泵。在储运、使用过程中，要保证管道、容器、机泵和油箱整个系统干净和不含水。②如果发生相分离，必须将分离出的水相送往专门的废水处理厂进行处理。③凡向用户销售符合本标准的车用 M15（M25）甲醇汽油所使用的加油机泵和容器都应标明下列标志，"M15-90#"、"M15-93#"、"M15-95#"（"M25-90#"、"M25-93#"、"M25-95#"），标志应位于驾驶人员易看到的地方。④严禁口腔、眼睛、皮肤接触本油品，配制、装卸、加油人员应有相应的防护措施，避免过量吸入有害蒸气。⑤严禁使用本油品洗手、擦洗衣物、灌注打火机和作喷灯燃料。⑥本油品只作为点燃式发动机的燃料，不得作其他用途。

3.5 甲醇汽油作为汽车燃料的可行性分析

3.5.1 甲醇汽油的经济性优势

燃料经济性是制约替代燃料推广应用的重要因素。甲醇汽油的经济性主要体现于以下三方面：一是生产原料的相对富足及生产成本的低廉，见表 3-5。二是就我国国情而言，甲醇比汽油更加廉价，见表 3-5。三是甲醇作为汽车燃料比其他代用燃料更显经济优势，见表 3-6。

表 3-5 煤制甲醇生产成本估算

项　　目	煤　路　线			
煤价格/(元/t)	200	250	300	400
甲醇成本/(元/t)	900	1000	1100	1280
对应汽油价格/(美元/桶)	29	32	35	40
对应原油价格/(美元/桶)	25	27	28	32

注：资料来源：2007 年中国煤化工行业研究报告。

表 3-6 各种替代燃料的经济性比较

项　　目	煤制甲醇	煤直接液化	煤间接液化	甲醇制烯烃
煤种适应性	强	差	强	
每吨产品煤耗/t	1.5～1.7	4～4.5	4.5～5.5	
100 万吨/a 建设投资/亿元	30～40	Sasol:100	65	MTO:40
每吨产品成本/元	甲醇:900～1100	成品油:1500	成品油:3000	烯烃:3500
效益规模/(万吨/a)	可大可小	>200	>100	>60
产品种类	单一	汽油、柴油、其他烃类	汽油、柴油、其他烃类	乙烯或丙烯

注：资料来源：《煤化工发展与规划》。

使用甲醇汽油还必须考虑车的改造问题。甲醇低比例掺烧（5%～15%），汽车可基本不作大的改动，增加的费用很少，可以忽略不计。在车使用较高比例甲醇汽油时，需在燃料供应系统等处更换耐腐蚀材料和零部件，改造费在 5000 元以内。可见使用甲醇汽油所带来的汽车的改造费用不会影响到甲醇汽油的经济性优势。

3.5.2 甲醇汽油的环保性、安全性优势

甲醇汽油的环保性及安全性是甲醇汽油能否得以推广的争议之一，其核心就是考虑到甲醇的毒性。不可否认甲醇是有毒的化学物质，但当前我国在选定任何一种替代燃料时都应该综合考虑目前所用燃料情况、我国能源状况、现有技术水平等多种因素，而不是单标准评价某种替代燃料的优劣。综合而言，甲醇汽油较汽油更加环保、安全。

国外就甲醇作为燃料的环保性及安全性做过大量的研究，其研究结果均显示甲醇汽油比汽油、柴油燃料更加清洁环保，排放指标优于汽油、柴油，见表3-7～表3-11及图3-1。美国国家工程院院士、福特公司的Roberta Nichols博士在相关的文章中，提到福特公司"在1983年生产第一辆甲醇汽车前，就对甲醇的毒性影响进行了详细研究"，结论是"如果对甲醇正确对待，是不会有健康问题的"，"总的来说，甲醇是比汽油更安全的燃料"。

表 3-7　甲醇与汽油的危害

美国能源部					美国甲醇协会		
项　目	汽油	柴油	甲醇	LPG	项　目	甲醇	汽油
1.泄　漏	3	1	2	5	1.可燃性-发生难易程度		
蒸　发	3	1	2	4	敞开和受限制区域	4	9
释放到大气	5	6	3	4	密闭空间	8(2~4)b	2
释放在密闭室	2	1	4	3	2.失火-产生的相关危害		
2.自动点火	6	5	4	3	燃烧强度	3	10
火花点火	2	1	—	3	灭火难易程度	7	10
火焰传播	2	1	5	3	火焰可见性	8	1
爆燃	5	6	1	2	3.毒性		
火焰辐射	6	7	1	5	①吸收		
3.健康影响	7	5	6	4	毒性	10	10
总计	41	34	28	36	发生难易程度	8(2)c	3
毒性评价					②皮肤接触		
	汽油		甲醇	乙醇	毒性	9	8
呼吸	(2)		1	1	发生难易程度	3	3
皮肤刺激	(1)				③低浓度吸入		
皮肤渗透	(3)		2	1	发生难易程度	10	10
眼睛接触	(2)		2	2	④高浓度吸入		
吞服	(3)		2	1	毒性	10	10
最小浓度TLV和可检测到的气味浓度界限					发生难易程度	3	4
	汽油	柴油	甲醇	乙醇	总计	86	90
$TLV/10^{-6}$	200	$3mg/m^3$	200	1000			
气味浓度界限$/10^{-6}$	低	低	50~2000	10~350			

注：1.美国能源部的数据中，1～7由低到高，（　）内由组成而定。汽油的TLV由含烃成分定。

2.美国甲醇协会的数据为对甲醇在环境中传递与消失的评价。1＝无需担忧，2～3＝低度担忧，4～6＝适度担忧，7～8＝高度担忧，9～10＝极度担忧。b为设计改变，危害下降；c为用添加剂使吸收可能性下降。

表 3-8　含硫量

汽(柴)油/10^{-6}			甲醇/10^{-6}
我国	欧Ⅱ	欧Ⅲ	
200～300	500	150	0.03

表 3-9　汽油、柴油、甲醇汽车排放物种类

种类	汽油	柴油	甲醇	种类	汽油	柴油	甲醇
苯类	3	3		其他化合物	4	4	
醛类	3	3	3	金属	5	5	1
酚类	2	2	2	非金属	1	2	
烯类	3	1					
烷类	2	1		总计	23	21	6

表 3-10　各种汽车燃料常规排放量平均值　　单位：g/km

项　目	氢气	醇醚		燃气类		石油类		
		二甲醚	甲醇 M100	天然气	石油气	柴油	汽油有净化器	汽油无净化器
CO	0	0.12	0.34	0.4	0.89	0.24	1.47	8.96
HC	0	0.04	0.043	0.41	0.115	0.095	0.09	1.27
NO_x	0.037	0.034	0.102	0.125	0.155	0.67	0.315	2.64
总排放量	0.037	0.194	0.485	0.935	1.16	1.165	1.875	12.87
	微	很少	很少	少	少	少	多	很多

注：资料来源：国际能源机构。

表 3-11　各种汽车燃料非常规排放量比较（国际能源机构）　单位：g/km

项　目	氢气	醇类		燃气类		石油类		
		甲醇 M100	甲醇 M85	天然气	石油气	柴油	汽油有净化器	汽油无净化器
苯	0		1.5	0.6	<0.5	1.5	4.7	55
1,3-丁二烯	0	0	<0.5	<0.5	<0.5	1.0	0.6	1.8
甲醛	0	5.8	5.8	<2.0	<2.0	12	2.5	43

注：资料来源：国际能源机构。

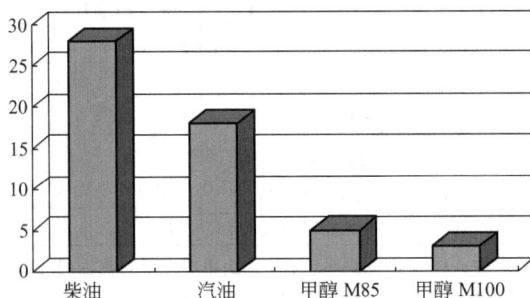

图 3-1　致癌度

我国在甲醇汽油、甲醇汽车的研究中也证实了甲醇汽油的环保性。表 3-12 和表 3-13 分别是晋中和大同甲醇汽车示范区和示范车队对尾气排放的检测结果。由表 3-12、表 3-13 可以看出，甲醇汽车尾气中的 CO 和 HC 的排放量比同型汽车分别降低 45.36% 和 75.855%，而且也低于相应标准中规定的限值。表 3-14 和表 3-15 分别是一汽多点喷射 CA6GH-M 全甲醇发动机和山西榆次新天地发动机制造有限公司生产的电控多点喷射 HL495JIQ 甲醇发动机（M85）的排放检测结果。

表 3-12 甲醇燃料汽车示范区尾气排放的检测结果

项　　　目	CO/%	HC/10^{-6}	检测次数
阳泉	0.584	116	153
晋太	0.467	126	175
合计	0.5255	121	328
同型汽车	0.96	501	17

表 3-13 甲醇燃料汽车示范车队尾气排放的检测结果

项　　　目	CO/%			HC/10^{-6}		
	晋 B-97827	晋 B-38298	晋 B-96971	晋 B-97827	晋 B-38298	晋 B-96971
标准值 (GB 18285—2000) (DB 11/040—1999)	1.00	1.00	1.00	200	200	200
M100(急速)	0.86	0.79	0.85	157	119	179

表 3-14 CA6GH-M 全甲醇发动机工况排放指标

检 验 项 目		标准要求	检 验 结 果		
			1	2	3
排气污染物 /[g/(kW·h)]	CO	≤17.4	5.90	5.86	6.05
	HC+NO$_x$	≤5.6	1.41	1.66	1.40

表 3-15 HL495JIQ 甲醇发动机排放检测结果

检 验 项 目		标 准 要 求			检验结果		
		GB 14762—2002	京 DHJB 2—1999	DB 11/044—1999	1	2	3
排气污染物 /[g/(kW·h)]	CO	≤9.7	≤20.4		2.27	2.25	2.29
	HC+NO$_x$	≤4.1	≤8.4		0.38	0.40	0.35
急速污染物	急速 600r/min CO/%			≤1.00	0.01	0.01	0.02
	急速 600r/min HC/10^{-6}			≤200	18	19	21
	高急速 2000r/min CO/%			≤0.70	0.01	0.01	0.01
	高急速 2000r/min HC/10^{-6}			≤200	4	6	5

通常情况下，燃用甲醇汽油的发动机的常规排放物比同型号的汽油机低，但非常规排放物甲醛和未燃甲醇均高于汽油机，见表 3-11，如给甲醇发动机安装适宜的催化转换器后，大部分甲醛和甲醇是可以消除的。山西省示范车队中使用的催化反应器对 M85 非常规碳氢排放物的实际催化效果如表 3-16 所示。

表 3-16 催化反应器对 M85 非常规碳氢排放物的实际催化效果

项　　目	排　放　指　标	
	甲醛/[g/(kW·h)]	甲醇/[g/(kW·h)]
催化器前	0.15	0.05
催化器后	0.04	0.00
催化转换率/%	73.3	100.00

3.5.3 燃用高比例甲醇汽油发动机的动力性优势

理论上甲醇汽油混合气热值比汽油低约 6%，如不采取合理的技术措施，燃用甲醇汽油对发动机动力性会产生一定的影响。事实上并非完全如此，燃用低比例的甲醇汽油对发动机的影响微乎其微，而燃用高比例甲醇汽油的发动机的动力性更好。

燃用 M15 甲醇汽油的汽车，汽油发动机的动力性不会明显下降，主要是由于甲醇与汽油的混合燃料较纯汽油的辛烷值高，燃料、空气混合气热值变化不大，燃烧状况改善的原因，抵消了热值低的弱点。

燃用高比例甲醇汽油须对发动机进行改造，国内外相关研究表明改造过的 M85（M100）甲醇发动机的动力性优于汽油发动机，见表 3-17。

表 3-17 国内外有关甲醇动力性的研究结果

1. 本田公司 1997 年公布的其开发的雅阁 2.2L FEV 汽车发动机动力性能			
类　　别	(功率/转速)/[PS/(r/min)]	(扭矩/转速)/[kg·m/(r/min)]	增　　加
当燃烧纯汽油时	133/5200	19.5/4500	
当燃烧 M85 时	144/5200	21/4500	功率增加 8%

2. 美国福特 2.8L 汽油机和将其改装后的 M100 甲醇发动机数据			
类　　别	(功率/转速)/[kW/(r/min)]	(扭矩/转速)/[N·m/(r/min)]	增　　加
汽油机	92/4500	218/3600	
M100 甲醇机	118/5000	273/3750	功率增加 28%

3. 太原理工大学设计开发的 468、495 两种机型的甲醇和汽油发动机数据					
型　　号	排量/L	压缩比	(功率/转速)/[kW/(r/min)]	(扭矩/转速)/[N·m/(r/min)]	增　　加
468QDJ	1.06	12	63/6200	98/5000	功率增加 20%
468QD	1.06	10	53/5000	83/5000	
495QDJ	2.83	8.8	88/3800	230/2500	功率增加 18%
495QD	2.83	7.6	75/3800	225/2500	

注：1PS=735.499W。

美国环保总署国家汽车和燃料试验室主任 Matthew 这样评价甲醇燃料的动力性："燃料甲醇的一个重要性是减少了燃烧期间的热损耗，等量的甲醇蒸发所需的热量是汽油的 10 倍，正是这个峰值温度影响着热损耗"；"甲醇没有碳碳键，从本质上讲不会产生煤灰，因为碳碳键是热辐射的有效力量，没有它们，热辐射损耗就会明显降低"；"甲醇比汽油或柴油有着更大比例的燃烧气体分子和反应物分子，燃烧期间更多的燃烧气体分子被释放能量加热，热量使气体膨胀，从而降低燃烧气体的温度，改善功率"。

3.6 国内外甲醇汽油发展状况

3.6.1 我国

中国政府高度重视甲醇替代燃料的发展，多次组织专家论证甲醇车用替代燃料的可行性，专家组也多次参观考察了甲醇汽车使用情况。国家已将甲醇燃料汽车列入全国清洁汽车行动和"十五"国家重大科技攻关计划。山西省在甲醇燃料与甲醇汽车应用方面已取得显著成效，为推动甲醇燃料的产业化发展，山西省制定了若干优惠政策。

我国对甲醇燃料的研究起步于 20 世纪 70 年代初期。"六五"期间，国家科委与交通部、山西省共同组织，在山西省进行了 M15～M25 甲醇燃料的研究实验，共有 480 辆货车参与了试验及示范工作。在此期间建设了 5 个甲醇燃料加注站，并加入适量杂醇等助剂，在解决甲醇燃料的使用与汽油的相溶性方面积累了许多经验。"七五"期间，由国家科委组织，中国科学院牵头并由大专院校、汽车、环境、卫生等 6 部门共同组成了攻关组，重点对 492 发动机的扭矩、热效率和尾气排放等技术进行了较为系统的研究，并且有 3 辆车参与了路试，各项试验指标均取得了较满意的效果。进入"八五"，由国家科委组织有关大专院校、石油、化工、煤炭、汽车、环境、卫生等 8 个单位，与德国大众汽车公司合作，共同进行高比例甲醇发动机和汽车的试验研究，先后共有 14 辆桑塔纳轿车参与了路试，其中有 8 辆车在北京累计行驶约 $1.5 \times 10^6 \text{km}$，并建成甲醇燃料加注站 1 个，目前仍有 3 辆甲醇汽车在运行，单车行驶最长里程超过了 $2.2 \times 10^5 \text{km}$，运行车辆性能良好。在此期间，相关研究人员还对德国大众公司的灵活燃料发动机进行了全面试验。我国对于低比例甲醇燃料的开发应用开展得也比较早，四川省从 1980 年起开始在汽油中加注低比例甲醇燃料，到目前有近千辆客车、卡车和小轿车在使用，实际运营情况良好，未发现重大技术问题。目前甲醇燃料推广应用进展情况如下。

① 山西省在五个中心城市（大同、长治、晋中、阳泉、太原）开展示范运营。

a. 长治市第一汽车公司 30 辆 M100 甲醇车定点由长治到壶关运行 1 年多，票价比汽油车票价便宜很多，清洁环保，深受乘客欢迎。

b. 太原到晋中的 901 路公交车队车辆、阳泉公交车队 34 辆车、大同客运 44 辆车运行情况良好。

c. 甲醇发动机改造工作取得很大进展，其中大同云岗汽车公司甲醇-汽油双燃料发动机，榆次新天地 M85 点燃式甲醇燃料发动机，佳新公司三结合尾气排放装置及双燃料自控加油机，净土公司的三元催化尾气净化装置都取得很大成绩。

② 河南蓝天集团及漯河石化集团在驻马店、漯河市、开封市均有甲醇汽车运营。

③ 上海 2006 年开始大力发展二甲醚汽车，年内试生产 30 辆，2008 年规模生产 5 万辆，并组织甲醇燃料出租汽车队。

④ 云南省 2006 年 2 月正式投放甲醇汽油，由云南强林石化有限公司开发。

⑤ 陕西省政府第 17 次常务会议决定在西安、延安、宝鸡、榆林等部分城市开展甲醇汽油、柴油试点工作，2005 年 12 月 31 日延安市 50 辆公交车首先开始使用。2006 年 1 月 13 日宝鸡市 20 辆公交车和 10 辆电喷小汽车也开始试点。

⑥ 四川省泸州市试点 M10 甲醇汽车，百辆车封闭运行，由政府机关首先试用，并制定了 M10 甲醇汽油地方标准。

⑦ 黑龙江省建业集团开发的 M10 甲醇及馏分油配制研究取得成功。

伴随我国甲醇燃料推广应用工作的开展，有更多的企业开展了甲醇汽油的研究、开发及生产，并取得了一定的成果，见表 3-18。

表 3-18　我国部分甲醇汽油生产企业状况

企业名称	生产能力	在建(拟建)	标准	技术来源	调配比例	销售方向
新疆协力新能源有限责任公司	3 万吨/a	20 万吨/a	有企业标准	长安大学汽车学院、自有技术	M15、M20、M35	局部推广，已组建甲醇汽油示范车队
西安中立石油化工新技术有限责任公司	20 万吨/a	150 万吨/a	有企业及地方标准	自主研发	M15、M25	陕西省内
上海赛孚燃油发展有限公司	20 万吨/a		有企业标准	自主研发	M40、M50	社会加油站及民营批发商
烟台美能石化有限公司	(50~500)万吨/a	在扩建	有企业及地方标准	自主研发	M40~M50	沿海发达城市
浙江绍兴世纪能源有限公司	10 万吨/a		有企业标准	河南漯河石化	M15~M20	浙江、江苏
浙江省钱江高分子聚合材料厂	3 万吨/a	100 万吨/a	有企业标准	自主开发	M30	部分中石化(中国石油化工集团公司)加油站及社会加油站
张家港中油泰富清洁能源有限公司	15 万吨/a	30 万吨/a	拟订企业标准	购买、合作	M30~M80	油品批发企业和加油站
上海精醇化工科技发展有限公司	5 万吨/a	贵州 30 万吨/a、内蒙 20 万吨/a、江苏 10 万吨/a	有企业标准(六项)	自主开发	M15~M55	社会加油站，已报批市政府支持试点工作
山西华顿实业有限公司	1.25 万吨/月	4 万吨/月	有企业及地方标准	自主开发	M15、M30	中石化山西石油总公司销售网络、社会系统加油站

企业名称	生产能力	在建(拟建)	标准	技术来源	调配比例	销售方向
四川省鑫得利车用燃料有限公司	30万吨/a		地方标准(M10)	自主开发	M10~M95	自建加油站,向社会加油站销售
河南蓝天集团	5万吨/a	10万吨/a	有企业标准	与中科院合作研制	M15	河南省及周边地区
漯河石化集团有限公司	30万吨/a		有企业标准	自主开发	M15、M25、M35、M50、M85	各省、市、地区的中石油(中国石油天然气集团公司)、中石化公司,石油批发商和加油站
黑龙江建业燃料有限责任公司	10万吨/a	25万吨/a	有企业标准	自主开发	M10~M85	加油站、车队、油库
肇东建业燃料有限责任公司	5万吨/a	25万吨/a	有企业标准	自主开发	M10~M85	加油站、车队、油库
黑龙江建业燃料有限责任公司丰源分公司	20万吨/a	25万吨/a	有企业及地方标准	自主开发	M20	加油站、车队、油库
广西建业清洁能源开发有限公司	100万吨/a	150万吨/a	有企业标准	自主开发	M30~M85	加油站、车队、油库
山东省滨州市滨哈清洁环保燃料有限公司	100吨/月	10万吨/a	有企业标准	黑龙江建业	M10~M85	加油站、车队、油库
上海臻昊燃料有限公司		30万吨/a	有企业标准	黑龙江建业	M30~M85	加油站、车队、油库
湖南长株潭国际物流有限公司		200万吨/a	有企业标准	黑龙江建业	M10~M85	加油站、车队、油库
海南建业能源开发有限公司		(30~60)万吨/a	有企业标准	黑龙江建业	M15~M85、E15~E85	石油公司、加油站
广东中山建业燃料开发有限公司		(30~60)万吨/a	有企业标准	黑龙江建业	M15~M85、E15~E85	石油公司、加油站
广东湛江建业燃料开发有限公司		(100~200)万吨/a	有企业标准	黑龙江建业	M15~M85、E15~E86	石油公司、加油站

注:数据截止到2007年6月。

车用甲醇燃料推广应用的关键环节是相关国家标准及行业标准制定。总体上讲,我国醇醚燃料标准工作仍处于起步阶段。20世纪末,国内没有醇燃料国家标准,只有三个相关的国家标准,分别是:GB 16663—1996《醇基液体燃料》、GB 338—92《工业甲醇》、GB 17930—1999《车用无铅汽油》。另外还有其他有关试验方法的国家标准20个(不完全统计)。在甲醇燃料方面,山西省颁布施行了两个省级地方标准,2005年山西省还编制完成了燃料甲醇与甲醇汽车系列标准18个。

另外，河南省漯河、开封、洛阳，江苏省太仓，四川省泸州等也在试点推广中颁布了市级标准。2006 年 3 月底，黑龙江省率先出台了车用甲醇汽油强制性地方标准，主要是从生产和流通环节对甲醇燃油进行规范。

2006 年 4 月 16 日，我国第一部甲醇汽油添加剂和变性燃料甲醇企业标准在西安通过了陕西省有关部门审定。陕西长征新能源有限公司是陕西省惟一的甲醇汽油添加剂专业生产企业，与长安大学汽车学院 2005 年联合研发成功了 M15、M25 甲醇汽油添加剂等系列产品。2005 年 12 月，该公司的 6 万吨/a 甲醇汽油添加剂生产装置建成投产，同时会同陕西省有关专家等编制完成了《CZ-0501 甲醇汽油添加剂》、《CZ-0602 甲醇汽油添加剂》、《CZM-0511 变性燃料甲醇》、《CZM-0612 变性燃料甲醇》4 个标准，分别适用于 M15、M25 甲醇汽油和变性燃料甲醇。目前，尚无明确定义的甲醇燃料方面的行业标准和国家标准，但有关方面正在着手相关工作。

3.6.2 世界

20 世纪 20 年代甲醇汽油开始用作车用燃料；在第二次世界大战期间，甲醇汽油广泛应用于德国；20 世纪 70 年代受二次石油危机的影响，美国、日本、德国和瑞典等国先后投入人力、物力进行甲醇燃料及甲醇汽车配套技术的研究开发。20 世纪 90 年代国外甲醇及甲醇混合燃料车发展动向见表 3-19。

美国对甲醇燃料和甲醇汽车进行开发和应用，重点开发燃烧 M85（含甲醇 85%）、M100（含甲醇 100%）专用甲醇燃料汽车。1987 年美国福特汽车公司及美洲银行，改装 500 辆福特车，试用 M85 甲醇燃油，总行程 3.38×10^{-7} km，时间长达 3 年，取得甲醇汽车改装生产的经验。1995 年美国 DOE 能源研究中心投入 12700 辆甲醇车试用 M85。

日本汽车研究所 1993 年用大型公共汽车、载货车使用 M85、M100 燃料，进行了 6×10^4 km 的道路试验，以检验发动机的耐久性、可靠性。1994 年，日本奥托甲醇型汽车，用 7 年时间进行道路试验。1996 年，日本本田技研工业株式会社，试用汽油、甲醇自由混合双燃料车，已完成可确保与汽油有大致相同耐久、可靠性的灵活燃料车，得出的结论是，成本降低，有利于批量生产。

在欧洲，瑞典 1975 年首先提出甲醇可以成为汽车代用燃料，并随即成立国家级的瑞典甲醇开发公司（SMAB）。前德意志联邦共和国在 20 世纪 70 年代开始研制甲醇发动机，1979 年制定了"用于公路交通运输的醇类燃料"的研究规划，将 M15 汽油用于汽车，其间组织过由 6 家汽车厂生产的一千多辆燃醇汽车投入试运行，并在全国主要大、中城市建立 M15 汽车加油站，形成全国供应甲醇汽油的网络。在 20 世纪七八十年代，德国大众汽车公司还在中国建立了 M100 甲醇汽车示范车队。可以说，德国是至今世界上发展甲醇汽车最有成效的国家。

资料表明：使用甲醇汽油用于汽车是完全可行的。据统计，瑞典、新西兰已推广使用 M15 汽油，意大利计划用含甲醇 80％的混合醇代替汽油。综合世界其他国家研究和使用结果，可以得出在现有汽车发动机上，不致发生运行障碍的酒精混合率以乙醇 20％或甲醇 15％为最合适的界限。如今已大量推广使用甲醇汽油的有德国，其加甲醇 3％～5％；瑞典，其加甲醇 15％，而大多数国家计划加甲醇 15％，并正在进一步的推广或成批使用中。

表 3-19   国外甲醇及甲醇混合燃料车发展动向

时间/年	国家	开发机构	车　型	研究开发状况	备　注
1993	日、美	日本石油产业活动中心、美国 DOE 能源研究中心		共同研究开发，使之能成为安全、抗爆的液体燃料	
	日本	汽车研究所	大型公共汽车、载货车使用 M85、M100 燃料	已进行 6×10^4 km 的道路试验，考察发动机的耐久性、可靠性	需要提高零部件的可靠性
1994	日本		奥拓型甲醇汽车	用 7 年时间进行道路试验	
1995	美国		M85 燃料车	12700 辆甲醇车投入行驶	
1996	日本	本田技研工业株式会社	汽车、甲醇自由混合双燃料车	已完成可确保与汽油车有大致相同耐久性、可靠性的灵活燃料车（FFV）	降低成本有利于批量生产

3.7 发展建议

国际油价持续走高，加快了中国启动替代能源的步伐。《中国替代能源研究报告》指出"以煤为基础，多元化发展，重点发展醇醚燃料可能将成为最近几年替代能源发展的主要内容"，醇醚燃料成为未来替代能源的首推能源。

随着我国甲醇燃料示范规划的成熟及推广工作的进行，未来甲醇燃料的消费量将显著增加。根据我国汽车工业发展趋势预测，到 2008 年我国的汽车保有量将突破 3000 万辆，对汽油的消费需求也将有较大增长，到 2008 年我国汽油消费量将超过 5000 万吨。如果全国 40％范围内推广 M5 甲醇汽油，其消费量将达到 100 万吨左右。另外，M85～M100 甲醇汽油发动机及汽车的开发工作也在推进。预计到 2008 年，甲醇燃料对甲醇的总消费需求将超过 200 万吨，使甲醇燃料在甲醇总体消费中的比例超过 30％。

推广应用甲醇燃料是保证国家能源安全、保护环境、调整并优化产业化结构及能源结构，促进煤炭化工行业发展的重要举措，符合国家以煤代油的能源政策。

为了推动甲醇汽油逐步替代汽油的过程，作者根据自己的研究，作如下建议：①加大低甲醇含量的甲醇汽油研究，并将部分成熟的调和燃料投放市场，使之逐步推广。②加大甲醇汽油的地区性、季节性应用。各个地区可根据甲醇及汽油产量，以及当地气候条件、季节因素，来选择加入甲醇的比例，确定地方性标准。③加大甲醇汽车的技术改造。要完全使用甲醇汽油作为替代燃料，必须对汽车进行改造，从而在甲醇汽油中加大甲醇所占比例。改造汽车结构应向既能以汽油为燃料又能以甲醇汽油为燃料，甚至能以高浓度甲醇汽油为燃料的多功能内燃机方向发展。

参 考 文 献

[1] 陈卫国.关于推动甲醇汽油作为替代燃料的意见及理由.中国汽车与醇醚能源化工，2006，(2)：3-11.

[2] 梁玮.甲醇汽油的研究开发及应用现状.中国汽车与醇醚能源化工，2006，(4)：7-14.

[3] 杨蔚权，许世海.甲醇作为发动机燃料的使用方法.内燃机，2005，(5)：32-35.

[4] 应卫勇，曹发海，房鼎业.碳一化工主要产品生产技术.北京：化学工业出版社，2004：42-43.

[5] 赵贤俊，王海成，刘晓辉.甲醇燃料产业化的现状和趋势.化工技术经济，2006，24 (9)：10-11.

[6] 边耀璋.醇类燃料在发动机上的应用.汽车实用技术，2003，(3)：13.

[7] 向晋华，刘刚.甲醇燃料汽车排放特性研究.机械管理开发，2006，(3)：44-45.

[8] 尉庆华，杨国秀，付海燕.汽油与甲醇汽油做内燃机燃料的比较.机械管理开发，2006，(2)：88.

[9] 王翔，郭拥军，张建军.甲醇、汽油及甲醇汽油作内燃机燃料的性质比较.化工时刊，2005，19 (3)：47-49.

[10] 张继辉，刘锐，周升侠.醇类燃料与汽油的性能比较.炼油与化工，2005，16 (1)：8.

[11] 肖经纬，李斌.甲醇燃料的毒性及应用研究进展.国外医学卫生学分册，2006，33 (6)：334-336.

（杨慧敏　编写）

4 甲醇制烯烃

乙烯、丙烯是重要的基础有机化工原料，目前均产自石油，由于石油轻烃原料资源紧缺，已经严重影响到下游的化工产业。制备乙烯和丙烯的传统方法是采用石脑油裂解工艺，但由于石油是不可再生资源，储量十分有限，且石油价格起伏很大，所以世界各国开始致力于非石油路线制乙烯和丙烯类低碳烯烃的开发。其中，由煤或天然气经甲醇制备低碳烯烃的工艺受到越来越多的重视。因此，甲醇制烯烃（MTO）工艺的工业应用问题引起了各方面的重视，有不少业内人士纷纷预测，MTO 技术开发成功后，将有效缓解我国乙烯、丙烯等化工产业对宝贵的石油轻烃原料资源的依赖程度，开辟出一条崭新的烯烃生产新途径，促进有机化工原料的多元化。MTO 对缓解我国石油供应紧张，促进石油化工产品的发展具有十分重要的战略意义。

4.1 甲醇制烯烃的合成工艺

甲醇制烯烃（methanol to olefins，MTO）和甲醇制丙烯（methanol to propylene，MTP）是两个重要的碳一化工新工艺，是指以煤或天然气合成的甲醇为原料，生产低碳烯烃的化工技术。由于基本机理相同，为方便阐述，本章把 MTP 作为 MTO 的一种类型。反应机理如下所示。

MTO 及 MTP 的主反应为：

$$2CH_3OH \longrightarrow C_2H_4 + 2H_2O \tag{4-1}$$

$$3CH_3OH \longrightarrow C_3H_6 + 3H_2O \tag{4-2}$$

MTO 反应过程可以分为 3 步：a. 甲醇首先脱水生产二甲醚，在分子筛表面生成甲氧基；b. 生成第一个 C—C 键；c. 生成 C_3 及 C_4。反应过程表示如下：

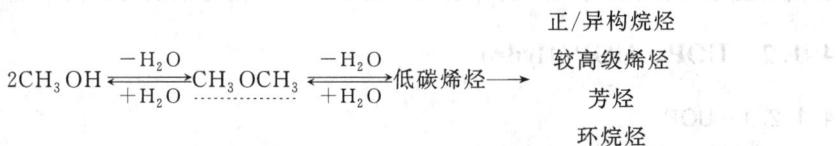

$$2CH_3OH \underset{+H_2O}{\overset{-H_2O}{\rightleftharpoons}} CH_3OCH_3 \underset{+H_2O}{\overset{-H_2O}{\rightleftharpoons}} 低碳烯烃 \longrightarrow \begin{matrix} 正/异构烷烃 \\ 较高级烯烃 \\ 芳烃 \\ 环烷烃 \end{matrix}$$

MTO 工艺主要有以下几个步骤：进料甲醇汽化，反应器和再生器，产品冷凝和脱水，压缩，氧化回收，脱除杂质，蒸馏及净化等单元。工艺前部分类似炼油工业中的催化裂化装置反应再生单元，后部分类似石油化工中石脑油裂解气体分离单元。MTO 工艺流程见图 4-1。

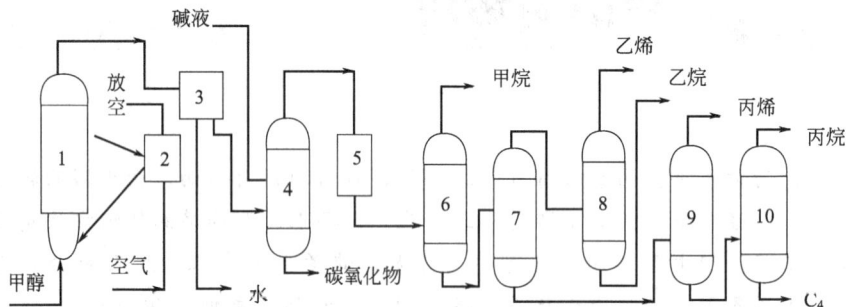

图 4-1　MTO 工艺流程

1—反应器；2—再生器；3—水分离器；4—碱洗塔；5—干燥器；

6—脱甲烷塔；7—脱 C_2 塔；8—C_2 分离器；9—C_3 分离塔；10—脱 C_4 塔

最早提出 MTO 工艺的是美孚石油公司（Mobil），随后巴斯夫（BASF）、埃克森石油公司（Exxon）、美国环球石油公司（UOP）及挪威海德鲁公司（Hydro）等相继投入开发，在很大程度上推进了 MTO 的工业化。早在 20 世纪七八十年代，中国科学院大连化学物理研究所就展开了 MTO 新技术的研发工作，后被列入国家"八五"重点科技攻关课题。在研发过程中，该所不仅完成了机理研究、实验室小试、催化剂制备和中试放大等关键技术开发，还先后申请 20 多项国内外专利，形成了自主的知识产权。目前，具有代表性的 MTO 工艺技术主要是：Mobil、UOP、UOP/Hydro 和中国科学院大连化学物理研究所的 MTO 工艺技术。

4.1.1　美孚（Mobil）公司

甲醇制烃的转化反应最初是在 20 世纪 70 年代初用 ZSM-5 催化剂发现的。Mobil 提出了一种使用 ZSM-5 催化剂，在列管式反应器中进行甲醇转化制烯烃的工艺流程，并于 1984 年进行过 9 个月的中试试验，试验规模为 100 桶/d。在工艺过程中，甲醇扩散到催化剂孔中进行反应，首先生成二甲醚，然后生成乙烯，反应继续进行，生成丙烯、丁烯和高级烯烃，也可生成二聚物和环状化合物。以碳选择性为基础，乙烯质量收率可达 60%，烯烃总质量收率可达 80%，大体相当于采用常规石脑油/粗柴油管式炉裂解法收率的 2 倍，但催化剂的寿命尚不理想。

4.1.2　UOP、UOP/Hydro

4.1.2.1　UOP

1988 年，UOP 公司兼并了 Union Carbide（联合碳化学公司）的分子筛部，发现 SAPO-34 分子筛催化剂（硅铝磷酸盐）对于甲醇转化为烯烃有很好的选择性，并进行了实验室研究，在美国芝加哥建立了小试装置，反应器为流化床，反应温度 450～550℃，反应压力 0.1～0.5MPa。SAPO-34 分子筛催化剂主要化学成分包括 Si、Al、P、O 等元素，它具有适宜的内孔道结构尺寸和固体酸性强度，能够尽量使反应初期生成的烯烃发生齐聚反应生成的小分子烃类的量减少，从而提高目标产物——烯烃的选择性。SAPO-34 分子筛催化剂孔径只允许乙烯、丙烯和少量的 C_4 通过，不会产生重的烃类产品。m（乙烯）：m（丙烯）的值在 0.75～1.5 之间，乙烯和丙烯的总产率比较稳定（80% 左右），而且乙烯和丙烯的纯度均在 99.6% 以上，可直接满足聚合级丙烯和乙烯的要求。虽然 SPAO-34 是理想的催化材料，但对流化床操作来说不是坚固耐用的材料。

近期 UOP 公司又对该工艺做了如下改进：

① 由于反应器物流中只含相对少量的甲烷和饱和物，所以省去了前脱甲烷塔而选择了前脱乙烷塔。

② 考虑将二甲醚作为甲醇制烯烃的中间产物，这样既可以减少大量水或水蒸气对催化剂稳定性和寿命的负面影响，还可以减小设备尺寸，节省投资费用。

③ 考虑以反应产物分离后的甲烷或低碳烯烃物料作稀释剂。

④ 关于如何循环利用甲醇制烯烃副产物水，提出了 2 点建议。一是直接将水回收到合成气生产装置中，不进行任何脱除烃或有机氧化物工序，甲醇制烯烃所产生的水足够初步重整的用量。二是将丙烯产物加水通过酯化作用形成二异丙醚（DIPE），由于该过程不需要高纯度的丙烯，因此甲醇制烯烃分离工序中的脱乙烷塔可以省略。

⑤ 为使产品适应市场需要，通过歧化手段使丙烯歧化为乙烯和丁烯，同样乙烯和丁烯也能歧化为丙烯。

⑥ 甲醇制烯烃反应产物中丁烯、C_5 及 C_5 以上烃类的利用和处理。日益受重视的处理方法是将丁烯、C_5 及 C_5 以上烃类转化为乙烯和丙烯，采用 Superfiex（Lyondell）、MOI（Exxon/Mobil）、Propylur（Lurgi）和最新的 Paris（AtoFina/UOP）等工艺可以实现。

4.1.2.2　UOP/Hydro

1992 年，UOP 与挪威 Nook Hydro 公司合作共同开发 MTO 技术，对催化剂制备、性能试验、催化剂再生、能量利用、工程化等问题进行了深入的试验研究，形成了 UOP/Hydro MTO 专利技术。UOP/Hydro 甲醇制烯烃流化床工艺的大型示范装置置于 1995 年 6 月开始连续运转 90 多天，粗甲醇的加工能力达到 0.75t/d，甲醇转化率始终大于 99.8%，乙烯和丙烯的碳基质量收率达到 80%。该工艺采用流化床反应器和再生器设计。反应热通过产生的蒸汽带出并回收，失活的催化剂被送到流化床再生器中烧碳再生，然后返回流化床反应器继续反应。在整个产物气流混合物分离之前，需要通过一个特制的进料气流换热器，其中大部分的水分和惰性物质被清除，然后气体产物经气液分离塔进一步脱水、碱洗塔脱 CO_2、干燥后进入产品回收段。该工段包括脱甲烷塔、脱乙烷塔、乙炔饱和塔、乙烯分离塔、丙烯分离塔、脱丙烷塔和脱丁烷塔。含氧化合物也在压缩工段中被除去。

中试装置采用以磷酸硅铝分子筛 SAPO-34 为主要组分的 MTO-100 型催化剂，在 0.1～0.5MPa 和 350～550℃ 下进行反应。反应产物中乙烯和丙烯的比例可调（物质的量比为 0.75～1.50），乙烷、丙烷、二烯烃和炔烃生成的数量少。MTO-100 型分子筛催化剂的开发成功是甲醇制烯烃技术取得重大突破的基础。SAPO-34 分子筛催化剂的酸性位和强度具有可控性，具有择形选择性，与早期的 ZSM-5 催化剂相比，这一特点大大提高了向乙烯和丙烯转化的选择性。MTO-100 型 SAPO-34 分子筛催化剂可使乙烯、丙烯质量产率达到 80%，而用 ZSM-5 催化剂时的质量产率仅为 50%。

UOP 公司还公开了通过改进催化剂组成配比以提高金属磷酸铝分子筛抗磨性能的方法。实验结果表明，SAPO-34 含量低时磨损率较小。但专利中并没有给出此时催化剂用于甲醇制烯烃过程的效果数据。至于在低 SAPO-34 含量下低碳烯烃的选择性能否达到满意的结果，还需进一步实验验证。UOP/Hydro 公司的 MTO 工艺的生产组分和灵活性如表 4-1 和表 4-2 所示。

表 4-1　UOP/Hydro 公司的 MTO 工艺的生产组分

产品组分	所占比例/%	产品组分	所占比例/%
轻烃（C_1～C_4）	4	C_5 及 C_5 以上脂肪族化合物	4
乙烯	40	其余无机物和焦炭	3
丙烯	38	合计	100
丁烯（少量 1,3-丁二烯）	11		

表 4-2　UOP/Hydro 公司的 MTO 工艺的灵活性　　　　　　单位：kt/a

产　品	MTO（乙烯产量高）	MTO（乙烯产量/丙烯产量＝1∶1）	MTO 结合 OC 工艺（丙烯产量高）
乙烯＋丙烯	834	846	968
乙烯	464	423	384
丙烯	370	423	584
混合 C_4 及 C_4 以上组分	159	179	59
轻组分	57	42	46
其他	1450	1433	1427
合计	2500	2500	2500

UOP/Hydro 公司的 MTO 工艺和 Mobil 公司的工艺很相似，由于需要分离和处理的较重副产品很少，分离系统相对简单。该工艺采用的原料是粗甲醇，因此没必要通过蒸馏制取 AA 级的甲醇（纯度为 99.85%），减少了上游甲醇装置的投资。

但粗甲醇不能出售用于其他方面，因此限制了甲醇设备的灵活性。

UOP/Hydro 公司 MTO 工艺的主要特点是：①使用流化床反应器和再生器，可实现连续稳定运转；②催化剂具有突出的择形性能；③可以在较宽的范围内灵活调节乙烯和丙烯的质量比（0.75～1.5），乙烯和丙烯的总产率比较稳定（80%左右）；④工艺原料可以是粗甲醇或者 AA 级甲醇；⑤产品主要是烯烃类，不设置乙烯、丙烯分离器的情况下可得到 97% 纯度的轻烯烃，设置乙烯、丙烯分离设备可得到聚合级轻烯烃。

4.1.3 中国科学院大连化学物理研究所的 MTO 工艺

中国科学院大连化学物理研究所在 20 世纪 80 年代初开始进行甲醇制烯烃研究工作，"七五"期间完成 300t/a 装置中试，采用固定床反应器和中孔 ZSM-5 沸石催化剂，并于 20 世纪 90 年代初开发了 SDTO（合成气经由二甲醚制低碳烯烃）工艺。SDTO 工艺包括 2 个阶段：第一阶段是在固定床中将合成气转化为二甲醚，采用金属酸双功能催化剂 SD219-2，反应温度为 （240±5）℃，压力 3.4～3.7MPa，气体时空速率 1000h^{-1}，连续平稳操作 1000h，二甲醚选择性 95%，CO 单程转化率 75%～78%。第二阶段将二甲醚转化成低碳烯烃，催化剂为基于 SAPO-34 的 DO123 催化剂，模板剂用的是三乙胺或二乙胺。据称用该模板剂合成的 DO123 催化剂，其价格仅为 MTO-100 催化剂的 20%。

在小试流化床反应器装置上，分别用甲醇、二甲醚、二甲醚＋水为原料对该催化剂进行实验，结果表明，二甲醚转化率为 100%，乙烯选择性为 50%～60%，乙烯＋丙烯选择性约为 85%，3 种原料的差别很小，所以原料可以采用甲醇或者是二甲醚，而无须水的加入。催化剂可以在 600℃下、10min 内再生，而且连续反应再生 100 次以上，催化剂性能未见明显改变。

SDTO 工艺中二甲醚制低碳烯烃中试装置 （15～25t/a）采用上流密相流化床反应器，催化剂为 DO123，反应温度 500～560℃，常压，甲醇转化率始终大于 98%，乙烯和丙烯收率达到 81%，催化剂连续经历 1500 次左右的反应再生操作，反应性能未见明显变化，催化剂损耗与工业用流化催化裂化（FCC）催化剂相当。中试结果与流化床小试的结果差不多。

总的来说，由于合成气制二甲醚比合成气制甲醇在热力学上更为有利，所以用二甲醚作原料制烯烃比用甲醇作原料更有优势，再加上前面提及的 UOP/Hydro 甲醇制烯烃工艺近来的改进之一就是用二甲醚作制取烯烃的原料，既减少了粗甲醇中大量水对催化剂的影响，又节约了设备尺寸。但 SDTO 工艺与 UOP/Hydro 甲醇制烯烃工艺相比，还有一定的差距，主要集中在以下几个方面：

① 中试装置规模小。UOP/Hydro 甲醇制烯烃工艺的中试装置规模是 0.75t/d （225t/a，以 1 年运转 300 天计），而 SDTO 工艺中试装置规模只有 15～25t/a，相差一个数量级。

② 原料要求不同。UOP/Hydro 甲醇制烯烃工艺直接用从甲醇工厂出来的未经提纯的粗甲醇为制低碳烯烃的原料，这样可以节省甲醇工段的部分提纯装置，在经济性上极为有利。而 SDTO 工艺的试验装置都是用纯甲醇或二甲醚为原料，在竞争中必然处于劣势。

③ 催化剂的差别。MTO-100 催化剂无论在催化性能，还是耐磨强度、长期稳定性等方面都有良好的表现，完全可以进行工业化生产。而 DO123 催化剂在较小的中试装置上，催化性能与 MTO-100 接近，耐磨强度、稳定性都较好，但是如果用在更大规模的流化装置上、更苛刻的催化环境下时，其催化性能及流化性能必将受到更大的挑战。

中国科学院大连化学物理研究所与 UOP 公司的中试装置评价结果比较如表 4-3 所示。

表 4-3 大连化学物理研究所与 UOP 公司的中试装置评价结果比较

项　　目	UOP 公司	大连化学物理研究所
中试规模/(t/d)	0.75	0.06～0.1
原料	甲醇	二甲醚
沸石类型	SAPO-34	SAPO-34
反应器类型	流化床	流化床
催化剂价格	高	低
催化剂牌号	MTO-100	DO123
原料消耗[①]/(t/t)	2.659	1.845(相当于 2.567 甲醇)
烯烃质量分数/ %		
乙烯	34～46	49
乙烯+丙烯	76～79	＞79
乙烯+丙烯+丁烯	85～90	约 87
已经运行的反应-再生次数	＞450 次	约 1500 次

① 原料消耗指生产每吨混合烯烃所消耗的原料量（t）。

从表 4-3 可以看出，美国的 UOP 和大连化物所的技术水平相当。

4.1.4　甲醇制烯烃（MTO）技术经济性评价

MTO 工艺工业化应用的关键除催化剂和工艺技术本身外，煤基甲醇装置的大型化和甲醇制造成本是否有竞争力是最关键的因素。甲醇制烯烃技术经济性相关内容见表 4-4、表 4-5。

从表 4-4 数据比较可见，以天然气经合成气、甲醇制乙烯的 MTO 工艺投资额虽高于石脑油，但如果天然气价格便宜，其投资回收率比石脑油裂解要高得多。对我国而言，以廉价的煤作为生产烯烃的原料，收益将更为可观。

表 4-4　3 种乙烯生产技术的经济性比较（规模 500kt/a）

项　　目	以天然气为原料的 MTO	石脑油裂解	乙烷裂解（由天然气回收）
投资额[①]/百万美元	1100	900	600[②]
生产费用			
原材料	67	470	56
副产品回收	−318	−333	−13
净原料费	−251	137	43
公用工程、催化剂和化学品	55	38	12
固定费用（以投资额的 10% 计）	220	180	120
总生产费用	24	355	175
售价/（美元/t）	500	500	500
得利/（美元/t）	476	145	325
税前简单投资回收率/%	22	8	27

① 1995 年第一季度边远地区建厂址的投资额。

② 不包括从天然气回收乙烷的液化石油气（LNG）工厂的投资。

表 4-5　100 万吨/a 甲醇 MTO 装置单位生产成本　　　　单位：元/t

甲醇价格	甲醇原料成本	乙烯生产成本	丙烯生产成本	混合烯烃的成本	甲醇占烯烃成本的比例
1000	2857	3852	3666	3759	76
1300	3714	4761	4531	4646	80
1400	4000	5063	4819	4941	81
1500	4286	5366	5107	5236	82
1600	4571	5669	5395	5532	83

　　中国科学院大连化学物理研究所实验室人员对两种化工路线的经济性作了比较：当国际原油价格为 35 美元/桶时，原油炼制石脑油所生产的烯烃成本是 5300 元/t；若走煤制烯烃路线，除非煤价超过 513 元/t，否则煤制烯烃的成本不会超过 5300 元/t。不过，煤制烯烃固定资产投资比较大：上马一个 80 万吨/a 的煤制烯烃装置，总投资需 150 亿元。

　　从投资收益率来看，当石脑油价格为 4400 元/t（相当于原油价格 50 美元/桶）时，制烯烃收益率为 10%；如果用 230 元/t 的煤来生产，投资收益率 17%。如果煤制烯烃项目背后有煤矿做支撑，就能大大降低煤制烯烃项目的风险。

4.2　甲醇制烯烃的研究、生产状况

4.2.1　我国

　　我国的许多研究机构如中国科学院大连化学物理研究所、中石化上海化工研究院、中石化石油化工科学研究院、清华大学、西南化工研究设计院和中国石油大学等单位也开展了 MTO 工艺及催化剂的研究，在实验室规模的装置上得到了与 UOP 接近的结果。

（1）中国科学院大连化学物理研究所

中国科学院大连化学物理研究所是国内最早从事 MTO 技术开发的研究单位，从 20 世纪 80 年代便开展了由甲醇制烯烃的工作。"六五"期间完成了实验室小试，"七五"期间完成了 300t/a（甲醇处理量）中试；采用中孔 ZSM-5 沸石催化剂，达到了当时国际先进水平。20 世纪 90 年代初又在国际上首创"合成气经二甲醚制取低碳烯烃新工艺方法（简称 SDTO 法）"，被列为国家"八五"重点科技攻关课题。该新工艺是由两段反应构成，第一段反应是合成气在固定床反应器中在金属-沸石双功能催化剂上一步转化制得二甲醚，第二段反应是在流化床反应器中以小孔径硅铝磷分子筛催化剂 DO123 将二甲醚高选择性地转化为以乙烯为主的低碳烯烃。

SDTO 新工艺具有如下特点：①合成气制二甲醚打破了合成气制甲醇体系的热力学限制，CO 转化率可接近 100％，与合成气经甲醇制低碳烯烃相比可节省投资 5％～8％；②采用小孔磷硅铝（SAPO-34）分子筛催化剂，比 ZSM-5 催化剂的乙烯选择性大大提高；③第二段采用流化床反应器可有效地导出反应热，实现反应-再生连续操作；④新工艺具有灵活性，它包含的两段反应工艺既可以联合成为制取烯烃工艺的整体，又可以单独应用。尤其是 SAPO-34 分子筛催化剂可直接用于 MTO 工艺。

SDTO 工艺的中试装置于 1995 年在上海青浦化工厂建成，其原料二甲醚的处理量为 0.06～0.10 t/d。为对 MTO 工艺技术的选择、关键设备的设计、重要设备选型、催化剂工业化应用性能等问题进行工程验证与考核，中国科学院大连化学物理研究所、陕西省投资公司、中石化洛阳石油化工工程公司、正大集团共同组建了陕西新兴煤化工科技发展有限责任公司，该公司负责建设了华县 DMTO（甲醇制低碳烯烃）中试装置。

DMTO 中试装置在 2006 年 2 月 17 日正式启动，2 月 19 日进料当晚达到满负荷，2006 年 3 月 26 日停车，共运行了 240 多小时，消耗甲醇原料 500t（甲醇进料 40～50t/d，甲醇原料满足国家标准即可，没有特殊要求）。试验打通了流程，验证了催化剂的性能。甲醇转化率达到 99.99％，乙烯加丙烯收率为 78.1％～78.2％，丁烯收率达到 13％～14％。三烯总收率接近 91％～92％。

（2）清华大学

清华大学也在 MTO 工艺方面进行了改进：采用气固并流下行式流化床短接触反应器，催化剂及反应产物出反应器后进入设置在该反应器下部的气固快速分离器进行分离，及时中止反应的进行，有效地抑制了二次反应的发生；分离出的催化剂进入再生器中烧炭再生，催化剂在系统中连续再生，反应循环进行。技术的改进减少了烷烃的产生，降低了后续分离工艺的难度，增加了低碳烯烃的产量，甲醇转化率大于 98％，低碳烯烃收率也大于 93％。

（3）神华煤化工有限公司

2006 年 12 月 15 日，我国首套煤经甲醇制烯烃装置获得国家核准。为拓宽原料来源，加快乙烯工业发展，满足社会经济发展的需要，实现石油间接替代，国家发展和改革委员会核准了内蒙古包头神华煤化工有限公司 60 万吨/a 煤经甲醇制烯烃项目。项目建设内容包括 180 万吨/a 甲醇装置、60 万吨/a 甲醇制烯烃（MTO）装置、30 万吨/a 聚乙烯装置、30 万吨/a 聚丙烯装置。该项目甲醇制烯烃装置采用中国科学院大连化学物理研究所与陕西新兴煤化工科技发展有限责任公司、中石化洛阳石油化工工程公司合作开发的甲醇制低碳烯烃（DMTO）技术。DMTO 技术是我国具有自主知识产权、居国际领先地位的创新技术，已经完成年产 5000t 级工业化试验。该项目是 DMTO 技术首次应用于大型工业化装置。

该项目总投资 120 多亿元，资本金约 40 亿元，由神华集团与上海华谊集团合资建设。项目厂址选在内蒙古包头市西南哈林格尔镇，占地约 300 公顷（1 公顷＝$10^4 m^2$）。按照循环经济理念，项目高度重视资源综合利用和生态环境保护工作。采用先进技术加强源头治理，如采用废水制浆、废水闭路循环、副产炉渣和粉煤灰制水泥等技术，努力实现废弃物减量化、资源化和再利用，提高资源使用效率。该项目一方面开创了石油间接替代新途径，有利于提高我国石油安全保障能力。另一方面促进煤化工产业与石油化工产业有机结合，将显著提高我国石化产品竞争力。同时，推动国有煤炭企业产业接续，为我国缺油富煤地区经济发展培养出新的增长点。

4.2.2 世界

MTO 工艺的研究已进行了多年，世界上一些著名的石油和化学公司如美孚公司、巴斯夫公司、环球石油公司及海德鲁公司等都投入了大量资金进行研究。

（1）巴斯夫公司

德国 BASF 公司采用含铁、铬及高硅铝比的 ZSM-5 沸石和砷沸石作为催化剂，1980 年夏季在德国路德维希港建立了一套中试装置，规模为日消耗甲醇 30t，反应温度为 300～450℃，压力为 0.1～0.5MPa，初步试验结果 $C_2 \sim C_4$ 产率为 50%～60%。

（2）UOP/Hydro

UOP/Hydro 工艺采用流化床反应器，甲醇在反应器中反应，生成的产物经分离和提纯后得到乙烯、丙烯和轻质燃料等。

Hydro 公司在 Porsgrann 的研发基地建设了一套 MTO 小试装置和一套工业演示装置。小试装置已经运转了 15 年，主要用来筛选和测试评价催化剂的性能。1995 年，UOP 公司与 Hydro 公司合作建成一套甲醇加工能力 0.75t/d 的示范装置，采用流化床反应器和再生器，改进的 SAPO-34 催化剂，操作压力 1.0～3.0MPa，反应温度 400～500℃，可灵活调整乙烯与丙烯的比例（1～1.5），甲醇转化率始终大于 99.8%，乙烯和丙烯的碳基质量收率达到 80%，产品乙烯、丙烯可满足聚合级要求。装置运行 6 个月以上，对催化剂和工艺流程进行了考核验证，取得了大量设计数据，证明该技术是可行的。1995 年 11 月在南非第 4 届世界天然气转化会议上，UOP 宣布 MTO 技术已取得成功。

1998 年建成投产采用 UOP/Hydro 工艺的 20 万吨/a 乙烯工业装置，目前已完成 50 万吨/a 乙烯装置的工业设计，并表示可对设计的 50 万吨/a 大型乙烯装置做出承诺和保证。UOP/Hydro 的 MTO 工艺对 C_2 与 C_3 烯烃具有灵活的调节功能，各生产商可根据市场需求生产适销对路的产品，以获取最大的收益。

新加坡欧洲化学技术（EuroChem Technologies）公司计划在尼日利亚建设石化联合企业，该企业将在世界上第一次使用由 UOP/Hydro 公司开发的甲醇制烯烃工艺，建设 7500t/d 甲醇装置，产品甲醇用作甲醇制烯烃装置进料，甲醇制烯烃装置设计生产能力 40 万吨/a 乙烯和 40 万吨/a 丙烯。

（3）鲁奇（Lurgi）公司

Lurgi 公司在 20 世纪 90 年代末成功开发了甲醇制丙烯 MTP 工艺，可以说是 Mobil、UOP/Hydro 两公司各自开发的甲醇制烯烃 MTO 工艺的新发展。Lurgi 公司在 20 世纪 80 年代也曾参加了 Mobil 公司的甲醇制汽油 MTG 工艺的开发。

该工艺采用稳定的分子筛催化剂和固定床反应器，催化剂由德国南方化学公司提供，在 0.113～0.116MPa 和 380～480℃下操作。反应 400～700h 后，催化剂用氮气/空气混合气体烧焦再生。烃类产物的分布为：乙烷 1.1%、乙烯 1.6%、丙烯 71.0%、丙烷 1.6%、C_4/C_5 烃类 8.5%、C_6 及以上烃类 16.1%、焦炭<0.01%。

固定床有一定的优点，如无催化剂磨损、催化剂可就地再生、易于放大能降低投资，反应物停留时间一致以使产物选择性达到最大值，而南方化学公司开发的沸石催化剂又具有丙烯选择性高、结焦少、丙烷收率低等优点，所以为 Lurgi 公司的 MTP 工艺开发提供了良好的基础。

Lurgi 公司在法兰克福试验中心建有一个实验装置，进行工艺开发试验，操作压力为 0.16MPa，反应温度为 475℃，设有 DME 回收冷却物流。在挪威建有一个工业化演示装置，采用绝热固定床反应器，分层控制，床层中间设取热设施。现在进行的工业化的装置设计 3 个反应器（其中 1 个备用）。反应器高 35m，直径为 10m，反应器设计了 6 个床层，级间设计喷嘴，喷入冷却介质 DME 来降低反应器床层温度。

2002 年起，验证装置已在挪威国家石油公司（Statoil）的甲醇装置上运行，Lurgi 公司将使它运转 8000h 以确认催化剂的稳定性，2003 年 9 月，Lurgi 公司在该甲醇制丙烯示范装置上证实了该工艺的可行性。据 Chemical Week 在 2004 年 3 月 17 日报道，Lurgi 公司已经与伊朗 Zagros 石化公司商讨在伊朗建设一套 5000t/d 的甲醇装置和一套甲醇制丙烯装置，采用 Lurgi 公司的甲醇制丙烯技术，规模为 5000t/d 的甲醇可用于生产 52 万吨/a 的丙烯。

2005 年 3 月，Lurgi 公司与伊朗 Fanavaran 石化公司正式签署 MTP 技术转让合同，装置规模为 10 万吨/a。Lurgi 公司与伊朗石化技术研究院共同向伊朗 Fanavaran 石化公司提供基础设计、技术使用许可证和主要设备。该项目预计 2009 年建成投产，届时将成为世界上第一套 MTP 工业化生产装置。

4.3 甲醇制烯烃的发展

由于甲醇制烯烃流化床工艺较甲醇制丙烯固定床工艺工业放大过程复杂，而且我国在甲醇制烯烃工艺的研究中已经取得可喜的成绩，所以在此重点讨论甲醇制烯烃工艺的工程放大问题。

甲醇制烯烃工艺开发主要集中在两方面：①改性 SAPO-34 分子筛催化剂的开发，重点开发选择性高、耐磨损、长期水热稳定的适用于流化床的 MTO 催化剂；②甲醇制烯烃流化床工艺装置的开发。目前中国科学院大连化学物理研究所制备的 DO123 催化剂已经接近国际先进水平，只要在耐磨损强度等方面进行必要的完善，相信可以达到流化床反应器对催化剂的苛刻要求。而对于流化床反应系统的自主开发，现在还不是很明确。

建立工业化示范装置的目的是考察和验证工艺技术的某些工程技术问题和考察催化剂的活性、选择性、强度、流化性能，为建设更大规模的工业化装置创造条件。天然气经合成气制甲醇及甲醇制烯烃产物的分离和精制都已经是成熟的工业化技术，而且甲醇装置的建设规模也已经足够甲醇制烯烃装置的用料。甲醇制烯烃技术的工业化问题只集中在自身的技术上。根据甲醇制烯烃反应和 SAPO-34 催化剂的特点，流化床反应-再生装置是首选，而此装置用得最多、最成熟的就是流化催化裂化（FCC）装置。我国的 FCC 技术已经有几十年的历史，工程设计水平已经达到国际先进水平。因此，借鉴 FCC 工业放大的技术经验，用于甲醇制烯烃流化床工艺的开发，是一个很好的选择。

甲醇制烯烃与 FCC 的区别主要为：①FCC 反应为吸热反应，而甲醇制烯烃反应为强放热反应；②FCC 中使用提升管反应器，而甲醇制烯烃目前使用的是传统的循环流化床反应器。在建立的工业化示范装置上需要考察很多问题，但这些问题都没有超出 FCC 设计的范围。所以，在技术上是可以进行甲醇制烯烃工艺开发的。

4.4 发展建议

石油价格的不断上涨，乙烯、丙烯等低碳烯烃需求量的不断增大，为甲醇制烯烃工艺提供了广阔的市场，因此我国发展 MTO 是十分必要。首先我国拥有世界上最具发展潜力的石化产品市场，MTO 产品有可靠的市场保证，发展前景较好。其次我国缺油少气，适度发展 MTO，实现低碳烯烃生产的原料多元化对减轻原油供应压力具有重要意义。甲醇制烯烃技术的关键在于催化剂活性和选择性及相应的工艺流程设计，尽管目前 MTO 工艺已基本成熟，但是 MTO 项目技术难度大、资金需求量大，对价格昂贵的催化剂的性能和寿命等应予以关注。另外，目前 MTO 技术专利商主要是 UOP/Hydro 公司，MTP 专利商主要是鲁奇公司。2007 年初，世界上还没有实际运行的工业化装置，因此存在一定的技术风险。投资者应择机建设，但对于建设条件较好的项目可提前进行。

国家应大力支持甲醇制低碳烯烃，统一规划，有序发展，抓紧建设大型工业示范装置；要建在煤炭资源丰富地区，以降低生产成本；要按照循环经济的要求，以煤矿-甲醇-烯烃-热电上下游一体化的模式进行规划和建设。同时，该项目用水量大，建议采用空冷等节水新技术，合理利用水资源。

对于条件较好的大投资者，在投资 MTO 项目之前必须明晰企业未来发展方向与定位以及企业抗风险能力。投资者在决策和建设 MTO 项目时要对产品市场、工艺技术和经济可行性、原料资源、水资源、环境容量、运输条件和资金实力等建设条件进行重点研究和落实。借鉴国外类似项目建设模式，建议国内投资商采取与相关企业、专利商和金融机构等合作建设的方式。

参 考 文 献

[1] 佟俊鹏.MTO 技术工业化可行性分析.化工科技，2006，14 (1)：66-70.

[2] 王红秋.甲醇制烯烃技术进展及经济评价.石油化工技术经济，2006，22 (1)：40-42.

[3] 陈香生，刘昱，陈俊武.煤基甲醇制烯烃（MTO）工艺生产低碳烯烃的工程技术及投资分析.煤化工，2005，(5)：6-11.

[4] 柯丽，冯静，张明森.甲醇转化制烯烃技术的新进展.石油化工，2006，35 (3)：205-211.

[5] 李建新，安福，何祚云.甲醇制烯烃工艺技术及经济性分析.甲醇与甲醛，2006，(5)：26-30.

[6] 袁卫民.密切关注 MTO 技术，适时发展青海省乙烯工业.中国工程咨询，2007，(3)：26-27.

[7] 何应登.MTO 工艺与传统乙烯工业的经济性分析.炼油技术与工程，2005，35 (10)：55-58.

[8] 刘延伟.碳一化工产品发展展望 I：甲醇、合成氨.化工技术经济，2005，23 (9)：6-10.

[9] 刘延伟.碳一化工产品发展展望 II：二甲醚、合成油、乙烯和丙烯.化工技术经济，2005，23 (10)：1-6.

[10] 张明辉.我国发展煤制烯烃产业的必要性和可行性探讨.化工技术经济，2006，24 (1)：17-21.

[11] 齐国桢，谢在库，钟思青等.煤或天然气经甲醇制低碳烯烃工艺研究新进展.现代化工，2005，25 (2)：9-13.

[12] 白尔铮.甲醇制烯烃的经济性分析.化工催化剂及甲醇技术，2005，(6)：12-13.

[13] 赵毓璋，景振华.甲醇制烯烃催化剂及工艺的新进展.石油炼制与化工，1999，30 (2)：23-28.

[14] 刘红星，谢在库，张成芳等.甲醇制烯烃（MTO）研究新进展.天然气化工，2002，27 (3)：49-56.

[15] 刘中民，齐越.甲醇制取低碳烯烃（DMTO）技术的研究开发及工业性试验.成果与项目，2006，21 (5)：406-408.

[16] 李仲来.甲醇制低碳烯烃（MTO）技术综述.氮肥技术，2007，28 (2)：1-7.

（刘宇 编写）

5 甲醇燃料电池

为适应全球性的能源可持续利用和环境保护的需要，甲醇燃料电池（MFC）技术已经成为国际高技术研究开发的热点。甲醇燃料电池可分为直接甲醇燃料电池（direct methanol fuel cells，DMFC）和间接甲醇燃料电池（IMFC）。直接以甲醇为燃料，以甲醇和氧气的电化学反应将化学能自发地转变成电能的发电装置称之为直接甲醇燃料电池。所谓间接甲醇燃料电池，就是将燃料系统分开，先用甲醇催化氧化制出富氢气，而后再进入电池作为燃料。本章主要介绍直接甲醇燃料电池的研究、应用及技术进展情况。

5.1 甲醇燃料电池简介

DMFC 是一种综合性能优良、操作简便、具有广泛应用前景的燃料电池。它的主要特点是甲醇不经过预处理可直接应用于阳极反应产生电流，同时生成水和二氧化碳，对环境无污染，是洁净的电源。它的能量转换率高，实际效率可达 70% 以上，是节能高效的发电技术。因具备高能量密度、高功率、零污染等特性，燃料电池成为近年来被看好的替代能源供应技术主流。此外，因消费者对于便携式电子产品的功能要求越来越多，又因传统二次电池能提供的使用时间明显不足，故直接甲醇燃料电池已成为最被看好的未来电子产品的主流电源。以氢气为燃料的质子交换膜燃料电池（H_2PEMFC）与直接甲醇燃料电池的性能指标见表 5-1 所示。

表 5-1　燃料电池的性能指标

燃料电池	燃料	额定电压/V	功率/W	效率/%	操作温度/℃	功率密度/(mW/cm^2)	理想电压	使用次数及时间	费用（每 1kW·h）/美元
H_2PEMFC	氢气	0.7	1～40	50～60	50～100	380～1350	1.23	无限制	1～2
DMFC	甲醇	0.6	1～40	20～50	50～200	100～600	1.18	无限制	2～5

由表 5-1 可见，DMFC 和 H_2PEMFC 在功率密度、效率、使用寿命等功能方面的优势相当，但 DMFC 因其甲醇燃料为液体，与氢气相比储存和运输都比较方便，故比 H_2PEMFC 更有发展前景。

直接甲醇燃料电池含有阴阳两个电极，而两个电极间则由具有渗透性的薄膜所构成。其电解质为离子交换膜，薄膜的表面则涂有可以加速反应的催化层，直接甲醇燃料电池的工作原理见图 5-1 所示。甲醇水溶液进入阳极催化层中，氧气则由阴极进入燃料电池。在催化剂的作用下发生电化学氧化，产生电子、质子和 CO_2。其中电子通过外电路传递到阴极，CO_2 从阳极出口排出，质子通过电解质膜迁移至阴极；在阴极区，氧气在电催化剂的作用下，与从阳极迁移过来的质子发生电化学还原反应生成水，产物水从阴极出口排出，电池总反应的产物是 CO_2 和水。

直接甲醇燃料电池（DMFC）反应式如下：

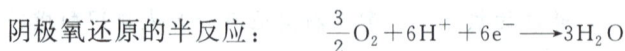

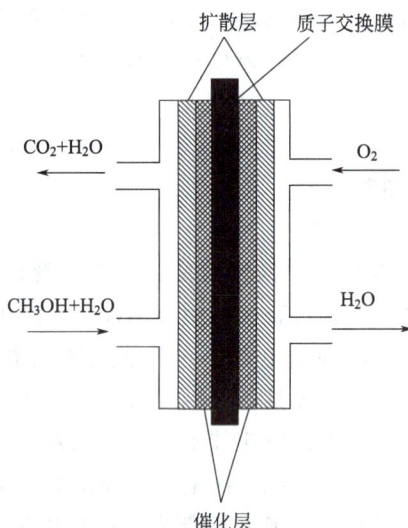

阳极甲醇氧化半反应：$\qquad CH_3OH + H_2O \longrightarrow CO_2 + 6H^+ + 6e^-$

阴极氧还原的半反应：$\qquad \dfrac{3}{2}O_2 + 6H^+ + 6e^- \longrightarrow 3H_2O$

电池总反应：$\qquad\qquad CH_3OH + \dfrac{3}{2}O_2 \longrightarrow CO_2 + 2H_2O$

图 5-1　直接甲醇燃料电池的工作原理

在过去的几十年里，人们对这种新型电源产生了巨大的研究热情，许多国家都对发展 DMFC 进行了较大的科技投入。

5.2　甲醇燃料电池的研发

5.2.1　我国

我国开展 DMFC 的研究相对国外来说仍旧较晚。自 1999 年起中国科学院大连化学物理研究所与安徽天成电器有限公司成立了直接醇类联合实验室，开展了 DMFC 的研究。该实验室已在 DMFC 的电极结构、制备工艺和电池组装技术等方面开展了广泛的研究，所组装的单电池放电性能也已达到了国外文献报道的水平。2002年，大连化学物理研究所与南孚电池有限公司签署了"直接醇类电池的研究与开发"技术合作协议，主攻微型移动电源的研制。目前该实验室对DMFC的研究主要集中在电催化剂、固体电解质膜、DMFC电池堆及有关传感、检测器件等方面的研究与开发。他们成功组装出由5节单电池（面积5cm×5cm）构成的DMFC电池堆。当工作温度为75℃时，该电池堆的输出功率高于20W。此外，他们在催化剂研制方面也取得了新的进展。

2003年4月22日，一种具有原始创新性和自主知识产权的DMFC在山东理工大学山东省清洁能源工程技术研究中心研发成功。这种新型燃料电池是应用山东理工大学清洁能源工程技术研究中心提出的模拟生物酶燃料电池催化剂的思路，采用廉价、性能高的模拟生物酶代替当今燃料电池中使用的价格高、资源受限的铂催化剂制成，经过近4年的实验终于取得成功。其工作温度从室温到135℃，甲醇用完后，只要补充甲醇水溶液就可以。

清华大学提出了基于MEMS（微电子机械系统）技术的硅基DMFC，首先采用流体力学软件进行了DMFC三维阳极模型的模拟，然后利用MEMS加工技术成功开发了这种燃料电池。

2006年7月8日，经科技部中国生产力促进中心协会、山东省济南市历下区人民政府帮助，山东省天胜能源科技发展有限公司和清华大学就"与清华大学核能与新能源技术研究院长期合作，提供资金支持，共同研制直接甲醇燃料电池，搞好应用与示范，进行全面产业化"达成协议并签订合同。此举将推进国家863计划项目"直接甲醇燃料电池"在我国产生社会经济效益的进程，对我国发展清洁能源具有重要意义。

在直接甲醇燃料电池的研发上，我国的研究机构也投入了极大的热情，除中国科学院大连化学物理研究所、清华大学等院所外，还有上海交通大学燃料电池研究所、北京富源燃料电池公司、上海神力公司、中山大学、中国科学院长春应用化学研究所和天津大学等单位。

5.2.2 世界

直接甲醇燃料电池最早是于20世纪六七十年代分别由英国的壳牌（Shell）和法国的埃克森-阿尔斯通（Exxon-Alstom）提出来的。早期的DMFC分别采用酸性和碱性液体电解质，无压力下工作温度60℃，电池性能很差。随着有发展前途的氢燃料电池用Nafion固体聚合物电解质膜材料的开发成功，1992年又一次激起对研发DMFC的浓厚兴趣。

20世纪90年代初，直接使用甲醇作为阳极燃料的DMFC的构想由加利福尼亚工学院喷气推进实验室（Jet Propulsion Laboratory，JPL）和南加州大学的研究者提出的，后来他们和美国军方合作研究用于野外的无线电通讯电源。当时的目标是建造大小和一本书相当的直接甲醇燃料电池样机。功率为 50 W、排出物中只含有水和二氧化碳。1997 年在佛罗里达举行的第 14 届电动汽车会议上，美国甲醇研究院（AMI）展示的 DMFC 单元，就是由 JPL 实验室和 Giner 公司研制的。

1998 年 Manhattan Scientics（曼哈顿科学）公司注册了商标名为 Micro-Fuel Cell TM，用于手机电源的微型直接甲醇燃料电池。该项研究成果获得了 1999 年度由美国《工业周刊》杂志评选出的第七届技术创新奖。Micro-Fuel Cell TM 用于手机电源可待机 6 个月，连续通话 1 星期；而现在使用的锂离子电池只能待机 2 星期，连续通话 5 h。Micro-Fuel Cell TM 的制造使用一种类似印刷电路板的技术，在一片绝缘材料板中镶嵌三合一电极，然后将几块三合一电极串联起来构成电池组。

针对无线通讯电源方面的巨大市场，美国的摩托罗拉公司和由洛斯阿拉莫斯国家实验室（Los Alamos National Laboratory，LANL）Shimshon Gottesfeld 领导的研究小组共同研制开发了一种使用直接甲醇燃料电池的蜂窝电话电源。与 Mirco-Fuel Cell TM 相比，他们的电池体积更小、质量更轻。电池大小为 $25mm^2$，厚度 2mm，可以待机一个月，连续通话 20h。

在欧洲，DMFC 的开发已受到各国的关注。由法国、意大利、比利时等国研究机构和公司共同组织的 NEMECEL（NewLow-cost Direct Methanol Fuel Cell）计划，就是探索千瓦级工业上需求的燃料电池供电系统。它从 1997 年 12 月开始为期 4 年，主要探索新的电解质、电极催化剂、优化电极结构及电池系统。计划的目标是建立一个 1kW 的 DMFC 样机，使用常压下的空气作氧化剂，温度 130℃，功率密度 200 mW/cm^2。负责电池组装的法国 Sodeteg 公司建立了一套非常先进的电池评价装置和组装了多个电池组，并设计了专门的软件控制电池的自动运行。

德国西门子公司在 1995 年就报道了 DMFC 方面的研究，最近组装 3 对电极面积为 $550cm^2$ 的电池组，80℃，0.2MPa 氧气和空气条件下，输出功率分别为 88W 和 77W，在 0.5V 时功率密度达 50mW/cm^2。他们的目标是建立 1kW 的电池组，主要用做工业上的移动电源。

印度的 A. K. Shukla 也报道了 DMFC 的研究，他们使用不锈钢取代传统的石墨板作为双极板，电极面积为 $25cm^2$，组装了一个 5W 的电池组。

表 5-2 是几家具有代表性的研究机构研究的 DMFC 单电池性能及工作条件。

表 5-2 DMFC 单电池性能及工作条件

研究机构	电解质膜	催化剂	载铂量 /(mg/cm^2)	工作温度 /℃	电压/V	电池功率 /W
LANL(USA)	Nafion 112	Pt_2RuO_2	2.2	130	0.47	230
JPL(USA)	Nafion 112	Pt_2Ru/C	4.0	90	0.47	190
Siemens(GER)	Nafion 117	Pt/Ru	8.0	130	0.52	200
CNR-TAE(ITA)	复合 Nafion	Pt_2Ru/C	2.0	145	0.40	260
Newcastle 大学(UK)	Nafion 117	Pt_2Ru/C	2.5	98	0.45	200

从表 5-2 中可以看出，每一研究机构都有不同的研究方法，但获得高功率密度的一个重要条件就是提高电池的温度。

目前，世界各国有多达数百家公司和研究机构积极开展 DMFC 燃料电池的研发工作，并取得很大进展，已开始进入量产和使用的初期阶段。在研发 DMFC 的单位中，驰名的有 Ball、（卡西欧）Casio、Giner 电化学系统、NEC、Polyfuel、三星电子、东芝和摩托罗拉（Motorola）等一些大公司。

Ball 公司推出了 50W 和 100W 两种可移动动力系统（PPS）。2001 年 3 月，该公司曾首次出售 8 套 PPS 给军工部门作为动力源使用。2001 年 7 月，该公司又开发出 20W 的 DMFC 动力系统。截至 2001 年 9 月，它已获得美国有关制氢技术的专利（US 6274093）。利用该专利技术可制造在室温下用带蒸气压的反应物制氢的可移动装置。该装置可自动调节与混合物接触生产的反应物量（与装置释出的氢量成比例）。这是该公司独有的自调节制氢技术。

日本卡西欧公司从 1998 年开始研发燃料电池，后两年展示了具有硅片设计配合微型反应器的燃料电池样机。2002 年 3 月，该公司宣布开发出新型燃料电池，适用于笔记本电脑、数码相机、个人数字助理、小型电视接收机等。硅片设计的微反应器将甲醇转化为氢，转化率超过 98%。随后，氢通过氧化还原反应再转为电能。

2002 年 7 月，Giner 电化学系统公司推出了新甲醇加料法的简便 DMFC 系统。该系统可用于各种尺寸的 DMFC，但特别适用于微型和低能量燃料电池（约 20W）的医疗装置、手机、个人数字助理和其他无线装置等。同时，它还提供 50W/12V 的全液体加料 DMFC 燃料电池系统给美国陆军实验室试用。该系统采用了甲醇渗漏低的膜，可比一般膜减少渗漏约 60%，从而改善了系统的效率。采用该系统的装置极轻，便于携带且比较耐用。

Polyfuel 以可移动电子产品应用为主要目标，开发了自己专有的 DMFC 技术。2002 年，美国运输部（DOT）批准 Polyfuel 的 DMFC 设计的膝上型电脑允许在商业飞机上使用，从而开始了以 DMFC 代替传统电池的应用过程。近年来，该公司在 DMFC 技术，特别在开发新一代聚合物电解质膜材料方面又取得了很大进展，这使得 DMFC 功能有了重大改善，包括允许高甲醇浓度和高操作温度，并减少了甲醇渗漏。该公司计划推出工业产品上市，最初可能仅限于供应其创造的膜元件或膜电极装配件给其他燃料电池制造商使用。

东芝公司于 2003 年 3 月推出了全球第一台 DMFC 笔记本电脑，与电脑连通的 DMFC 能量输出为 12～20W/h，燃料储存器中加一次甲醇可供电 5h。在甲醇浓度为 3%～6% 时的供电效率最佳。电池携带甲醇浓度为 30%，在反应过程中生成水可将甲醇浓度稀释至 3%～6%，以达到最佳效果。

2003 年 9 月，日本 NEC 公司展出了体积小的 DMFC 领先样机。该样机重 900g、电压为 12V、输出功率密度为 $50mW/cm^2$、平均输出为 14W/h（最高

24W/h)、燃料储存器体积为 120mL（10％甲醇），一次加入操作时间为 5h。另悉，该公司将推出质量仅 2kg 的轻型产品和可以连续使用 40h、内置 DMFC 的笔记本电脑。

三星电子公司于 2004 年成功开发出笔记本电脑用的 DMFC 样机。据悉，用 100mL 甲醇可供应 10h 电力。通过使用多孔碳载体及纳米技术可获得活性中心平均粒径为 3nm 的电极催化剂，从而降低催化剂用量 50％。由于使用纳米复合材料质子交换膜，可降低甲醇渗漏达 90％。该公司还通过改进电池堆设计和封装技术来提高 DMFC 的能量效率。三星电子 2006 年 12 月就已经展出过一款采用 DMFC 的 Q35 超便携笔记本，每天使用 8h，可连续使用一个月，其能量密度为 650W·h/L，总能源存储量为 1200W·h。当时这款燃料电池的宽度与一部笔记本电脑的宽度相当，厚度更是普通笔记本电脑的两倍。经过大半年的研发后，三星终于又推出了一款新的 DMFC 电池，无论是长度、宽度、厚度都大为减小，且使用时间仍可以达到一个月，虽然取得较大进步，但仍需要几年才能真正投入商业化应用。2007 年，东芝（Toshiba）和三星电子（Samsung Electronics）合作开发的燃料电池又奔向了一个新高度。

5.3 甲醇燃料电池的应用

由于甲醇在室温下为液态，具有很高的能量密度，并且价格便宜，因此 DMFC 是一种极有发展前途的清洁能源用功率源，有望用于便携式电源和车用动力电源。DMFC 使用的甲醇可从石油、天然气、煤等获得，而且不像间接甲醇燃料电池那样需要进行燃料重整，简化了重整设备；此外在燃料获取中能量损耗少，系统效率高，因此，在相同的功率密度下，DMFC 体积小、成本低，是小型家庭轿车理想的电源。DMFC 集中了质子交换膜燃料电池的优点，是燃料电池未来发展的重要方向。

5.3.1 DMFC 在笔记本电脑中的应用

目前笔记本电脑使用的大多是锂离子电池，如果想要提高这类电池的容量和使用时间，必然要增大电池本身的尺寸和重量，因此研究者把目光瞄向了直接甲醇燃料电池。由于 DMFC 的能量密度是锂离子电池的数倍，且具有结构简单、燃料补充方便、体积比能量和质量比能量高等优点。因此应用在笔记本电脑上，可以工作更长时间。

目前，世界很多公司如东芝、NEC、日立、索尼、三星、西门子等都开展了相关方面的研究，并相继推出了自己的样机。在国内，大连化学物理研究所研制了笔记本电脑用 DMFC 的示范样品。

应用 DMFC 的笔记本电脑的一个重要特点就是可以采用加注燃料或更换燃料

罐的方式对电池快速"充电",非常方便、快捷。但是,燃料的补充罐要实现标准化,并且成本要相当的低廉,还要保证密封性和绝对的安全性。除了电池本身,还要有更加完备的能量管理系统、水管理系统和温度管理系统。

体积、重量、成本这几大要素决定着便携设备的设计者和用户是否选择 DM-FC 来提供能源。目前,要想把直接甲醇燃料电池应用在笔记本电脑上,还有一定的困难。但是,随着直接甲醇燃料电池系统技术上的新突破,其能量密度将会得到提高,成本也将大大降低,这样可以使得笔记本电脑趋于更薄更轻,持续使用时间也将大大延长。当 DMFC 形成批量生产的时候,其成本可以与锂离子电池竞争,那么直接甲醇燃料电池系统在笔记本电脑上的应用将会有很好的前景。

5.3.2 DMFC 在军事领域的应用

军用小型电源的功率一般在 100W 以内。其要求是能量密度高、结构简单、易补给维护。小型及微型直接甲醇燃料电池可满足上述要求。DMFC 对燃料电池堆用于稳定的内部工作环境系统要求较高。例如电池堆的进料、阴极产生水的回收、循环与排放方式等都需要根据不同的应用要求进行设计。因此,使用 DMFC 可提高单兵作战能力和生存概率,且高品质 DMFC 的使用可以提高军用传感器、侦察器的持续工作时间。清华大学核能与新能源技术研究院自主研制出 3W、20W 和 50W 等多款小型 DMFC,并通过"863"专家组验收。美国 Los Alamos 国家实验室开发了可移动式直接甲醇燃料电池电源拟代替 BA5590 锂离子蓄电池,应用于美国军方通讯系统。德国 Smart Fuel Cell(SFC)公司生产的 C25 型 DMFC,仅 1.4kg 重,使用 0.2kg 燃料可在 20W 输出功率下供电 7h,随工作时间增加其质量比能量优势更突出。

军用中型电源的共同点是功率在 100W 以上,甚至达到 1kW。同时更注重电源的稳定性、持久性。其中 100～500W 可作为小规模快速机动部队使用的便携式电源,具有补给燃料灵活和持续工作时间长等优点。而 500～1000W 则适用于各种军事基地、哨所等相对固定地方作为备用电源。因军事基地建设不可能配以大型电站,即便配有电力网供电,但安全性将受到严重威胁,一旦破坏,将失去战争主动权。此外,军事基地可能会受各种自然条件限制,常处于电网覆盖地区外。因此,需更为灵活的电站分散供电系统。大功率的 DMFC 是一般电池工作寿命的数倍,且添加燃料方便,无需 UPS(不间断电源系统)电源,能保证连续工作,作为战场指挥中心计算机网络及通讯系统的电源,能防止因更换电池导致整个网络服务中断的现象发生,对现代军事控制系统至关重要。

DMFC 因具有低温启动、储运方便等优势,在军事领域中得到各国重视。但我国在这方面的研究投入不足,进展相对落后。阻碍 DMFC 广泛应用的主要问题是因关键材料性能不高所引起的电池成本过高,故应加大对关键材料研发投入和引导。

5.4 甲醇燃料电池的市场前景

随着各国甲醇燃料电池的研发成功，DMFC 将逐渐进入实用阶段。DMFC 潜在市场大约可分为个人用便携式电子产品（100W 以下）、电机（100～1000W）、电动摩托车（不超过 1.5kW）、住宅用发电装置（5～15kW）、电动汽车（50～100kW）和小型电站（1MW）等。其中最有发展潜力的市场是个人便携式电子产品，包括数码相机、手机、个人数字助理（PDA）、摄像机、收音机和笔记本电脑等。

长期以来，便携式电子产品主要采用传统的锂离子等一类充电电池作电源。但不用充电、更方便而有效的 DMFC 的开发和推广应用必将取代各种传统电池而逐步占有便携式电子产品市场更大份额。2002～2007 年全球和各地区各用途电池市场发展情况见表 5-3 所示。

表 5-3　2002～2007 年全球和各地区各用途电池市场发展情况　　单位：百万件

项　　目	2002	2003	2004	2005	2006	2007	年均增长率/%
全球							
可携式摄像机	10	11.5	13.3	15.5	17.8	20.3	15.2
数码相机	7.1	9.5	11.7	15	19.3	25.3	28.9
手机	304.6	322.5	343.6	371	408.4	447.2	8.0
笔记本电脑	33.8	37.1	41.2	47	54	62.5	13.1
个人数字助理	13.4	16.7	19.7	23.7	29.2	36	21.9
合计	368.9	397.3	429.5	472.2	528.7	591.3	9.9
北美							
可携式摄像机	3.5	4.2	5.1	6.3	7.7	9.3	21.6
数码相机	3	4.2	4.9	6.4	8.3	10.9	29.4
手机	83.8	89.6	96.9	104.7	115.5	126.4	8.6
笔记本电脑	14	15.4	17.4	20.2	23.4	27.3	14.3
个人数字助理	6.3	7.9	9.8	12.1	15.2	19.1	24.8
合计	110.6	121.3	134.1	149.7	170.1	193	11.8
欧洲							
可携式摄像机	4.1	4.5	5	5.7	6.3	6.9	11.0
数码相机	2.1	2.8	3.8	5.2	7.1	9.8	36.1
手机	123.8	129.9	136.4	146.3	160.6	175.8	7.3
笔记本电脑	9.4	10.1	11.8	13.6	15.7	18.2	14.1
个人数字助理	4.6	5.6	6.8	8.3	10.4	13	23.1
合计	144	153.3	163.8	179.1	200.1	223.7	9.2
亚洲							
可携式摄像机	2.4	2.8	3.2	3.5	3.8	4.1	11.3
数码相机	2	2.5	3	3.4	3.9	4.6	18.1
手机	97	103	110.3	120	132.3	145	8.4
笔记本电脑	10.4	11.2	12	13.2	14.9	17	10.3
个人数字助理	2.5	3.2	3.1	3.3	3.6	3.9	9.3
合计	114.3	122.7	131.6	143.4	158.5	174.6	8.8

从表 5-3 可以看出，2002～2007 年全球各用途电池市场发展快速，以产品件数计年均销售量增长为 9.9％，其中北美年均增长为 11.8％，欧洲年均增长为 9.2％，亚洲年均增长为 8.8％。全球按电子产品种类分，手机销售量遥遥领先，占有这一市场的最大份额，其次是笔记本电脑，以下依次是个人数字助理、可携式摄像机和数码相机。

除上述手机等电子产品应用外，DFMC 还将进入可移动发电机和小型摩托车等一类大规模应用市场。2006 年以后，可移动发电机和小型摩托车用 DMFC 的需要量将逐年大幅度增长：估计 2008 年为 20 万件，2009 年为 32 万件，2010 年 51.8 万件，2011 年将猛增至 77.5 万件。与此同时，甲醇作为燃料的需要量也将随之相应增加，其可移动发电机和小型摩托车等的甲醇需要量将从 2006 年的 3700t 逐年大增，预计至 2010 年将猛增至 82.97 万吨，2011 年将突破百万吨，详见表 5-4。

表 5-4　2006～2011 年可移动发电机和小型摩托车用甲醇需求量　　单位：kt/a

用 DFMC 的产品类型	2006	2007	2008	2009	2010	2011
200W-RVs	0.4	19.9	48.7	81.5	122.5	182.4
200W-Medical	2.0	98.8	197.5	316.0	454.3	592.5
200W-Scooters	0.2	1.0	3.0	7.3	15.2	27.5
1kW GenSets	0.8	9.7	36.3	96.4	218.0	415.5
1kW Scooters	0.0	0.0	0.4	2.4	6.3	14.2
2kW Military GenSets	0.4	1.6	4.0	7.9	13.4	22.1
合计	3.7	130.3	289.9	511.5	829.7	1254.2

此外，住宅发电机、小动力装置和汽车用 DMFC 市场也很有发展前途，它的实用技术特别在汽车应用方面正快速取得进展。在国际上，燃料电池系统的制造成本比发动机低得多，也容易得多，而且燃料电池汽车除去了传动系统，使整车生产更加容易。因此，一些著名公司已经将目光转移到甲醇车的开发上，并有了甲醇燃料电池车的发展计划。戴姆勒-克莱斯勒已经开发出 NECAR3 型汽车，采用以甲醇为液体燃料的板式燃料系统，在 2004 年生产了 10 万辆燃料电池商用车；本田于 2000 年开发出了甲醇电池车，于 2003 年开始商业化生产；日产已经开发出了甲醇电池车，于 2003 年投入市场；福特公司已经开发出运动型原型车，采用甲醇液体电池发动机，于 2004 年进行了商业化生产；通用汽车公司也已经开发出了甲醇电池原型车，在 2004 年投入商业化生产。美国为了促进甲醇电动汽车的技术开发和市场推广，在 1999 年 9 月由克林顿签署法案，以低税率和政府补贴的方式对甲醇电池技术予以支持。对新建甲醇充装站或改造现有的汽油、柴油加油站的，美国政府将给每座充装站 3 万美元补贴。甲醇燃料电池车的开发，已经成为各大跨国公司竞争的焦点之一。

然而，开拓这些应用市场的关键还取决于 DMFC 技术在降低成本和提高效率两方面的进展。如果技术突破并获得实际应用，那么甲醇的需要量可能大增，其需求水平可能是目前甲醇生产水平的许多倍。美国甲醇协会预计，燃料电池将使2010年甲醇需求增加70万吨，2015年增加850万吨，2020年增加6000万吨。

尽管目前DMFC仍存在不足之处，需要进一步提高和改进，但它的发展前景还是十分光明的。在2005年4月，斯坦福研究所关于DMFC调研报告结论中指出：DMFC技术在手机和便携式电脑等个人电子产品应用方面，比传统一次性和充电的电池有技术和费用优势。今后几年，DMFC在这些方面将获得广泛商业应用。预计2010年，这些用途的甲醇需要量将突破100万吨。Polyfuel、Giner等一些公司开发DMFC膜技术的发展可进一步提高其效率和电场能量密度，因而大大降低DMFC用聚合物膜（PEM）的费用。此外，在费用和功能方面的改善可能提高DMFC在小型住宅动力站等其他应用领域的吸引力。

目前，市场已有DMFC样品试销，预计经技术改进、成本下降后，DMFC将实现工业化批量生产和大众化应用。可以说，以甲醇为燃料的DMFC的推广应用，必将为全球迎来一个方便、高效、无污染的再生能源新时代。

5.5 发展建议

直接甲醇燃料电池作为小型可移动电源的发展非常快，现在实验室的样机已经研制成功。但要大规模商业化还需要解决膜、电催化剂与电池堆组装等技术方面及如何降低电池成本等问题，以便能开发出数十千瓦的DMFC用于交通运输工具。目前，世界各大汽车公司已相继推出以甲醇为燃料的燃料电池电动汽车，但在很多技术方面还没有取得全面突破。

我国在DMFC的研究开发方面滞后于其他国家，对DMFC的研究还处于实验室阶段。但在催化剂、电解质膜等方面的研究水平与国外研究水平相当。相信我国在直接甲醇燃料电池的研究方面会取得突破性的进展。

参 考 文 献

[1] 徐维正.直接甲醇燃料电池进入实用阶段.精细与专用化学品，2006，14（1）：26-28.

[2] 徐维正.国外甲醇燃料电池技术开发概况.精细与专用化学品，2006，14（3/4）：26-29.

[3] 唐永华，颜伏伍，侯献军等.直接甲醇燃料电池在汽车上的应用前景分析.车用发动机，2005，（3）：1-4.

[4] 陈胜洲，林维明，董新法.直接甲醇燃料电池性能研究.电池技术，2006，30（1）：44-47.

[5] 张健，尹鸽平，赖勤志.直接甲醇燃料电池在笔记本电脑中的应用.电池工业，2007，11（3）：189-192.

[6] 吴韬，齐亮，郭建伟等.直接甲醇燃料电池在军事领域上的应用.兵工自动化，2007，26（1）：79-80.

[7] 刘建国，衣宝廉，魏昭彬.直接甲醇燃料电池的原理、进展和主要技术问题.电源技术，2001，25（5）：363-366.

[8] 王凤娥.直接甲醇燃料电池的研究现状及技术进展.稀有金属，2002，26（6）：497-501.

[9] 汪国雄，孙公权，辛勤.直接甲醇燃料电池.物理，2004，33（3）：165-169.

[10] 王哲津, 石荣, 王连卫. 微型直接甲醇燃料电池研究进展. 节能与环保, 2006, (8): 26-28.

[11] 林才顺, 王新东, 王淑燕等. 微型直接甲醇燃料电池的研究现状及进展. 湿法冶金, 2007, 26 (1): 22-24.

[12] 黄红良, 隋静, 陈红雨. 国内外直接甲醇燃料电池研究进展. 电池工业, 2004, 9 (6): 320-324.

（刘宇　编写）

6 甲醇蛋白

以甲醇为原料生产出来的甲醇蛋白（single cell protein，SCP）被称为第二代单细胞蛋白，是通过微生物在甲醇营养源上发酵、繁殖、生产而得到的菌体蛋白。与天然蛋白相比，SCP营养价值高，它的粗蛋白含量比鱼粉和大豆高得多，而且含有丰富的氨基酸以及丰富的矿物质和维生素，可以代替鱼粉、大豆、骨粉、肉类和脱脂奶粉。SCP具有资源丰富、不占耕地、不受气候条件影响、生产速度快、蛋白质量稳定等特点。由于开发甲醇下游产品和为蛋白质寻找新的来源以弥补需求不足的需要，投资SCP项目成为目前国内的一个热点。

6.1 安全性、营养性

6.1.1 安全性

英国ICI曾经进行8年的毒性理学试验，结果表明SCP无毒，是一种十分安全的动物饲料添加剂。

德国Hoechst-Uhde生产的SCP主要用于人类食用。

美国菲利浦（Philips）公司也宣布制成可供人类的SCP。

以美国农业部为首的世界各国研究机构进行反复试验后认定，SCP无毒，可供人类食用是安全的。

6.1.2 营养价值和用途

SCP可代替鱼粉、大豆、骨粉、肉类和脱脂奶粉等喂养家禽、家畜。SCP与鱼粉、大豆营养成分比较见表6-1。

表6-1 SCP与鱼粉、大豆营养成分比较

名称	粗蛋白/%	脂肪/%	赖氨酸＋蛋氨酸/%
SCP	74	8.5	7.4
鱼粉	61.2	8.1	7.5
大豆	4.5	17.7	4.6

6.2　产品规格及特性

SCP 的规格及 ICI 法 SCP 的消化性如表 6-2、表 6-3 所示。

表 6-2　SCP 的规格

名称	粗蛋白/%	脂肪/%	灰分/%	水分/%	赖氨酸/%	蛋氨酸/%	胱氨酸/%
指标	>70	约 7	约 8	约 5	>6	>6	>6

表 6-3　ICI 法 SCP 的消化性

物　　种	粗蛋白/%	总氨基酸/%	赖氨酸/%	蛋氨酸/%	脂肪/%
家禽	92	90	90	95	93
猪	92	96	96	97	93
鲤鱼	96	—	—	—	—

6.3　生产技术

20 世纪 60 年代后期，世界许多国家纷纷研究 SCP。生产 SCP 的有 6 种主要方法：英国 ICI 法、德国 Hoechst-Uhde 法、瑞典 Norprotein 法、日本 MGC 法、法国 IFP 法、美国 Provesteen 法。

主要原料都是甲醇、氨水、硫酸。工艺流程如下：

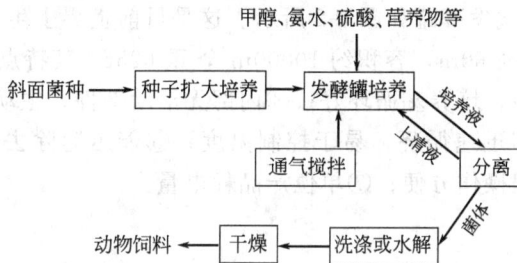

采用发酵罐的形式有传统的搅拌式发酵罐、通气管式发酵罐、空气提升式发酵罐等。利用甲醇为原料生产 SCP 的菌种不多，主要是一些不会引起疾病的细菌、酵母菌和微型藻类，其中以细菌为主。甲醇专性营养的细菌以甲烷单孢菌属和甲基球菌属居多，甲醇兼性营养以假单孢菌居多。菌体分离一般采用离心机分离，比较难分离的菌体可加入絮凝剂以提高其絮凝力，便于分离。如果作为人类食品，则需要经过蛋白质抽取、纯化、干燥，除去大部分核酸后成为食品蛋白。

6.3.1　ICI 法

预先灭菌的培养液和含氨空气从发酵罐底部加入，在高静压下利用空气搅拌促进氧溶解，增大上升溶液的空隙率，由此产生的空气搅拌作用使罐内溶液自然循环，过程中产生的 CO_2 和过剩空气从发酵罐顶部放出。密度增大后的溶液顺发酵罐的一边下流，在底部由冷却器完成热交换，培养液和空气在发酵罐另一边上升循环。在发酵温度 37℃、pH≈7 时，1 吨产品需空气 $1300m^3$。发酵罐培养液中甲醇质量分数为 $1×10^{-6}～10×10^{-6}$，通过连续抽出培养液，使发酵罐中的菌体浓度始终保持在 30g/L。发酵罐底部出来的物料经过调节 pH，使细菌凝聚、絮凝、分离除去大量的水，粗产物经过闪蒸干燥得到产品。产品有粒状和粉状 2 种：①粒状用做家畜、家禽、鱼类的饲料蛋白；②粉状用于代替奶粉。ICI 法 SCP 工艺流程如图 6-1 所示。

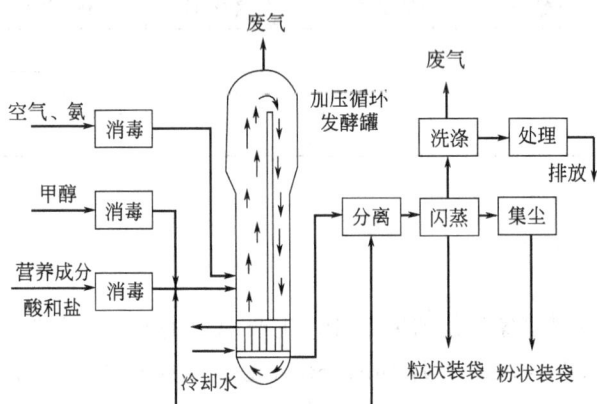

图 6-1　ICI 法 SCP 工艺流程

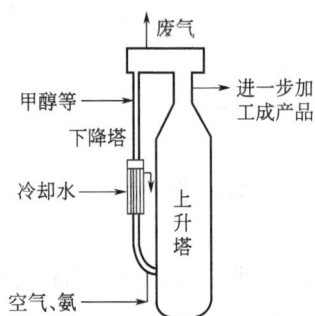

图 6-2　ICI 加压外循环式发酵罐

ICI 加压外循环式发酵罐如图 6-2 所示。这是目前世界上生产 SCP 最大的发酵罐。其直径 1.5m，高 60m，容积约 $10000m^3$，重 625t。其特点有：①氧的传递速度快；②搅拌效率高，培养基循环好；③内部无活动部件，主动轴周围不会产生微生物污染；④由冷却迅速循环，易于控制温度；⑤能迅速除去 CO_2；⑥菌体的分离、浓缩、干燥过程操作方便；⑦单位产品耗电量少。

6.3.2　MGC 法

MGC 公司以 500t/a 的实验装置，用以确定（60～10）万吨/a 的生产技术。

原料经过灭菌、过滤后加入发酵罐。发酵罐内设置多层多孔隔板，以空气搅拌促进氧的迁移。罐中菌体密度为 $35kg/m^3$，生产效率达 5kg/（m^3·h）。从发酵罐出来的培养液经离心机分离，清液返回发酵罐；离心后的物料经预处理、混合、粒化、干燥后得粒状产品。为了节能，此法可用透平的废气进行菌体干燥。MGC 法 SCP 装置流程如图 6-3 所示。

6.3.3　Hoechst-Uhde 法

该法工艺过程是以磷酸、盐、水和微量元素按比例组合，经过热和冷却消毒后

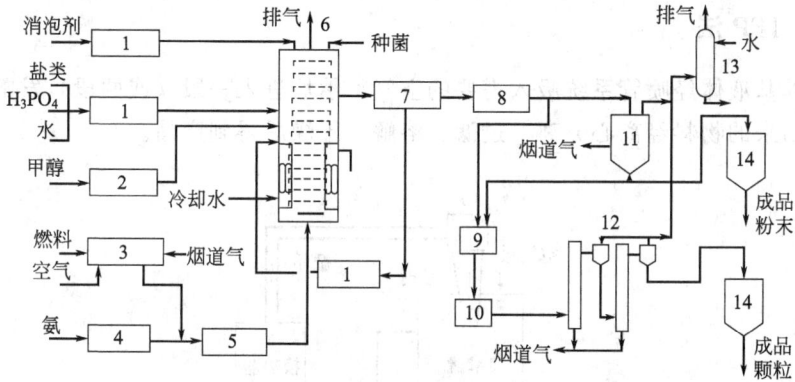

图 6-3 MGC 法 SCP 装置流程

1—过滤机；2,5—灭菌过滤器；3—离心过滤机；4—汽化器；6—发酵罐；7—离心机；8—预处理槽；
9—混合机；10—颗粒化机；11—喷雾干燥机；12—瞬间干燥机；13—洗涤器；14—筒仓

泵入发酵罐；甲醇经加热、冷却消毒后单独送入发酵罐。发酵罐内事先装有培养液生成的细胞悬浮液。发酵过程中加入氨水，使 pH 保持在 7 左右。发酵罐出来的物料经浓缩、离心、干燥得到产品。

该公司的产品主要供人食用，并可供家禽、家畜作饲料蛋白。发酵罐中的物质分成蛋白质和核酸，当蛋白中含核酸小于 1%，就可供人食用，如可加入面包中作强化剂。

Hoechst-Uhde 法空气提升内循环式发酵罐如图 6-4 所示。该发酵罐的优点有：①细长结构，加大毒气扩散强度；②内循环获得一定流动模型，对压力、加料量的变化敏感性小；③循环间隔时间与培养液生长的动力学一致，效率明显提高；④罐内无死角，供料均匀；⑤无机械传动，混合和通风的能耗仅为搅拌式的 50%，能量散失少；⑥如增大罐顶横截面，环形区向下流动可将附在罐壁的泡沫冲刷下来，可以解决发酵过程中难以控制的泡沫问题。

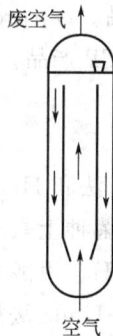

图 6-4 Hoechst-Uhde 法空气提升内循环式发酵罐

107

6.3.4 IFP 法

培养基液体经喷管系统吸入需要的空气，然后进入一段（或两段）发酵罐，由发酵罐出来的物料经离心分离、过滤、溶解、干燥后得到产品。

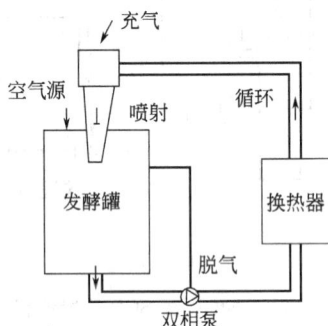

图 6-5 IFP 升气式发酵罐系统

IFP 升气式发酵罐系统如图 6-5 所示。该发酵罐系统有一特殊的双相泵使罐中心所有物料高速循环，并由回路中的换热器移走热量，然后将有活性的液体返回罐中。其优点有：①适宜于酵母产生凝絮作用；②系统内有不同相的混合，可迅速除去由通风和生产过程产生的热量。

6.3.5 Norprotein 法

该工艺所采用的菌种为专性嗜甲基细菌。发酵的甲醇通过多点流入发酵罐或同压缩空气一起供入。与其他工艺相比，Norprotein 法更加注重对发酵后的发酵液的处理工艺的研究，开发了不同的凝絮、干燥工艺。从发酵罐流出的发酵液中，其细胞浓度约为 25g/L。在凝聚工段，将悬浮液加热，然后加酸降低 pH 值，从发酵液获得有效的细胞凝聚，经过滤，将细胞浓缩物进一步脱水至 25%～30%。在凝聚过程中，干物质和蛋白质的回收可达 95%～100%。在干燥工段，采用特殊的喷雾干燥器，得到大于 200μm 的颗粒产品。Norprotein 法工艺对灭菌操作控制更严格，以生产能满足食品工业卫生要求的 SCP 产品。

6.3.6 生产的工艺条件

从表 6-4 和表 6-5 可以看出，ICI 法和 Hoechst-Uhde 法在采用细菌菌种上享有较高的声誉，MGC 法在采用酵母菌菌种上具有代表性，这三种方法在生产能力、发酵温度上基本相近，但发酵液的 pH、甲醇含量和细胞密度上差别较大，ICI 法明显占有优势，蛋白含量与 Hoechst-Uhde 法相当，高于 MGC 法。从发酵设备上看，ICI 法循环状态好，能保证空气和能量的良好利用，有利于长期稳定运行，适于大规模生产。

表 6-4　国外 SCP 主要生产的工艺条件

方　　法	生产能力 /[g/(L·h)]	微生物	pH 值	温度 /℃	平均甲醇含量 /10^{-6}	稀释率 /h^{-1}	细胞密度 /(g/L)
英国 ICI 法	5	细菌	6.7	35～40	1～10		30
德国 Hoechst-Uhde 法	5	细菌	6.5～7.5	40	100	0.33	15
日本 MGC 法	5	酵母	3	28～29	100g/L		
法国 IFP 法	3.4	酵母	3～3.5	35～36		0.2～0.25	
美国 Provesteen 法		酵母	4.5	30			
瑞典 Norprotein 法		细菌					

表 6-5　国外 SCP 生产工艺技术比较

方　　法	蛋白含量/%	微生物	发酵罐形式	技术程度	投产时间
英国 ICI 法	78.9	细菌	空气提升加压外循环	工业化 6 万吨/a	1980 年
德国 Hoechst-Uhde 法	79～90	细菌	空气提升内循环	中试 1000t/a	1978 年
瑞典 Norprotein 法	81	细菌		中试	
日本 MGC 法	50～60	酵母	空气提升	中试 1000t/a	1974 年
法国 IFP 法	60～62	酵母	升气式	小试	
美国 Provesteen 法	60	酵母	搅拌式	中试 1360～2268t/a	1985 年

6.3.7　技术经济指标

（1）原料消耗和能耗

国外 SCP 主要生产工艺的消耗指标如表 6-6 所示。

表 6-6　国外 SCP 主要生产工艺的消耗指标

消耗指标	单位	德国 Hoechst-Uhde	英国 ICI	日本 MGC	法国 IFP
甲醇	kg/t	2000	2000	2000	1720～1960
NH_3(25%)	kg/t	640	170	110	147
H_3PO_4(70%)	kg/t	120	85	60	60
H_2SO_4(94%)	kg/t	3.2	20(90%)	12	
KOH(38%)	kg/t	80		2.5	
$ZnSO_4·7H_2O$	kg/t	0.48		0.3	
$MgSO_4·7H_2O$	kg/t	8		1.6	
Fe^{2+}	kg/t			0.5	
Ca^{2+}	kg/t			0.44	
Mn^{2+}	kg/t			0.11	
Cu^{2+}	kg/t			0.11	
柠檬酸	kg/t			1.8	
D-生物素	kg/t			0.0012	
维生素 B_1	kg/t			0.241	
电	kW·h/t	2000	1600～2500	2560	
燃料		31.4kJ/m^3	30～50kcal	4.7×10^6kcal	400kg
蒸汽	m^3/t	3600	2～3	2.3	1.28
工艺水	m^3/t	12		4	40～50
冷却水	m^3/t	1688		1830	
压缩空气	m^3/t	12			
仪表空气	m^3/t	80			

注：以 10 万吨/a 的 SCP 计算。1kcal=4.18kJ。

（2）基本投资

国外 SCP 装置基本投资见表 6-7。

表 6-7　国外 SCP 装置基本投资

国　家	生产方法	投资估算/亿美元	投资时间
瑞典	Norprotein	0.1~1.0	1978 年
德国	Hoechst-Uhde	1.1	1978 年
法国	IFP	1.12	1980 年
美国	Provesteen	2.5	1986 年

注：以 10 万吨/a 的 SCP 计算。

我国在不同地区采用不同生产方法建设 SCP 装置基建投资见表 6-8。

Noroprotein 法 10 万吨/a SCP 各工序投资分配为：原料储槽，10%；培养基配制和公用工程，17%；发酵罐，41%；蛋白回收和干燥，22%；产品储仓，10%。

表 6-8　我国 SCP 装置基建投资

地　区	规模/(万吨/a)	生产方法	投资估算/亿元	投资时间
北京	0.3	Hoechst-Uhde	0.067	1983 年
北京	10	Hoechst-Uhde	1.0	1983 年
四川	5	ICI	0.47	1983 年
青海	2	ICI	1.5	1995 年

6.4　我国 SCP 工业的发展概况

6.4.1　科研

20 世纪 70 年代以来，我国大力开展 SCP 的研究。主要研究单位包括中国科学院微生物研究所、北京市营养源研究所、中国科学院上海有机研究所等。特别是北京市营养源研究所，该所基本掌握了 SCP 的生产技术，并解决了安全问题，为 SCP 工业化提供了基础条件。其中，山西省生物研究所与太原化肥厂于 20 世纪 90 年代合作完成了中间试验工作，但因为用水量较大而没有选到合适厂址。

据 2005 年 8 月中国化工报报道，我国在 SCP 技术开发方面有了新的进展，我国石油克拉玛依研究院近期引进了一株 SCP 菌种——Sx，进行产业化开发，各项技术指标达到了我国领先水平。据悉，该院分别在 6L 发酵罐和 1.5t 发酵罐中对引进菌种进行了试验性生产，生产中控制 pH 为 7~8，温度为 32~35℃，营养液配方进行了严格限定，结果 6L 发酵罐的平均甲醇转化率达 42.4%，1.5t 发酵罐的平均甲醇转化率达 41.5%，生产强度达 2300mg/L 左右。经测定，该院所得产品中蛋白质含量达 80% 以上，各类氨基酸齐全。大鼠、小鼠急性毒性试验表明，该蛋白质产品为无毒性物质，无蓄积作用，是一种安全的饲料添加剂。

6.4.2 生产和拟建项目

目前，我国蛋白质的生产尚未工业化，全国共有 40 多家工厂在生产，主要以酒精、糖、味精、纸张、淀粉、豆制品、屠宰场等的废弃物为原料，但年总产量仅 (1.6～2) 万吨，相当于国外一个中试装置的产量。最近，我国的一些生产企业和科研单位也开始更多地关注 SCP 的生产和开发。据悉，准备新建大型 SCP 生产装置的有十多家，生产厂家多倾向采用英国 ICI 法进行生产。我国 SCP 的拟建项目如表 6-9 所示。

表 6-9　我国 SCP 的拟建项目

地　　区	规模/(万吨/a)	投资/亿元	技术来源	备　　注
青海格尔木昆仑经济开发区	2	2.5	英国 ICI 法	
青海海西州	10	9		0.2 万吨/a 核酸
陕西米脂县	1	1.8		
新疆库车县	7	10		
宁夏石嘴山市	10	11.5		
宁夏宁东能源重化工基地	10	9		
河南新乡市新安县	2	2		
内蒙古呼和浩特市金桥经济技术开发区	5	5.2		项目已作为赛罕区"十一五"期间重点项目列入规划
重庆万州盐化工园区	10	9	德国 Hoechst-Uhde	
大庆油田天然气化工厂	10	—	英国 ICI 法	
山西焦化集团有限公司	2	2.5	英国 ICI 法	
合计	69	62.5		

6.4.3 应用

随着以粮食为主的传统饲料价格的上涨和鱼类资源的减少，目前作为我国蛋白质补充饲料的植物蛋白（大豆）和动物蛋白（鱼粉、骨粉）资源紧缺，每年需大量进口来满足我国需求。我国饲料工业协会资料显示，近年来我国每年从国外进口鱼粉和豆粕（190～200）万吨。据我国动物营养专家测算，如果我国人均摄入动物蛋白质达到世界平均水平，则畜牧业总需求蛋白质饲料 6000 万吨，短缺 50%，即 3000 万吨。中国农业科学院饲料研究所的有关专家分析，到 2010 年和 2020 年，我国蛋白质饲料需求量分别为 0.6 亿吨和 0.72 亿吨，而资源供给量仅为 0.22 亿吨和 0.24 亿吨，供需缺口分别为 0.38 亿吨和 0.48 亿吨。

解决好我国蛋白质原料饲料的这一巨额缺口，是摆在我国饲料企业面前的巨大商机。如果到 2010 年 10% 的蛋白质缺口由 SCP 顶替，则需求量为 380 万吨。这个数字如果能够实现，对甲醇工业的意义十分重大。

目前，我国以占世界 7% 的耕地养活占世界 22% 的人口，解决粮食问题具有重大和长远的战略意义。发展以 SCP 为主的合成单细胞蛋白，是解决我国养殖业及食品工业蛋白质短缺问题的重要途径之一。

6.4.4　产品价格分析

SCP 产品在国外的市场价格，一般在 800～900 美元/t，生产成本大约在 750～800 美元/t。到目前为止，我国还没有大规模工业化的 SCP 生产装置和大批量产品供应市场，所以在未来我国市场上 SCP 产品的价格可以参照国际市场和饲料用鱼粉的价格。普通鱼粉的市场价格在 5000～5500 元/t，鱼粉产品中的粗蛋白含量一般为 60％～63％，而 SCP 产品中的粗蛋白的含量一般为 74％～80％。按照粗蛋白含量计算，1t SCP 相当于 1.2t 鱼粉的营养成分，所以 SCP 的产品售价应比鱼粉价格高 1.2 倍较为合理，即 SCP 的同期我国市场价格在 6000～6500 元/t 较为合理。

6.5　世界 SCP 工业的发展概况

1968 年，英国 ICI 公司开始研究用甲醇制单细胞蛋白的工艺。1980 年，其 10 万吨/a 规模的 SCP 装置建成投产，工艺技术居世界领先地位。到 1982 年以后，装置的年产量已达到（5～7）万吨。且 ICI 公司拥有世界上最大的连续发酵器，生产的 SCP 商品名为 "Pnuteen"，产品中含有 72％的粗蛋白，蛋氨酸和赖氨酸含量与白鱼粉非常相近。美国于 1983 年开发出 SCP 生产新工艺，其特点是改进了发酵罐的热交换和氧传递条件，可生产高密度的 SCP，细胞密度可达 120～150mg/L（而此时其他工艺生产的 SCP 的细胞密度仅 30～40mg/L），并在 75t/a 中试装置基础上建成 1360～2270t/a 的工业示范装置。随后，德国 Hoechst-Uhde、日本 MGC、瑞典 Norprotein 和法国 IFP 等公司相继建立了中试装置。

2005 年，英国 ICI 公司和美国 Philips 公司可承担设计 10 万吨/a 的 SCP 生产装置，同时进行 30 万吨/a SCP 装置的可行性研究。国外主要 SCP 装置见表 6-10。

表 6-10　国外主要 SCP 装置

国家	公司	微生物	规模/(万吨/a)	备　注
英国	ICI	细菌	0.1	1972 年投资 260 万美元
英国	ICI	细菌	10	1980 年投资 6720 万美元
德国	Hoechst-Uhde	细菌	0.1	中试,1978 年运转
法国	IFP	酵母		中试
日本	MGC	酵母	0.05	中试,1974 年运转,因食品法规,现已停产
美国	菲利浦石油		0.0075	中试,1983 年获专利
美国	菲利浦石油		0.136～0.2288	示范工厂,1985 年建成
瑞典	Norprotein	细菌		中试
西班牙	林德		1.5	中试,1979 年建成
捷克	国营石油		0.1	中试,1971 年运转
前苏联			150	1985 年生产

6.6 发展建议

针对我国新建大型 SCP 生产装置的现状，提出以下建议：①根据近期 SCP 工艺技术及生产规模的情况，可采用引进技术的方式，可供选用的工艺技术主要有英国 ICI 法或德国 Hoechst-Uhde 法及法国 IFP 法。由于 SCP 的生产技术发展较快，具体选择时，还要在实施过程中与技术所有方进行深入的技术交流，以便选择适合我国建设的最佳工艺技术。②SCP 推广使用的关键是价格。近年来，由于人类对蛋白需求的不断增长，而鱼粉和大豆资源有限，无法满足市场的需要。因此，对 SCP 的发展十分有利。在 SCP 的生产中，甲醇的成本占总成本的 50% 以上，应注意 SCP 的应用与甲醇价格的变化。

参 考 文 献

[1] 李双娟.甲醇蛋白的生产及发展前景.中氮肥，2006，(3)：4-6.

[2] 强辉.开发甲醇蛋白产品的可行性探讨.泸天化科技，2003，(3)：231-232.

[3] 郑国汉.甲醇蛋白的生产方法及技术经济分析.化肥设计，2004，(6)：17-21.

[4] 李祥君等.化工产品技术经济咨询报告 (4).中国化工信息中心，1996.

[5] 李峰等.甲醇及其衍生物.北京苏佳惠丰化工技术咨询有限公司，2006.

（李峰　杨慧敏　编写）

7 甲醛

甲醛（formaldehyde）是最简单的脂肪醛。在自然界里，只要有蛋白质存在，就必然有甲醛的出现，蛋白质的分解物之一就含有甲醛。

甲醛最早是由俄国化学家 A. M. Butlerov 于 1859 年通过亚甲基二乙酯水解制得。1868 年，A. W. Hoffmann 在铂催化剂存在下用空气氧化甲醇首次合成了甲醛，并且确定了它的化学性质。1886 年 Loews 采用铜催化剂和 1910 年 Blank 使用银催化剂，使甲醛实现了工业化生产。1925 年，由于工业合成甲醇的开发成功，为工业甲醛提供了原料基础，使甲醛工业化生产得到迅猛发展。1931 年，阿德金斯和彼得森首次申请了铁钼氧化物催化剂的专利。从此，甲醛工业生产出现了银法和铁钼法两类工艺方法。在半个多世纪的发展中，这两种甲醛生产工艺都有了很大的进步。

在当代社会，甲醛已成为最重要的大宗基本有机化工原料之一，它的衍生物已达上百种，其主要衍生产品有脲醛树脂、酚醛树脂、三聚氰胺甲醛树脂、新戊二醇、季戊四醇、三羟甲基丙烷、乌洛托品、多聚甲醛、聚甲醛树脂、吡啶及其化合物等。甲醛及其衍生物已经越来越广泛地应用于化工、医药、纺织、轻工以及石油工业和农业等诸多领域。

7.1 物化性质

7.1.1 物理性质

甲醛分子式 CH_2O，相对分子质量 30.03，分子结构式为：$H-\overset{\overset{\displaystyle O}{\|}}{C}-H$，别名蚁醛。

纯甲醛在常温下是一种具有窒息作用的无色气体，有强烈刺激性气味，特别对眼睛和黏膜有刺激作用。甲醛能溶于水，可形成多种浓度的水溶液。甲醛气体可燃，与空气混合能形成爆炸混合物。甲醛的主要物理性质见表 7-1。

甲醛水溶液为无色透明液体，有强烈刺激气味。在大气压下，含甲醛 55%（质量分数）以下的甲醛水溶液其沸点在 99～100℃之间。25%（质量分数）甲醛水溶液的沸点为 99.1℃，而 35%（质量分数）甲醛水溶液的沸点为 99.9℃。

表 7-1　甲醛的主要物理性质

性 质	指 标	性 质	指 标
气体相对密度(空气为 1)	1.067	生成热(25℃)/(kJ/mol)	—116
液体密度/(g/cm³)		溶解热(23℃)/(kJ/mol)	
—20℃	0.8153	在水中	62.0
—80℃	0.9151	在甲醇中	62.8
沸点 (101.3kPa)/℃	—19.0	在正丙醇中	59.5
熔点/℃	—118.0	在正丁醇中	62.4
蒸气压 Antoine 常数[①]		标准自由能 (25℃)/(kJ/mol)	—109.7
A	9.28716		
B	959.43	比热容/[J/(mol·K)]	35.2
C	243.392	熵/[J/(mol·K)]	218.6
临界温度/℃	137.2～141.2	燃烧热/(kJ/mol)	561～569
临界压力/MPa	6.81～6.66	黏度(—20℃)/mPa·s	0.242
临界密度/(g/cm³)	0.266	表面张力/(mN/m)	20.70
蒸发热/(kJ/mol)		空气中爆炸下限/上限(摩尔分数)/%	7.0/73
—19℃	23.3		
—109～—22℃	$27.384+14.56T-0.1207T^2$(K)	着火温度/℃	430

　① $\lg p = A - B/(C+T)$；T 为温度 (K)。

甲醛水溶液是处于平衡状态下的不同种类可溶甲醛低聚物的混合溶液，其基本分子式为 $HO(CH_2O)_nH$，其中的 n 值依条件和制溶液方法的不同而不同。一般的甲醛溶液通常被称为"福尔马林"，其 n 值一般为 2～8，最高也可达到 10。但不同浓度的甲醛溶液中的不同成分的含量差别很大。含有一定量甲醇的甲醛水溶液可在相对低的温度下储存，不会有聚合物沉淀出现。

7.1.2　化学性质

甲醛分子结构中存在羰基氧原子和 α-H，化学性质很活泼，具有很高的反应能力，能参与多种化学反应。

（1）加成反应

① 在有机溶剂中，甲醛与烯烃在酸催化下发生加成反应，生成二烯烃或相应的醇类。如，在醋酸溶液中，甲醛与甲苯反应生成 1-苯基-1,3-二醋酸丙二醇，甲醛与丙烯加成反应生成 1,3-二醋酸丁二醇。工业上，曾用甲醛与异丁烯加成反应生产异戊二烯，即 Prins 反应：

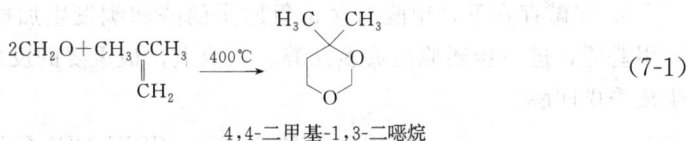

$$2CH_2O + CH_3 \underset{\underset{CH_2}{\overset{\|}{}}}{CCH_3} \xrightarrow{400℃} \quad \text{(结构式)} \tag{7-1}$$

4,4-二甲基-1,3-二噁烷

$$\underset{\text{(结构式)}}{\overset{H_3C\quad CH_3}{\bigcirc\bigcirc}} \xrightarrow{300\sim650℃} H_2C\overset{CH_2}{\underset{CH_3}{=}} + CH_2O + H_2O \qquad (7\text{-}2)$$

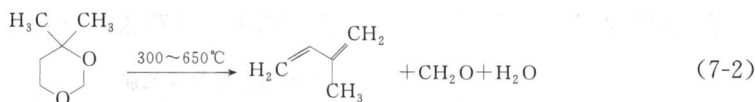

② 在碱性溶液中，甲醛与氰化氢发生加成反应生成乙腈醇（$HOCH_2CN$）。工业上，用该反应制取氨基酸系列产品，俗称 Mannich 反应。如，制取多价螯合剂三醋酸胺 [NTA，$N(CH_2COOH)_3$]；氨基乙腈（H_2NCH_2CN）；甲烯基氨基乙腈（$CH_2=NCH_2CN$）；二乙腈胺[$HN(CH_2CN)_2$] 等。

$$CH_2O + HCN + NH_3 \begin{cases} \xrightarrow{(NH_4)_2CO_3} H_2NCH_2COOH \\ \xrightarrow{pH=6} HN=C(CH_2CN)_2 \\ \xrightarrow{H^+} N(CH_2CN)_3 \\ \xrightarrow{[Co]} H_2NCH_2CH_2NH_2 \end{cases} \qquad (7\text{-}3)$$

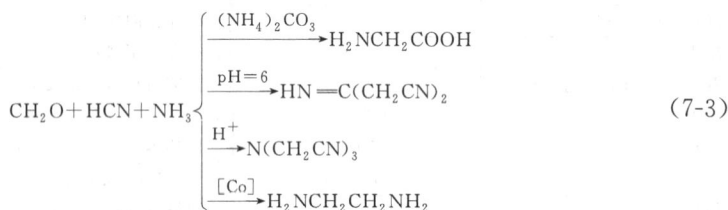

③ 在乙炔铜、乙炔银和乙炔汞催化剂的作用下，甲醛与单炔烃发生加成反应生成炔属醇。工业上，著名的 Reppe 反应就是 2mol 甲醛与 1mol 乙炔反应生成 1,4-丁炔二醇，加氢后制得 1,4-丁二醇。该反应是工业上生产 1,4-丁二醇的主要方法。

$$2CH_2O + C_2H_2 \longrightarrow HOCH_2C\equiv CCH_2OH \qquad (7\text{-}4)$$

$$HOCH_2C\equiv CCH_2OH + 2H_2 \longrightarrow HO(CH_2)_4OH \qquad (7\text{-}5)$$

④ 在中性或碱性条件下，甲醛与酰胺发生加成反应生成相对稳定的单甲醇基（一羟甲基）和二甲醇基（二羟甲基）的衍生物。工业上，甲醛与尿素的加成反应生成羟甲基脲（一、二和三羟甲基脲），在酸的存在下羟甲基脲之间和羟甲基脲与尿素之间进一步缩聚生成脲醛树脂。

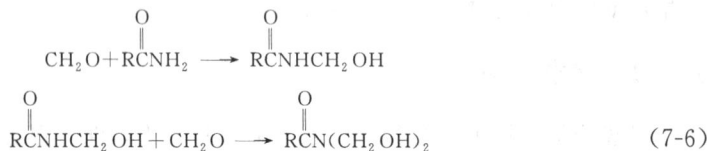

$$CH_2O + R\overset{O}{\overset{\|}{C}}NH_2 \longrightarrow R\overset{O}{\overset{\|}{C}}NHCH_2OH$$

$$R\overset{O}{\overset{\|}{C}}NHCH_2OH + CH_2O \longrightarrow R\overset{O}{\overset{\|}{C}}N(CH_2OH)_2 \qquad (7\text{-}6)$$

⑤ 甲醛与亚硫酸钠发生加成反应生成甲醛基酸式硫酸钠盐，$HOCH_2OSO_2Na$，然后用锌粉在醋酸蒸馏中还原生成甲醛基次硫酸钠盐，在工业上被广泛用作纺织品拔染印花药剂。

$$CH_2O + Na_2SO_3 + H_2O \longrightarrow HOCH_2OSO_2Na + NaOH \qquad (7\text{-}7)$$

由于在上述反应中甲醛能生成等物质的量的 NaOH，因此常作为定量分析甲醛含量的分析方法。

⑥ 在碱存在下，甲醛与含 α-氢原子的醛和酮发生加成反应生成单羟甲基和多羟甲基醛，进一步还原生成多元醇。工业上，最重要的反应是甲醛与乙醛加成反应生成季戊四醇。

$$3CH_2O + CH_3CHO \longrightarrow C(CH_2OH)_3CHO \qquad (7\text{-}8)$$

$$C(CH_2OH)_3CHO + CH_2O + NaOH \longrightarrow C(CH_2OH)_4 + HCOONa \tag{7-9}$$

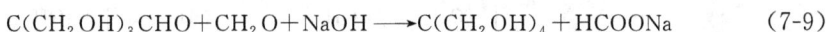

在 285℃下，甲醛和乙醛进行气相加成反应，生成羟基丙醛，再脱水生成丙烯醛。

$$CH_2O + CH_3CHO \longrightarrow HO(CH_2)_2CHO \longrightarrow CH_2{=}CHCHO + H_2O \tag{7-10}$$

（2）缩合反应

① 碱存在下，甲醛与正丁醛缩合生成三羟甲基丙烷，甲醛与异丁醛缩合生成季戊二醇（也称新戊二醇）。

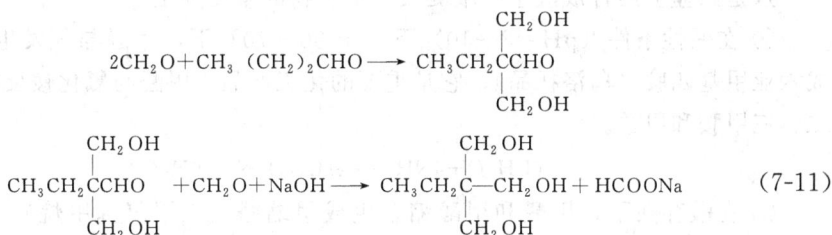

$$2CH_2O + CH_3(CH_2)_2CHO \longrightarrow CH_3CH_2\underset{\underset{CH_2OH}{|}}{\overset{\overset{CH_2OH}{|}}{C}}HO$$

$$CH_3CH_2\underset{\underset{CH_2OH}{|}}{\overset{\overset{CH_2OH}{|}}{C}}HO + CH_2O + NaOH \longrightarrow CH_3CH_2\underset{\underset{CH_2OH}{|}}{\overset{\overset{CH_2OH}{|}}{C}}CH_2OH + HCOONa \tag{7-11}$$

② 在 NaOH 溶液中，甲醛自身缩合生成羟基乙醛，它能进一步快速与甲醛缩合生成碳水化合物，俗称 Formose 反应。近年来，研究使用沸石催化剂使反应终止在羟基乙醛阶段，反应温度 94℃，压力 0.1MPa。羟基乙醛加氢生成乙二醇。

$$2CH_2O \longrightarrow HOCH_2CHO \xrightarrow{H_2} HOCH_2CH_2OH \tag{7-12}$$

③ 在碱和碱土催化剂作用下，在 300～425℃的温度下，甲醛与醋酸（酯）或丙酸（酯）缩合生成丙烯酸（酯）或甲基丙烯酸（酯）。

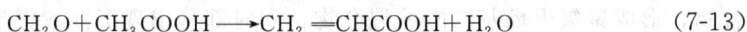

$$CH_2O + CH_3COOH \longrightarrow CH_2{=}CHCOOH + H_2O \tag{7-13}$$

④ 在 HCl 存在下，甲醛与苯酚、苯胺或其他含活泼氢原子的芳烃化合物进行缩合氯甲基化反应，如：

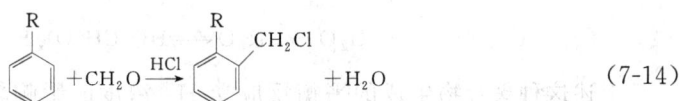

$$\tag{7-14}$$

工业上，一个重要的反应是甲醛与苯酚缩合生产酚醛树脂，有两种基本反应形式：

a. 热固性酚醛树脂

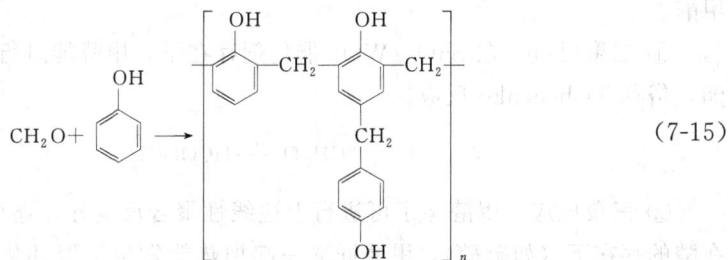

$$\tag{7-15}$$

b. 热塑性酚醛树脂

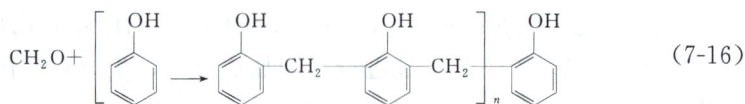

$$CH_2O+\left[\begin{array}{c}OH\\ \bigcirc\end{array}\right] \longrightarrow \begin{array}{c}OH\\ \bigcirc\end{array}-CH_2-\begin{array}{c}OH\\ \bigcirc\end{array}-CH_2-\left[\begin{array}{c}OH\\ \bigcirc\end{array}\right]_n \tag{7-16}$$

⑤ 在 SiO_2/Al_2O_3 催化剂存在条件下，在 500℃下，甲醛与乙醛、氨发生缩合反应生成吡啶和 3-甲基吡啶（皮考林）。

$$CH_2O+CH_3CHO+NH_3 \longrightarrow \begin{array}{c}\bigcirc\\ N\end{array}+\begin{array}{c}H_3C-\bigcirc\\ N\end{array}+H_2O \tag{7-17}$$

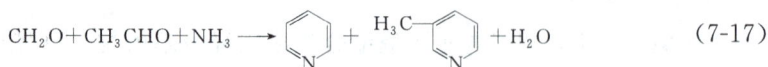

这是工业上用合成法生产吡啶及其衍生物的重要方法。

⑥ 在碱性条件（pH＝8～10）下，于 50～70℃下，甲醛与氨发生缩合反应生成六亚甲基四胺（乌洛托品），它是重要的化工产品。甲醛与氯化铵反应能生成一、二、三甲胺和甲酸。

$$6CH_2O+4NH_3 \longrightarrow (CH_2)_6N_4+6H_2O \tag{7-18}$$

⑦ 在酸存在下，甲醛和甲醇缩合生成甲缩醛（二甲氧基甲烷），它自身不稳定，在弱碱性和中性条件下又能水解生成甲氧基甲醇。

$$CH_2O+2CH_3OH \longrightarrow CH_3OCH_2OCH_3+H_2O \longrightarrow CH_3OCH_2OH+CH_3OH \tag{7-19}$$

此外，甲醛与 2-丁酮缩合生成 2-甲基-1,4-戊二烯-3-酮；甲醛与丙酮缩合生成 β-丙酸内酯；甲醛与乙腈缩合生成丙烯腈；甲醛与丙烯缩合生成丁二烯。

（3）聚合反应

甲醛的特殊性质是自身容易聚合。但干燥的气体甲醛是相当稳定的，仅在温度低于 100℃时才会缓慢聚合。刚生产出来的甲醛水溶液静置时会自动生成低分子聚合物，形成聚氧甲烯基二醇的混合物，同时部分出现沉淀。甲醛水溶液在密闭的容器里置于室温下会迅速聚合并放出热量（63kJ/mol）。气态甲醛在室温下，甲醛水溶液在浓缩操作过程中均能自聚，生成白色粉状线性结构的聚合体。

$$H_2O+nCH_2O \Longleftrightarrow HO(CH_2O)_nH \tag{7-20}$$

上述这种聚合物生成的平衡反应受 H^+ 浓度的影响较大，微量极性物质的存在，如酸、碱和水等都会加速聚合反应的进行。温度也有影响，温度低时反应向生成聚合物的方向移动，温度升高时则向反方向移动，温度很高时，甚至会完全解聚成单体，尤其是有酸存在时加热更易使其解聚成气态甲醛单体。多聚甲醛也称固体甲醛。

① 二聚反应　在 SnO_2/WO_3 催化剂存在下，甲醛能进行二聚反应生成甲酸甲酯，俗称 Tishchenko 反应。

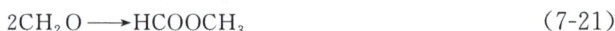

$$2CH_2O \longrightarrow HCOOCH_3 \tag{7-21}$$

② 三聚反应　甲醛除了可进行上述线性聚合反应外，还可进行环化聚合反应。在酸的存在下（如硫酸），甲醛同酸一起加热能发生三聚环化反应，生成三聚甲醛（即三噁烷），同时伴有四噁烷、五噁烷生成。

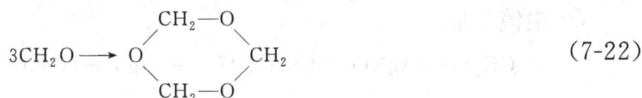

$$3CH_2O \longrightarrow \quad (7\text{-}22)$$

甲醛的环状三聚体比较稳定，在温度达到 224℃ 时仍不会分解。在水中的水解和解聚速度都较缓慢，但在强酸存在下在几乎无水的状态将其加热时则易生成粉状聚甲醛。因此，工业上主要将三噁烷作聚甲醛工程塑料的原料。

（4）羰基化反应

① 在钴或铑催化剂作用下，于 110℃ 和 13～15MPa 条件下，甲醛与合成气（$H_2/CO=1\sim3$）能进行羰基化反应生成乙醇醛，进一步加氢可生成乙二醇。该反应也称甲醛氢甲酰化反应。

$$CH_2O+CO+H_2 \longrightarrow HOCH_2CHO \quad (7\text{-}23)$$

② 在过渡金属催化剂、液体或固体酸催化剂作用下，甲醛与一氧化碳进行羰化反应生成乙醇酸，又称羟基醋酸。

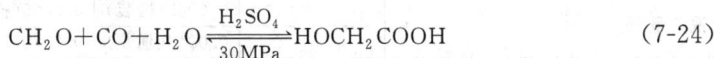

$$CH_2O+CO+H_2O \xrightarrow[30MPa]{H_2SO_4} HOCH_2COOH \quad (7\text{-}24)$$

③ 在 Co 或 Rh 过渡金属催化剂作用下，在醇类存在时，甲醛与一氧化碳进行羰化反应，生成丙二酸或丙二酸酯。

$$CH_2O+2ROH+2CO \longrightarrow CH_2(COOR)_2+H_2O \quad (7\text{-}25)$$

在乙酰胺存在下，甲醛羰化反应生成乙酰替甘氨酸。

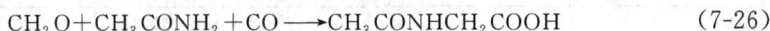

$$CH_2O+CH_3CONH_2+CO \longrightarrow CH_3CONHCH_2COOH \quad (7\text{-}26)$$

④ 在羰基铑催化剂和卤化物促进剂的作用下，甲醛与合成气能进行同系化反应生成乙醛，进一步加氢生成乙醇。

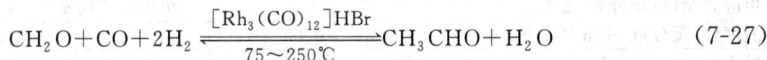

$$CH_2O+CO+2H_2 \xrightleftharpoons[75\sim250℃]{[Rh_3(CO)_{12}]HBr} CH_3CHO+H_2O \quad (7\text{-}27)$$

（5）分解反应

$$CH_2O \xrightarrow[\triangle]{cat} CO+H_2 \quad (7\text{-}28)$$

（6）氧化还原反应 甲醛极易氧化成甲酸，进而氧化成 CO_2 和 H_2O。许多金属（如 Pt，Cr，Cu 等）以及金属氧化物（如 Cr_2O_3、Al_2O_3 等）都能使甲醛还原成甲醇、甲酸甲酯、甲烷。

$$CH_2O+H_2 \longrightarrow CH_3OH \quad (7\text{-}29)$$

① 氧化反应

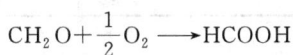

$$CH_2O+\frac{1}{2}O_2 \longrightarrow HCOOH$$

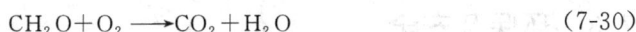

$$CH_2O+O_2 \longrightarrow CO_2+H_2O \quad (7\text{-}30)$$

② 康尼查罗（Cannizaro）反应

$$2CH_2O+NaOH \longrightarrow CH_3OH+HCOONa \quad (7\text{-}31)$$

③ 银镜反应

$$CH_2O + 2AgNO_3 + 2NH_4OH \longrightarrow 2Ag\downarrow + HCOOH + 2NH_4NO_3 + H_2O \qquad (7\text{-}32)$$

7.2 质量标准

工业甲醛质量标准见表 7-2～表 7-4。

表 7-2 中国工业甲醛溶液国家标准（GB/T 9009—1998，1999 年 4 月 1 日起实行）

项 目	指 标			试 验 方 法
	优等品	一等品	合格品	
外观	清晰无悬浮物液体,低温时允许有白色浑浊			
密度 $\rho_{20}/(\text{g/cm}^3)$	1.075～1.114			GB/T 4472—84
甲醛含量/%	37.0～37.4	36.7～37.4	36.5～37.4	GB/T 9009—1998
酸度(以甲酸计)/% ≤	0.02	0.04	0.05	GB/T 9009—1998
色度(Hazen 单位,铂-钴号) ≤	10		—	GB/T 3143
铁含量/% ≤		0.0003(槽装)	0.0005(槽装)	GB/T 3049
		0.0010(桶装)	0.0010(桶装)	
甲醇含量/%	供需双方协商			GB/T 9009—1998

注：本标准适用于由甲醇氧化法制得的工业甲醛溶液。

表 7-3 美国工业甲醛溶液规格（ASTMD 2378—84[②]）

项 目	甲醛溶液		测 定 方 法
	50%	37%	
外观	透明且无悬浮物出现		
色度(Pt-Co 号) ≤	10	10	美国标准 ASFM D 1209
相对密度(d_{25}^{25})[①]	1.1470～1.1520	1.0749～1.1139	美国标准 ASTM D 891
甲醛含量(质量分数)/%	49.75～50.5	37.0～37.4	美国标准 ASTM D 2194
甲醇含量(质量分数,最大)/% ≤	1.5	买卖双方商定	美国标准 ASTM D 2380
酸度(质量分数,甲酸计)/% ≤	0.05	0.02	美国标准 ASTM D 2379
铁含量/10^{-6}	1.0	1.0	美国标准 ASTM D 2087

① 相对密度与甲醛含量和甲醇含量有关。

② 本标准适用于甲醛浓度为 50%非阻聚甲醛溶液、甲醛浓度为 37%阻聚甲醛溶液和非阻聚甲醛溶液。

表 7-4 俄罗斯工业甲醛主要质量指标（ГOCT 1625—89）

项 目	指 标	
	优级	一级
甲醛含量(质量分数)/%	37.2±0.3	37.0±0.5
甲醇含量(质量分数)/%	4.0～8.0	4.0～8.0
酸度(质量分数,甲酸计)/% ≤	0.02	0.04
铁含量(质量分数)/% ≤	0.0001	0.0005
灼烧残渣(质量分数)/% ≤	0.008	0.008

7.3 环保及安全

由于甲醛及其生产所用的原料甲醇都是有毒、可燃易燃和可爆炸物，而且甲醛的应用领域越来越广泛，所以甲醛的生产与消费过程的安全与环境保护至关重要，除通用安全外，主要涉及放火、防爆、防毒三个方面。

7.3.1 防火、防爆

甲醇是生产甲醛的原料，闪点为 12℃（开）或 16℃（闭）。一般甲醛溶液的闪点＞45℃。甲醇在空气中的着火温度为 473℃，甲醛在空气中的着火温度为 430℃。

化学品的燃烧特性主要是以它的闪点、燃点和自燃点来衡量。闪点越低，着火的危险性越大。通常，液体化学品按闪点分为易燃液体和可燃液体两大类。闪点小于 45℃ 的属于易燃液体，闪点大于 45℃ 属可燃液体。甲醇属于一级易燃液体。工业甲醛水溶液属于可燃性液体。

甲醇、甲醛的蒸气都能与空气形成爆炸混合物。甲醇的爆炸范围为 6%～36.5%；纯甲醛的爆炸范围为 7%～73%；一般甲醛尾气的爆炸范围为 7%～11%。

甲醇、甲醛的这些特性，说明在甲醛的生产与消费过程中会存在由于违章操作、使用，引发火灾与爆炸的可能性。

保证甲醛在生产与消费过程中的安全，必须重视和做好防火、防爆工作。具体要做好以下几个方面的工作：①对火源进行严格的管理，生产和使用甲醛与甲醇的现场要杜绝明火，必须动火时要有严格的审批手续和防范措施；②对甲醇、甲醛物料要有严格的储存、输送、意外溢出防范处理等管理措施；③对生产工艺参数要有安全控制的规定和科学的控制手段；④对可能产生的静电要有设备接地等防范措施；⑤要安装和定期检查防雷设施；⑥对压力容器和锅炉要严格按照有关规定安装、运行、检修，以保证安全性。

7.3.2 防止中毒

（1）甲醇的毒性

甲醇的毒性为中等毒性，误食甲醇可造成急性中毒，推测人吸入空气中甲醇浓度 $39.3～65.5\ g/m^3$，30～60min，可致中毒。人口服 5～10mL，可致严重中毒，一次口服 15mL，或 2 天内分次口服累计达 124～164mL，可致失明。有报告，一次口服 30mL 可致死。

甲醇主要通过呼吸道和皮肤吸收而中毒。甲醇有明显的人体积蓄作用，经常接触少量甲醇的人时间持续长久有可能引起慢性中毒。

甲醇的毒性对人体的神经系统和血液系统影响最大，由于甲醇对视神经和视网膜有特殊的选择作用，易引起视神经萎缩，其蒸气能损害人的呼吸道黏膜和视力。

（2）甲醛的毒性

甲醛的毒性主要表现在甲醛溶液及其蒸气对人的眼睛、鼻腔、皮肤和呼吸系统的黏膜等有强烈的刺激作用，经呼吸道或与皮肤接触而产生毒害。一般来说，在甲醛浓度（环境空气中）低于 0.05×10^{-6} 时，对人体无影响，在 $(0.05～0.5) \times 10^{-6}$

时，便会对眼睛产生刺激。在 5×10^{-6} 的浓度下，甲醛对人体的刺激已很明显，而在 $(50\sim100)\times10^{-6}$ 浓度内暴露 $5\sim10min$，则可造成很严重的伤害。

甲醛引起急性中毒时，表现为大量流泪、咳嗽、胸闷、呕吐、皮肤红肿、头痛、晕厥和发生包括肺炎、支气管炎、肺气肿等严重的肺部反应等。慢性中毒时，则表现为视力减退、手指尖变褐色、皮肤变硬和各种皮肤炎或湿疹等。据报道，吞服 30mL 以上甲醛水溶液即会导致死亡。

由卫生部制定的《高毒物品目录》（2003 版）中，已将甲醛（别名福尔马林）列为 54 种高毒物品中的一种。

（3）甲醇和甲醛在空气中的允许浓度

我国规定，甲醇在生产车间中的最高允许浓度为 $50mg/m^3$，居住区大气中最高允许浓度为 $3mg/m^3$；甲醛在车间空气中的最高允许浓度为 $0.5mg/m^3$，居住区大气中最高允许浓度（一次）$0.05mg/m^3$。

一些国家有关室内空气中甲醛浓度限量标准，见表 7-5。

表 7-5 不同国家甲醛浓度限量

国 别	标准或标准制定时间	甲醛浓度限量
德国、意大利、荷兰、奥地利	1988 年	室内：$<0.1\times10^{-6}$
丹麦、比利时等	1988 年	室内：$<0.12\times10^{-6}$
	1995 年	室内：$<0.08mg/m^3$
中国	GB 50325—2001	Ⅰ类民用建筑≤$0.08mg/m^3$
	GB 50325—2001	Ⅱ类民用建筑≤$0.12mg/m^3$

注：1. Ⅰ类民用建筑：住宅、办公楼、医院病房、老年建筑、幼儿园、学校教室等建筑工程。

2. Ⅱ类民用建筑：旅店、文化娱乐场所、书店、图书馆、展览馆、体育馆、商场（店）、公共交通工具等候室、医院候诊室、饭馆、理发店等公共建筑。

（4）工业生产与消费过程中防止甲醇、甲醛中毒的措施

尽量避免甲醇、甲醛直接接触皮肤，在有可能造成直接接触的作业中，应穿戴防护手套、防护鞋和防护服等劳保用品，重点是做好甲醇、甲醛蒸气从呼吸道进入人体的预防工作，减少环境空气中的甲醇、甲醛浓度，使其远小于最高允许浓度。

具体做法是：设备密闭化；防止溢料事故；采用通风、排风设施；严禁直接接触和用口吸取甲醇、甲醛；严禁随意倾倒甲醇、甲醛溶液；作业者要佩戴防毒用具等。

（5）工业生产与消费过程甲醇、甲醛中毒的急救措施

吸入中毒应迅速使中毒者吸新鲜空气、输氧；口服中毒应饮用清水或牛奶稀释，立即以 3% NaHCO₃ 溶液洗胃，并静脉注射此液及高渗葡萄糖和大量维生素C；神经系统症状严重者或有颅压增高表现者，需限制输液，可给以脱水疗法；迅速送专业医院就诊。

7.3.3 甲醛工业生产和消费过程的环境保护

甲醛在生产过程中，可能产生废气、废水、噪声等污染，在消费过程中会产生

用其做原料的制品中含有甲醛或甲醇的直接污染。但是随着技术进步和世界各国认真采取预防和治理措施,目前已经可以把污染降低到有关规定的标准之内或完全消除污染。

（1）废气处理

在甲醛生产中所产生的废气主要指生产尾气,目前基本上采用燃烧法来处理。甲醛尾气中含有大量的可燃气体,将尾气燃烧后既消除了尾气对大气的污染,又可产生水蒸气。这些水蒸气既可供甲醛装置自用,也可供应外界使用,从而达到节约能源,化害为利的目的。

甲醇在储存中蒸发出的甲醇蒸气也是气体污染之一,一般采用冷凝法控制蒸发量,即用冷却水喷洒甲醇储槽,使甲醇温度下降减少蒸发量。另外,将甲醇储槽建在地下或采取其他保温措施以及在甲醇储槽顶部加装有阻火材料的呼吸阀,亦可减少甲醇蒸发量。

（2）废水处理

减少和处理甲醛生产中的工业废水主要措施有:减少跑、冒、滴、漏;集中处理分析等过程的残液和样液;清洗设备后的污水应进行处理,避免直接排污;甲醇残液可集中蒸馏回收,少量可燃烧处理。

（3）噪声防治

甲醛生产产生的噪声主要通过选用低噪声设备和安装消声器和隔声设施来解决。

（4）人造板及其制品中游离甲醛对人体健康的危害及其防治

家具和装修材料中游离甲醛对人体的危害问题已越来越受到人们的普遍关注。但是这一问题在技术上都可予以解决。世界发达国家在 20 世纪 80 年代就已对人造板甲醛释放量作了严格的规定。我国对人造板的甲醛释放量的控制也越来越受到人们和政府的重视,我国近几年人造板甲醛释放量的规定值见表 7-7、表 7-8、表 7-9。

德国人造板产品从 1978 年的 E_3 级已经发展到目前的 E_1、E_0 级。他们对刨花板的甲醛释放量分级别做出规定: $E_1 \leqslant 9mg/100g$, E_2 为 $9 \sim 30mg/100g$, E_3 为 $30 \sim 60mg/100g$。2000 年规定 $E_0 \leqslant 5mg/100g$。日本对人造板甲醛释放量均采用干燥器法测定,其规定值见表 7-6。

表 7-6　日本人造板甲醛释放量规定值

产品名称	标准号	规定值/(mg/L)		
刨花板	JISA 5908	$E_0 \leqslant 0.5$	$E_1:0.5 \sim 1.5$	$E_2:1.5 \sim 5$
	JISA 5908—2003	F☆☆☆☆	F☆☆☆	F☆☆
		平均≤0.3	平均≤0.5	平均≤1.5
		最大 0.4	最大 0.7	最大 2.1

注:1.纤维板、胶合板、层积材等人造板也均已做了相应的严格规定。
2.☆个数表示板材环保规格。

123

表 7-7　刨花板甲醛释放量规定值

项　　目	1985 年以前	1985 年	1992 年	2001 年	2002 年
甲醛释放量/(mg/100g)	—	≤50	≤30	A：≤9 B：>9 且 ≤30	A：≤9 B：>9 ≤30

表 7-8　中密度纤维板甲醛释放量规定值

项　　目	1989 年以前	1989 年	1999 年	2002 年
甲醛释放量/(mg/100g)	—	≤70	A：≤9 B：>9 且 ≤40	A：≤9 B：>9 ≤30

表 7-9　人造板及其制品中甲醛释放量试验方法及限量值

产 品 名 称	试验方法	限量值	使用范围	限量标志
中密度纤维板、高密度纤维板、刨花板等	穿孔萃取法	≤9mg/100g	可直接用于室内	E_1
		≤30mg/100g	必须饰面处理后 可允许用于室内	E_2
胶合板、装饰单板、贴面胶合板、细木工板等	干燥器法	≤1.5mg/100g	可直接用于室内	E_1
		≤5.0mg/100g	必须饰面处理后 可允许用于室内	E_2
饰面人造板（包括浸渍纸层压木地板、实木复合地板、竹地板、浸渍胶膜纸箱面人造板）	气候箱法 干燥器法	≤0.12mg/m³ ≤1.5mg/L	可直接用于室内	E_1

　　从以上的质量指标可以看出，国内外人造板行业对人造板中甲醛释放量已经有明确的标准。只要生产厂家采用先进的配方和工艺，按照标准进行生产，脲醛树脂胶的质量就可以满足无害化的要求。有的人造板及其制品中甲醛释放量超标，是由于没有掌握先进的技术或为了降低成本，不按照标准进行生产造成的。

7.4　包装及储运

7.4.1　甲醛储存运输中易发生的问题和处理方法

　　(1) 甲醛聚合　防止甲醛水溶液的聚合，通常可通过控制甲醇含量、控制储存温度、添加阻聚剂三个途径来实现。

　　(2) 成品酸度升高　升高温度会加速产品中甲酸的生成，在炎热的夏季，用防腐不良的铁桶储存甲醛水溶液，不仅酸度会很快上升。而且酸度的升高又加速了铁离子的形成，使甲醛溶液变黄。

　　为此，应尽量缩短甲醛水溶液的储存时间，采用防腐性能好的储槽或铁桶储运甲醛成品，以免铁离子污染成品促进酸度增高，保证甲醛成品质量。

7.4.2　工业甲醛的储存方式及注意事项

　　库存甲醛水溶液一般用储槽储存。储槽可酌情选用铝、碳钢、不锈钢、复合钢板（薄壁不锈钢衬里）等材质制作。碳钢储槽内壁需采用过氯乙烯漆、磺化氯乙烯漆、环氧树脂漆等进行防腐处理。并定期清理内壁和重新涂刷。短期储存甲醛通常也采用 240L 容积的大桶包装，桶的材质为碳钢（内壁经防腐处理）或高强度塑料桶。储存温度为 8～40℃。

甲醛水溶液的储存与其他易燃易爆商品一样，要求远离火种、热源与氧化剂，与遇水燃烧的物质隔离，防止曝晒，储罐还要有防雷措施及消防设施，起火后应用雾状水、泡沫、二氧化碳作灭火剂。

7.4.3 工业甲醛的包装和运输

工业甲醛成品除少量采用玻璃瓶、塑料桶包装之外，绝大部分成品是采用容量为 240L 的防腐铁桶、火车槽车、汽车槽车等包装运输。

玻璃瓶包装的应置于木桶内方能运输，塑料桶包装的最好用集装箱运输或用专车运输。

火车槽车和汽车槽车要专罐专用。若非专用甲醛罐，在注入甲醛溶液之前，须将罐内清洗干净才能使用，以免混入其他杂质。

工业甲醛溶液包装容器上应涂刷牢固耐久、清晰的标志，其内容包括产品名称、生产厂名称、商标、净重及标准编号和 GB 190 中"易燃液体"及"有毒物品"标志。

在运输过程中，应该轻装轻卸，避免碰撞，防止容器破漏，流失在地上的甲醛溶液可用水冲洗、再用纯碱中和冲洗干净。甲醛触及皮肤可用水冲洗后再用酒精擦洗干净，最后涂敷甘油。甲醛溶液运输时须按易燃易爆有毒物品的有关规定办理。

7.4.4 甲醛阻聚剂

在低温地区储存和运输甲醛通常会添加阻聚剂。已经发现，能阻止甲醛聚合的物质有近百种。从结构上分析，能起阻聚作用的物质主要分为两大类：①分子中含有大量羟基的化合物或聚合物。例如，低分子质量的醇类，纤维素类，高聚物类，表面活性剂类；②分子中含有较多的氨基的化合物。例如：胍胺类，酰胺类，胺类。目前，我国广为使用的阻聚剂有瑞雪牌高效甲醛阻聚剂，属于聚醋酸乙烯缩醛化合物。

高效甲醛阻聚剂是一种白色粉末状固体，储存稳定，受潮吸热不结块，溶解性能优异，常温下在甲醇溶液中完全溶解时间不超过 10min（在 25℃ 温度下，在水中溶解度为 0.101g/L）；不含氯离子，阻聚效果显著，用量少，最大用量一般不超过 50mg/kg，无毒（用小白鼠、金鱼做试验），燃点 343℃，在自然界中可降解。高效甲醛阻聚剂的结构式如下：

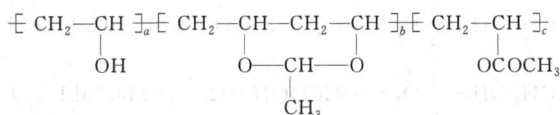

$$\text{--}[CH_2\text{--}CH]_a\text{--}[CH_2\text{--}CH\text{--}CH_2\text{--}CH]_b\text{--}[CH_2\text{--}CH]_c\text{--}$$

式中，a、b、c 为自然数。

高效甲醛阻聚剂技术指标如表 7-10 所示。

表 7-10　高效甲醛阻聚剂技术指标

指　标　名　称	指　　标	指　标　名　称	指　　标
外观	白色或浅黄色粉状固体	乙醛基(质量分数)/%	$25\sim75$
挥发分/%	$\leqslant5$	乙酰基(质量分数)/%	$10\sim60$
酸值/(mgKOH/g)	$\leqslant5$		

我国的瑞雪系列阻聚剂产品还有一种最新研究开发的水溶性阻聚剂，这种阻聚剂在水溶液中有相当高的溶解度，可以直接加入甲醛水溶液中，无须配成甲醇溶液，不会析出，它在 37% 甲醛溶液和 46%、50% 的高浓度甲醛产品中的应用试验均取得满意效果。

水溶性甲醛阻聚剂性能优异，使用方法简单，易溶于水，不产生析出物，其性价比与粉状固体阻聚剂相当。

7.5　甲醛的合成工艺

7.5.1　合成反应机理

甲醛合成反应过程除发生化学反应外，还包含着诸如流体流动（动量传递）、热量交换（热量传递）和物质的迁移（质量传递）等多种物理现象和涉及反应热力学与动力学的问题。本文仅以银法生产甲醛的反应过程进行讨论。

（1）合成过程中的化学反应

银法合成甲醛过程中的化学反应，除有甲醇氧化和甲醇脱氢等主反应外，还有甲醇燃烧和甲醛氧化等副反应，这些反应如式(7-33)～式(7-44)所示（式中反应热均为 25℃ 时的热量）。

主反应：

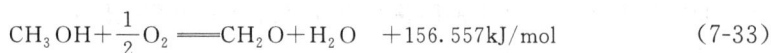
$$CH_3OH+\frac{1}{2}O_2 \Longrightarrow CH_2O+H_2O \quad +156.557kJ/mol \tag{7-33}$$

$$CH_3OH \Longrightarrow CH_2O+H_2 \quad -85.270\ kJ/mol \tag{7-34}$$

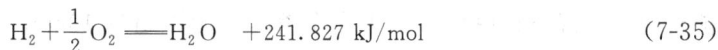
$$H_2+\frac{1}{2}O_2 \Longrightarrow H_2O \quad +241.827\ kJ/mol \tag{7-35}$$

副反应：

$$CH_3OH+O_2 \Longrightarrow CO+2H_2O \quad +393.009kJ/mol \tag{7-36}$$

$$CH_3OH+\frac{3}{2}O_2 \Longrightarrow CO_2+2H_2O \quad +675.998\ kJ/mol \tag{7-37}$$

$$CH_3OH+\frac{1}{2}O_2 \Longrightarrow HCOOH+H_2 \quad +246.73kJ/mol \tag{7-38}$$

$$HCOOH \Longrightarrow CO + H_2O \quad -10.278 \text{ kJ/mol} \tag{7-39}$$

此外，由于反应条件的变化，还可能发生下述反应中的一个或几个副反应：

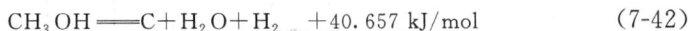

$$CH_2O \Longrightarrow CO + H_2 \quad -5.375 \text{ kJ/mol} \tag{7-40}$$

$$CH_2O + O_2 \Longrightarrow CO_2 + H_2O \quad +519.441 \text{ kJ/mol} \tag{7-41}$$

$$CH_3OH \Longrightarrow C + H_2O + H_2 \quad +40.657 \text{ kJ/mol} \tag{7-42}$$

$$CH_3OH + H_2 \Longrightarrow CH_4 + H_2O \quad +115.505 \text{ kJ/mol} \tag{7-43}$$

$$2CH_2O + H_2O \longrightarrow CH_3OH + HCOOH \quad +90.173 \text{ kJ/mol} \tag{7-44}$$

（2）合成过程

在合成过程中，经净化后的原料甲醇和空气混合气自反应器的引入部件进入催化剂室，经支撑在花板上的银催化剂作用发生氧化、脱氢等反应。为防止产物的分解，反应后的气体必须迅速通过下部的急冷段和冷却段。

甲醛的合成过程是一个气固相催化反应过程。其反应机理虽尚待进一步探索，目前普遍认为其反应过程为扩散、吸附、表面反应和解吸等几个步骤。

其反应历程大致可描述为：O_2 扩散到银催化剂表面（包括外扩散和内扩散），被催化剂吸附（而不是 CH_3OH 先被吸附）变成原子态的氧。原子态氧不稳定、活动能力强，它紧拉 CH_3OH 的氧，使分子中的 C—H 键和 O—H 键变弱，最后使 C—H 键和 O—H 键断裂，在银催化剂表面发生氧化或脱氢反应（弱吸附时发生氧化反应，强吸附则发生脱氢反应），反应结果生成 CH_2O 和 H_2O 或 CH_2O 和 H_2。然后，产物在催化剂表面解吸后扩散（包括内、外扩散）到气相主体中被移走。

研究人员对甲醇制甲醛的反应历程进行了许多研究和讨论，例如，作为甲醇制甲醛最基本的反应机理，银表面首先吸附氧，已基本上取得了共识，但对甲醇是否被银表面吸附的问题，却有不同的见解。一种观点认为，银催化剂表面不发生甲醇的吸附。因此，甲醇氧化脱氢的产物量随银表面氧的覆盖率增加而增加。另一种观点则认为，银催化剂表面发生了甲醇的吸附作用，生成的是甲氧基吸附物。因此，反应速率并不取决于银表面氧的覆盖率，而是取决于所形成的甲氧基吸附物的数量，即取决于甲醇与银表面的接触概率。

人们还可以通过提高反应气流速度、改变催化剂颗粒大小以及改变温度等来提高反应速度。

7.5.2 甲醛的工业生产方法

工业甲醛的生产方法目前都是以甲醇为原料，主要有"甲醇过量法"（银法）和"空气过量法"（铁钼法）。

（1）银法（甲醇氧化脱氢法）

① 传统银法工艺 原料气（在爆炸极限上限以上的甲醇与空气混合气）经反应器中的银催化剂（浮石载银或电解银）进行氧化、脱氢反应。通过甲醇、空气及

加入的水（蒸汽）的比例，控制反应温度在 $600 \sim 680^\circ\text{C}$。反应后的气体经塔内吸收剂水循环吸收，得到 $37\% \sim 42\%$ 的工业甲醛。典型传统银法甲醛生产工艺流程见图 7-1。

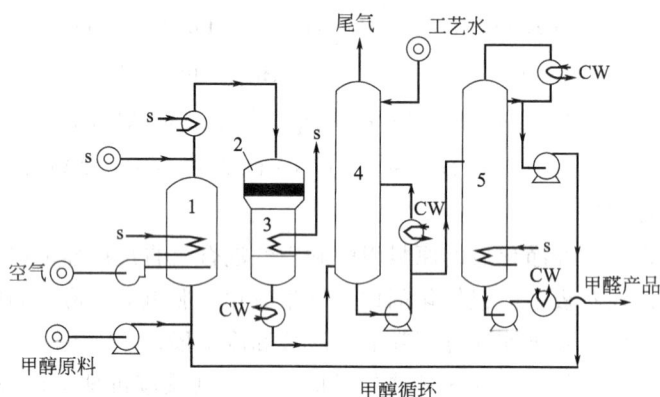

图 7-1 典型银法甲醛生产工艺流程

1—蒸发器；2—氧化反应器；3—急骤冷段；4—吸收塔；5—蒸馏塔；s—水蒸气；CW—冷却水

② 尾气循环工艺 BASF 公司和日本三菱瓦斯公司曾先后开发成功尾气循环工艺，该工艺采用吸收后的尾气以达到必要的热力学平衡和安全生产的目的。从而获得低甲醇含量的高浓度甲醛产品。

该法在流程上类似于传统银法流程，其主要差异在于吸收后的尾气部分循环至反应器作热稳定剂，故称"尾气循环法"（WGR 法）。尾气循环法工艺流程见图 7-2。

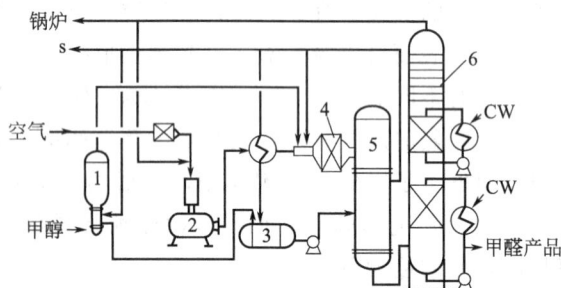

图 7-2 尾气循环法工艺流程

1—蒸发器；2—空压机；3—冷凝器；4—过滤器；5—反应器；

6—吸收塔；s—水蒸气；CW—冷却水

该法的特点在于在没有蒸馏的情况下能生产 $37\% \sim 55\%$（质量分数）的高浓度甲醛，甲醇含量小于 1.2%。甲酸含量比铁钼法还低，约 50mg/kg 以下，因此可不必用离子交换法除去甲酸，可免除对环境的污染。吸收塔顶排出的气体除部分循环使用，其余的可用作燃料副产水蒸气，每吨甲醛约回收 0.5t 水蒸气。

尾气循环法与传统银法相比，甲醇转化率和甲醛产率提高，甲醇单耗下降，但电耗和设备投资增高。

③ 英国 ICI 公司的甲醇氧化脱氢法甲醛生产工艺　流程见图 7-3,该法可以生产 37%～50%的甲醛产品,该工艺的生产消耗指标见表 7-11。

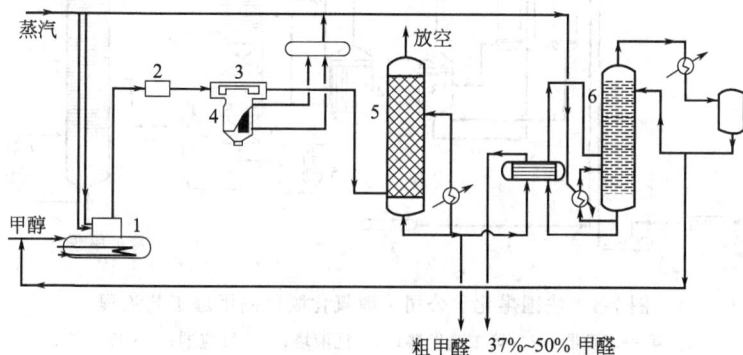

图 7-3　英国 ICI 公司的甲醇氧化脱氢法甲醛生产工艺流程
1—蒸发器；2—阻火器；3—转化器；4—废热锅炉；5—吸收塔；6—精馏塔

表 7-11　英国 ICI 公司的甲醇氧化脱氢法甲醛生产消耗指标

项　　目		数　　值			
产品组成	甲醛(质量分数)/%	37	37	44	50
	甲醇(质量分数)/%	3	0.5	0.5	0.5
甲醇/kg		461	434	518	588
锅炉给水/t		0.222			
工艺水/t		0.165	0.243	0.195	0.160
冷却水($\Delta t = 15℃$)/t		35	59	57	74
蒸汽/t		0.080	0.860	0.984	1.100
电/(kW·h)		25	27	32	37

④ 法国煤化学公司甲醇氧化脱氢制甲醛工艺　产品为 37%甲醛水溶液,其中甲醇含量为 1%～1.5%,甲酸含量小于 150mg/L。该工艺流程见图 7-4。每吨产品的消耗定额见表 7-12。

表 7-12　法国煤化学公司甲醇氧化脱氢制甲醛工艺中每吨产品的消耗定额

甲醇/kg	蒸汽/kg	电/kW·h	25℃冷却水/m³	催化剂/g
444	300	22.2	65	9

⑤ 我国甲醛生产工艺

a. 我国传统银法工艺与国外传统银发工艺大同小异,只是吸收部分多数采用两塔吸收流程,没有蒸馏塔。

b. 我国的"尾气循环工艺"是以甲醛生产过程的部分尾气(或尾气燃烧后的部分废气,也称烟道气)与水作为热稳定剂带走反应过程中的多余热量,来稳定控制反应温度。

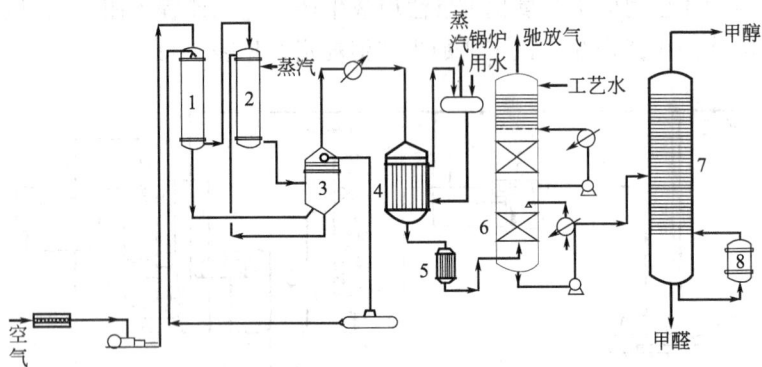

图 7-4　法国煤化学公司甲醇氧化脱氢制甲醛工艺流程

1—第一蒸发器；2—第二蒸发器；3—洗液塔；4—反应器；5—冷凝器；

6—吸收塔；7—精馏塔；8—再沸器

该工艺能生产 37％～50％（质量分数）的甲醛；甲醛质量优良，一般甲醇含量在 0.1％～0.5％，甲酸含量在 0.004％～0.008％；甲醇单耗低（最低单耗达 435kg/t）；能耗低（电耗为 25 kW·h/t）；每吨产品可副产 0.3MPa 蒸汽 350kg，也可产生 0.8MPa 的蒸汽与蒸汽管网联接。其工艺流程示意见图 7-5。

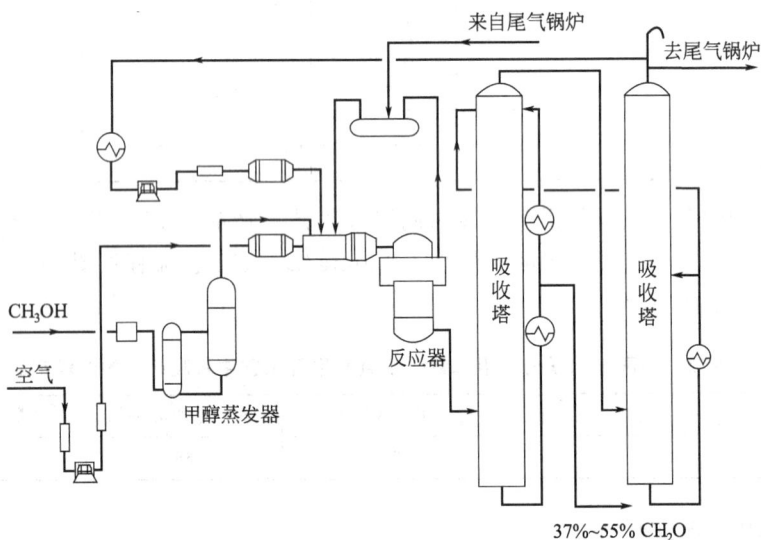

图 7-5　甲醛尾气循环工艺流程示意

c. 保定市本征化工技术开发有限公司的"本征控制甲醛生产工艺"是以物料流与热量流搭成的工艺反馈的本征控制的方法，来稳定反应温度，控制反应过程。该工艺已有 60kt/a、80kt/a、160kt/a 的生产装置实现工业生产。

我国银法甲醛生产工艺的消耗指标见表 7-13。

表 7-13 我国银法甲醛生产工艺的消耗指标（以 1t 37%CH$_2$O 计）

指 标	先进水平	一般水平	指 标	先进水平	一般水平
产率/%	87.7～89.7	84.9～86.7	电/kW·h	18～20	30～40
甲醇消耗/kg	440～450	455～465	蒸汽/kg	300～500	0(自给)
冷却水/m³	10～20	35～45			

（2）铁钼法（甲醇单纯氧化法）

铁钼法采用列管式固定床反应器，管内填充 ϕ3.5mm×3.5mm 铁钼催化剂，管间充满有机载热体联苯醚，其液位高度略高于催化剂床层，以带走反应热量。初开车时用电感加热器将联苯醚加热至 260℃以上，然后以自身蒸气压压入反应器管间，使催化剂加热升温至 220℃以上。鼓风机送入的空气预热至 150℃与甲醇蒸气混合形成原料混合气，部分混合气进入反应器使床层温度平稳上升，大部分混合气旁路穿过吸收塔，当反应器温升至 350～370℃，逐步关闭旁路，使全部原料混合气进入反应器进行反应生成甲醛。反应热由联苯醚移走，并在废热锅炉中发生蒸汽。

反应气体立即进入列管冷却器，用 50℃左右的水进行快速骤冷，以防止和减少甲醛的深度氧化，温度降至 120～160℃进入吸收系统。吸收方法和流程同于银法。

国外的铁钼法工艺主要以瑞典 Perstorp Formox 公司和丹麦 Topsoe 公司为代表。

① 瑞典 Perstorp Formox 甲醛工艺　瑞典 Perstorp Formox 公司的甲醛生产工艺流程见图 7-6，消耗指标见表 7-14。

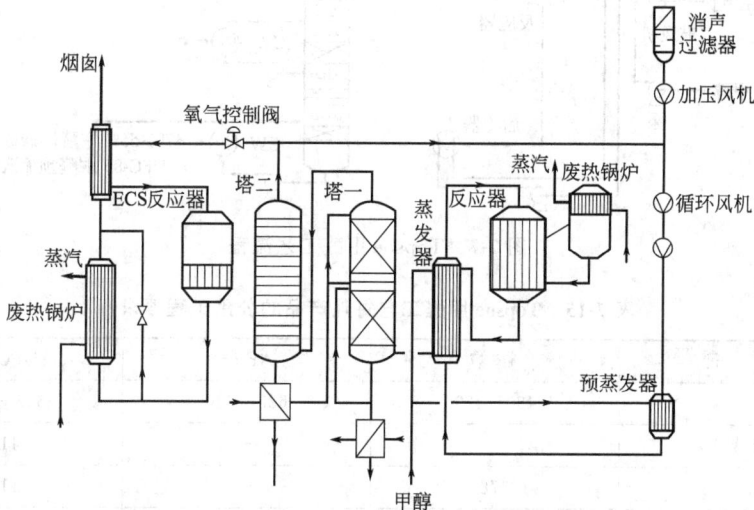

图 7-6　瑞典 Perstorp Formox 公司甲醛生产工艺流程

表7-14 Perstorp Formox 甲醛生产工艺消耗指标[①]

项　　目	指　　标	项　　目	指　　标
甲醇/kg	424～427	工艺水/kg	400
电耗/kW·h	70	冷却水/m^3	37
锅炉给水(100℃)/kg	700		

① 指每吨37%甲醛溶液的消耗量。

② Topsoe（托普索）甲醛工艺　托普索过剩空气甲醛工艺有以下主要步骤：a.甲醇的蒸发；b.气态甲醇与空气和循环气的混合；c.在一个油冷管式催化反应器中甲醇的氧化；d.用工艺水或尿素溶液吸收甲醛；e.尾气的催化焚烧。工艺中产生的余热可以蒸汽的形式送出。通过改变进吸收塔的工艺水量，甲醛水溶液（AF）的浓度可在37%～55%（质量分数）之间任意选择。还可以选择用尿素水溶液取代工艺水以生产含高达60%（质量分数）甲醛、25%（质量分数）尿素和剩余水分的脲醛预缩液（UFC-85）。托普索特殊设计的FK-2系列催化剂选择性高，形成的压降低。Topsoe甲醛工艺流程见图7-7，每吨产品的公用工程要求见表7-15，日产67t 37%甲醛工厂的经济性见表7-16。

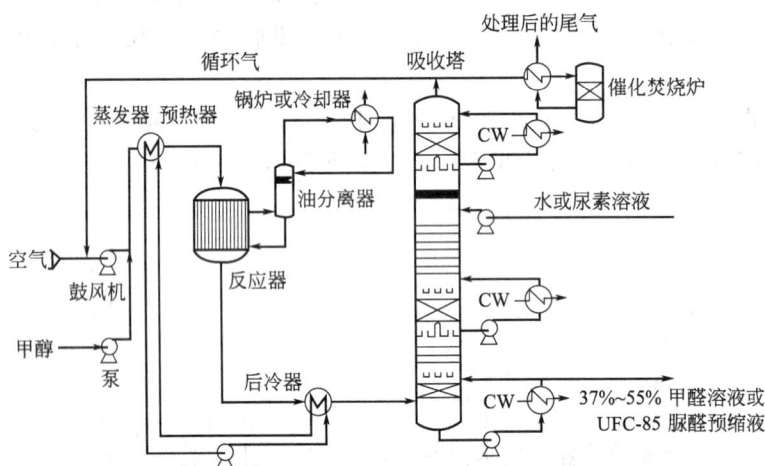

图7-7 Topsoe甲醛工艺流程

表7-15 Topsoe甲醛工艺每吨产品的公用工程要求

项　　目	AF-37	AF-55	UFC-85
甲醇/kg	420～429	625～630	695～700
60%尿素溶液/kg	—	—	417
工艺水/kg	378	82	117
冷却水/m^3	45	62	62
电力/kW·h	60	113	123

表 7-16 Topsoe 日产 67t 37％甲醛工厂的经济性

项 目	小型成套设备	普通装置	
甲醛产量(37％)/(t/d)	27	67	120
每吨相对生产费用/％	122	100	94

托普索公司还开发了一种用于甲醛厂的新串联反应器方案。托普索甲醛（串联反应器）生产工艺流程如图 7-8 所示。

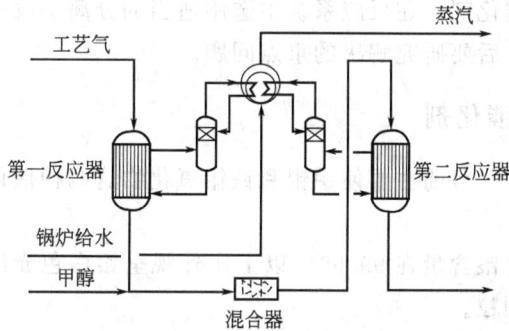

图 7-8 托普索甲醛（串联反应器）生产工艺流程

据该公司介绍，串联反应器方案有较低资金费用；较低电力消耗；较高蒸汽产量；产品中甲醇含量较低；催化剂更换可在减低负荷下进行等优点。

中国"铁钼法"甲醛生产工艺中有以 Perstorp Formox 工艺为主体的三种工艺。

1966 年，安阳塑料厂建成我国第一套铁钼法甲醛生产装置，由于早期使用的催化剂活性差、寿命短，致使能耗高而没有得到进一步推广。直至 20 世纪 90 年代又引进数套铁钼法生产装置，同时我国也自行开发建设了铁钼法装置，其工艺方法与瑞典 Perstorp 为代表的工艺流程大同小异，其消耗指标也比较接近。

（3）甲醇脱氢法

甲醇直接脱氢可以得到无水甲醛，同时副产氢气。为此，在国内外引起人们广泛的研究兴趣。该法的反应式：

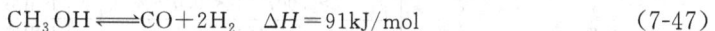

$$CH_3OH \rightleftharpoons CH_2O + H_2 \quad \Delta H = 84kJ/mol \qquad (7-45)$$

$$2CH_3OH \rightleftharpoons HCOOCH_3 + 2H_2 \quad \Delta H = 52.6kJ/mol \qquad (7-46)$$

$$CH_3OH \rightleftharpoons CO + 2H_2 \quad \Delta H = 91kJ/mol \qquad (7-47)$$

甲醇脱氢反应都是分子数增加的吸热反应，在低压和高温条件下有利于反应的进行。热力学计算表明，在温度低于 720K 时，甲醇脱氢为甲醛的反应自由能 ΔG 为正值，是热力学上最不利的反应，要使反应能在低温下进行须使用催化剂，温度在 500℃以上才会得到较高的转化率。甲醇脱氢反应的平衡转化率与反应温度的关系列于表 7-17。

133

表 7-17　甲醇脱氢的平衡转化率

项目	数　值								
温度/℃	250	300	350	400	450	500	550	600	650	700
压力/kPa	0.002	0.013	0.059	0.216	0.663	1.77	4.19	9.04	17.9	33.3
转化率/%	0.33	1.19	8.1	24.1	48.9	71.6	85.6	92.7	96.2	97.9

目前，人们已经对几十种类型的多相催化剂用于甲醇脱氢反应进行了研究，并取得了宝贵的经验。但甲醇直接脱氢生产甲醛，至今未见工业化生产。研究活性更高、选择性更好的催化剂；在反应系统中选用适当的分离手段及时移走反应后的氢气，这两个方面是今后要研究解决的重点问题。

7.5.3　合成反应催化剂

甲醇氧化制甲醛，目前主要使用银和铁钼氧化物这两种催化剂。

（1）银催化剂

电解银催化剂是银含量在 99.99% 以上，外观呈银白色光泽，粒度约为 6～40 目的海绵或结晶状颗粒。

我国在甲醛工业生产用的银催化剂目前主要有两种：一种外观呈长纤维海绵状，称传统电解银或称海绵银；另一种外观呈珊瑚枝状聚集，称新工艺电解银或称结晶银。后者机械强度较大。两者不同的主要原因是制造工艺有所不同。

目前，世界上较好的电解银催化剂其纯度可达到 99.995%～99.999%，颗粒为 60 目，吸附面积为 700～800cm^2/g，并且有很好的表层形态。表 7-18 列出了目前世界上电解银法甲醛工艺的效应上限。

表 7-18　目前世界上电解银法甲醛工艺的效应上限

效　应	数　值	备注/情况
最低甲醇消耗量/kg	595	每吨 50%～53% 甲醛水
	435	每吨 37% 甲醛水
最高甲醛水质量分数	53%（一种产品）	不用蒸馏或浓缩工序
	60% 及 37%（两种产品）	
	＞65%	要加蒸馏或浓缩工序
最低甲醇含量	0.5%～1.2%	50% 甲醛水，不用蒸馏
	＜0.5%	37% 甲醛水
	＜0.3%	要用蒸馏；37%～60% 甲醛水
最低甲酸含量	＞0.002%	不用退酸工序；37% 甲醛水
	＞0.007% 且＜0.015%	不用退酸工序；50% 甲醛水
	＞0.010% 且＜0.018%	不用退酸工序；53% 甲醛水
	＞0.013% 且＜0.020%	不用退酸工序；55% 甲醛水
	＜（0.003%～0.01%）	要退酸工序；37%～60% 甲醛水
单一甲醛反应器最大年产量	25 万吨 37% 甲醛水	每年以 350 日计
	18.5 万吨 50% 甲醛水	
最长寿命的甲醛反应器	超过 30 年	没有维修的需要
好的催化剂床寿命	6～9 个月	

注：表中的甲醛水指甲醛水溶液。

目前，我国专业制造厂家的电解银催化剂产品，其质量与国外同类产品比较，有的指标还有差距，有的指标已达到或接近其较好水平，但不稳定，仍有待提高。

电解银催化剂的制备，一般有电解、洗涤、干燥、造粒及活化工序。

原料银的含量一般是 99.9%，其中还含有 Si、Al、Cu、Fe、Mn、Ca、Mg、Pb 等杂质。可以通过控制特定的电解条件达到提纯的目的。

(2) 铁钼催化剂

铁钼催化剂是以铁钼氧化物制成的环状颗粒，一般几何尺寸约为外径 4～5mm，内径 2～3mm，长度 3～3.5mm。铁钼氧化物催化剂的制备工艺过程主要有：沉淀、洗涤、成型、干燥和焙烧。

铁钼催化剂制备工艺主要是控制催化剂中铁和钼的成分比例和机械强度。铁钼氧化物催化剂可以再生使用。

目前，我国使用的铁钼催化剂多数依靠国外产品，国内虽也开发了自己研制的产品，并已用于工业规模的甲醛生产，但是其机械强度、活性和使用寿命等方面与国外的催化剂尚有一定差距。目前国内一些科研机构和生产厂家也在不断研制和改进国产铁钼催化剂，有的性能已接近国外产品。

表 7-19 列出了电解银和铁钼氧化物催化剂部分性能比较参考指标。

表 7-19　催化剂部分性能比较参考指标

项　　　目	电解银	铁钼氧化物	项　　　目	电解银	铁钼氧化物
甲醇转化率/%	92～96	97～98	甲醇含量/%	0.3～0.7	0.3～0.7
甲醛产率/%	87.7～89.7	92.2～93.1	甲醛含量/%	37～54	37～55
甲醇单耗(每吨 37%CH_2O)/kg	440～450	424～428	反应温度/℃	600～660	250～400

7.5.4　合成技术的发展

(1) 我国

我国的甲醛生产从 1956 年到现在走过了 50 多年的发展历程，通过自主创新和技术引进，在技术进展方面已经取得了令世人瞩目的成绩。

在利用生产工艺过程中产生的热能，降低产品综合能耗方面，通过对生产中反应热的应用，尾气锅炉产出水蒸气的使用，余热锅炉产出水蒸气的使用以及对吸收热参与工艺过程等的改革，使热能得到了较充分的利用，不仅使综合能耗大大下降，还减少了对环境的污染。

1975 年我国甲醛行业开始应用和推广采用电解银催化剂，并不断地进行了改进和发展。在此之前，大部分银法甲醛生产厂家的甲醇单耗为 540kg/t 左右，目前，大部分甲醛生产厂家的甲醇单耗已下降到的 450kg/t 左右，先进企业已达到或接近 435kg/t 的水平，从而使产品生产成本大幅度下降。

20 世纪 70 年代末，由于"尾气循环法"，"烟道气循环法"生产工艺的出现，使产品增加了 42%～55%（质量分数）的浓甲醛品种。浓甲醛产品的出现，带动了脲醛预缩液制取脲醛树脂的技术发展和新型甲醛阻聚剂的开发，使不同规格的甲醛产品商品化成为可能。50 年来，伴随着降低消耗、节约能源、增加品种等方面技术与经济上的需求，我国甲醛生产设备不断改进。主要有：①改进反应器的结构与材质；②应用与改进尾气锅炉；③应用新型通用设备；④应用新技术新材料；⑤设备集约化设计组装，使工艺流程更紧凑、实用；⑥装置产能大型化（单套能力已由 5kt/a 提高到 16kt/a），生产控制自动化；⑦利用甲醛生产工艺的规律与特点设计相关工艺设备（如本征控制设备）。

（2）世界

世界上甲醛的生产从 1886 年 Loews 开始甲醛工业生产的开发到 21 世纪的今天，甲醛生产和应用已经走过了一百多年的历程。

目前，世界上大部分甲醛生产已淘汰了不适用的原料路线，普遍采用以甲醇为原料生产甲醛；普遍采用高效率的银催化剂和铁钼催化剂；生产设备集约化，流程更加合理简化，设备材质普遍采用不锈钢；生产规模大型化，年生产能力从千吨级规模扩大到十万吨级；产品品种从单一的 37% 品种，扩大到 37%～55% 以及更高浓度不同规格的产品，以满足不同用途的需要；产品质量更加优化；生产控制技术空前发展，普遍采用计算机集散控制系统。

甲醛合成技术已经在原料路线、催化剂、生产设备、生产规模、产品品种、产品质量、控制技术等方面取得了非凡的进步和发展。

7.6　甲醛的生产

7.6.1　我国

我国甲醛工业始于 20 世纪 50 年代。1956 年，由前苏联专家设计指导的第一套 3kt/a（37%CH$_2$O）的甲醛生产装置在上海溶剂厂建成。

1958 年后，吉林化肥厂、北京化工三厂、天津有机合成厂相继建成甲醛生产装置，上海溶剂厂也建成了万吨级的甲醛生产装置。到 20 世纪 50 年代末，我国甲醛总生产能力不足 40kt/a（37%CH$_2$O）。

20 世纪 60 年代，由于合成纤维（维尼纶）与木材加工业的发展，甲醛需求量增加，陆续投产一批甲醛装置，如北京维尼纶厂等多个维尼纶厂以及苏州助剂厂、青岛合成纤维厂、济南有机化工厂分别相继建成 5～10kt/a 的甲醛装置。生产工艺由负压改为正压操作，由稀甲醇蒸发改为浓甲醇蒸发，原料气采用水蒸气配料。

1966 年开始，由于研究开发聚甲醛树脂和烯醛法合成橡胶新工艺对浓甲醛的需要，吉林石井沟联合化工厂、天津第二石油化工厂、河南安阳塑料厂等先后兴建了采用铁钼催化剂的甲醛生产装置。但是由于工艺技术落后，科研投入不足，发展缓慢，后来逐步停产淘汰。

　　20 世纪 70 年代，上海复旦大学与上海溶剂厂、苏州助剂厂、北京维尼纶厂合作，开发使用了电解银催化剂。该催化剂活性高、选择性好、甲醇单耗低、制作方便、无污染，所以该工艺在我国甲醛生产装置上得到普遍推广应用。我国的甲醛工业生产技术也随之开始日趋成熟，并有所发展与独创。

　　20 世纪 90 年代年引进铁钼法成套装置，提高了铁钼法生产水平。目前，国产化的铁钼法甲醛装置也达到一个新的水平，但规模较小。

　　2006 年，我国甲醛生产能力约为 1468 万吨/a，约占世界甲醛总生产能力的 34.5％。2006 年，我国甲醛产量约为 1110.6 万吨，约占世界甲醛总产量的 34.3％。1960～2006 年，我国甲醛生产能力和产量的年均增长率分别为 13.7％和 13.3％。我国甲醛生产能力和产量的发展情况见表 7-20，图 7-9。

表 7-20　我国甲醛生产能力和产量的发展情况

年　份	生产能力/(万吨/a)	产量/万吨	年　份	生产能力/(万吨/a)	产量/万吨
1960	4.0	3.5	1990	88.0	52.0
1965	4.5	3.6	1995	210.0	128.0
1970	11.1	8.2	2000	548.0	231.0
1975	19.0	15.0	2004	1035.1	625.0
1980	40.0	30.0	2005	1231.6	791.0
1985	60.5	46.0	2006	1468.3	1110.6

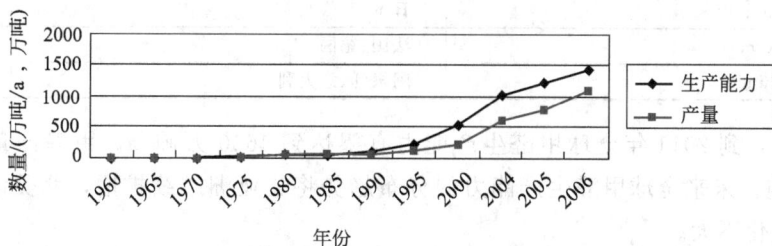

图 7-9　我国甲醛生产能力和产量的发展情况

预计到 2010 年，我国甲醛生产能力有望达到 1600 万吨/a，甲醛产量将超过 1200 万吨。

7.6.2　世界

　　2006 年，世界甲醛生产能力约为 4253 万吨/a（37％ CH_2O，以下同），亚洲甲醛生产能力约为 2048 万吨/a，占世界甲醛生产总能力的 48％。中国甲醛生产能力 1468 万吨/a 居世界各国与地区之首，西欧 810 万吨/a 居世界第二位，北美 650 万吨/a 列第三。2006 年世界甲醛产量约为 3240 万吨。2006 年世界甲醛生产能力、产量分布见图 7-10。世界主要甲醛生产商（除中国以外）见表 7-21。

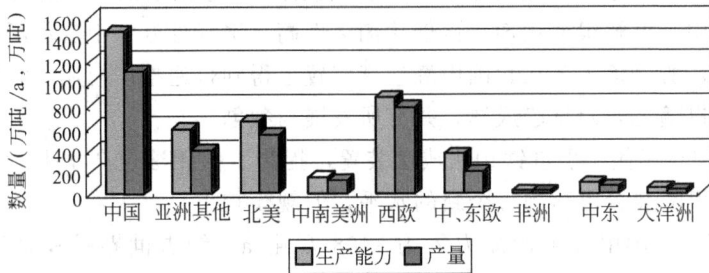

图 7-10 2006 年世界甲醛生产能力、产量分布

表 7-21 世界主要甲醛生产商（除中国以外） 单位：万吨/a

公司名称	生产地分布	生产能力
Hexion	美国、加拿大、巴西、澳大利亚、马来西亚、英国、荷兰、芬兰、德国、意大利、新西兰	318.3
Dynea	德国、比利时、土耳其、日本	235.1
BASF	德国、比利时、土耳其、日本	157.4
Koch Industry(Georgia-Pacific Chemicals)	美国	116.5
Celanese	美国、德国	112.7
Derivados Forestales	西班牙	57.5
D. B. Western	美国	54.4
Daicel Chemical	日本	51.0
Total(Arkerma)	法国、德国	44.3
Sadepan Chimica	阿根廷、意大利	47.0

预计，到 2011 年全球甲醛生产能力有望达到 4600 万吨/a，甲醛产量将超过 3500 万吨。未来全球甲醛生产能力的分布趋势将是亚洲继续扩增，北美缩减，其他地区变化不大。

7.7 甲醛的用途与消费

7.7.1 我国

我国甲醛主要用于生产脲醛树脂，约占甲醛消费总量的 50%以上；其次是酚醛树脂、三聚氰胺甲醛树脂等。此外，甲醛还用于生产季戊四醇、新戊二醇、1,4-丁二醇、三羟甲基丙烷、甲缩醛、聚甲醛、乌洛托品、多聚甲醛、二苯基甲烷二异氰酸酯（MDI）、吡啶及其化合物等化工产品，以及用于长效缓释肥料、医药、农药、日用化学品等广泛的领域。2006 年我国甲醛消费量约为 1110 万吨。2006 年我国甲醛消费构成见表 7-22。

表 7-22　2006 年我国甲醛消费构成　　　　　　　　单位：万吨/a

消　费	消费量	所占比例/%	消　费	消费量	所占比例/%
脲醛树脂	610	55	乌洛托品	32	2.9
酚醛树脂	21	1.9	三羟甲基丙烷	6	0.5
三聚氰胺甲醛树脂	35	3.15	MDI	22	2
多聚甲醛	30	2.7	甲缩醛	9	0.8
聚甲醛树脂	22	2	吡啶及化合物	1	0.09
季戊四醇	50	4.5	农药	10	0.9
新戊二醇	5	0.45	其他	250	22.5
1,4-丁二醇	7	0.61	合计	1110	100

　　预计，到 2010 年中国甲醛的需求量将达到 1200 万吨（37%）以上。其中胶黏剂、聚甲醛树脂、多聚甲醛、MDI 和多元醇类是未来拉动甲醛消费增长的主要领域。

7.7.2　世界

　　国外甲醛下游产品主要有氨基树脂（包括脲醛树脂、蜜胺树脂）、酚醛树脂、聚甲醛树脂、多聚甲醛、乌洛托品、季戊四醇、新戊二醇、1,4-丁二醇、三羟甲基丙烷、吡啶及其化合物、MDI 以及螯合剂、缓效肥料、纤维处理化学品、造纸用化学品等百余个品种。

　　2006 年世界甲醛（37%）消费量约为 3225 万吨，预计 2011 年世界甲醛消费量将超过 3600 万吨。2006 年及 2011 年世界甲醛消费量及预测见表 7-23，图 7-11。2006 年世界甲醛消费结构见表 7-24。

　　影响世界甲醛消费量增长的主要因素：①宏观经济的增长；②日趋严格的环保法规和制度（包括影响伐木业、木材加工业的法规）；③下游替代产品的发展。

表 7-23　世界甲醛消费及预测　　　　　　　　　　单位：万吨

国家或地区	消费量		国家或地区	消费量	
	2006 年	2011 年		2006 年	2011 年
大洋洲	25	28	美国	446	467
中国	1110	1250	中南美洲	120	152
日本	136	137	西欧	773	886
亚洲其他	251	260	东欧	201	234
加拿大	71	87	非洲	16	18
墨西哥	14	17	中东	62	76

表 7-24　2006 年世界甲醛消费结构

消　费	所占比例/%	消　费	所占比例/%
脲醛树脂	45	1,4-丁二醇	4
酚醛树脂	12	乌洛托品	2
三聚氰胺甲醛树脂	6	MDI	5
聚甲醛树脂	8	其他	14
季戊四醇	4		

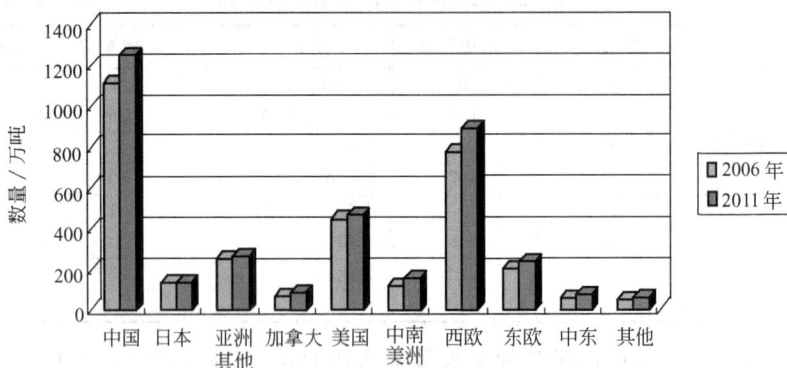

图 7-11 世界甲醛消费及预测

7.8 发展建议

（1）加快甲醛下游产品的开发

甲醛下游产品多达上百种，国内实现工业生产的为数不多，不少产品还有待开发和推广。因地制宜地选择适合自身发展的项目，加快开发下游产品，是不少企业的期盼与发展方向。大专院校、科研单位、生产企业和行业组织应当在甲醛下游产品的规划、研究开发和推广上加强联系和沟通，加大投入，并有选择的与国外企业交流合作，加快开发。

（2）认真推广环保型"三醛胶"的生产应用

脲醛树脂、酚醛树脂、三聚氰胺甲醛树脂是重要的甲醛衍生产品，应用广泛、数量大，板材行业是使用大户，但是游离甲醛含量超标对板材市场的困扰，已经成为世人格外关注的焦点。环保型"三醛胶"的研究和推广应用，是当务之急。企业应有远见地尽快生产环保产品，国家各级环保部门严格按章执法，促进环保产品的推广应用。

（3）加强规划调控，避免过度竞争

目前，我国甲醛生产企业分布不平衡，有的地区市场竞争非常激烈，而有的地区产甲醛量不能满足当地甲醛下游产品的发展需求。建议相关部门和企业加强规划调控和产品调整。目前已有企业到甲醛企业空白和稀少地区建厂，值得提倡。

（4）继续提升装备水平，加强基础管理

企业应继续不断改进甲醛生产工艺与设备及其配套技术，做好技术创新、技术改进工作，同时继续抓好质量管理、设备管理、安全管理等企业基础管理工作，以进一步提高产品质量、降低原材料和能源的消耗、降低产品成本，提高企业竞争力。

（5）发展多聚甲醛、高浓度甲醛，替代部分 37% 甲醛工业甲醛的有效含量较低，易受交通运输的限制。建议推广采用多聚甲醛和浓甲醛，制取脲醛预缩物（UFC）等产品来替代部分 37%甲醛。

（6）加强与甲醇企业的沟通，合作发展

甲醛与甲醇企业应通过行业会议、刊物、网站和互访，在价格和供应上加强沟通和协调，共同维护甲醛与甲醇市场的稳定健康发展。

（7）行业与媒体及时沟通，客观宣传，促进发展

中国甲醛市场前景总体看好。近几年都以 10%左右的速度增长，甲醛的作用在许多领域短期内不可替代。建议行业和有影响的大企业多与媒体沟通，媒体客观的舆论宣传将会对甲醛行业的健康发展起到良好的促进和监督作用。

参 考 文 献

[1] 戴自庚. 甲醛生产. 成都：电子科技大学出版社，1993.

[2] 谢克昌，李忠. 甲醇及其衍生物. 北京：化学工业出版社，2002.

[3] 潘卓铿. 银法甲醛工序的效应上限//2005 全国甲醛行业年会暨国内外甲醛与甲醇技术交流会资料汇编. 北京：全国甲醛行业协作组，2005：126.

[4] 潘卓铿. 催化银的测试、评估与比较//2005 全国甲醛行业年会暨国内外甲醛与甲醇技术交流会资料汇编. 北京：全国甲醛行业协作组，2005：114.

[5] 刘江丽. 世界甲醛消费现状和预测//2007 全国甲醛行业年会暨国内外甲醛与甲醇技术交流会报告集. 北京：全国甲醛行业协作组，2007：95.

[6] 戴自庚. 2005 年中国甲醛生产现状及市场前景//2005 全国甲醛行业年会暨国内外甲醛与甲醇技术交流会资料汇编. 北京：全国甲醛行业协作组，2005：1.

[7] 孙成忠. 人造板工业用脲醛树枝的发展//2005 全国甲醛行业年会暨国内外甲醛与甲醇技术交流会资料汇编. 北京：全国甲醛行业协作组，2005：17.

[8] 全国甲醛行业协作组. 中国甲醛工业五十年. 北京，2006.

[9] GB 50325—2001 民用建筑工程室内环境污染控制规范.

（朱铨寿　李彦祥　刘志勇等　编写）

8 醋 酸

人类生产醋酸的历史较长，据古代文献记载，早在公元前372～公元前287年间人们就开始利用醋制造铅白（whitelead）。Libavius首先确定并使用了"acetic acid"这个名词，并对工业醋酸和食用醋酸作了原则区分。20世纪多种醋酸生产工艺的开发与应用，推进了醋酸工业的迅速发展。

醋酸按用途可分两种，一种是食用级醋酸，可以作为调味剂添加到食品中，最常用的就是调制食品醋。一种是工业级醋酸，是本文讨论的重点。工业级醋酸主要用于工业生产，不能用于调制食品醋。

8.1 物化性质

8.1.1 物理性质

醋酸（acetic acid，AA），学名乙酸（ethanoic acid），分子式 CH_3COOH，结构式为 $CH_3-\overset{\overset{\textstyle O}{\|}}{C}-OH$，相对分子质量60.06，是一种重要的低级脂肪族一元羧酸。纯醋酸为无色水状液体，具有浓烈刺激性气味、酸味，有强腐蚀性，10%左右的醋酸水溶液腐蚀性最大。99%以上的高纯度醋酸在环境温度低于16℃时即凝结成片状晶片，故俗称为冰醋酸。其蒸气易着火，能和空气形成爆炸性混合物。纯醋酸的物理性质见表8-1。

醋酸可与水、乙醇、乙醚及苯等常用的有机溶剂互溶，而且是许多树脂的溶剂。在水和非水溶性的酯、醚混合物中，常倾向于非水相，根据这一特性，可从醋酸水溶液中用酯或醚类萃取回收醋酸。

醋酸能和氯苯、苯、甲苯和间二甲苯等芳香化合物形成共沸混合物，其组成和共沸点见表8-2。

在0～40℃范围内，醋酸水溶液随着醋酸含量的增大，密度逐渐增大，当醋酸含量达到78%～79%时，密度达到最大值，此后开始下滑。当醋酸含量不变时，醋酸水溶液的密度在0℃时，达到最大值，并随着温度的升高而降低。

表 8-1 醋酸的物理性质

名 称	数 值	名 称	数 值
沸点/℃	117.87	燃烧热($CO_2 + H_2O$,293K)/(kJ/mol)	876.5
凝固点/℃	16.635±0.002	热导率/[W/(m·K)]	0.158
密度(293K)/(g/mL)	1.04928	闪点(开杯)/℃	57
折射率 n_D^{25}	1.36965	自燃点/℃	465
黏度/mPa·s		可燃上限(体积分数)/%	40
293 K	11.83	可燃下限(100℃,空气中体积分数)/%	5.4
298 K	10.97	表面张力/(N/m)	
313 K	8.18	293.1K	0.2757
373 K	4.3	303K	0.2658
临界温度/℃	321.6	磁化常数/(cm³/mol)	
临界压力/MPa	57.87	固体	32.05×10⁻⁶
临界密度/(g/mL)	0.351	液体	31.80×10⁻⁶
液体比热容(293K)/[J/(g·K)]	1.98	介电常数	
固体比热容(100K)/[J/(g·K)]	0.837	固体(-10℃)	2.665
蒸气比热容(397K)/[J/(g·K)]	5.029	液体(20℃)	6.170
溶解热/(J/g)	207.1	解离常数	1.845×10⁻⁵
汽化热(沸点时)/(J/g)	394.5	膨胀系数/℃⁻¹	0.001433
稀释热(H_2O,296K)/(kJ/mol)	1.0	扩散系数[1mol/L(H_2O),18℃]/(cm²/s)	0.96±0.04%
熔化热/(J/g)	187.1±6.7	扩散系数(空气)/(cm²/s)	0.1064
生成热/(kJ/mol)	471.4	压缩熔化变形(101.3kPa)/(cm³/kg)	156.0

表 8-2 醋酸和芳香化合物共沸混合物的共沸点和组成

共沸物	共沸点/℃	醋酸含量(摩尔分数)/%	共沸物	共沸点/℃	醋酸含量(摩尔分数)/%
氯苯	114.65	72.5	甲苯	105.4	62.7
苯	80.05	97.5	间二甲苯	115.4	40.0

叶达恩提供了醋酸蒸气压、黏度、活度系数及密度随温度变化的经验方程式：

醋酸蒸气压经验方程：

$$\lg p = 7.55716 - 1642.54/(233.386 + t)$$

醋酸黏度经验方程：

$$\eta_{CP} = 267.814(112.207 + t)^{-2.0494} \tag{8-1}$$

醋酸活度系数经验方程：

$$\lg K_{H_2O} = 15000(4.57T - 175\lg T - 6.76)^{-1} \tag{8-2}$$

各式中，t 为温度，℃；T 为热力学温度，K。

8.1.2 化学性质

醋酸在水溶液中能离解产生氢离子，其解离常数 $K_a = 1.75 \times 10^{-5}$，能进行一系列脂肪族酸的典型反应，如酯化反应、与金属及其氧化物反应、α-氢原子卤代反应、胺化反应、腈化反应、酰化反应、还原反应、醛缩合反应以及氧化酯化反应等。

① 和金属及其氧化物反应 醋酸可以和许多金属及其氧化物反应形成醋酸盐，碱金属的氢氧化物或碳酸盐与醋酸直接反应可制备其醋酸盐，反应速度较硫酸或盐酸慢，但较其他有机酸快得多。氧化剂（如硝酸钴、过氧化氢）可加速碱金属与醋酸的直接反应速度。醋酸液体中通入电流能加速铅电极的溶解，甚至可溶解贵金属。

某些金属的醋酸盐能溶于醋酸，与一个或多个醋酸分子结合形成醋酸的酸式盐，如 $CH_3COONa \cdot CH_3COOH$。

② 酯化反应 醋酸与醇进行的酯化反应是醋酸的重要反应之一，生成多种醋酸酯在工业上有广泛用途，一般情况下反应速度较慢，高氯酸、磷酸、硫酸、苯磺酸、甲烷基磺酸、三氟代醋酸等具有催化功效。非酸性的盐、氧化物、金属在一定条件下也能催化酯化反应。

醋酸也可以与不饱和烃进行酯化反应，烯烃与无水醋酸反应可得到相应的醋酸酯，工业上利用乙烯与醋酸的酯化反应生产醋酸乙烯酯（俗称醋酸乙烯），是目前重要的醋酸乙烯酯生产技术。反应式如下：

$$CH_2{=}CH_2 + \frac{1}{2}O_2 + CH_3COOH \longrightarrow CH_2{=}CHOOCCH_3 + H_2O \tag{8-3}$$

丙烯及其他不饱和烃均可进行类似的反应，改变工艺条件或催化剂可制备多种醋酸酯，如醋酸异丙酯、醋酸叔丁酯、乙二醇二醋酸酯，乙二醇二醋酸酯可热解为醋酸乙烯酯。少量的水可抑制酯化反应的进行。

与乙炔也可进行酯化反应。乙炔和醋酸在醋酸汞作用下，叔丁基过氧化物存在时，可生成己二酸。

③ 卤代反应 卤代反应是醋酸重要反应之一，利用该反应可生成多种醋酸卤代物。

④ 醇醛缩合反应 以硅铝酸盐或负载氢氧化钾的硅胶为催化剂时，醋酸与甲醛缩合生成丙烯酸，甲醛单程转化率可达 $50\% \sim 60\%$，收率可达 $80\% \sim 100\%$。反应式如下：

$$CH_3COOH + HCHO \longrightarrow CH_2{=}CHCOOH + H_2O \tag{8-4}$$

⑤ 分解反应 醋酸在 $500℃$ 高温下受热分解为乙烯酮、水、甲烷和二氧化碳，高温下催化脱水生产醋酸酐。生成乙烯酮反应式：

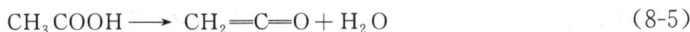

$$CH_3COOH \longrightarrow CH_2{=}C{=}O + H_2O \tag{8-5}$$

生成醋酸酐反应式：

$$2CH_3COOH \longrightarrow (CH_3CO)_2O + H_2O \tag{8-6}$$

8.2 质量标准

醋酸质量标准可以分为工业级、食品级、药用级及试剂级。本文介绍工业级和食品级标准。

8.2.1 工业级醋酸标准

国内外醋酸标准差异较大，国外标准的差异主要体现在残留碘含量上，国内标准没有残留碘的强制指标，企业执行的工业级醋酸标准有 GB 1628—89（见表 8-3）和 GB/T 1628.1—2000（见表 8-4），与前者相比，后者根据美国材料与试验协会标准 ASTMD 3620—90（94）《规格标准·冰醋酸》对前者进行修改，增加了对醋酸产品水分的要求，提高了甲酸、铁含量指标和还原高锰酸钾时间，新标准取消了重金属的质量指标。英国石油公司（BP）工业冰醋酸生产内控标准如表 8-5 所示。

表 8-3　工业冰醋酸国家标准（GB 1628—89）

指　　标		规　　格		
		优等品	一等品	合格品
外观		透明液体,无悬浮杂质		
色度(Hazen 单位)(铂-钴号)	≤	10	20	30
醋酸含量/%	≥	99.5	99.0	98.0
甲酸含量/%	≤	0.10	0.15	0.35
乙醛含量/%	≤	0.05	0.05	0.10
蒸发残渣含量/%	≤	0.01	0.02	0.03
铁含量(以 Fe 计)/%	≤	0.0001	0.0002	0.0004
重金属含量(以 Pb 计)/%	≤	0.0001	0.0002	0.0004
还原高锰酸钾时间/min	≥	20	5	—

表 8-4　工业冰醋酸国家标准（GB/T 1628.1—2000）

指　　标		规　　格		
		优等品	一等品	合格品
外观		透明液体,无悬浮杂质		
色度(Hazen 单位)(铂-钴号)	≤	10	20	30
醋酸含量/%	≥	99.8	99	98
水分含量/%	≤	0.15	—	—
甲酸含量/%	≤	0.06	0.15	0.35
乙醛含量/%	≤	0.05	0.05	0.1
蒸发残渣含量/%	≤	0.01	0.02	0.03
铁含量(以 Fe 计)/%	≤	0.00004	0.0002	0.0004
还原高锰酸钾时间/min	≥	30	5	—

表 8-5　BP 工业冰醋酸生产内控标准

指　标	规　格	指　标	规　格
外观	透明液体,无悬浮物和机械杂质	蒸发残渣(质量分数)/%	—
色度(Hazen 单位)(铂-钴号)	≤10	铁含量(以 Fe 计,质量分数)/%	≤0.00004
乙酸含量(质量分数)/%	≥99.85	重金属(质量分数)/%	≤0.00005
水含量(质量分数)/%	≤0.15	还原高锰酸钾时间/min	≥120
甲酸含量(质量分数)/%	≤0.10	丙酸(质量分数)/%	≤0.03
羰基含量(以乙醛计,质量分数)/%	≤0.05	碘含量(质量分数)/10^{-9}	≤40

8.2.2　食品级醋酸标准

食用（食品级）醋酸是指以粮食或糖类物质为初级原料,采用发酵法生产的醋酸产品,其他方式及原料生产的醋酸不能作为食用醋酸。

作为食品调味剂,目前适用标准比较混乱,有的地区适用 GB 676—78,大部分食用醋酸生产厂适用 GB 676—80（见表 8-6）,少数企业适用 GB 1903—1996。最新的食用醋酸标准 GB 1903—1996（见表 8-7）。

表 8-6　GB 676—80 食品添加剂乙酸（醋酸）

指 标 名 称		指 标	指 标 名 称		指 标
外观		无色透明液体	甲醛含量/%	≤	0.003
醋酸含量/%	≥	99	异臭		符合规定
高锰酸钾试验/min	≥	5	铁(Fe)含量/%	≤	0.0002
甲酸含量/%	≤	0.15	重金属含量(以 Pb 计)/%	≤	0.0002
乙醛含量/%	≤	0.05	砷(As)含量/%	≤	0.0001
蒸发残渣含量/%	≤	0.02			

表 8-7　GB 1903—1996 食品添加剂乙酸（醋酸）

（本标准适用于由发酵法生产的乙醇为原料制得的冰醋酸）

项　目		指 标	项　目		指 标
冰醋酸含量/%	≥	99	结晶点/℃	≥	14.5
高锰酸钾实验/min	≥	30	重金属含量(以 Pb 计)/%	≤	0.0002
蒸发残渣含量/%	≤	0.01	砷(As)含量/%	≤	0.0001

8.3　环保及安全

8.3.1　环保

醋酸对环境的影响主要是生产和储运两方面。不同的生产工艺对环境的影响不一样,我国目前主要的醋酸生产工艺有酒精乙醛法和甲醇羰基合成法。

8.3.1.1 酒精乙醛法对环境的影响

（1）废水

醋酸装置废水排放数据见表 8-8。

表 8-8　醋酸装置废水排放数据

排放位置	温度/℃	pH	污染物组成及浓度/%	
稀醋酸回收塔顶	85	4～5	醋酸	5
			乙醛	5
			甲醛	5
			醋酸酯类	32
			水	53

（2）废气

废气的主要排放位置有尾气冷凝器和冷凝液储罐，排放位置不同，废气组分、组成相差较大。因排放量较小，废气回收利用的可能性较小。表 8-9 是醋酸生产储存废气排放情况。

表 8-9　醋酸生产储存废气排放情况

排放位置	排放温度/℃	排放高度/m	废气组成及浓度/%	
尾气冷凝器	常温	20	氮气	58
			二氧化碳	32
			醋酸	2
			乙醛	5
			甲烷和一氧化碳	2
冷凝液储罐	常温	20	醋酸	50
			乙醛	15
			醋酸酯类	15
			水	20

废气经冷凝器吸收后，排入酸碱中和池，除去其中的酸性物质后，不凝气体放空。

（3）废液

酒精乙醛法装置的废液主要是醋酸釜液和废催化剂液体，醋酸釜液经回收醋酸后，可送皂化厂进行综合利用，催化剂残液经回收其中的醋酸锰后送废水处理装置处理，达标排放。

8.3.1.2 甲醇羰基合成法对环境的影响

（1）废水

废水包括工艺冷凝液、锅炉废水和醋酸生产废水，表 8-10 为一氧化碳和醋酸装置废水排放情况。

表 8-10   一氧化碳和醋酸装置废水排放情况

污染源	组　成	
工艺冷凝液	CO_2、微量 NH_3 和甲酸	
锅炉废水	pH10～11	
醋酸装置废水	醋酸(质量分数)	3.0%
	CH_3I	痕量
	醋酸甲酯	痕量
	H_2O(质量分数)	97.0%
	COD	10000mg/L

（2）废气

废气主要有一氧化碳装置产生的烟道气和醋酸装置轻组分回收单元排放的气体。烟道气可回收氢气后高空排放。表 8-11 是一氧化碳和醋酸装置废气排放情况。

表 8-11   一氧化碳和醋酸装置废气排放情况

污染源	组成(摩尔分数)/%		污染源	组成(摩尔分数)/%	
转化炉烟道气	CO_2	0.04	醋酸装置轻组分回收单元	N_2	8.0
	N_2	65.0		CO	70.0
	O_2	1.1		CO_2	8.0
	H_2	33.86		醋酸	3.0
醋酸装置轻组分回收单元	H_2	11.0		CH_3I	微量

（3）废液

醋酸装置的废液主要是醋酸精馏单元的釜液（废酸），目前韩国三星公司将釜液中的丙酸进行了回收，国内尚无丙酸回收技术。表 8-12 是醋酸装置废酸排放情况。

表 8-12   醋酸装置废酸排放情况

污染源	组成(质量分数)/%		备　注
废酸	醋酸	20	可回收其中的醋酸和丙酸
	丙酸	70	
	其他	10	

（4）废渣

废渣主要指废催化剂残渣，一般采用焚烧后填埋的处理方法。

8.3.2   安全

（1）醋酸的毒性与危险性

醋酸为二级有机酸性腐蚀物品，可经消化道、呼吸道、皮肤吸收，对眼、皮肤和上呼吸道有刺激作用。空气最大允许浓度为 $25mg/m^3$，浓度在 $100mg/m^3$ 左右时慢性作用可使人的鼻、咽、睑发生炎症反应，甚至引起支气管炎。吸入

（200～490）mg/m^3×（7～12）年，有眼睑水肿、结膜充血、慢性咽炎、支气管炎等症状。

（2）火灾和爆炸

醋酸蒸气易燃，可与空气生成爆炸性混合物，爆炸极限为 4.0%～16.0%，与铬酸、过氧化钠、硝酸或其他氧化剂接触均有爆炸危险。着火时，可用雾状水、干粉、抗醇泡沫、二氧化碳灭火，并用水使火场中容器冷却。

（3）急救

吸入：将患者移入有新鲜空气处，如呼吸停止，应立即进行人工呼吸。

眼睛接触：使眼睑张开，用生理盐水或微温水流缓慢冲洗伤患处至少 20min。

皮肤接触：迅速脱去污染衣服，用大量清水充分冲洗污染皮肤。

口服：应以碳酸氢钠稀溶液作催吐剂。

操作现场要求有良好的通风条件，操作人员要求佩戴有效的防护用品，醋酸泄漏或溅污时，应以碱液中和，然后用水冲洗，经稀释的污水应有组织地排入废水系统。

（4）泄漏应急处理

一旦发现泄漏，应迅速将事故区人员撤至安全区，并进行隔离，严格限制人员出入，切断火源。应急处理人员应佩戴自给正压式呼吸器，穿防酸碱工作服，尽可能不直接接触泄漏物，迅速切断泄漏源，防止泄漏物流入下水道、排洪沟等限制性空间。

小量泄漏：用沙土、干燥石灰或苏打灰混合。

大量泄漏：用雾状水冷却和稀释蒸气，尽快把泄漏物稀释成不燃物。泄漏处无围堤时，应修建临时围堤或挖坑收容，然后用防爆泵转移至槽车或专用收集器内，回收或运至废物处理场所处置。

8.4　包装及储运

按照 GB 190 和 GB/T 10479 及 GB 1628—89 有关规定（参照最新标准），采用专用不锈钢槽车或铝制桶或不锈钢制船罐装。包装桶应有明显的牢固标志，其内容包括生产厂家、产品名称、商标、生产日期、批号、净重和"腐蚀性物品"的专用标志。铝桶是用 2mm 厚、A0 型铝板焊接而成的圆形铝桶，以合适的耐酸橡胶做垫圈，严密封固，铝桶外有宽为 80mm、厚 1.5mm 的具有两道箍线的铁质箍圈 4 个（上下各 1 个，中间等距离 2 个），铝桶侧面应有波纹，经气密性试验合格后才能用于醋酸包装，每桶净重不得超过 50kg。

包装容器应清洁干燥，在运输及装卸时应轻拿、轻放，防止碰撞。

储存于阴凉、通风、干燥的场所，避免日晒，远离火源和热源，不能与碱类物质一起储存。

8.5 醋酸的合成工艺

成熟的醋酸工业生产技术包括乙醛氧化法、乙烯一步氧化法和甲醇羰基合成法等。因乙醛氧化法已应用多年，介绍的文献较多，不再赘述，本文重点介绍几种重要的甲醇低压羰基合成醋酸技术。

8.5.1 巴斯夫醋酸生产工艺

巴斯夫（BASF）公司最先进行甲醇羰基合成醋酸研究和开发，1913 年提出如下反应式：

$$CH_3OH + CO \longrightarrow CH_3COOH \tag{8-7}$$

1941 年，该公司以羰基钴-碘化物为催化剂，在温度 250℃和压力 70MPa 下羰基合成醋酸，以甲醇计转化率为 90%，一氧化碳计为 70%。1966 年德国 Borden Chemical 公司采用该工艺建成一套 4.5 万吨/a 的生产装置，1981 年装置规模扩大到 6.4 万吨/a。

巴斯夫羰基合成醋酸工艺虽然不尽完善，使用的范围也不广泛，但它改变了传统的醋酸生产方式，提供了新的醋酸生产工艺努力方向，基本解决了设备腐蚀问题，为低压法的开发奠定了基础。

8.5.2 孟山都羰基合成醋酸技术

1968 年，美国孟山都（Monsanto）公司在巴斯夫甲醇高压羰基合成醋酸工艺的基础上，以铑为催化剂，碘甲烷为助催化剂成功地开发出甲醇低压羰基合成醋酸的新工艺，在温度 180℃，压力 3MPa 的条件下，甲醇与一氧化碳羰基化生成醋酸，以甲醇计转化率可达 99%，以一氧化碳计转化率可达 90%，1970 年在美国 Texas 建成 13.5 万吨/a 的生产装置，1975 年产能提高到 18 万吨/a。其主要反应式如下：

主反应： $$CH_3OH + CO \longrightarrow CH_3COOH \quad \Delta H = -138.6kJ/mol \tag{8-8}$$

副反应： $$CH_3COOH + CH_3OH + CO \longrightarrow CH_3COOCH_3 \tag{8-9}$$

$$2CH_3OH \longrightarrow CH_3OCH_3 + H_2O \tag{8-10}$$

$$CO + H_2O \longrightarrow CO_2 + H_2 \tag{8-11}$$

副反应生成的醋酸甲酯和二甲醚都将循环回到反应器羰基化生成醋酸，因此，甲醇低压羰基合成醋酸工艺的杂质较少。表 8-13 是高压法与低压法主要经济技术指标对比。

表 8-13　高压法与低压法主要经济技术指标对比

消耗指标	单　位	高　压　法	低　压　法
甲醇	t/t	0.61	0.545
一氧化碳	t/t	0.78	0.53
冷却水	m^3/t	185	150
蒸汽	t/t	2.75	2.2
电	kW·h/t	350	29
生产成本	美元/t	约300	约240

孟山都工艺是对巴斯夫工艺的进一步完善和优化，它改进了甲醇羰基合成醋酸工艺，使羰基合成反应在较温和的条件下进行，较大幅度降低了生产装置的投资和产品的生产成本。其主要优点有：

① 原料转化率及催化剂的选择性得到了较大提高，过程能量利用效率高；

② 主要的副反应是水煤气变换反应，因此副产物比较少，三废排放量少；

③ 催化剂系统稳定，用量少，寿命长；

④ 虽然碘化物和醋酸对设备的腐蚀性较严重，但该工艺找到了一种优良的耐腐蚀性的材料——哈氏合金 C（Hastelloy Alloy C），解决了设备材料问题；

⑤ 采用计算机控制反应系统，使操作条件一直保持最佳状态；

⑥ 与传统工艺相比，原料选择比较广泛，理论上讲天然气、煤、渣油、炼厂气以及废塑料等均可作为甲醇羰基合成醋酸的原料。

表 8-14 是 BP 铑工艺的主要设备及材质。

表 8-14　BP 铑工艺主要设备及材质

序　号	设 备 名 称	材　质	序　号	设 备 名 称	材　质
1	反应器冷却器	R60702	13	轻组分塔	R60702
2	反应器放空冷却器	R60702	14	反应器	R60702
3	轻组分塔再沸器	R60702	15	助催化剂反应器	B2
4	干燥塔再沸器	R60702	16	汽提塔	C276
5	助催化剂反应器冷却器	R60702	17	废酸汽提塔	G3
6	轻组分塔冷却器	G3	18	闪蒸气罐	B2
7	干燥塔冷却器	G3	19	催化剂循环泵	R60702
8	废酸汽提塔再沸器	C276	20	反应器冷却泵	R60702
9	吸收剂冷却器	G3	21	干燥塔进料泵	B2
10	汽提塔再沸器	G3	22	干燥塔塔底泵	B2
11	重组分塔再沸器	C276	23	重组分塔顶进料泵	C276
12	干燥塔	R60702	24	废酸汽提塔进料泵	C276

其主要缺陷有：

① 在 CO 分压不足时，铑催化剂易被氧化为 RhI_3 而从系统中沉淀出来，造成铑催化剂流失。

② 铑是一种非常稀有而昂贵的过渡金属，其价格约为钴的 1000 倍，因此保证铑催化剂的完全回收是降低醋酸生产成本的关键因素之一，但铑资源回收系统

复杂。

③ 因为使用了碘化物作助催化剂，加剧了醋酸的腐蚀性，因此相应的反应器、管材及循环系统必须使用昂贵的哈氏合金或锆材制造。

④ 为避免铑催化剂从系统中沉淀而造成催化剂流失，需在系统中添加一部分水，因此，反应体系中含有大量的水，会给后续的分离工段造成分离困难，增加了公用工程消耗。

⑤ 与传统工艺相比，生产装置的投资较高。

8.5.3 BP Cativa 工艺

BP 公司在其铑工艺的基础上，将铑系催化剂改为铱系催化剂，即 BP Cativa 工艺，该工艺采用铼、钌、锇等多种稀有金属为助催化剂。铱系催化剂的催化活性明显高于铑系催化剂，在水含量较低时，稳定性高，能耗低，丙烯等副产物少，并可在水含量较低（体积分数小于 5%）的情况下操作，可大大改进传统的甲醇羰基化过程，降低生产费用和投资。此外，因水含量降低，CO 的利用效率提高，蒸汽消耗减少。

据有关文献报道，Cativa^{TM} 铱基催化剂由以下几部分组成。

① 可溶性均相铱催化剂 整个催化剂体系含有醋酸（溶剂）、铱催化剂（可溶性的 Ir 化合物，如 H_2IrCl_6）、碘甲烷、少量水、醋酸甲酯和至少一种 Ru 或 Os 的化合物为促进剂。据有关资料介绍，甲基碘、醋酸甲酯、甲醇和水的质量比依次为 8.4：30：59.6：2。铱以 H_2IrCl_6 的形式加入。最佳的催化剂是不含氯的铱化合物如醋酸铱、草酸铱等，催化剂在反应溶液中的浓度为 $(100\sim6000)\times10^{-6}$。

② 助催化剂 如钌和/或锇的可溶性化合物，助催化剂占催化剂总量的 0.5%～10%。

③ 碘甲烷。

与其他工艺相比，该技术主要特点是：

① 反应器生产效率高；

② 催化剂比较稳定，据称在 240℃ 下，催化剂的结构仍然比较稳定；

③ 对一氧化碳分压的要求较孟山都工艺宽松，可使更多的一氧化碳参与反应，提高醋酸收率；

④ 因系统中水浓度可保持在较低水平，缩小了设备尺寸，降低了单位产品的投资；可使副产物丙酸、乙醛的生成量减少；

⑤ 该技术可直接用于 BP 工艺的生产装置，几乎不需要改进就可提高生产能力达 30% 以上。其缺点是加入量较大，单位催化剂的总活性不高，这可能与一氧化碳的迁移插入过程较慢有关。

新催化剂已在英国 Hull 工厂、韩国三星公司和重庆扬子江乙酰化工有限公司的醋酸装置应用。

8.5.4 塞拉尼斯公司的 AO Plus 工艺

1980 年，美国塞拉尼斯公司推出 AO Plus 工艺（酸优化法）。该工艺的主要特点有二，其一是通过加入高浓度的无机碘（主要是碘化锂），改变催化剂的组成，使反应器在水的体积分数为 4%～5% 的条件下运行，提高了羰基化反应的产率和后续工段的精制能力，醋酸产率可达 99%，反应速率也非常快；其二采用特殊的除碘技术，产品液中残留的总碘含量低于 5×10^{-9} 以下。

塞拉尼斯公司 Hilton 于 1985 年开始申请的一种叫载银大网络强酸阳离子交换树脂法的除碘法。该方法是将树脂与硝酸银及水混合、过滤、干燥，再加入醋酸形成淤浆，装入柱中。流过树脂床的醋酸流速为 6～8 床体积/h，醋酸中碘化物的清除率达 99.98% 以上，温度和压力范围也较宽。为防止载银树脂床中的银离子及其他金属离子被醋酸析出，污染产品醋酸，在载银树脂床的后面再加上一个不载银的离子交换树脂床，以保证最终醋酸产品的质量。该方法清除效果好，可将醋酸中的碘化物浓度降低到 10^{-9} 量级。其经济合理、技术可行，现已在塞拉尼斯公司的醋酸工业装置中实际应用，效果良好。

载银大网络强酸离子交换树脂的不足之处是碘容量不大，因此要求待处理醋酸中的碘化物含量在 100×10^{-9} 以下；另一个不足之处是树脂对碘分子没有清除作用，需在树脂床前面加上一个活性炭吸附床。联碳公司 Kurland 以氧化银代替硝酸银制备树脂，当醋酸与氧化银反应时，银离子几乎立即与树脂发生交换，交换后的树脂可立即用于清除醋酸中碘化物。

8.5.5 千代田公司的 Acetica 工艺

UOP 和千代田两公司联合开发了采用非均相载体催化剂体系和泡沫塔反应器的新甲醇羰化工艺，其中试装置正在运行中。

主要反应式如下：

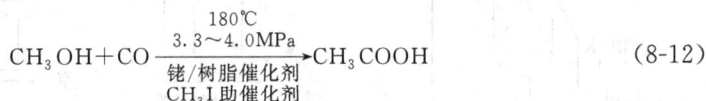

$$CH_3OH + CO \xrightarrow[\substack{铑/树脂催化剂 \\ CH_3I 助催化剂}]{\substack{180℃ \\ 3.3 \sim 4.0MPa}} CH_3COOH \qquad (8-12)$$

该工艺原料为甲醇（质量分数为 99.85%）和一氧化碳（体积分数为 98%），以碘甲烷为助催化剂，铑催化剂固定在特殊的树脂（聚乙烯基吡啶树脂）上成为固体催化剂。这种固体催化剂在类似于流化床的泡沫塔式反应器（见图 8-1）中流化操作。该工艺改善了铑的运行方式，可获得更高的时空收率，醋酸收率可高于 99%。

Acetica 工艺的主要特点是：

① 该反应器可在 3%～8% 的低水含量（质量分数）下操作，与孟山都工艺的

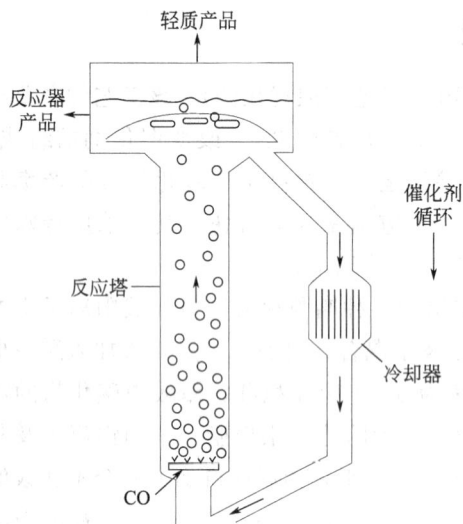

图 8-1 泡沫塔式反应器

均相催化体系不同，不需要补加水，就可使催化剂金属保持在溶液中。

②反应器具有较低的碘化氢浓度，对环境腐蚀性较小。

③副产物较少，产品纯度较高。

④采用泡沫塔式反应器，不需要高压密封，不但可避免高压泄漏，还可降低投资。

⑤对一氧化碳的浓度要求不像孟山都工艺那么苛刻，采用低纯度的一氧化碳可降低原料成本和投资费用。

⑥UOP 声称，开发了一种专用的微量碘清除技术，以获得碘浓度很低的醋酸产品。

催化剂活性可维持在 7000h 左右，这表明催化剂的化学稳定性、热稳定性和机械稳定性均很好。其流程示意见图 8-2。

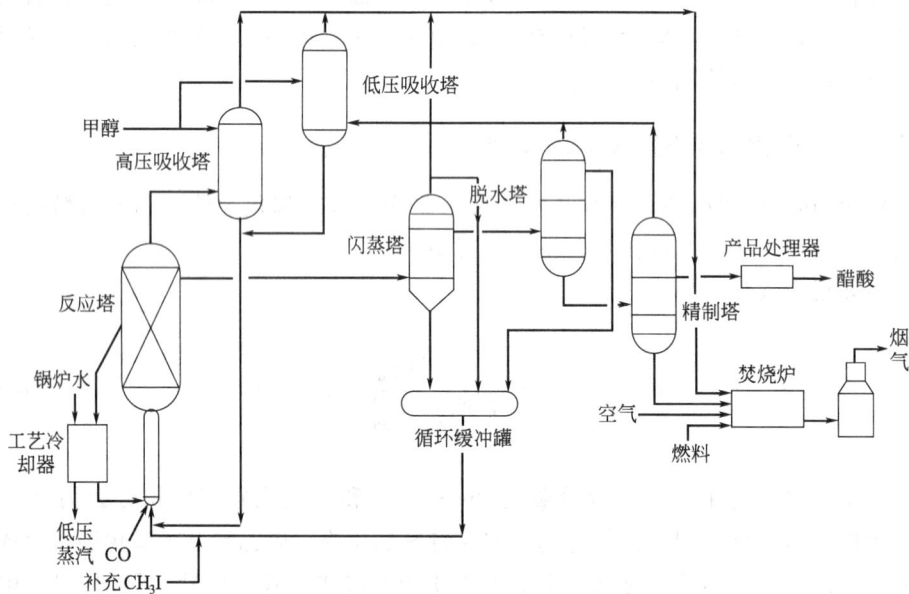

图 8-2 Acetica 工艺流程示意

该工艺在 175℃，2.8MPa 的条件下，产品的纯度与其他羰基合成法相当，适合建设一些较小型的醋酸装置。表 8-15 是 Acetica 工艺与孟山都工艺比较。

表 8-15　Acetica 工艺与孟山都工艺比较

序号	项　　目	消　　耗	
		孟山都工艺	Acetica 工艺
1	反应体系	均相反应 系统含水量较高,或者水含量虽低但需加入第二段助催化剂	非均相反应 系统含水量较低(约 5%~8%)
2	催化剂	铑(RhI_3)	铑负载于固体树脂上
3	反应器	带搅拌的釜式有易损件,容易泄漏	泡沫塔式,无搅拌无易损件,不容易泄漏
4	反应器材质	锆及铪式合金	可用钛材
5	碘化物	$(40\sim50)\times10^{-9}$	有独特的去碘系统,残留碘含量$<5\times10^{-9}$
6	反应压力/MPa	2.8	3.5~4.0
7	原料纯度		
(1)	甲醇(质量分数)/%	>99.85	>99.85
(2)	CO(体积分数)/%	98	90~98.5
8	主要原料单耗		
(1)	甲醇/(t/t)	0.545	0.537
(2)	CO/(t/t)	0.530	0.501
9	催化剂消耗		
(1)	树脂/(g/t)	—	7.5
(2)	铑/(g/t)	0.15	0.1
(3)	硫代硫酸钾/(g/t)	—	6.0
(4)	甲基碘/(g/t)	50	5.0
10	公用工程消耗		
(1)	冷却水/(t/t)	150	104
(2)	锅炉水/(t/t)	1.1	0.51
(3)	冷凝水(回收)	−1.0	−0.46
(4)	电/kW·h	29	49
11	能耗/kcal	6.78×10^6	6.77×10^6
12	经济指标		
(1)	规模/万吨/a	15(重庆设计)	20(美国设计)
(2)	装置占地/m	180×180	50×50
(3)	投资/万美元	建设投资 21170	界内投资　　6500 界外投资　　3000 催化剂,化学品　170 小　计　　　9670

8.5.6　托普索醋酸生产工艺

托普索醋酸生产工艺（见图 8-3）也是在孟山都工艺基础上发展起来的,与后者不同的是,该工艺将甲醇生产与醋酸生产合二为一,开发了以合成气直接羰基合成醋酸的新工艺及双功能催化剂。该反应可大致分为两步进行：第一步为甲醇或二甲醚的合成；第二步为甲醇与一氧化碳在铑催化剂及碘化氢助催化剂的作用下,在液相中进行羰基合成醋酸的反应。

生产醋酸的总反应为：

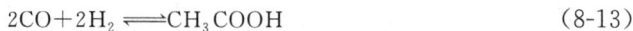

$$2CO + 2H_2 \rightleftharpoons CH_3COOH \qquad (8\text{-}13)$$

该工艺主要特点是：

① 将甲醇合成与醋酸合成合二为一，从综合能耗来比较，可变成本应低于 BP 工艺；

② 开发了双功能催化剂，为羰基合成醋酸的催化剂开发提供了新的思维方式；

③ 根据甲醇合成原理，合成气需保持一定比例的二氧化碳，二氧化碳将参与生成甲醇反应，也可作为汽化剂的一部分，因此对一氧化碳原料气中二氧化碳含量要求没有 BP 工艺那样苛刻；

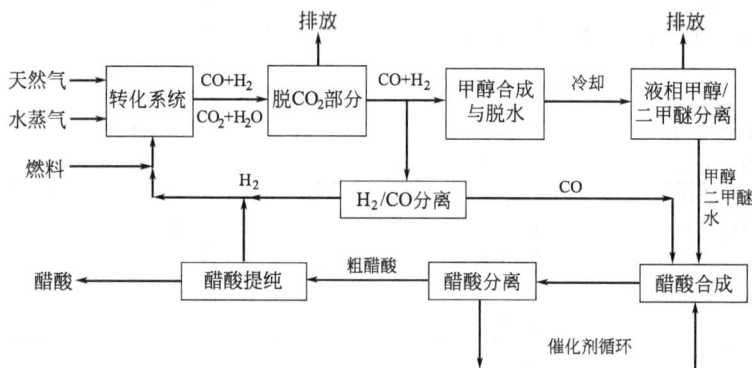

图 8-3　托普索醋酸生产工艺

④ 该工艺将 BP 工艺的一氧化碳的深冷分离改为膜分离，降低了产品的能耗和生产成本；

⑤ 对建设相同规模的醋酸装置投资而言，不必像 BP 工艺那样建设独立的甲醇装置，或投巨资购置槽车外购原料甲醇，因此总的来看，托普索法的投资要低一些。表 8-16 是托普索工艺与孟山都工艺比较。

表 8-16　托普索工艺与孟山都工艺比较

序　号	项　目	消耗	
		孟山都工艺	托普索工艺
1	甲醇/(t/t)	0.546	—
2	CO/(t/t)	0.530	—
3	合成气	—	1720
4	冷却水/(t/t)	160	100
5	蒸汽/(t/t)	1.9	2.2
6	电/kW·h	30	49

托普索公司在丹麦林贝（Lyngby）建了一套 100t/d 的中试装置，其中甲醇/二甲醚合成部分自 1992 年建成以来已进行 12000h 的连续运转试验。

8.5.7 醋酸甲酯水解法

聚乙烯醇（PVA）生产过程中，醋酸和甲醇反应生成大量醋酸甲酯。然后醋酸甲酯进一步与水按一定物质的量比在阳离子交换树脂的催化作用下水解生成醋酸和甲醇，醋酸作为副产品销售或返回醋酸乙烯装置作原料。生产 1 t PVA 约副产 1.2～1.5t 醋酸。

该法杂质多，产品纯度不高（>98%），精馏过程十分复杂（一般需要多个精馏塔），与羰基合成法相比，醋酸生产成本较高（低于乙醇乙醛法）。

8.5.8 昭和电工乙烯直接氧化

乙烯直接氧化法是由日本昭和电工公司于 1997 年开发成功的工艺技术，在日本千叶建成了首套生产能力为 10 万吨/a 的工业装置。该装置因乙烯价格较高，已于 2005 年底关闭。

该工艺由乙烯在钯、杂多酸催化剂上气相氧化生成醋酸。氧化反应在多管夹套反应器中进行，反应器为固定床，反应温度为 150～160℃，压力约为 0.9MPa，反应器进料为乙烯、氧气、蒸汽与稀释用氮气。使用蒸汽旨在提高醋酸的选择性。反应是一个放热过程，热量通过反应器壳程的锅炉给水移走。在这种反应条件下，乙烯单程转化率为 7.4%，醋酸、乙醛、二氧化碳的选择性分别为 86.4%、8.1% 和 5.1%。分离后的乙醛可送至氧化反应器循环使用，以提高醋酸的总收率。该工艺的特点是：

① 建设费用低，据称该工艺的投资比甲醇羰基法低 50%，比乙醛法低 30%。

② 装置规模可在（5～20）万吨/a 的范围内选择，比较适合建设小规模的醋酸装置；

③ 设备材质都可使用不锈钢；

④ 工艺过程简单，操作稳定；

⑤ 三废排放少。

缺点是，国际能源价格上涨，装置生产成本较高，产品缺乏竞争力。

8.5.9 Sabic 乙烷直接氧化制醋酸工艺

Sabic 开发了经乙烷气相催化氧化制醋酸的生产工艺（Sabic 工艺），已于 2005 年第二季度在沙特 Yanbu 地区建成一套 3.4 万吨/a 的醋酸新装置，投资约 40 亿日元。与乙醛法和羰基合成法相比，该技术具有以下优点：

① 符合环保和安全标准；

② 竞争能力得到增强；

③ 醋酸产品质量得到改善；

④ 生产成本降低。

Sabic 公司完全拥有该技术的专利权,并有权将该技术用于生产并可向第三方颁发许可证。

8.5.10 我国醋酸羰基合成技术的进展情况

近年来,我国在开发、吸收低压法合成醋酸技术方面进步较快:西南化工研究设计院开发了 20 万吨/a 的甲醇低压羰基合成醋酸技术工艺包;中国科学院大连化学物理研究所的催化剂研究也获得重大成果;国内众多学者对铑系催化剂、铱系催化剂及其他金属催化剂体系进行了大量研究,取得了积极成果。

8.5.10.1 生产工艺

西南化工研究设计院从 1972 年开始进行甲醇低压羰基合成醋酸技术的研发,20 世纪 90 年代中期完成了 10 万吨/a 的低压法醋酸合成工艺包的技术开发。该工艺的主要特点是:

① 采用双反应器串联,第一个反应器未完全反应的原料可在第二个反应器内继续反应,以提高原料转化率,并能减轻精制和尾气回收系统的负荷;

② 增加一个转化器以降低反应液中水含量,提高铑催化剂受热能力以解决催化剂沉淀问题;

③ 采用蒸发流程,可较大幅度地提高粗产品中醋酸的含量,降低粗产品中水含量,从而减少母液循环量,既可提高反应转化率,又可降低分离工段的负荷;

④ 尾气吸收采用甲醇为吸收剂,与醋酸相比,甲醇吸收效果好,用量少,价格低,对设备腐蚀性小。

该工艺于 1998 年在江苏索普集团有限公司实现工业化,1999 年获国家专利。原国家石油化学工业局组织专家进行了技术鉴定,认为该工艺转化率和选择性高,副产物少,"三废"排放少,产品质量达到世界先进水平。表 8-17 是国内羰基合成醋酸技术的主要设备及材质。

8.5.10.2 我国催化剂技术进展

中国科学院大连化学物理研究所针对铑催化剂系统在 CO 供应不足或分布不均时,催化剂的羰基铑母体不稳定、易被反应液中的碘离子缓慢氧化为 RhI_3 而失活的缺陷,制备了一种聚乙烯吡啶季铵碘盐新载体,在铑含量和反应条件相同的条件下,催化活性提高将近 3 倍。据报道,该所研制的早期催化剂专利技术曾转让到中国台湾的一套采用 BP 技术的醋酸装置上,经专家考察,该催化剂性能优于 BP 公司的铑系催化剂。2001 年 10 月,该所与江苏索普集团有限公司合作开发羰基合成醋酸的新一代新型的多齿季盐及杂键合型铑配合物催化剂,与国际上现有同类催化剂相比,具有更高的催化活性和稳定性,其综合性能可进一步改善,是当代羰基合成催化剂研究的最新突破。

我国科研单位还开发了可适用于醋酸或醋酸酐生产的多功能催化剂,该催化剂具有以下特点。

表 8-17　国内羰基合成醋酸技术的主要设备及材质

序号	设备名称	材　质	序号	设备名称	材　质
1	甲醇加热器	管程:316L　壳程:碳钢	26	脱水塔回流槽	316L
2	换热器	管程:锆　壳程:碳钢	27	成品塔回流槽	316L
3	转化釜冷凝器	管程:锆　壳程:碳钢	28	次磷酸储槽	304
4	反应釜	锆-钢复合板	29	氢氧化钾储槽	碳钢
5	转化釜	锆-钢复合板	30	废酸储槽	316L
6	高压分离器	316L	31	高压吸收甲醇冷却器	管程:碳钢　壳程:316L
7	事故罐	罐体:316L　盘管:碳钢	32	贫液冷却器	管程:碳钢　壳程:316L
8	蒸发器	管程:哈氏合金　壳程:碳钢	33	再生塔再沸器	管程:316L　壳程:碳钢
9	集液罐	316L	34	再生塔冷凝器	管程:碳钢　壳程:316L
10	脱轻塔初冷器	管程:碳钢　壳程:锆	35	高压吸收塔	316L
11	脱轻塔再沸器	管程:锆　壳程:碳钢	36	低压吸收塔	316L
12	脱轻塔终冷器	管程:碳钢　壳程:316L	37	再生塔	316L
13	脱水塔再沸器	管程:锆　壳程:碳钢	38	氨分离器	低碳合金钢
14	脱水塔冷凝器	管程:碳钢　壳程:316L	39	吸收甲醇储罐	316L
15	成品塔再沸器	管程:锆　壳程:碳钢	40	甲醇贫液槽	316L
16	成品冷却器	管程:碳钢　壳程:316L	41	反应器冷凝器	管程:锆　壳程:碳钢
17	成品塔冷却器	管程:碳钢　壳程:316L	42	反应器冷却器	管程:锆　壳程:碳钢
18	提馏塔再沸器	管程:锆　壳程:碳钢	43	助催化剂反应器	锆
19	脱轻塔	锆	44	尾气洗涤器	316L
20	脱水塔	锆	45	助催化剂储槽	316L
21	成品塔	316L	46	抑制剂罐	316L
22	提馏塔	哈氏合金	47	甲醇中间储罐	碳钢
23	脱烷塔	316L	48	不合格产品罐	不锈钢
24	分层塔	316L	49	成品中间储罐	不锈钢
25	冷凝器分离器	316L			

① 适用于多水、少水或无水反应体系　该催化剂在多水、少水或无水反应体系均可使用。既可用于醋酸酐羰基合成，也可用于醋酸羰基合成，具有双效功能。

② 活性和选择性均比较高　该催化剂无论用于生产醋酸或醋酸酐，其催化活性均较国外现有同类型催化剂优良。采用新型催化剂进行羰基化反应，在反应釜内气液混合和搅拌良好、反应温度在 150～180℃、一氧化碳分压在 1.5MPa 和总釜压 2.6MPa 的条件下，甲醇羰基化生成醋酸和醋酸甲酯，产物选择性大于 99%；由醋酸甲酯羰基化生成醋酸酐，在反应体系没有水干扰的状态下，产物选择性接近100%。表 8-18 是国内外羰基合成醋酸催化剂性能对比。

表 8-18　国内外羰基合成醋酸催化剂体系性能对比

项　　目	BASF	Monsanto	中国科学院化学研究所
催化体系	Co 系	Rh 系,均相	Rh 系,均相或多相
原料	MeOH	MeOH	MeOH
反应温度/℃	210～250	175～200	140～180
反应压力/MPa	50～702	2.8～6.8	3～6
产物	AcOH	AcOH	AcOH
选择性/%	—	>99	>99
时空收率/[mol/(L・h)]	—	4.2～5.4	6～15
催化速率(每摩尔铑的)/(mol/h)	—	1.1×10^3	$1.1 \times 10^3 \sim 6.6 \times 10^3$

③ 催化剂热稳定性和综合使用性能好 该催化剂在 240℃的温度下，其结构仍能保持稳定。由于热稳定性好，且其配体中含有化学相容性能较佳的官能团，从而在催化反应设备中不易出现催化剂及其金属附壁、沉底和结焦。

④ 抗毒性强和使用寿命长 与国外现有的同类催化剂相比，该催化剂在反应体系和闪蒸或蒸发过程中对氧和硫的抗毒化性能大大提高，故使用寿命显著延长。

⑤ 反应条件温和且对原料要求不高 采用该催化剂可以在比较温和的反应条件下，特别是在较低的压力和温度范围内，实现醋酸和醋酸酐生产；反应总压力一般在 3～6MPa，而反应温度在 140℃以上时，即可达到具有足够好的工业应用价值的催化速率和时空收率。相对较低的反应温度，可以延长催化剂的使用寿命，对反应器设计、材质选择、降低运行能耗和生产安全都是很有利的。而且，该催化剂对羰基合成反应的原料要求不高且灵活可变。在用于甲醇羰化反应时，反应体系中无需加水和碘化氢来稳定催化剂及其活性物种，故最初分离出来的粗醋酸中含水量大为减少，节省了后续工段的能耗。

⑥ 适用于多种羰基合成工艺 该催化剂既可做成不溶性固体，也可做成可溶性溶剂，既可用于均相反应；也可用于多相化反应。

也有人对气-固相催化剂的碳载体进行了研究，结果认为有机碳分子筛是一种很优秀的载体材料，羰基化反应效果很好，是未来一个重要的研究方向。

我国学者对非铑催化剂，特别是对镍系催化剂进行了大量的研究。

8.6 醋酸的生产与消费

8.6.1 我国

8.6.1.1 现状与发展

我国醋酸起步于 1953 年，当时上海试剂一厂采用乙醇-乙醛制醋酸工艺建起了国内第一套醋酸生产装置。1958 年吉林化学工业公司建成电石乙炔乙醛法醋酸装置。1977 年上海石化公司引进乙烯乙醛法技术，自行设计了 3.5 万吨/a 的醋酸装置。而后，大庆石化、扬子石化、吉林化学工业公司相继建成 7 万吨/a 和 3.5 万吨/a 的乙烯法醋酸生产装置。至 20 世纪 90 年代初期，我国全国醋酸总产能达到 40 万吨/a，但因装置整体规模小，生产技术落后，当时国内总产量不足 30 万吨/a。

1996 年，上海吴泾化工厂从英国 BP 公司引进 10 万吨/a 低压甲醇羰基合成醋酸装置投产；1997 年采用国内自行研发的甲醇低压羰基合成醋酸技术建设的 10 万吨/a 醋酸装置在江苏镇江建成投产；1998 年底，BP 公司与中国石化集团四川维尼纶厂、重庆市建设投资公司（合资公司为扬子江乙酰化工有限公司）合资建设的 15 万吨/a 甲醇低压羰基化合成醋酸装置建成投产。2000 年全国醋酸总生产能力达

120 万吨/a，其中，羰基合成法生产能力 35 万吨/a，占总生产能力的 29.2%，生产厂家 3 家；乙烯氧化法为 38.8 万吨/a，占总能力的 32.3%，生产厂共 6 家；乙醇氧化法 38.7 万吨/a，占总能力的 32.3%，生产厂 50 余家；乙炔氧化法 7.5 万吨/a，占总能力的 6.2%。

2001 年，上海吴泾化工有限公司（原上海吴泾化工厂）采用塞拉尼斯公司 AO（酸优化法）技术将其 10 万吨/a 的醋酸装置扩建至 15 万吨/a，2003 年底将其产能扩至（20～25）万吨/a，其最新目标是 2007～2008 年再扩能至 100 万吨/a，扬子江乙酰化工有限公司于 2004 年将 15 万吨/a 装置采用 Cativa 技术扩增至 35 万吨/a。

2004 年 11 月 17 日，山东兖州矿务局投资建设的以煤为原料、采用国内开发的甲醇低压羰基合成醋酸技术建设的 20 万吨/a 醋酸装置试车成功。目前该技术正在陕西、山西、贵州等地进行扩张性转让。

江苏索普集团有限公司也计划分期扩能，该集团已完成新增一套产能 30 万吨/a 醋酸装置的改造工作，使其醋酸装置总产能达 45 万吨/a。扬子江乙酰化工有限公司的 35 万吨/a 醋酸扩能项目已于 2005 年 3 月初建成并一次投产试车成功，因原料天然气未落实，直到 2005 年底才开始正式投产，生产负荷一直处于 75% 左右。

2004 年底～2005 年初，国家扩大乙醇汽油试点工作，全国各地纷纷建设乙醇厂，在建设乙醇装置的同时不同程度地规划了醋酸装置。河南天冠集团建设了 5 万吨/a 的醋酸装置；天津天冠规划了同等规模的醋酸装置，吉林松原吉安生化有限公司的年产 21 万吨醋酸项目于 2005 年底建成投产，该装置是目前为止我国最大的酒精法醋酸生产装置；江苏索普集团有限公司对现有装置再次进行改造，目前该装置的生产能力已达 60 万吨/a，是目前最大的醋酸生产厂家，南京与 BP 合资建设的 60 万吨/a 醋酸装置已进入实施阶段，使羰基合成法在中国醋酸生产工艺所占的比例提升了好几个百分点。

从目前来看，酒精乙醛法还不会淘汰，甚至有规模扩大的趋势。酒精乙醛法也在进行一些工艺改进，在降低生产成本和提高竞争力方面进行了不懈的努力，可能会与羰基合成法长期共存。到 2006 年底，我国醋酸基本上已形成以羰基法为主、酒精乙醛法为辅的醋酸生产新格局，完成了醋酸生产工艺的平稳过渡。2006 年我国主要醋酸生产厂家及其产能见表 8-19。

今后几年，中国醋酸生产能力的增加主要来自两个方面：一是现有装置产能挖潜；二是项目新建的情况。

中国现有装置的产能挖掘潜力较大，据分析，共约有 19 万吨/a 的潜力可挖。2006～2008 年是中国醋酸产能迅速扩展的时期。到 2008 年底，中国醋酸产能将达 416 万吨/a。

新增醋酸装置的主要原因是：①因羰基合成法技术广泛应用，醋酸生产成本较乙醇乙醛法和乙烯乙醛法均有较大幅度的下降，因此其盈利空间较大；②全国范围内推广燃料乙醇替代汽油，引起建设燃料乙醇基地热，为发展乙醇醋酸创造了可利用条件。

2008～2010 年中国醋酸产量预测见表 8-20。

表 8-19　2006 年我国主要醋酸生产厂家及其产能　　　　单位：万吨/a

序　号	生产厂家	产　能	生产工艺
1	扬子江乙酰化工有限公司	35	甲醇羰基合成
2	吉林化学工业股份有限公司	21	乙烯乙醛氧化法
3	上海吴泾化工有限公司	20	甲醇羰基合成
4	江苏索普集团有限公司	60	甲醇羰基合成
5	中国石油大庆石化总厂	10	乙烯乙醛氧化法
6	中国石化扬子石化公司	10	乙烯乙醛氧化法
7	山东金沂蒙集团	10	乙烯乙醛氧化法
8	中国石化上海石化股份公司	5	乙烯乙醛氧化法
9	石家庄新宇三阳实业有限公司	5	乙醇乙醛氧化法
10	山东兖州国泰化工有限公司	20	甲醇羰基合成
11	吉林吉安集团松原吉安生化有限公司	21	乙醇乙醛氧化法
12	河南天冠集团公司	5	酒精乙醛法
13	贵州有机化工厂	2.5	乙炔乙醛法
14	南通醋酸化工厂	1.5	乙醛法
15	苏州溶剂厂	1	乙炔法
合计		227	

表 8-20　2008～2010 年中国醋酸产量预测　　　　单位：万吨

项　目	2008 年	2009 年	2010 年
新增产能	95.0	136.0	120.6
新增产能后的产量	305.9	344.9	330.2
现有装置挖潜后增加的产量	19.0	19.0	19.0
产量	324.9	363.9	349.2

8.6.1.2　消费与市场

醋酸主要用于生产醋酸乙烯单体、醋酐、对苯二甲酸（PTA）、聚乙烯醇、醋酸纤维素等，广泛应用于化工、轻纺、医药、染料等工业领域，对国民经济的许多部门具有重要作用，是近几年世界上发展较快的有机化工产品之一。目前国外开发的醋酸下游产品多达 100 多种，而中国只有几十种，能够长期生产并实现了工业化生产的只有二十多种。

几种主要下游产品的用途如下。

（1）对苯二甲酸

精对苯二甲酸（PTA）是重要的大宗有机原料之一，其主要用途是生产聚酯纤维（涤纶）、聚酯薄膜和聚酯瓶，广泛用于化学纤维、轻工、电子、建筑等国民经济的各个方面。

PTA 的应用比较集中，世界上 90％以上的 PTA 用于生产聚对苯二甲酸乙二醇酯（PET），其他部分是作为聚对苯二甲酸丙二醇酯（PTT）和聚对苯二甲酸丁二醇酯（PBT）及其他产品的原料。

（2）醋酸乙烯

醋酸乙烯，又称乙酸乙烯酯，简称为 VAC，是一种重要的有机化工原料，是世界产量最大的 50 种化工产品之一。醋酸乙烯广泛用于聚醋酸乙烯、聚乙烯醇、涂料、浆料、胶黏剂、维纶、薄膜、乙烯基共聚树脂、缩醛树脂等的生产。

在我国，醋酸乙烯主要用于 PVA、聚醋酸乙烯均聚与共聚乳液、EVA 等衍生物的生产。

（3）醋酸酯

醋酸酯是醋酸乙酯、醋酸正丁酯、醋酸异丁酯、醋酸正丙酯、醋酸异丙酯及醋酸甲酯等 20 多种醋酸酯类衍生物的统称。其中较重要的是醋酸乙酯和醋酸正丁酯。醋酸正丁酯习惯上称为醋酸丁酯。醋酸酯是醋酸主要的下游产品之一，是重要的有机溶剂，广泛地应用于涂料、黏合剂、医药等许多领域。

在我国，醋酸酯广泛应用于涂料、黏合剂、医药等领域。随着国内环保管理的加强，在涂料、胶黏剂等领域可替代甲乙酮、甲基异丁基酮等。

（4）氯乙酸

氯乙酸是一种重要的有机化工中间体，可用于制备丙二酸、丙二腈、丙二酸酯、巯基醋酸、巯基醋酸酯等精细化学品。其衍生物醋酸甜菜碱是一种很好的两性表面活性剂，主要用于配制洗发香波、护发素及液体洗涤剂；此外，氯乙酸还可用于生产阳离子表面活性剂、高级醇酯类、柔软剂、钙皂分散剂、肌氨酸、氯三醋酸、萘氨基醋酸等，新的应用领域还在不断拓展。

（5）醋酸酐

醋酸酐是重要的有机化工原料，主要用于生产醋酸纤维，进而生产香烟过滤嘴、胶卷和胶片、纺织用醋酸纤维和赛璐珞塑料等。美国、日本 95％的醋酸酐用于生产醋酸纤维，其中含乙酰基 $61.5％～62％$ 的三醋酸纤维用于制造感光胶片；含乙酰基 $50％～57％$ 的二醋酸纤维用于制造香烟过滤嘴和塑料。另外，醋酸酐还用作医药、染料、香料和有机合成中的乙酰化剂。在医药领域，醋酸酐主要用于生产乙酰水杨酸、咖啡因、地巴唑、阿司匹林、氯霉素、维生素 E 等；在染料行业中，醋酸酐主要用于生产各种分散染料，如分散深蓝 HGL、分散大红 S-SWEL、分散黄棕 S-2REC 以及硫化嫩黄、还原蓝 IBC 等；在香料行业，用于生产乙酰水杨酸甲酯、香豆素、苯乙酮、肉桂酸、醋酸龙脑酯等。

（6）丙烯腈

丙烯腈是一种重要的有机化工原料，在合成树脂、合成纤维、合成橡胶等高分子材料中占有显著的地位并有着广阔的前景。除此之外，丙烯腈聚合物与丙烯腈衍生物也广泛应用于国民经济的多个领域。

8.6.1.3　消费量与市场

近年来，中国醋酸消费需求增长迅速，在"十五"前四年中，中国醋酸需求年均增长率高达 14.4％。1999～2006 年中国冰醋酸供需状况见表 8-21。

表 8-21　1999～2006 年中国冰醋酸供需状况　　　　单位：万吨

年　份	产　量	进口量	出口量	表观消费量	自给率/%
1999	71.6	10.6	—	82.5	86.8
2000	86.5	10.4	0.1	96.8	89.4
2001	86.1	19.9	0	106	81.2
2002	85.1	34.9	0.1	119.9	71.0
2003	94.7	50.5	0.2	145	65.3
2004	115.2	52.5	1.6	166.1	69.4
2005	137	54.2	3.5	187.7	73.0
2006	142.1	70.7	2.8	210	67.7

从消费领域来看，醋酸乙烯是醋酸的第一大消费领域，醋酸酯次之，二大领域分别占醋酸总消费量的 41.18％和 19.87％。2004 年中国醋酸消费结构见表 8-22。

表 8-22　2004 年中国醋酸消费结构

产品名称	消费量/万吨	所占比例/%	产品名称	消费量/万吨	所占比例/%
醋酸乙烯	39.4	23.7	氯乙酸	9.6	5.8
醋酸酯	33	19.9	双乙烯酮	3.7	2.2
对苯二甲酸	27	16.3	其他	37.1	22.3
醋酸酐/醋酸纤维素	16.3	9.8	合计	166.1	100

今后几年内，中国醋酸的主要消费领域仍将是化工行业，几种主要的下游产品消费预测分别如下所示。

（1）对苯二甲酸

中国近期内计划新增精对苯二甲酸（PTA）能力近 640 万吨，相应需新增醋酸消费 35 万吨以上。预计我国 2008～2010 年 PTA 消费醋酸的预测情况如表 8-23 所示。

表 8-23　我国 2008～2010 年 PTA 消费醋酸的预测情况　　单位：万吨/a

项　　目	2008 年	2009 年	2010 年
PTA 产量	872	1017	1186
消费醋酸	73.3	85.4	100

（2）醋酸乙烯

2003 年，中国醋酸乙烯消费总量近百万吨，消费醋酸约 71 万吨，表 8-24 列出了未来几年醋酸乙烯生产对醋酸消费的预测。

表 8-24　未来几年醋酸乙烯生产对醋酸消费的预测

项　　目	2008 年	2009 年	2010 年
醋酸乙烯生产能力/(万吨/a)	106	136	143
消费醋酸/万吨	76	97	102

（3）氯乙酸

在中国氯乙酸的消费构成中，农药仍是主要应用领域，2004 年占氯乙酸总消费量的 35%。随着中国除草剂生产的快速发展，尤其是甘氨酸路线的甘膦生产的快速发展，给氯乙酸在该领域的消费注入活力；近几年羧甲基纤维素和羧甲基淀粉成为氯乙酸消费增长最快的领域，年均增长率高达 13.4%。氯乙酸对醋酸的消费预测情况见表 8-25。

表 8-25　氯乙酸生产对醋酸消费预测　　　　　单位：万吨/a

项　　目	2008 年	2009 年	2010 年
氯乙酸产能	19.2	20.3	21.4
消费醋酸	16.3	17.2	18.2

（4）醋酸酐

目前我国醋酸酐表观消费量为（13~14）万吨/a，消费重点是医药和二醋酸纤维，二者占总消费量的 75% 以上。

中国是世界上最大的香烟生产和消费国，而用于生产香烟过滤嘴的二醋酸纤维主要依赖进口。香烟过滤嘴将是中国未来醋酸酐最具潜力的市场，预计 2010 年烟用纤维素对醋酸酐的需求量将达到 22 万吨以上。

中国醋酸酐将会有较大的发展，主要原因：一是醋酸纤维业要发展；二是医药工业用量也将增长，例如近几年我国解热镇痛药的出口量在不断增长；三是染料行业近几年出口形势很好，对醋酸酐的需求也会增长。以上因素都促进了醋酸消费量的增加。

（5）丙烯腈

预计今后几年中国丙烯腈产量年均增长率约 5% 左右，对醋酸的消费也将相应增加。

随着中国经济的快速增长及下游衍生物对醋酸需求的逐年增加，预计未来几年内中国醋酸的需求量将以年均 10% 的速度增长，预计 2008 年将达到 250 万吨，2010 年将达到 310 万吨。

8.6.1.4　价格

醋酸市场价格近年来总体呈现不太稳定的局势，见表 8-26。主要原因是：中国酒精醋酸企业快速发展及这些企业实行的低价竞争策略，引起醋酸市场的价格战，造成市场分割；一些主要醋酸生产厂家的停、开工，国内、外市场原料价格的影响；新建装置的增加。

表 8-26　2005 年 1 月~2007 年 5 月中国市场醋酸价格　　　单位：元/t

年份	1	2	3	4	5	6	7	8	9	10	11	12
2005	8000	7500	7300	7250	7866	7750	7250	6250	6100	7150	6100	5450
2006	5750	5650	5200	5350	5475	5675	5075	4981	5000	5250	5491	5465
2007	6250	6350	6416	6366	6781							

2005 年初国内醋酸市场开始下滑，一直持续到年底，全年呈现疲软态势。2006 年国内市场基本稳定，年底开始回升。2007 年初借上一年的上涨之势，出现小幅度的上升。

8.6.1.5 进出口

2004 年以前中国只有沿海和北方地区的酒精法醋酸厂家以调制食用醋为目的的少量醋酸出口，多则几千吨，少则 200 吨。2004 年后，江苏索普集团有限公司成为我国主要的出口生产厂家，其次是河南天冠集团，其中江苏索普集团有限公司的出口量约占国内总量的 58％左右。今后几年醋酸出口的绝对数量将会进一步增长，但幅度会大大减缓，见表 8-26。最近几年我国醋酸需求年均增长率为 12％～15％，醋酸消费量已从 2003 年 145 万吨增长到 2004 年 166.06 万吨和 2005 年 187.7 万吨。2006 年国内醋酸总需求量达到 209.9 万吨，由于国内生产不能满足需求，每年需大量进口。1996～2000 年进口量均在 10 万吨左右；2002 年进口量为 34.86 万吨，约占国内总消费量的 29.3％；2003 年我国进口量达到 50.46 万吨，占当年国内消费总量的 34.8％；2004 年醋酸进口量达到 52.5 万吨；2005 年和 2006 年进口醋酸分别高达 54.2 万吨和 70.7 万吨。我国不仅大量进口醋酸，而且醋酸下游衍生物的进口量也逐年增长。进口醋酸主要来自塞拉尼斯和 BP 两大公司，其向中国出口量占中国总进口量的 70％以上。从中国进口的地域来看，华南地区是中国醋酸进口的主要地区，原因是该地区地处沿海，目前没有大型的醋酸生产装置，因此当市场处于卖方市场的时候，主要依靠进口醋酸来满足市场需求。

中国醋酸进口经过了三个高峰和两个增长低谷以后，2006 年进口猛增 30％以上，使我国醋酸对外依存度接近 50％，预计这种局面在 2008 年以后将会得到彻底改善，届时我国醋酸出口规模将超过 10 万吨/a。表 8-27 是我国近几年醋酸进出口醋酸情况。

表 8-27 近几年中国醋酸进出口情况

项目	2002 年		2003 年		2004 年		2005 年		2006 年	
	数量/万吨	金额/万美元	数量/万吨	金额/万美元	数量/万吨	金额/万美元	数量/万吨	金额/万美元	数量/万吨	金额/万美元
出口	0.13	86.03	0.15	98.62	1.6	1111.776	3.5	2090.935	2.8	1201.424
进口	34.862	12493.41	92.36	19775.02	52.498	26053.18	54.2	34146.00	70.7	38390.10

8.6.1.6 我国规划情况

各地规划建设的醋酸装置情况 8-28。

表 8-28　各地规划建设醋酸装置的情况　　　　单位：万吨/a

地区/公司	规　模	生产工艺	投产时间
中国南京（BP）	50	甲醇羰基合成法	2008 年
中国南京（塞拉尼斯）	60	甲醇羰基合成法	2008 年
陕西榆林	20	国内技术	2007 年
锦化化工集团	60	甲醇羰基合成法	
河南省义马市	20	甲醇羰基合成法	2008 年
沧州临港化工园区	20	甲醇羰基合成法	
榆林	15	甲醇羰基合成法	
陕西神府	20	甲醇羰基合成法	
镇江索普集团有限公司	15	甲醇羰基合成法	2008 年
青海油田分公司	40	甲醇羰基合成法	
乌海	20	甲醇羰基合成法	
大庆石油管理局甲醇厂	20	国内技术	
上海吴泾化工有限公司	30	甲醇羰基合成法	2007 年
云南云维集团	20	甲醇羰基合成法	
广西枝江市	20		
贵州有机化工厂	5	甲醇羰基合成法	
各地小型酒精厂	5	酒精法	2008～2010 年
合计	435		

8.6.2　世界

8.6.2.1　供应

　　2005 年，世界醋酸总生产能力为 1018.8 万吨/a，产量为 787.4 万吨/a。美国是世界上最大的醋酸生产国，其中 Celanese 位于得克萨斯 Clear Lake 的 120 万吨/a 醋酸装置，是世界上最大的生产装置。英国 BP 公司是西欧最大的生产商，其在英国 Hull 地区的生产装置生产能力已经达到 74.5 万吨/a。韩国三星/BP 醋酸装置能力为 35 万吨/a。亚洲是近几年新建醋酸装置最多的地区，美国 Celanese 公司在新加坡建设了 50 万吨/a 装置，BP 公司 2000 年在马来西亚建了一套 40 万吨/a 装置。亚洲已成为世界上产量最大的醋酸生产地区，2005 年产量达到 405 万吨，2000～2005 年醋酸产量平均增长率为 8.8%。由于 PTA 和醋酸下游产品的发展，预计 2010 年世界醋酸生产能力将达到 1268.9 万吨/a。表 8-29 是 2005 年世界主要国家和地区醋酸生产情况统计表。

表 8-29　2005 年世界主要国家和地区醋酸生产情况统计表

项　目	北美	南美	西欧	东欧、俄罗斯	中东、非洲	南亚、东南亚	东亚	日本	合计
生产能力/（万吨/a）	296.5	4.8	152.5	53.7	7.3	262.4	155.7	85.9	1018.8
生产量/万吨	258.3	3	114.5	42.5	3.6	186.3	119.3	59.9	787.4

　　当前全球主要的醋酸生产工艺为甲醇羰基化工艺，约占据全球醋酸产能的 74% 左右。BP 和塞拉尼斯是全球两大甲醇羟基化制醋酸技术的专利商，在全球的

布点基本上由这两家公司控制。乙醛氧化法主要存在于发展中国家，约占全球醋酸产能的 9％左右；丁烷氧化法约占 7％，该工艺是塞拉尼斯开发的技术，主要存在于美国等丁烷资源比较丰富的少数地区。早在 20 世纪 70 年代初期在美国建有大型以正丁烷为原料的醋酸生产装置。1978 年总产能达 60 万吨/a，该工艺的醋酸产能约占美国总产能的 40％，随着石油涨价，丁烷氧化法与甲醇羟基化法相比，已不具有竞争性，因此美国很多使用该技术的装置已被关停，2002 年采用丁烷氧化法的醋酸生产厂只有塞拉尼斯，总产能只有 27 万吨/a，仅占美国总产能的 10％左右。

全球醋酸产量的近 40％都来自于生产其他化学品时产生的副产品，诸如聚乙烯醇生产过程中就产生大量的醋酸副产品。据有关专家预测，今后几年世界醋酸产能将以 5.3％的速度增长，产能将以 4.7％的速度增长，2010 年世界醋酸产量将达到 779 万吨。从世界范围来看，醋酸总产能较庞大，但开工率不高，最高的可达76％，最低者仅有 57％。因此醋酸产能可挖潜力较大。

8.6.2.2 消费

2005 年全世界对醋酸的需求量为 787.4 万吨/a，与上年相比增加了 3.9％，2005 年对醋酸的需求整个一年都显得紧张，原因在于其主力衍生物醋酸乙烯的需求行情看好以及对高纯度的对苯二甲酸（PTA）持续旺盛的需求。表 8-30 是 2005年世界主要醋酸生产厂家统计情况。

表 8-30　2005 年世界主要醋酸生产厂家统计情况　　　　单位：万吨/a

公司名称	地　　点	生产能力	公司名称	地　　点	生产能力
BP 化工	英国霍尔	66	美洲合计		301.3
Paradies Acetex	法国帕尔第	41	协同醋酸	日本绢干	40.8
其他		99.2	三星 BP 化学	韩国蔚山	42
欧洲合计		206.2	昭和电工	日本大分	10
Celanese	美国科里亚雷克	120	CPDC	中国台湾高雄	15
Celanese	美国邦巴	27.2	其他		403.5
Millennium	美国第亚帕克	45	亚洲合计		511.3
Sterling	美国得克萨斯	45	世界合计		1018.8
其他		64.1			

表 8-31 是 2005 年国际上主要国家和地区各领域醋酸消费情况。

表 8-31　2005 年国际上主要国家和地区各领域醋酸消费情况　　　　单位：万吨/a

消费构成	北美	南美	西欧	东欧、俄罗斯	中东、非洲	南亚、东南亚	东亚	日本	合计
醋酸乙烯	105.7	4.9	59.8	4.3	1.3	98.8	16.7	42.6	334.1
醋酸酐	38.4	1.8	17.7	7.1	0	27.5	6.6	2.5	101.6
溶剂	19	6.9	33.8	5.1	0	46.2	14.8	4.5	130.3
PTA	19.5	1.2	12.7	0.1	2.6	70.8	27.4	6.8	141.1
其他	17.6	4.1	31.7	0.5	0.3	18.2	5	2.9	80.3

作为醋酸最大的消费构成，主要用于聚乙烯醇生产的醋酸乙烯单体，行情一致被看好。在 2005 年年底大连化学在麦寮兴建的 35 万吨/a 大型醋酸乙烯装置，

2006年醋酸需求量比上一年增长3％。此外，在PTA方面，由于泰国和印度的新增工厂，以及在中国又新增了多套装置，会有7.2％的高增长率。

今后，在需求方面将继续扩大醋酸乙烯单体和PTA的需求量。就原料方面来看，在甲醇价格持续高涨的情况下，醋酸的价格也会持续上涨。作为醋酸企业界的转折点的中国南京的塞拉尼斯和与BP合作的110万吨/a新装置将于2008年前后投运，到那时中国醋酸供不应求的局面可能会得到较大改善，但之前市场供需仍将维持供不应求的局面。

8.7 发展建议

今后几年将是中国醋酸工业发展的高峰时期。对今后我国醋酸工业的发展提出以下几点拙见：

① 在规划建设羰基法醋酸装置时，应先落实融资、原料、水资源和环境容量等问题。

融资是项目成功的一个关键因素，不仅关系着项目是否成功，还关系到项目投运后资金运作成本。

羰基法制醋酸装置的经济规模为20万吨/a，投资近20亿。因此，原料需求量较大，需要大型煤矿或天然气供应商的积极支持。由于在我国天然气垄断性较强，有的供应商可能会承诺，而不一定履行承诺。

羰基合成法醋酸装置是一个较大型的工业生产装置，需要大量水资源，因此水资源可供应性是项目规划必须考虑的重要因素。

环境容量是醋酸装置规划和建设必须考虑的关键因素。

② 中国技术应进一步优化设计，提高产品质量、装置运行的稳定性和可靠性，延长生产周期。

③ 国内各科研单位应积极合作，携手合作开展非铑催化剂的研制工作，进一步提高国内醋酸生产技术水平。

参 考 文 献

[1] 廖巧丽等. 化工工艺学. 北京：化学工业出版社，2001.
[2] 郑宝山. 中国醋酸市场供需及未来预测. 当代石油石化，2004，12 (12)：31-32.
[3] 蔡强. 对我国醋酸未来的消费预测. 化工中间体. 2005，5：4-6.
[4] 刘良. 我国醋酸工业的现状与展望. 化工中间体. 2004，11：1-6.
[5] 高景星，黄秀菁. 合成醋酸研究的新进展. 天然气化工. 1995，20 (6)：39-42.
[6] 李永庆. 醋酸生产工艺应用及技术进展. 化工科技市场. 2004，8：10-13.
[7] 沈菊华. 醋酸生产技术发展动向. 化工科技，2000，8 (2)：60-64.
[8] 李方伟，迟克彬，王桂芝等. 醋酸生产技术现状及发展动向. 应用化工，2001，30 (4)：3-6.

[9] 宗言恭. UOPChiyoda 醋酸生产新工艺. 化工技术经济. 1998, 16：14-16.

[10] 魏双绍. 甲醇羰基化制醋酸技术新进展. 中氮肥, 1999, 4：8-11.

[11] 陆蟊珠. 我国醋酸酐需求增长. 中国化工信息, 2005, 7：5.

[12] 陆蟊珠. 建设醋酸乙烯装置须多方考虑. 中国化工信息, 2005, 4：6.

[13] 陆蟊珠. 发展适应环保要求的醋酸酯类产品. 中国化工信息, 2005, 6：6.

[14] Germain J E. Catalytic conversions of hydrocarbons. New York：Academic Press, 1969：278-287.

[15] Smith B L, Torrence G P. Methanol Carbonylation Process：US, 5026908. 1991.

[16] Calafat A, Laine J, Lopez-Agudo A. Hydrodenitrogenation of pyridine over active carbon. J Chem. Soc-Chem Comm, 1981, 17：906-910.

[17] Maitlis P M, Haynes A, Sunley G J, et al. Methanol carbonylation revisited：Thirty years on. JChemSoc, 1996, 321：2187-2196.

[18] Howard M J, Jones M D. C₁ to acetyls：Catalysis and process. Catalysis Today, 1993, 18（4）：325-354.

[19] Riakalla N. Acetic acid production via low-pressure, nickel-catalysed methanol carbonylation. ACS Symp Series, 1987, 328：61-70.

[20] Yamakawa T, Hiroim, Shinoda S. Catalytic reaction of methanol with a series and the mechanism of the formation of acetic acid from methanol alone. J Chem Soc Dalton Trans, 1994, 210（3）：2265-2269.

[21] Ohnishi T, Yamakawa T, Shinoda S. New preparation of Ru-Sn/Y zeolite catalyst for the formation of acetic acid（methyl acetate）from methanol alone. Appl Catal A：General, 2002, 231（9）：27-33.

[22] Nishiguchi T, Nakata K, Takai K, et al. Transition metal catalyzed acetic acid synthesis from methane and CO [J]. Chem Lett, 1992, 20（1）：1141-1142.

[23] 彭峰, 谭国荣, 黄仲涛. 甲醇气相羰基化非铑非卤素新催化剂体系研究. 天然气化工, 1998, 23（1）：9-12.

[24] 戴文涛. 甲醇低压羰基法合成醋酸的特点及发展. 化工生产与操作, 1999, 6（4）：35-38.

[25] 殷元骐. 羰基合成化学. 北京：化学工业出版社. 1996.

[26] 王玉和, 贺德华, 许柏庆. 甲醇羰基化制乙酸. 化学进展, 2003, 15（3）：215-221.

[27] 余村烨. 甲醇羰基合成醋酸作原料的钛精馏塔腐蚀行为探讨. 全面腐蚀控制, 2003, 17（6）：25-28.

[28] 蒋大智. 醋酐羰基合成研究新进展. 煤化工, 2001, 95（2）：21-23.

[29] 费振义, 陈国文. 托普索法乙酸生产新工艺. 化学反应工程与工艺, 1997, 13（2）：184-189.

[30] 孙晓轩. 清除甲醇羰基化合成醋酸中微量碘化物的方法. 天然气化工, 1997, 22（1）：49-53.

[31] 张丛志, 左玉静, 张华等. 国内外乙酸生产及消费. 化工技术经济, 2004, 22（7）：1-5.

[32] 周鸢, 尹新. 乙酸生产现状与市场分析. 化学工业与工程技术, 2003, 24（2）：27-30.

[33] 李涛. 粮食发酵制醋酸技术的研究进展. 化工进展. 2001, 12：26-29.

[34] 蔡美珠. 食醋工业科技进步回顾与展望. 中国调味品, 2001, 2：3-6.

[35] 毛念林. 醋酸工业中使用的特殊材料. 石油化工设备技术, 1999, 20（6）：59-61.

[36] 刘艳杰, 丁国荣, 赵庆国. 国内外醋酐生产技术及应用状况. 天津化工, 2005, 19（2）：15-17.

[37] 刘天齐. 石油化工环境保护手册. 北京：烃加工业出版社, 1990：84-85.

[38] 全国化学标准化技术委员会有机分会秘书处. 工业冰醋酸标准 GB 1628—89. 有机化工产品及试验方法标准汇编. 北京：中国标准出版社, 1992：242-249.

[39] 曹炳炎. 石油化工毒物手册. 北京：中国劳动出版社, 1992：97.

（王平尧　编写）

9 甲 胺

甲胺（methylamines）是氨分子中的氢原子被甲基取代后生成的一种低级脂肪胺，按三个氢原子被甲基取代的数目不同依次为一甲胺（MMA，CH_3NH_2）、二甲胺 $[DMA，(CH_3)_2NH]$ 和三甲胺 $[TMA，(CH_3)_3N]$，是重要的有机化工原料。

我国混合甲胺经过 46 年的发展历程，年生产能力达 52 万吨，占世界混合甲胺生产能力的 40%。由此看出，我国混合甲胺的生产与消费在世界混合甲胺中已占有举足轻重的地位。

9.1 物化性质

9.1.1 一甲胺

一甲胺在常温下为无色有氨臭的气体或液体。易溶于水、乙醇和乙醚。易燃烧。其蒸气能与空气形成爆炸性混合物，爆炸极限 5%～21%（4.95%～20.75%）。相对密度（d_4^{20}）0.662。熔点 $-93.5℃$。沸点 $-6.3～-6.7℃$。分解温度 250℃。闪点（闭杯）0℃。自燃点 430℃。蒸气压（25℃）202.65Pa。临界温度 156.9℃。临界压力 4.073kPa。折射率（n_D^{20}）1.351。40% 一甲胺水溶液沸点 49.4℃，闪点 $-9.94℃$，相对密度（$d_4^{15.5}$）0.904，蒸气压（20℃）37.330kPa。黏度（40℃）0.0015Pa·s。

9.1.2 二甲胺

二甲胺为无色易燃气体或液体，高浓度或压缩液化时，具有强烈的令人不愉快的氨臭，浓度极低时有鱼油的恶臭。易溶于水，溶于乙醇和乙醚。有毒。相对密度（d_4^{20}）0.654。冰点 $-92.19℃$。沸点 6.9℃。闪点 $-17.78℃$。自燃点 400℃。其蒸气能与空气形成爆炸性混合物，爆炸极限 2.8%～14.4%。蒸气压 0.2026kPa。临界温度 164.6℃。临界压力 5.309kPa。折射率（n_D^{20}）1.347。40% 二甲胺水溶液的沸点 51.5℃，闪点 $-99.4℃$，相对密度（$d_4^{15.5}$）0.898，蒸气压（20℃）26.264kPa，黏度（40℃）0.0017Pa·s。

9.1.3 三甲胺

三甲胺无水物为无色液化气体。有鱼腥的氨气味。能溶于水、乙醇和乙醚。易燃烧，其蒸气与空气形成爆炸性混合物，爆炸极限为 2%～11.6%。自燃点 190℃。相对密度（d_4^{20}）0.632。凝固点 $-117.1℃$。沸点 2.9℃。闪点（闭杯）$-6.67℃$。临界温度 161℃。燃烧热 2357kJ/mol。临界压力 4.154kPa。折射率（n_D^{20}）1.3449。40%三甲胺水溶液的沸点 26.0℃，闪点 $-17.78℃$，相对密度（$d_4^{15.5}$）0.827，蒸气压（20℃）52.662kPa。

9.2 质量标准

① 浙江江山化工股份有限公司的甲胺相关质量标准如表 9-1～表 9-6 所示。

表 9-1 一甲胺水溶液（40%）的质量标准

指 标 名 称	指 标			指 标 名 称	指 标		
级别	优等品	一等品	合格品	级别	优等品	一等品	合格品
外观	无色透明液体			外观	无色透明液体		
一甲胺含量/% ≥	40.00	40.00	40.00	三甲胺含量/% ≤	0.10	0.15	0.25
二甲胺含量/% ≤	0.20	0.25	0.45	氨含量/% ≤	0.02	0.08	0.12

表 9-2 无水一甲胺的质量标准

指 标 名 称	指 标	指 标 名 称	指 标
外观	无色透明液体	外观	无色透明液体
一甲胺含量/% ≥	98.50	三甲胺含量/% ≤	0.30
二甲胺含量/% ≤	0.60	氨含量/% ≤	0.30

表 9-3 二甲胺水溶液（40%）的质量标准

指 标 名 称	指 标			指 标 名 称	指 标		
级别	优等品	一等品	合格品	级别	优等品	一等品	合格品
外观	无色透明液体			外观	无色透明液体		
二甲胺含量/% ≥	40.00	40.00	40.00	三甲胺含量/% ≤	0.10	0.15	0.25
一甲胺含量/% ≤	0.10	0.15	0.25	氨含量/% ≤	0.01	0.08	0.12

表 9-4 无水二甲胺的质量标准

指 标 名 称	指 标	指 标 名 称	指 标
外观	无色透明液体	外观	无色透明液体
二甲胺含量/% ≥	99.00	三甲胺含量/% ≤	0.40
一甲胺含量/% ≤	0.40	氨含量/% ≤	0.20

表 9-5 三甲胺水溶液 (30%) 的质量标准

指标名称		指标			指标名称		指标		
级别		优等品	一等品	合格品	级别		优等品	一等品	合格品
外观		无色透明液体			外观		无色透明液体		
三甲胺含量/%	≥	30.00	30.00	30.00	二甲胺含量/%	≤	0.10	0.15	0.20
一甲胺含量/%	≤	0.10	0.15	0.20	氨含量/%	≤	0.02	0.08	0.12

表 9-6 无水三甲胺的质量标准

指标名称		指标	指标名称		指标
外观		无色透明液体	外观		无色透明液体
三甲胺含量/%	≥	98.50	二甲胺含量/%	≤	0.50
一甲胺含量/%	≤	0.60	氨含量/%	≤	0.20

② 江苏新亚化工有限公司的甲胺相关质量标准如表 9-7～表 9-12 所示。

表 9-7 一甲胺的质量标准 (Q/320412 XY 205—2003)

指标名称		优等品	一等品	合格品	指标名称		优等品	一等品	合格品
外观		无色透明液体			外观		无色透明液体		
一甲胺含量/%	≥	99.5	99.0	98.5	三甲胺含量/%	≤	0.15	0.30	0.50
二甲胺含量/%	≤	0.30	0.50	0.80	氨含量/%	≤	0.05	0.10	0.20

表 9-8 40%一甲胺水溶液的质量标准 (HG/T 2972—1999)

指标名称		优等品	一等品	合格品	指标名称		优等品	一等品	合格品
外观		无色透明液体			外观		无色透明液体		
一甲胺含量/%	≥	40.0	40.0	40.0	三甲胺含量/%	≤	0.10	0.15	0.25
二甲胺含量/%	≤	0.20	0.25	0.45	氨含量/%	≤	0.02	0.08	0.12

表 9-9 二甲胺的质量标准 (Q/320412 XY 206—2003)

指标名称		优等品	一等品	合格品	指标名称		优等品	一等品	合格品
外观		无色透明液体			外观		无色透明液体		
二甲胺含量/%	≥	99.5	99.0	98.5	三甲胺含量/%	≤	0.20	0.40	0.60
一甲胺含量/%	≤	0.20	0.40	0.70	氨含量/%	≤	0.03	0.10	0.20

表 9-10 40%二甲胺水溶液的质量标准 (HG/T 2973—1999)

指标名称		优等品	一等品	合格品	指标名称		优等品	一等品	合格品
外观		无色透明液体			外观		无色透明液体		
一甲胺含量/%	≤	0.10	0.15	0.25	三甲胺含量/%	≤	0.10	0.15	0.25
二甲胺含量/%	≥	40.0	40.0	40.0	氨含量/%	≤	0.01	0.08	0.12

表 9-11 三甲胺的质量标准 (Q/320412 XY 207—2003)

指标名称		优等品	一等品	合格品	指标名称		优等品	一等品	合格品
外观		无色透明液体			外观		无色透明液体		
三甲胺含量/%	≥	99.5	99.0	98.5	二甲胺含量/%	≤	0.20	0.40	0.60
一甲胺含量/%	≤	0.20	0.40	0.70	氨含量/%	≤	0.05	0.10	0.20

表 9-12　30%三甲胺的质量标准水溶液（HG/T 2974—1999）

指　标　名　称		优级品	一级品	合格品	指　标　名　称		优级品	一级品	合格品
外观		无色透明液体			外观		无色透明液体		
一甲胺含量/%	≤	0.10	0.15	0.25	三甲胺含量/%	≥	30.0	30.0	30.0
二甲胺含量/%	≤	0.10	0.15	0.20	氨含量/%	≤	0.02	0.08	0.12

9.3　毒性及防护

9.3.1　一甲胺

一甲胺有毒，能刺激皮肤和黏膜，特别是对眼睛、呼吸器官作用更强。但如吸入其蒸气，则毒性比丁胺等烷基较大的胺为小。对动物：小白鼠以 2.4mg/L 的浓度作用 2h 则死亡。最初症状出现不安，从鼻腔中流出血性分泌物、呼吸困难、发绀、反射亢进、头震颤、步态不稳、痉挛，最后因呼吸停止而死亡。家兔在浓度为 0.13mg/L 时，可引起呼吸节律改变。吸入 0.05mg/L 达 40min 时，条件反射活动受到破坏。猫在吸入 0.2mg/L 浓度几分钟以后，即出现明显的上呼吸道刺激症状。对人：嗅觉阈 0.0005～0.001mg/L，刺激作用阈 0.01mg/L。工作场所最高容许浓度为 $1mg/m^3$。当皮肤接触本品后应用大量的水冲洗。眼睛溅入本品，应用流水冲洗 15min。如吸入本品，应立即移至新鲜空气处，饮 3～4 杯清水，使之呕吐。操作时应穿戴防护用品，必要时应戴防毒面具。车间应有良好通风，设备应密闭。

9.3.2　二甲胺

二甲胺有毒。其毒性对动物：吸入二甲胺 2h，小白鼠 LC_{50} 为 3.7mg/L。能影响家兔呼吸频率的二甲胺最低浓度 0.22mg/L。吸入二甲胺 40min，能改变屈肌反射的最低浓度为 0.4mg/L。对人：嗅觉阈浓度 0.0025mg/L，刺激作用阈 0.05mg/L，反射作用阈 0.00001mg/L。工作场所最高容许浓度为 $1mg/m^3$。操作时应穿戴防护用品，必须保护好皮肤。生产设备应严密，防止跑、冒、滴、漏。

9.3.3　三甲胺

三甲胺有毒。对动物：吸入三甲胺时，LD_{50} 为 19mg/L。按照大白鼠中枢神经系统状态的变化，如作用时间为 4h，则三甲胺的毒性作用阈为 0.025mg/L。对人：嗅觉阈浓度 0.002mg/L。浓的三甲胺水溶液能引起皮肤剧烈的烧灼感并使其潮红。洗去溶液后，皮肤上仍残留点状出血，并在短时间内仍感觉疼痛。工作场所三甲胺最高容许浓度 $5mg/m^3$。操作时应穿戴防护用品，注意安全。设备要求严密。局部和整体通风良好。生产和使用三甲胺的工作人员应定期体检。

9.4 包装及储运

9.4.1 一甲胺

无水一甲胺用耐压钢瓶包装，一甲胺水溶液用槽车或 200L 铁桶包装，储存于阴凉通风处，仓库温度不宜超过 30℃，应远离火种、热源，避免日光照射和使用易发生静电的装置，防止激烈撞击和震动。也应与氟、氯、溴、磷化氢、硫化氢、氰化氢等气体分开存放。搬运时应轻装轻卸，严防倒放。按易燃物品规定储运。

9.4.2 二甲胺

无水二甲胺用耐压钢瓶装，二甲胺水溶液用槽车或用 200L 铁桶装。密封置阴凉通风处储存，避免日光照射和使用易发生静电的装置，防止激烈撞击和震动。避免与爆炸物或氧化物接触，远离火源。运输时应小心轻放，严防倒置。

9.4.3 三甲胺

无水三甲胺用槽车或高压容器装运。30％三甲胺水溶液用槽车或用 200L 铁桶装。无水品与空气混合能形成爆炸性混合物，遇火星、高热有燃烧爆炸危险。要储存于阴凉通风的仓库内，存放温度不宜超过 30℃。避免日光照射和使用易发生静电的装置，防止激烈撞击和震动。应远离火种、热源，防止阳光直射。应与酸类物资分开储存。搬运时应轻装轻卸，防止钢瓶碰撞。

9.5 生产技术

目前，混合甲胺生产的主要方法是甲醇胺化法，反应温度一般为 250～500℃，压力为 0.5～5.0 MPa。在催化剂作用下，甲醇和 NH_3 在绝热式固定床活塞流动反应器中经高温催化脱水反应生成混合甲胺，以 TMA 为主。工业生产中常将生成的大部分 TMA 和过量的氨返回反应系统，产品中 MMA、DMA 和 TMA 的比为 34：46：20，但由于有负面因素，效果有限。因此，世界各国都致力于新工艺开发，探索满足市场需求，且副产物少的非平衡型催化剂。开发重点放在择形性分子筛研究上。

9.5.1 生产工艺

目前，国外混合甲胺的生产基本上都采用甲醇与氨反应制造。醇的氨解反应过程较为复杂，醇先变成羰基化物，再与氨反应生成亚胺，加氢生成烷基胺。其反应式为：

$$CH_3OH + NH_3 \longrightarrow CH_3NH_2 + H_2O + 20.77 kJ/mol \tag{9-1}$$

$$2CH_3OH + NH_3 \longrightarrow (CH_3)_2NH + 2H_2O + 61 kJ/mol \tag{9-2}$$

$$3CH_3OH + NH_3 \longrightarrow (CH_3)_3N + 3H_2O + 114.6 kJ/mol \tag{9-3}$$

甲醇氨解制一甲胺、二甲胺、三甲胺的过程在催化剂存在下进行。催化剂可以为 γ-Al_2O_3、SiO_2-Al_2O_3 等，且可添加 $0.05\% \sim 0.95\%$（重量）的 Ag_3PO_4、Re_2S_7、MoS_2 或 COS（有机硫化物）作活性组分。通常反应的原料配比为 n_{CH_3OH}：$n_{NH_3}=1$：$(1.5\sim4)$，反应温度 $420\sim430℃$，压力 $2.5\sim5.0$ MPa。反应混合物通过蒸馏分离，得到成品。甲醇和氨的总收率可达 $95\% \sim 97\%$，产品纯度可达 $99\% \sim 99.6\%$。未反应的氨和甲醇，通过回收，循环使用。

对于产品组成分布可通过改变原料配比和循环物的数量来调整。当 n_{CH_3OH}：$n_{NH_3}=1$：4 时，产物中以一甲胺为主；当 n_{CH_3OH}：$n_{NH_3}=1$：1.5 时，产物中主要为三甲胺。

目前，世界上生产甲胺的流程主要有两种，即 AAT（Acid-Amine Technologies）法和 Leonard 法。甲胺生产工艺流程分别见图 9-1 和图 9-2。

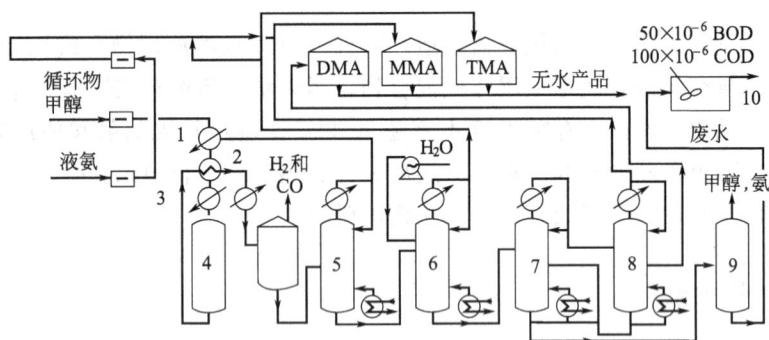

图 9-1　AAT 法甲胺生产工艺流程

1—汽化器；2—热交换器；3—预热器；4—反应器；5—氨回收塔；
6—萃取塔；7—脱水塔；8—精馏塔；9—甲醇回收塔；10—废水处理

混合甲胺生产装置主要由汽化器、预热器、氨回收塔和 $3\sim4$ 个蒸馏塔组成。多数设备可用碳钢制造。

上述两种流程的差别主要体现在产品分离工序。前者增设有脱水塔和甲醇回收塔，而一甲胺和二甲胺在同一精馏塔中蒸出。后者三种甲胺分别在三个塔中蒸馏得到。甲醇和氨的总收率：前者 97%，后者 95%；产品纯度：前者 99.6%，后者 99%。

9.5.2　消耗指标

甲胺消耗指标见表 9-13，中石化上海石油化工研究院的甲胺消耗指标见表 9-14。

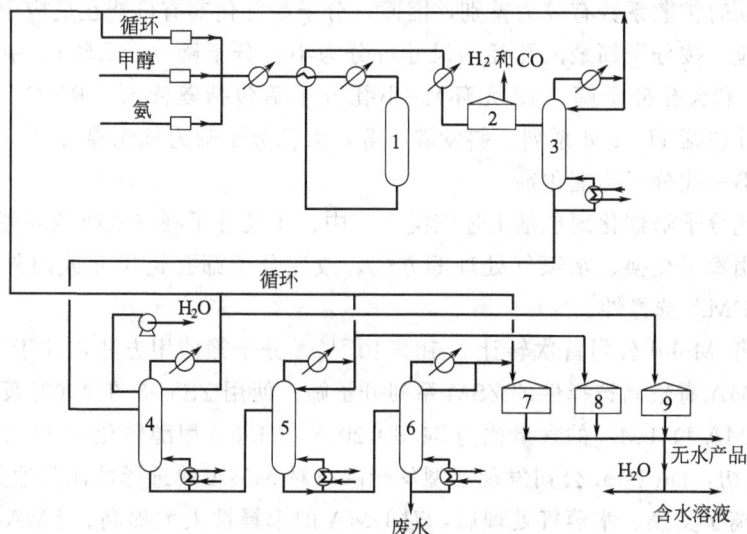

图 9-2　Leonard 法甲胺生产工艺流程

1—催化反应器；2—粗产品储槽；3—蒸氨塔；4—叔胺塔；5—伯胺塔；

6—仲胺塔；7—仲胺储槽；8—伯胺储槽；9—叔胺储槽

表 9-13　甲胺消耗指标（以生产 1.0t 无水甲胺计）

项　目	AAT 法			Leonard 法			我　国		
	MMA	DMA	TMA	MMA	DMA	TMA	MMA	DMA	TMA
甲醇/(t/t)	1.053	1.451	1.660	1.087	1.0497	1.713	1.43	2.17	2.47
液氨/(t/t)	0.559	0.385	0.246	0.577	0.398	0.303	0.68	0.56	0.42
蒸汽/(t/t)	3			13					
水/(t/t)	150			198					
电/(kW/t)	150			352					

表 9-14　中石化上海石油化工研究院的甲胺消耗指标

项　　目	单　位	消耗指标[①]	项　目	单　位	消耗指标[①]
甲醇	t/t	1.45	低压蒸汽	t/t	2.1
液氨	t/t	0.4	电	kW/t	41.6
中压蒸汽	t/t	7.5	A-6 型催化剂	kg/t	0.117

① 含一甲胺 10%，二甲胺 80%，三甲胺 10%。

9.5.3　催化剂开发

　　甲胺分子直径分别如下：MMA $(2.2\pm0.2)\times10^{-10}$ m，DMA $(3.0\pm0.2)\times10^{-10}$ m，TMA $(3.9\pm0.2)\times10^{-10}$ m。传统催化剂细孔一般为 $(50\sim200)\times10^{-10}$ m，远大于甲胺分子直径，故不能对甲胺合成反应产生择形效应。分子筛是有一定酸活性和规则孔结构的物质，其孔口直径一般只有几个 10^{-10} m。三种甲胺都能通过分子筛孔道，三种甲胺的分子直径相差约 1×10^{-10} m，它们在分子筛孔道这样有限的空间内运动时扩散系数有较大差别，因而，分子筛催化剂有可能在反应中表现出择形催化效应。按分子筛最大孔径的尺寸可分为小孔分子筛（8 元环）、中孔分子筛（10 元环）和大孔分子筛（12 元环）。小孔分子筛包括菱沸石、RHO、ZK-5 等，中孔分子筛包括 H-ZSM 系列、斜发沸石等，大孔分子筛为丝光沸石等。

（1）第一代分子筛催化剂

第一代分子筛催化剂包括上述三类大、中、小孔分子筛以及改性后催化剂，改性一般采用离子交换、水蒸气处理等方式，改变分子筛孔道尺寸或内外表面酸中心，提高 DMA 选择性。

1968 年 Mobil 公司首次转让 5.10×10^{-10} m 分子筛使用方法，并于 1978 年开发出对 MMA 有较高选择性的 ZSM 系列分子筛。使用 ZSM-5 在 430℃ 反应时产物 MMA、DMA 和 TMA 的含量比为 54.8：20.5：24.8，甲醇转化率 71.2%。20 世纪 80 年代初，Du Pont 公司发现氢型丝光沸石对 MMA 的选择性比其他分子筛高。ZSM-5 在离子交换、水蒸气处理后，对 DMA 的选择性大大提高，TMA 生成量进一步降低，丝光沸石改性后的催化性能见表 9-15。

表 9-15　丝光沸石改性后的催化性能

项　　目	甲醇转化率 /%	选择性/%		
		MMA	DMA	TMA
Na,H-Mor(4.1%Na)	83.7	42.1	37.2	20.7
Na,H-Mor(2.1%Na)	89.2	29.2	53.7	17.1
Na,H-Mor(0.4%Na)	90.3	26.2	41.8	32.0
Na,K,H-Mor(2.0%Na,3.7%K)	82.2	31.3	59.9	8.7
天然 H-Mor,未用水蒸气处理	86.6	18.5	24.4	57.0
天然 H-Mor,用水蒸气处理	57.7	37.5	43.7	18.8
合成 H-Mor,未用水蒸气处理	89.6	19.6	26.6	53.9
合成 H-Mor,用水蒸气处理	89.1	26.2	52.2	21.6
Na,H-Mor,水蒸气处理挤条,低 Na 含量	88.0	15.2	66.0	16.6
Na,H-Mor,水蒸气处理挤条	90.9	35.1	60.5	3.6

表 9-15 中天然（或合成）氢型丝光沸石对 TMA 选择性均大于 50%，处理后，选择性则呈不同程度降低。表 9-14 表明，沸石中碱金属离子的存在可有效抑制 TMA 的生成，这是由于碱金属阳离子的存在减小了沸石的有效孔径，比 DMA 大的 TMA 分子难以脱除沸石孔道，从而抑制了 TMA 生成，但丝光沸石催化剂中碱金属含量必须有所控制，日东化学公司研究指出，阳离子的种类和数量将影响晶体结构内孔穴的孔径和孔穴表面的酸性或晶体颗粒内孔隙表面的酸性，使催化剂的活性和选择性有很大变化。一般来说，催化剂中 Na 含量在 0.2～3.9g（以 100g 催化剂计），Na、K、Li 碱金属总含量在 0.01～0.2mol 范围内，催化剂具有令人满意的活性和高 DMA 选择性，且此条件下 Ca、Mg 等其他金属的存在对催化剂性能基本没有影响。

用水蒸气处理过的丝光沸石 DMA 的选择性大幅度提高的原因是：①脱除了骨

架铝，使丝光沸石晶胞收缩；②水蒸气处理过程中产生的各种形态的铝化合物堵塞了孔道，减小了具有一维孔道的丝光沸石的有效孔径。如果有碱金属离子存在，可能更有利于铝化合物在孔道内的沉积。也有人认为这种预处理方法减少了有利于TMA 生成的外表面酸性中心，使催化剂的择形效应更明显。水蒸气处理条件对催化剂活性和 DMA 择形效果有很大影响。水蒸气处理温度低，催化剂活性高。300℃时处理过的催化剂样品在各反应温度下的催化活性均明显高于未处理样品。500℃时，DMA 选择性达 65%。TMA 选择性随水蒸气处理温度升高而显著降低，500℃时降到 10%以下。当钠氢型丝光沸石用与胶凝剂（如 NH_4NO_3）相结合的非氧化铝黏结剂处理后，TMA 选择性低于 4%，而 DMA 选择性达到了 60%，表现出较高的择形性。

第一代分子筛催化剂与旧催化剂相比，过程流量减少 60%，催化剂使用量减少 40%，且 DMA 生产能力增加 40%。

美国空气化学品公司开发了含碱金属、碱土金属或金属离子的合成菱沸石小孔催化剂。以甲醇/氨或二甲醚/氨为原料，可降低 TMA 的生成量，其几何选择指数（GSI）低于 3，择形指数（SSI）大于 5。在反应温度 250～375℃、N/R（R 为烷基）比率 1～5、压力 0.34～34 MPa、GHSV 500～5000 h^{-1} 时，甲醇转化率为 50%～100%（摩尔分数），甲胺选择性大于 95%，其中 TMA 选择性低于 15%，MMA 36%～50%，DMA 25%～60%。催化剂不易失活，寿命长。使用含 Na^+ 58%的菱沸石催化剂，焙烧过与未焙烧过的反应效果有很大不同。焙烧后催化剂 GSI 值保持 3 以下，而 SSI 从 7 上升到 9，甲醇转化率从 94%提高到 98%，同时 TMA 选择性从 33%下降到 15%。使用含 Na^+ 100%菱沸石时，焙烧与否对甲醇转化率与 TMA 的选择性无明显影响。当甲醇转化率为 90%时，TMA 选择性可降至 4%。

Zeofuels Research 公司研究人员开发了优先生成 MMA 的催化剂。他们采用改进型斜发沸石催化剂（$Na_6Ac_{16}Si_{31}O_{72} \cdot 24H_2O$），在一定空速下，甲醇对氨质量比为 1/3 时，转化率达到 97.7%，三种甲胺选择性分别为 73.1%、19.4% 和 1.4%。

（2）第二代分子筛催化剂

20 世纪 80 年代末至 90 年代初，人们一面继续改进第一代催化剂的性能与应用工艺，一面希望发现新的更有效的分子筛处理方法，进一步提高 DMA 和 MMA 的选择性。Du Pont 公司首先用硅烷化对分子筛催化剂进行处理。针对丝光沸石、THO、ZK-5 等探索采用各种硅烷化剂和硅烷化条件，将 TMA 生成量进一步降低 3%～4%。研究发现，采用硅烷化等方法对丝光沸石表面进行修饰，可控制分子筛的细孔径，并形成外表面活性点。日东化学公司用四氯化硅在高温气相下处理 Na 型丝光沸石，形成 H 型丝光沸石，由于少量 SiO_2 沉积于外表面使孔口变窄，提高了选择性，甲醇转化率达 90%，MMA 和 DMA 选择性高达 99%。另外，可用原硅酸四甲酯（TMOS）、原硅酸四乙酯（TEOS）等硅烷化剂对 RHO、ZK-5 等进行处理，提高对 MMA 和 DMA 的选择性。

表 9-16　丝光沸石用硅烷化剂修饰后的性能

项　目	甲醇转化率/%	选择性/%		
		MMA	DMA	TMA
H-ZK-5	99	16	32	52
H-ZK-5/TEOS	98	22	63	6
H-ZK-5/4%TMOS	60	55	40	4.6
H-RHO	95	17	46	38
H-RHO(8%H_2O/TEOS)	96	21	71	8
H-RHO(14% H_2O/TEOS)	96	21	75	4
H-Mor	90	26	26	48
H-Mor/$SiCl_4$	90	33	65	1.4
H-Mor/TEOS	90	22	76	1.6

由表 9-16 可明显看出，催化剂表面修饰后对 DMA 产品的选择性均有不同程度地提高，改善了产品组成；同时，由于 TMA 生成量减少，可利用反应器中氨分离回收设备将氨与 TMA 形成的共沸混合物一同除去，简化了分离精制系统，降低了装置建设费用。

（3）我国催化剂的研制

我国混合甲胺生产工艺与国外相似，但大多数仍使用我国生产的平衡型催化剂。近年来，各科研单位在非平衡型催化剂开发方面取得了一定进展。

天津大学以碱金属阳离子（Na^+、K^+）交换改性后的丝光沸石为催化剂，氨-胺混合物（NH_3、MMA 及 TMA 的含量分别为 82.91%、13.25%、3.84%）与甲醇在 N 与 C 原子数之比为 2.5～4.0、300～320℃、1.8MPa、空速 1500～2500h^{-1} 下反应，得到的反应产物中，MMA、DMA 及 TMA 的含量比为 36.07：48.71：15.22，甲醇转化率大于 95%。若将装填 γ-Al_2O_3 的常规反应器流出物分离 DMA 后，再进入装填这种催化剂的第二反应器，可使产品中，MMA、DMA 及 TMA 的含量比为 1：（8～10）：1。

北京化工研究院成功开发出 BC-MA-001 型高比例二甲胺分子筛催化剂，并于 2000 年在太原化肥厂甲胺分厂 178t/a 甲胺装置上进行中试及 622 h 催化剂稳定性试验。320～340℃、1.8～2.0 MPa、气体空速 1800～2200 h^{-1}、N 与 C 原子数之比为 1.6～2.0，进料组成氨 46.93%、MMA 7.03%、TMA 9.82%、甲醇 36.22%的条件下，甲醇转化率不低于 97%，DMA 选择性不低于 65%。

中石化上海石油化工研究院成功开发出 A-6 型催化剂，该催化剂以氧化铝和丝光沸石为主体，其甲胺成套工艺采用连续进料，绝热固定床反应器和五塔分离，具有：①工艺流程热能得到充分利用；②公用工程消耗低；③轴向绝热固定床反应器内构件能够使得气流均布分布；④不同比例的甲胺可随时调节；⑤萃取水部分循环使用，可大幅度减少工艺水耗量和废水量。A-6 型催化剂的主要物理性能和催化反应性能见表 9-17。

表 9-17　A-6 型催化剂的主要物理性能和催化反应性能

项　目	单　位	指　标	项　目	单　位	指　标
粒度（直径）	mm	3.5±0.3	磨耗率	%	≤1.6
长 5～20mm 的颗粒含量	%	≥80	催化反应性能		
松散堆积密度	cg/mL	0.6～0.75	甲醇转化率	%	≥97
抗压碎力	N	≥60	二甲胺选择性	%	35～40

9.5.4　反应器改进

　　用分子筛合成甲胺的新工艺通常采用两个反应器，第一个反应器中装填分子筛催化剂（如丝光沸石），甲醇和氨在此反应器中进行胺化脱水反应，生成高比例 DMA 反应产物。第二反应器装填常规硅铝催化剂，使分离剩余的 MMA 和 TMA 与氨及甲醇进一步反应，从而使 DMA 产率增加。最近，日东化学公司为了延长催化剂使用寿命，又将沸石催化剂床层进行了改进，分成串联或并联的两个或更多子床层，或采用多管式换热型反应器。应用多管式换热型反应器生产甲胺的流程见图 9-3。

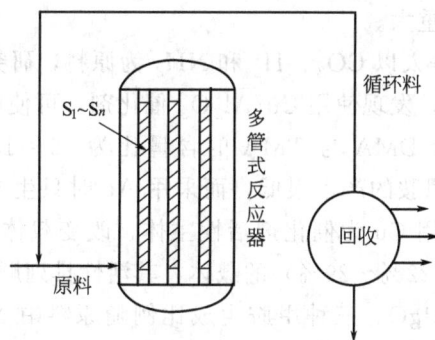

图 9-3　应用多管式换热型反应器生产甲胺的流程

　　S_1～S_n 为平行安装的管式催化剂床层，气体流经管外。原料与来自回收过程的循环料合并，经汽化、加热等在预定温度下从反应器外壳下部送入多管式反应器，并通过管壁与通过装入反应管内的催化剂床层的气体以逆流方式热交换。此后，将该气体循环到反应器上部，从管的顶部送入催化剂床层（S_1～S_n）进行反应。反应气体从反应器底部送入下一步回收步骤。甲胺通过许多蒸馏塔分别从未反应氨、反应生成的水等中分离出来，并回收。未反应的氨、MMA 和 TMA 作为循环料返回到反应器中。最好选用丝光沸石、菱沸石和改性丝光沸石。反应进行时，控制每一催化剂床层进出口温差约 5～70℃。温差大于 70℃ 会使催化剂寿命缩短，而温差小于 5℃ 难以获得所需的甲醇转化率，催化剂的退化常数下降到 1～2，几乎是采用传统单一沸石催化剂床层时的 1/10，大大延长了催化剂的使用寿命，使该生产方法适用于工业规模生产。

Du Pont 公司最近开发了适用于流化床反应器的耐磨型催化剂。流化床催化工艺与固定床反应器相比，更易于控制反应温度，因为传热效果好，同时固体加工效率更高。在沸石催化剂合成甲胺工艺中精确的温度控制对维持催化剂活性，避免产生热点是很重要的，而在固定床反应器中常产生热点。另外，随着时间的延续，催化剂失活后可更容易从流化床中移走，而固定床则必须停车后才能移出。该催化剂为 RHO 或菱沸石，与高岭土、皂土等黏合剂均匀混合，并用 Si、Al、P 等改性处理。该公司合成的质量比 50∶50 的 NH_4-RHO/α-Al_2O_3 催化剂用 TEOS 处理后，不仅具有耐磨性，对 DMA 的选择性也很高。采用流化床反应器，反应条件为 323℃、30 MPa，将摩尔比为 1∶1 的甲醇/氨在 250℃下汽化，甲醇转化率为 89.2%，MMA、DMA 和 TMA 的选择性分别为 32%、64% 和 4%。

9.5.5 非甲醇基工艺

随着 C_1 化工的发展，传统以甲醇为基础的甲胺合成工艺也同样面临新的挑战。其中以 CO、H_2、NH_3 或 CO_2、H_2、NH_3 为原料的非甲醇工艺研究十分活跃，尤其是后种工艺因 CO_2 是温室效应的主要因素，一旦合成工艺有突破，其经济效益及环保意义十分重大。

Silvia V. Gredig 等人以 CO_2、H_2 和 NH_3 为原料，研究了各种以氧化铝负载的金属催化剂合成过程，发现使用 Cu/Al_2O_3 催化剂，可使甲胺产率最高，240℃、0.6MPa 条件下 MMA、DMA 与 TMA 的含量比为 72∶15∶13。采用其他 Ni、CO、Fe、Pt 等金属时甲胺的产率很低，而采用 Ag 时只生成 CO、H_2O 和 HCN。此外，他们还研究了采用 Cu 为催化剂活性主体、改变载体时对甲胺合成的影响，发现 Cu 催化剂（含 Cu 22%～29%）的载体，其活性排列顺序为 Cr_2O_3>Zr_2O_3>Al_2O_3>SiO_2>ZnO>MgO。三种甲胺生成比例随原料中 NH_3 含量变化而变化，而 MMA 始终为主要产品。该合成路线中原料 CO_2 获取容易，另外对于合成气丰富的地区而言有一定工业应用价值，但由于反应中总体催化剂活性不高，DMA 选择性低，同时配套的工艺开发尚未成熟，因此目前仍处于实验室研究阶段，距工业化还有相当一段距离。

9.5.6 我国混合甲胺生产技术现状

目前，我国混合甲胺生产装置仍较多采用由上海石油化工研究院开发的甲醇气相胺化制甲胺成套工艺技术及 A 系非平衡型催化剂。新一代 A-6 催化剂具有活性高、稳定性好、寿命长（可达 18 个月）、副反应少等特点，甲醇转化率达 98% 以上，DMA 选择性也高，产物分布随反应时间延长变化小，活性下降缓慢。即使 MMA、TMA 返料，也不会造成 TMA 的积累。目前催化剂及相应工艺已成功应用于 1.2 万吨/a 甲胺装置，并完成 3 万吨/a 装置的基础设计。

我国混合甲胺装置的产品中 DMA 所占比例较低，约为 35%，物耗、能耗高。上海石油化工研究院、北京化工研究院、中国科学院大连化学物理研究所、南昌大学等科研单位及大专院校开发的非平衡型催化剂已有很大进展，然而与国外先进水平相比仍有一定差距。

9.6 我国混合甲胺的生产与消费

9.6.1 现状

我国甲胺生产始于 20 世纪 60 年代，在青海省西宁市建立第一套采用甲醇气相胺化法甲胺生产装置——青海黎明化工厂。我国混合甲胺的发展概况如表 9-18，图 9-4 所示。

表 9-18 我国混合甲胺的发展概况　　　　　　　　　单位：万吨/a

年 份	生产能力	产 量	年 份	生产能力	产 量	年 份	生产能力	产 量
1990	4.0	2.8	1996	8	5.7	2002	23	16
1991	4.5	3.4	1997	10	7.2	2003	31	22
1992	5	3.8	1998	10.5	8.8	2004	38	30
1993	5.4	3.5	1999	11	9.5	2005	45	38
1994	6.3	4.4	2000	14	11	2006	52	45
1995	6.7	6	2001	20	14			

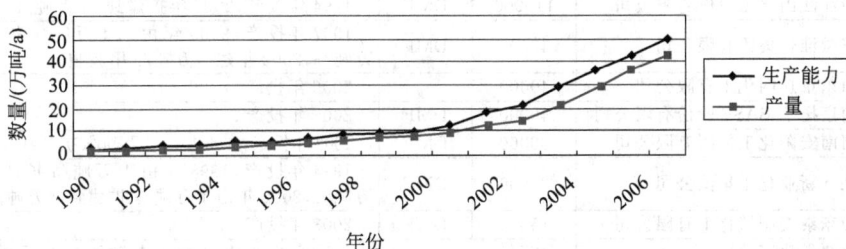

图 9-4　我国混合甲胺的发展概况

在 1990~2006 年，我国混合甲胺生产能力的年均增长率 18.95%，产量的年均增长率 17.4%。其中，我国一甲胺产量的年均增长率 8.14%；我国二甲胺产量的年均增长率 22.85%；我国三甲胺产量的年均增长率 20.34%。我国混合甲胺发展迅速的主要原因：①我国饲料、农药、二甲基甲酰胺（DMF）和化工产品的发展；②我国混合甲胺生产技术的进步。我国甲胺分离物的产量发展概况如表 9-19，图 9-5 所示。

表 9-19　我国甲胺分离物的产量发展概况　　　　　单位：t/a

年　份	总产量	一甲胺	二甲胺	三甲胺	年　份	总产量	一甲胺	二甲胺	三甲胺
1990	2.8	1.2	1.3	0.3	1999	9.5	2.2	5.8	1.5
1991	3.4	1.4	1.4	0.6	2000	11	2.4	6.8	1.8
1992	3.8	1.5	1.7	0.6	2001	14	2.6	9	2.4
1993	3.5	1	2	0.5	2002	16	2.8	10	3.2
1994	4.4	1.2	2.5	0.7	2003	22	3.2	15	3.8
1995	6	1.8	3.3	0.9	2004	30	3.6	22	4.4
1996	5.7	1.5	3.2	1	2005	38	4	30	4
1997	7.2	2	3.8	1.4	2006	45	4.2	35	5.8
1998	8.8	2.3	5	1.5					

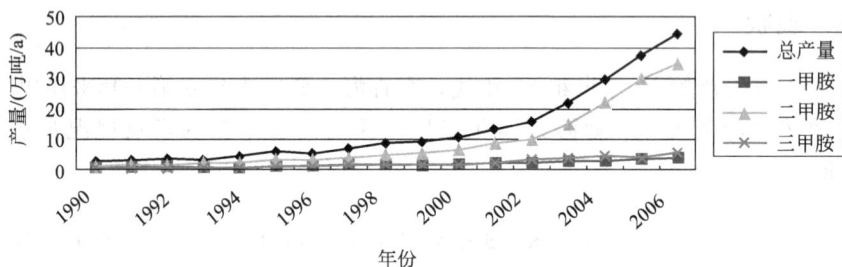

图 9-5　我国甲胺分离物的产量发展概况

据不完全统计，2006 年我国有 17 家主要混合甲胺生产企业，主要分布在山东、浙江、安徽、江苏、河南、陕西、上海、辽宁、河北、江西、山西和重庆等省市。

2006 年，我国甲胺生产能力 52 万吨/a（100％），产量约 45 万吨/a（100％），开工率 86.54％。2006 年我国主要甲胺生产企业的概况如表 9-20 所示。

表 9-20　2006 年我国主要甲胺生产企业的概况　　　　　单位：t/a

序号	企 业 名 称	生产能力	用途	备　　　注
1	山东华鲁恒升集团有限公司	150000	DMF	2000 年投产,2006 年扩建到 15 万吨/a
2	浙江江山化工股份有限公司	110000	DMF	1994 年投产,2005 年扩建到 11 万吨/a
3	安徽淮化集团有限公司	40000	DMF	1997 年投产,2000 年由 1.4 万吨/a 扩产到 2 万吨/a,2002 年建 2 万吨/a 甲胺装置
4	山东章丘明化工有限公司	40000		2006 年投产
5	南京扬子 BASF 股份有限公司	40000	DMF	2005 年投产
6	河南安阳化工集团有限公司	30000	DMF	2003 年投产,2005 年由 2 万吨/a 扩产到 3 万吨/a
7	江苏新亚化工集团公司	20000		1994 年投产,1998 年由 1 万吨/a 扩产到 1.5 万吨/a,2002 年由 1 万吨/a 扩建到 2 万吨/a
8	山东泰安肥城化工有限公司	15000	DMF	2003 年投产
9	陕西省化工总厂	12700		2002 年由 0.62 万吨/a 扩建到 1.27 万吨/a
10	上海染料化工厂	12000		
11	辽宁丹东前阳轻化工一厂	10000		2001 年由 0.8 万吨/a 扩产到 1 万吨/a
12	山东滕州永兴化工有限公司	10000		2002 年由 0.6 万吨/a 扩建到 1 万吨/a
13	河南濮阳市有机化工厂	8000	氯化胆碱	1993 年投产,1999 年扩建到 0.8 万吨/a
14	河北新化股份有限公司	6000		2000 年由 0.5 万吨/a 扩产到 0.6 万吨/a
15	蓝星化工新材料股份有限公司江西星火有机硅厂	6000		
16	山西太原化工集团有限公司	6000		
17	重庆碱胺实业总公司	5000		
合计		520700		

9.6.2 发展趋势

据了解，美国 Air Products and Chemicals Inc. 与上海中源化工有限公司共同建立（3.5～4.0）万吨/a 混合甲胺生产装置；比利时 Taminco NV 与江苏张家港合资（75∶20）建立大型混合甲胺（5 万吨/a）和 DMF（6 万吨/a）生产装置，预计 2010 年以后投产。2006 年我国在建的主要甲胺装置如表 9-21 所示。

表 9-21　2006 年我国在建的主要甲胺装置　　　　　单位：t/a

序　号	企 业 名 称	生 产 能 力	投 产 时 间
1	河南安阳化工集团有限公司	30000	2007 年
2	江苏新菱化工有限公司[①]	24000	2007 年
3	菱天(南京)精细化工有限公司[②]	40000	2007 年
4	山东章丘明化工有限公司	60000	2007 年
5	山东华鲁恒升集团有限公司	80000	2008 年
6	天津渤海化工集团公司	20000	2008 年
合计		254000	

① 江苏新亚化工有限公司与日本三菱丽阳株式会社、中化日本有限公司、日本三菱商事株式会社四方出资组建。

② 与日本 MGC 合资。

到 2010 年我国混合甲胺生产能力将达 80 万吨/a（100％）。2005～2010 年，我国混合甲胺生产能力的年均增长率将达到 13.22％。预计，2010～2015 年期间，我国混合甲胺生产能力的年均增长率 2.38％。

9.6.3 消费与市场

（1）用途
我国混合甲胺的用途如表 9-22 所示。

表 9-22　我国混合甲胺的用途

应用领域	下 游 产 品		
	一甲胺	二甲胺	三甲胺
有机原料	2,2′,3,3′-联苯四酸二酐	1-甲基-3-[3-甲基-4-(4-三氟甲巯基苯氧基)苯基]脲	2,2-二羟甲基丙酸
	3-异丙烯基卓酚酮	2,2′-亚甲基双(1,3-环己二酮)	3-氯-2-羟丙基三甲基氯化铵
	α-氯代乙酰乙酰甲胺	(2E,6E)-8-乙酰基-2,6-甲基-2,6-辛二烯-1-醇	5-溴丁基三甲基溴化铵
	N-甲基-3,3-二苯基丙胺	2-甲基间苯二酚	O,O-二乙基-O-对硝基苯基硫代磷酸酯
	N-甲基氨基甲酸酯	3-N,N-二甲氨基-2-羟基硫代磺酸钠基丙烷	三甲铵乙内酯
	N-甲基吡咯烷酮	3-二甲氨基-N,N-二甲基丙酰胺	三甲基烯丙基氯化铵

续表

应用领域	下游产品		
	一甲胺	二甲胺	三甲胺
有机原料	N-甲基咪唑	3-十二烷氧-2-羟丙基-二甲基苄基氯化铵	2-氨基-6-氟-9-(4-羟基-3-羟甲基丁基)嘌呤
	N-甲基二乙醇胺	4-二甲氨基吡啶	
	甲基巯基四唑	N-(3-二甲氨基)丙基甲基丙烯酰胺	
	甲基异氰酸酯	N-(对氯邻甲基)-N,N-二甲基硫脲	
		N,N-二甲氨基甲基丙烯酸乙酯	
		N,N-二甲基-1,3-丙二胺	
		N,N-二甲基-3-羟基-3-(2-噻吩基)丙胺	
		N,N-二甲基甘氨酸酯	
		N,N-二甲基环己胺	
		单烷基二甲基叔胺	
		二甲基二烯丙基氯化铵	
		二甲基甲酰胺	
		二甲基烯丙胺	
		二甲基乙醇胺	
		二甲基乙酰胺	
		二硫代氨基甲酸铁	
		富顺式二氯菊酸甲酯	
		六磷胺	
		四甲基胍	
农药	5-氯-2-甲基-4-异噻唑啉-3-酮	福美砷	矮壮素
	害扑威	福美双	哒嗪硫磷
	久效磷	聚季膦铵盐杀菌剂	毒鼠磷
	溴虫腈	绿麦隆	对硫磷
	乐果	杀虫脒	治螟磷
	灭蚕蝇	杀虫双	
	杀虫脒	杀螟丹	
	速灭威	双苯酰草胺	
	西维因	退菌特	
	氧乐果	异丙隆	
植物生长调节剂		偏二甲肼	β-羟乙基-三甲基十二烷基硫酸铵
医药	4-哌啶酮衍生物	非那根	
	非那根	磺胺药物	
	磺胺药物	咖啡因	
	肌氨酸钠	可的松	
	咖啡因	强力霉素	
	麻黄素	维生素 B_6	
染料	吡啶酮酸性媒染料		
	茜素染料		

续表

应用领域	下 游 产 品		
	一甲胺	二甲胺	三甲胺
表面活性剂	N,N-油酰甲基牛磺酸钠	3-[N-(3-烷氧基-2-羟基丙基)-N,N-二甲基胺]-2-羟基丙基酸性磷酸酯甜菜碱	十八烷基三甲基卤化铵或十二烷基三甲基卤化铵
	N-月桂酰基肌氨酸钠	吡啶型阳离子表面活性剂	
		十八烷基二甲基苄基氯化铵	
		烷基三甲基氯化铵	
		月桂基二甲胺	
水胶炸药	一甲基硝酸铵		
高能燃料	一甲肼	偏二甲肼	
橡胶助剂		二甲基二硫代氨基甲酸锌	
		丁腈橡胶助剂	
印染助剂		无甲醛固色剂 ENF	
		改性阳离子表面活性剂	
工业水处理		天然单宁改性水处理剂	改性脲醛树脂季铵盐絮凝剂
聚合物		α-(羟丙基二甲氨基)-丙烯酸同丙烯酰胺聚合物	
		胺改性酚醛树脂	
		扩链脲改性环氧树脂 E-51	
		环氧氯丙烷-二甲胺阳离子聚合物	
		聚二甲基二烯丙基氯化铵	
		聚醚 ZS-4110 II	
		三聚氰胺甲醛树脂	
饲料添加剂			氯化胆碱
强碱性阴离子交换树脂			IRA-400
阳离子剂			环氧丙基二烷基氯化铵
			季铵型阳离子聚乙烯醇
阳离子增稠剂			POA
淀粉改性剂			季铵烷基阳离子淀粉
			淀粉醚化剂
			阳离子醚化剂
			高取代阳离子淀粉
			硫酸氢(2-羟基-N,N,N-三甲氨基)阳离子淀粉醚
造纸化学品			阳离子松香中碱性施胶
纺织助剂			有机硅纺织柔软剂
感光材料			2-氯-4-三甲胺-6-硫脲基-均三嗪内盐

（2）消费量

2006 年，我国混合甲胺市场表观消费量为 45 万吨，其中二甲胺（DMA）占 78％；一甲胺（MMA）占 9％；三甲胺（TMA）占 13％。我国混合甲胺市场表观消费量如表 9-23，图 9-6 所示。

表 9-23　我国混合甲胺市场表观消费量　　　　　单位：万吨/a

年　份	总产量	进　口	出　口	市场表观消费量
2000	11	0.0060	0.0973	10.9087
2001	14	0.0007	0.0411	13.9596
2002	16	0.0090	0.0560	15.9530
2003	22	0.0066	0.0257	21.9809
2004	30	0.0063	0.0415	29.9648
2005	38	0.0191	0.0556	37.9635
2006	45	0.0041	0.0663	44.9378

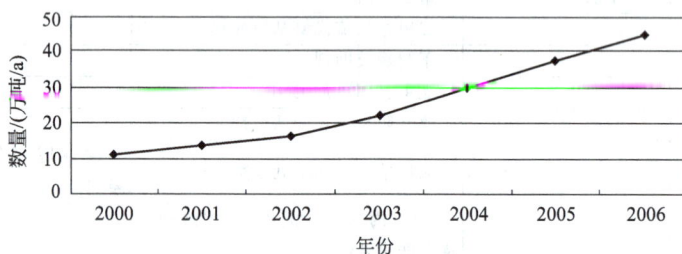

图 9-6　我国混合甲胺市场表现消费量

在 2000～2006 年期间，我国混合甲胺市场表观消费量的年均增长率为 26.61％。我国混合甲胺市场增长的主要原因：①我国合成革工业的快速发展；②我国畜牧业的发展，需要大量饲料添加剂。

2006 年我国甲胺分离物市场表观消费量如表 9-24，图 9-7 所示。2006 年我国甲胺分离物的消费构成如表 9-25 所示。2006 年我国一甲胺、二甲胺、三甲胺的消费构成分别如图 9-8～图 9-10 所示。

表 9-24　2006 年我国混合甲胺分离物市场表观消费量

产　品	市场表观消费量/t	所占比例/％
DMA	35100	78
MMA	4050	9
TMA	5850	13
合　计	450000	100

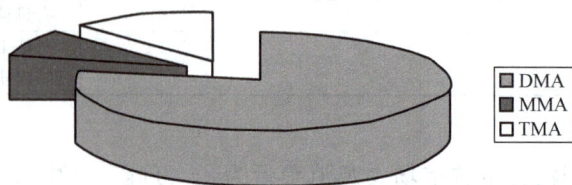

图 9-7　2006 年中国混合甲胺分离物市场表观消费量

表 9-25　2006 年我国混合甲胺分离物的消费构成

用　途	消费构成/%	用　途	消费构成/%	用　途	消费构成/%
MMA	100	DMA	100	TMA	100
医药	40	N,N-二甲基甲酰胺(DMF)	60	氯化胆碱	55
农药	30			农药	30
染料	15	N,N-二甲基乙酰胺	20	其他	15
炸药	5				
其他	10	其他	20		

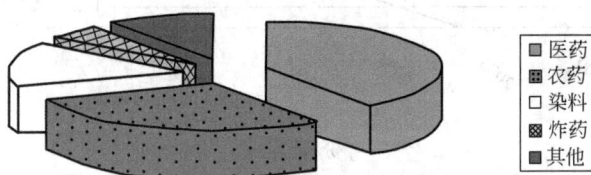

图 9-8　2006 年我国一甲胺（MMA）的消费构成

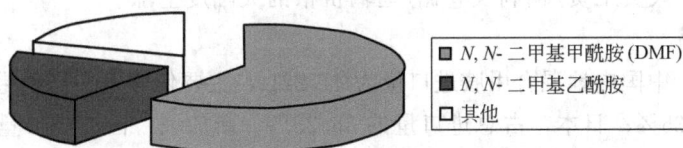

图 9-9　2006 年我国二甲胺（DMA）的消费构成

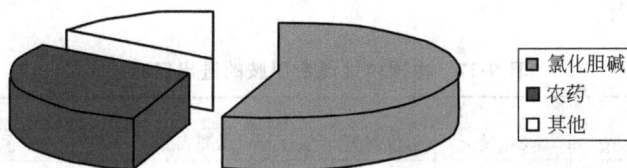

图 9-10　2006 年我国三甲胺（TMA）的消费构成

　　混合甲胺有广泛的工业用途，是生产多种溶剂、杀虫剂、除草剂、医药和洗涤剂的重要中间体。从数量上说，二甲胺的需求量最大，它可用于制造 N,N-二甲基甲酰胺（DMF）、N,N-二甲基乙酰胺两种用途广泛的溶剂，还可以用来制造橡胶硫化促进剂、抗生素、离子交换树脂及表面活性剂。一甲胺在需求上占第二位，它主要用于生产医药（咖啡因、麻黄素等）、农药（乐果、杀虫脒、甲萘威等）、染料（蒽醌系中间体）、炸药（水胶炸药）的原料，还可用于生产 N-甲基吡咯烷酮、二甲基脲等。三甲胺用途较少，用于合成除草剂、饲料添加剂和离子交换树脂等。

　　（3）价格分析

表 9-26 我国甲胺分离物的市场平均价格   单位：元/t

	2002 年	2003 年	2004 年	2005 年	2006 年 1～7 月
MMA(40%)	—	—	1600	1800	4800
DMA(40%~50%)	2800	3600	2300	2500	4800
TMA(30%)	—	—	2200	—	2500

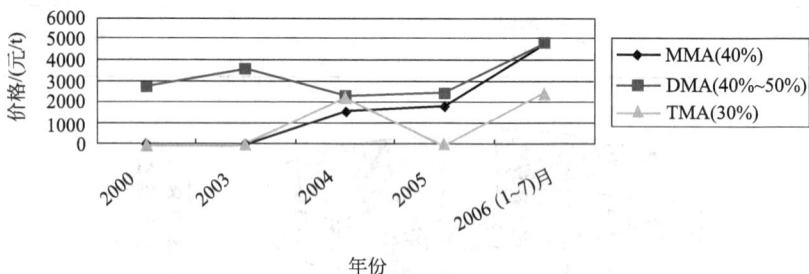

图 9-11 我国甲胺分离物的市场平均价格

图 9-11 和表 9-26 为我国甲胺分离物的市场平均价格，其上涨的主要因素是我国能源原料、人员工资/福利及仓储/运输价格的大幅度上涨。

（4）贸易

2006 年，中国内地混合甲胺进口量为 41.221t，主要依赖于中国香港地区，占总进口量的 36.35%；日本，占总进口量的 36.22%；新加坡，占总进口量的 19.41%；韩国，占总进口量的 7.76%。

2006 年中国内地混合甲胺出口量为 662.874t，主要出口到伊朗，占总出口量的 34.54%；韩国，占总出口量的 17.75%；美国，占总出口量的 15%；马来西亚，占总出口量的 8.5%。

表 9-27 中国内地混合甲胺的进出口概况

年 份	进 口			出 口		
	数量/kg	金额/美元	单价/(美元/kg)	数量/kg	金额/美元	单价/(美元/kg)
2000	60386	123217	2.0	973267	1165049	1.19
2001	7144	20552	2.88	411273	844409	2.05
2002	89847	81205	0.90	559262	488263	0.87
2003	62785	98633	1.57	257353	296988	1.15
2004	66412	136591	2.06	414884	493823	1.19
2005	190716	203386	1.066	555880	701082	1.26
2006	41221	244937	5.942	662874	947678	1.43

从表 9-27，图 9-12 和图 9-13 可以看出，2000～2006 年期间，中国内地混合甲胺进口量的年均递减率 6.16%。2000～2006 年期间，中国内地混合甲胺出口量的年均递减率 6.2%。其主要因素是：近年中国内地经济高速发展，促使中国内地混合甲胺进口量和出口量的减少，以满足中国内地的合成纤维、畜牧业、农药出口和

洗涤剂等行业的发展需求。

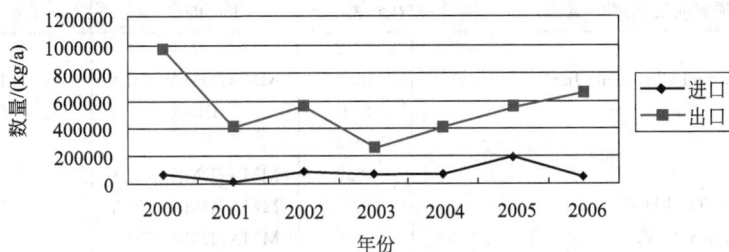

图 9-12　中国内地混合甲胺进出量的发展动态

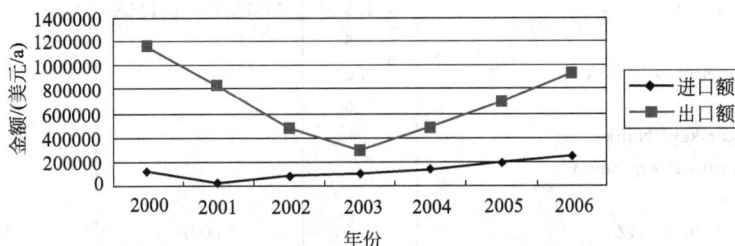

图 9-13　中国内地混合甲胺进出口额的发展动态

9.7　世界混合甲胺的生产与消费

9.7.1　生产

国外于 20 世纪 70 年代中期建立了大型混合甲胺生产装置。在 20 世纪 60 年代末～20 世纪 80 年代初，美国混合甲胺生产发展速度最快，在此期间，美国混合甲胺生产的年均增长速度达 10.3%。近年来，美国混合甲胺生产增长速度变缓，年均增长速度为 3%～4%。2004 年国外混合甲胺产量见表 9-28。

表 9-28　2004 年国外混合甲胺的产量

产品	美国		西欧		东欧		日本	
	产量/(万吨/a)	所占比例/%	产量/(万吨/a)	所占比例/%	产量/(万吨/a)	所占比例/%	产量/(万吨/a)	所占比例/%
MMA	3.2	20.25	14.9	92.55	0.68[①]	97.14	6.0	100.0
DMA	11.5	72.78	0.47	2.92	0.02[②]	2.86	0	0
TMA	1.1	6.97	0.73	4.53	0	0	0	0
合计	15.8	100.0	16.1	100.0	0.7	100.0	6.0	100.0

① 俄罗斯的产量数据。

② 捷克 Borsodchem MCHZ 的产量数据。

2005 年，国外混合甲胺生产能力约 81.1 万吨，其中美国占 33.53%；西欧占 39.83%；日本占 10.23%。世界混合甲胺生产企业的概况见表 9-29。

表 9-29　世界混合甲胺生产企业的概况　　　　单位：万吨/a

国家或地区/生产企业	生产能力[1]	生产的产品	主要应用领域
美国	27.2		
Air Products and Chemicals Inc.	18.1	MMA/DMA/TMA	DMF
Du Pont	9.1	DMA	DMF
西欧	32.3		
德国 BASF	12.0	MMA/DMA/TMA	DMF
德国 Taminco GmbH	6.0	MMA/DMA/TMA	DMF
比利时 Taminco N. V.	8.0	MMA/DMA/TMA	
意大利 Akzo Nobel	1.8	MMA/DMA/TMA	
荷兰 Akzo Nobel	3.0	MMA/DMA/TMA	
西班牙 Ertisa S. A.	1.5	MMA/DMA/TMA	
东欧	2.6		
罗马尼亚 Chimcomplex S. A.	0.2		
俄罗斯	1.8		
A. O. Angarskaya Nkhk			
A. O. Salavatnefteorg-Sintey			
A. O. Sintez			
捷克 Borsodchem MCHZ	0.6	DMA	DMF
日本	8.3		
Mitsubishi Gas Chemical Company	4.0	DMA	DMF Choline Chloride
Mitsubishi Rayon Co. ，Ltd.	3.5	DMA	DMF
Shimonoseki Mitsui Chemicals Inc.	0.8		
亚洲其他地区	62.7		
印度 Rashtriya chemicals and Fertilizers Ltd.	0.9		
朝鲜 Samsung Fine Chemicals Co. ，Ltd.	9.2	DMA	DMF
中国台湾 Formosa Chemicals & Fibre Corp.	0.6	DMA	DMF
中国大陆地区	52	MMA/DMA/TMA	
总计	133.1		

① 2005 年 11 月数据。

9.7.2　消费

① 2004～2009 年（预计）美国 MMA、DMA、TMA 的消费量分别如表 9-30～表 9-32 所示。

表 9-30　2004～2009 年美国 MMA 的消费量

应用领域	2004 年		2009 年		2004～2009 年的年均增长率
	消费量/(万吨/a)	所占比例/%	消费量(预计)/(万吨/a)	所占比例/%	
N-甲基吡咯烷酮	1.65	36.59	1.95	38.1	3.4
农药					
威百亩	0.96	21.29	1.1	21.48	2.8
异氰酸甲酯	0.6	13.3	0.6	11.72	0
烷基化合物	1.01	22.39	1.15	22.46	2.6
表面活性剂	0.15	3.33	0.17	3.3	2.5
医药	0.05	1.1	0.05	0.98	0
其他	0.09	2	0.1	1.96	2.1
合计	4.51	100.0	5.12	100.0	2.7

表 9-31 2004～2009 年美国 DMA 的消费量

应用领域	2004 年		2009 年		2004～2009 年的年均增长率
	消费量/(万吨/a)	所占比例/%	消费量(预计)/(万吨/a)	所占比例/%	
水处理剂					
二甲基胺己二烯	1.57	14.6	1.74	14.76	2.1
表氯乙醇-二甲胺	1.03	9.57	1.16	9.85	2.4
聚丙烯酰胺	0.5	4.64	0.55	4.66	1.9
溶剂					
DMF	1.9	17.66	2	16.96	1
二甲基乙酰胺	0.97	9.01	1.05	8.91	1.6
二甲基乙醇胺	1.9	17.66	2.1	17.81	2
表面活性剂	0.94	8.74	0.98	8.31	1
二甲基氨基丙胺	0.85	7.9	1.09	9.24	5.1
农药	0.35	3.25	0.34	2.88	−0.6
其他	0.75	6.97	0.78	6.62	0.8
合计	10.76	100.0	11.79	100.0	1.8

表 9-32 2004～2009 年美国 TMA 的消费量

应用领域	2004 年		2009 年		2004～2009 年的年均增长率
	消费量/(万吨/a)	所占比例/%	消费量(预计)/(万吨/a)	所占比例/%	
氯化胆碱	1.59	51.79	1.71	48.86	1.5
造纸和纺织化学品	1.2	39.09	1.46	41.71	4
其他	0.28	9.12	0.33	9.43	3.3
合计	3.07	100.0	3.5	100.0	

② 2004～2009 年（预计）西欧 MMA、DMA、TMA 的消费量分别如表 9-33～表 9-35 所示。

表 9-33 2004～2009 年西欧 MMA 的消费量

应用领域	2004 年		2009 年		2004～2009 年的年均增长率
	消费量/(万吨/a)	所占比例/%	消费量(预计)/(万吨/a)	所占比例/%	
农药	1.3	50.39	1.1	41.04	−3.3
表面活性剂	0.4	15.5	0.5	18.66	4.6
N-甲基吡咯烷酮	0.3	11.63	0.4	14.93	6
水胶炸药	0.08	3.1	0.08	2.98	0
其他	0.5	19.38	0.6	22.39	3.7
合计	2.58	100.0	2.68	100.0	0.8

表 9-34 2004～2009 年西欧 DMA 的消费量

应用领域	2004 年		2009 年		2004～2009 年的年均增长率
	消费量/(万吨/a)	所占比例/%	消费量(预计)/(万吨/a)	所占比例/%	
DMF	6.0	67.27	6.2	67.39	0.6
农药	1.1	12.33	1.16	12.61	1.6
橡胶助剂	0.78	8.74	0.77	8.37	−0.3
二甲基乙酰胺	0.61	6.84	0.6	6.52	−0.3
其他	0.43	4.82	0.47	5.11	1.8
合计	8.92	100.0	9.2	100.0	0.6

表 9-35　2004～2009 年西欧 TMA 的消费量

应用领域	2004 年		2009 年		2004～2009 年的年均增长率
	消费量/(万吨/a)	所占比例/%	消费量(预计)/(万吨/a)	所占比例/%	
氯化胆碱	2.3	68.86	2.5	68.68	1.7
氯化胆碱氯化物	0.5	14.97	0.6	16.48	3.7
氯羟基丙基三甲基氯化铵	0.25	7.49	0.27	7.42	1.5
其他	0.29	8.68	0.27	7.42	−1.4
合计	3.34	100.0	3.64	100.0	1.7

③ 2004 年日本 MA 的消费量如表 9-36 所示。

表 9-36　2004 年日本 MA 的消费量

MMA				
项目	N-甲基吡咯烷酮	杀虫剂	医药	其他	合计
消费量/(万吨/a)	0.23	0.03	0.008	0.13	0.398
所占比例/%	57.79	7.55	2	32.66	100.0

DMA								
项目	DMF	DMAC	表面活性剂	絮凝物	橡胶助剂	农药	医药	其他	合计
消费量/(万吨/a)	3.44	0.61	0.26	0.26	0.065	0.08	0.05	0.23	4.995
所占比例/%	68.87	12.21	5.21	5.21	1.3	1.6	1	4.6	100.0

TMA		
项目	氯化胆碱	其他	合计
消费量/(万吨/a)	0.11	0.32	0.43
所占比例/%	25.58	74.42	100.0

9.8　发展建议

我国混合甲胺行业与国外相比，仍存在着较大的差距，主要表现在以下几个方面：①我国大多数混合甲胺装置规模偏小，自动化程度较低；②在基础理论研究方面比较少，几乎是空白。

针对以上问题，对混合甲胺行业的发展提出以下建议：

（1）我国除引进装置外，其余厂家均以小装置为主，不能满足日益增长的需求，应立足我国国情，对现有混合甲胺装置进行改造，开发出具有我国特色的混合甲胺生产工艺，做到产品多元化、精细化、高纯化，以满足不同用户需求。

（2）二甲胺下游产品是高附加值产品，在国际市场上比较紧俏，出口前景看好，应加大开发生产力度，进一步降低成本、提高质量、增加产能，在开拓国际市场的同时，要加强我国市场的培育。

（3）我国具有规模化装置的企业要加强技术的完善与提升，要加强与科研院所的合作，走产、学、研相结合的道路，同时要加强相关设备的开发及其在混合甲胺生产中的应用研究，以提高我国混合甲胺生产的工艺技术水平和装备现代化水平。

（4）催化剂立足于现有工业装置，可直接使用而无需对工艺装置进行任何根本性的改造，随时扩能整改。

（5）我国混合甲胺产能已达到相当规模，新建装置需慎重，在有原材料及公用工程优势的地区或具有市场潜力的地区可考虑建设具有规模优势的高 MMA 和 DMA 选择性的生产装置。

参 考 文 献

[1] 司航. 有机化工原料. 第 3 版. 北京：化学工业出版社，2000.

[2] 杨学萍. 甲胺生产技术进展. 精细石油化工，2001，(5)，33-37.

[3] 姜向东. 选择性合成甲胺工艺的现状与展望. 上海化工，2002，(2)，22-25.

[4] 尤向阳. 甲胺及其下游产品二甲基甲酰胺概述和发展前景探讨. 化工中间体，2005，(12)，5-7.

[5] 李峰等. 甲醇及其衍生物. 北京苏佳惠丰化工技术咨询有限公司，2006.

（李峰　编写）

10 甲酸甲酯

甲酸甲酯（methyl formate，MF）又名蚁酸甲酯，是重要的甲醇衍生物之一。甲酸甲酯最早是由甲酸和甲醇酯化合成的。1925 年德国 BASF 公司获得甲醇羰基化法高压合成甲酸甲酯的第一个专利，1978 年 UCB 公司将其改进为中压操作，美国 Leonard 公司、SD-Bethlehem 公司、BASF 公司等对该工艺进行了深入的研究，于 1980 年实现工业化生产。甲醇羰基化法和脱氢法等新的甲酸甲酯合成方法使产品成本大幅降低，促进了甲酸甲酯应用领域的不断扩大。

甲酸甲酯是有机合成化工产品极重要的中间体，用途十分广泛，它可用于生产甲酸、二甲基甲酰胺、碳酸二甲酯、乙二醇等重要化学品，也可直接用作杀虫剂、杀菌剂和用于谷物处理，以及用于水果、干果、烟草的熏蒸剂。甲酸甲酯已成为当前世界 C_1 化学的热点产品之一。

10.1 物化性质

10.1.1 物理性质

甲酸甲酯（$HCOOCH_3$）为无色易燃有芳香味液体，有刺激性，易水解，溶于甲醇和乙醚。其蒸气与空气能形成爆炸性混合物。甲酸甲酯的一般物理性质见表 10-1。

表 10-1 甲酸甲酯的一般物理性质

性 质	数 据	性 质	数 据
相对分子质量	60.05	水中溶解度(20℃)/(mL/100mL)	30
熔点/℃	−99.8	蒸汽压(16℃)/kPa	53.32
沸点/℃	31.8	闪点(闭杯)/℃	−19
液体相对密度(水为1)	0.98	折射率 n_D^{20}	1.3440
气体相对密度(空气为1)	2.07	燃烧热/(kJ/mol)	978.7
饱和蒸气压(16℃)/kPa	53.32	临界压力/MPa	6.0
临界温度/℃	214	空气中爆炸极限(体积分数)/%	5.9~20.0
引燃温度/℃	449		

10.1.2 化学性质

甲酸甲酯分子中除酯基外,还有甲基、甲氧基和羰基,化学活性很高。甲酸甲酯的主要化学反应如下。

(1) 水解反应

甲酸甲酯水解可用来制甲酸:

$$HCOOCH_3 + H_2O \longrightarrow CH_3OH + HCOOH \tag{10-1}$$

(2) 氨解反应

甲酸甲酯在常温常压下氨解成甲酰胺:

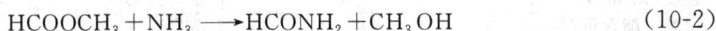

$$HCOOCH_3 + NH_3 \longrightarrow HCONH_2 + CH_3OH \tag{10-2}$$

甲酸甲酯和二甲胺在 50℃、0.5MPa 条件下反应可生成二甲基甲酰胺:

$$HCOOCH_3 + (CH_3)_2NH \longrightarrow HCON(CH_3)_2 + CH_3OH \tag{10-3}$$

(3) 裂解反应

甲酸甲酯在特定条件下可裂解成高纯 CO,用于精细合成工业。

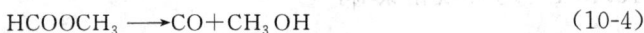

$$HCOOCH_3 \longrightarrow CO + CH_3OH \tag{10-4}$$

(4) 异构化反应

甲酸甲酯和醋酸互为异构体,在 180℃,压力 0.1MPa 条件下,用 Ni/CH_3I 催化甲酸甲酯异构化为醋酸:

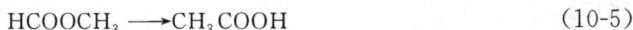

$$HCOOCH_3 \longrightarrow CH_3COOH \tag{10-5}$$

(5) 其他反应

四氢呋喃溶剂中,甲酸甲酯和甲醇钠反应生成碳酸二甲酯:

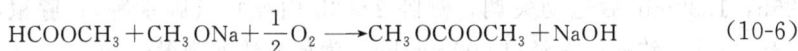

$$HCOOCH_3 + CH_3ONa + \frac{1}{2}O_2 \longrightarrow CH_3OCOOCH_3 + NaOH \tag{10-6}$$

甲酸甲酯在酸催化作用下,与多聚甲醛反应生成乙醇酸甲酯,乙醇酸甲酯氢解生成乙二醇。杜邦公司已将此工艺工业化。

甲酸甲酯在异构化生成醋酸的反应中,选用 Ir、Rh、Co、Pd、Ni 为主催化剂,CH_3I 为助催化剂,可以使生成的醋酸继续与甲酸甲酯反应,生成醋酸甲酯,副产甲酸:

$$CH_3COOH + HCOOCH_3 \longrightarrow CH_3COOCH_3 + HCOOH \tag{10-7}$$

用铑络合物为主催化剂,在离子型助催化剂存在下,甲酸甲酯羰基化合成乙醛,改变操作条件后,便生成醋酸甲酯:

$$4HCOOH_3 \xrightarrow[\text{NMP}, \; p=10^6 \text{Pa}]{\text{Rh}, \; I^-} CH_3COOCH_3 + HCOOH + 4H_2O \tag{10-8}$$

甲酸甲酯和乙烯进行加氢酯化能生成丙酸甲酯:

$$CH_2{=}CH_2 + HCOOCH_3 \longrightarrow CH_3CH_2COOCH_3 \tag{10-9}$$

甲酸甲酯和丁二烯加氢酯化能生成重要的乙二酸二甲酯:

$$CH_2{=}CH{-}CH{=}CH_2 + 2HCOOCH_3 \longrightarrow CH_3OOC(CH_2)_4COOCH_3 \tag{10-10}$$

甲酸甲酯在丙烯和 CO 作用下可生成异丁酸甲酯：

$$HCOOCH_3 + CH_3CH\!=\!\!CH_2 \xrightarrow{CO} (CH_3)_2CHCOOCH_3 \tag{10-11}$$

10.2 质量标准

甲酸甲酯产品质量指标如表 10-2 所示。

表 10-2 甲酸甲酯产品质量指标（山东阿斯德企业标准）

项　　目		指　　标	项　　目		指　　标
色度（铂-钴号）	≤	10	水含量/%	≤	0.020
甲酸甲酯含量/%	≥	97.00	蒸发残渣/%	≤	0.020

10.3 环保及安全

10.3.1 对环境的影响

（1）健康危害

侵入途径：吸入、食入、经皮吸收。健康危害：甲酸甲酯有麻醉和刺激作用。人接触一定浓度的甲酸甲酯，会发生明显的刺激作用；反复接触可致痉挛甚至死亡。

（2）毒理学资料及环境行为

急性毒性：LD_{50} 1622mg/kg（兔经口）。亚急性和慢性毒性：猫吸入 2300mg/m³ × 25h，1h30min 后运动失调，侧卧 2～3h 内死亡（肺水肿）；豚鼠吸入 25g/m³ ×（3～4）h，致死；人经口 500mg/kg，为最小致死剂量。

（3）实验室监测方法

采用直接进样气相色谱法（WS/T 166—1999，作业场所空气）。在空气中，样品用活性炭管收集，再用气相色谱法分析。气相色谱法，参照《分析化学手册》（第四分册，色谱分析，化学工业出版社，1984 年）。

（4）环境标准

前苏联的标准：车间空气中有害物质的最高容许浓度 250mg/m³；空气中嗅觉阈浓度 (66～72)×10⁻⁶。

（5）其他有害作用

该物质对环境可能有危害，对水体应给予特别注意。

10.3.2 安全操作与应急处理

（1）操作注意事项

密闭操作，提供充分的局部排风。操作人员必须经过专门培训，严格遵守操作规程。建议操作人员佩戴自吸过滤式防毒面具（半面罩），戴化学安全防护眼镜，穿防静电工作服，戴橡胶耐油手套。远离火种、热源，工作场所严禁吸烟。使用防爆型的通风系统和设备。防止蒸气泄漏到工作场所空气中。避免与氧化剂、碱类接触。灌装时应控制流速，且有接地装置，防止静电积聚。搬运时要轻装轻卸，防止包装及容器损坏。配备相应品种和数量的消防器材及泄漏应急处理设备。倒空的容器可能残留有害物，应注意。

（2）应急处理处置方法

① 泄漏应急处理　迅速撤离泄漏污染区人员至安全区，并进行隔离，严格限制出入。切断火源。建议应急处理人员戴自给正压式呼吸器，穿消防防护服。尽可能切断泄漏源。防止进入下水道、排洪沟等限制性空间。小量泄漏：用沙土或其他不燃材料吸附或吸收；也可以用大量水冲洗，洗水稀释后放入废水系统。大量泄漏：构筑围堤或挖坑收容；用泡沫覆盖，降低蒸气灾害；用防爆泵转移至槽车或专用收集器内，回收或运至废物处理场所处置。

废弃物处置方法：焚烧法。

② 防护措施　呼吸系统防护：空气中浓度超标时，应该佩戴自吸过滤式防毒面具（半面罩）。紧急事态抢救或撤离时，建议佩戴空气呼吸器。

眼睛防护：戴化学安全防护眼镜。

身体防护：穿防静电工作服。

手防护：戴乳胶手套。

其他：工作现场严禁吸烟；工作毕，淋浴更衣；注意个人清洁卫生。

③ 急救措施　皮肤接触：脱去被污染的衣着，用肥皂水和清水彻底冲洗皮肤。

眼睛接触：提起眼睑，用流动清水或生理盐水冲洗。就医。

吸入：迅速脱离现场至空气新鲜处。保持呼吸道通畅。如呼吸困难，给输氧。如呼吸停止，立即进行人工呼吸。就医。

食入：饮足量温水，催吐，就医。

④ 消防　危险特性：极易燃，其蒸气与空气可形成爆炸性混合物。遇明火、高热或与氧化剂接触，有引起燃烧爆炸的危险。在火场中，受热的容器有爆炸危险。其蒸气比空气重，能在较低处扩散到相当远的地方，遇明火会引着回燃。

燃烧（分解）产物：一氧化碳、二氧化碳。

灭火方法：尽可能将容器从火场移至空旷处。喷水保持火场容器冷却，直至灭火结束。处在火场中的容器若已变色或从安全泄压装置中产生声音，必须马上撤离。

灭火剂：抗溶性泡沫、干粉、二氧化碳、沙土。用水灭火无效。

10.4　包装及储运

常用危险化学品的分类及标志（GB 13690—92）将甲酸甲酯划为第 3.1 类低

闪点易燃液体。CAS 号 107-31-3，危规编码 31037，联合国编号 1243。由于甲酸甲酯沸点低，不便长距离运输，主要作为中间产品使用。

（1）储存注意事项

储存于阴凉、通风的库房。远离火种、热源。库温不宜超过 28℃。保持容器密封。应与氧化剂、碱类分开存放，切忌混储。采用防爆型照明、通风设施。禁止使用易产生火花的机械设备和工具。储区应备有泄漏应急处理设备和合适的收容材料。在存放甲酸甲酯的场地四周要备有一定数量的消防器材，要在明显处标明严禁烟火标志。

如用储罐储存甲酸甲酯，储罐要建防火堤，要有喷淋装置，有避雷针，储罐上还要有液位计、呼吸阀、阻火器等安全设施。储罐之间要有安全间距，可以采用防火堤隔离。存有甲酸甲酯的储罐属重大危险源，与其他建筑物要有安全距离。

（2）包装方法

甲酸甲酯作为商品周转时一般用 200L 镀锌桶包装，露天储存时，要注意桶的防腐蚀。不同容积的产品可分别采用小开口钢桶，安瓿瓶外普通木箱，螺纹口玻璃瓶、铁盖压口玻璃瓶、塑料瓶或金属桶（罐）外普通木箱包装。

（3）运输注意事项

运输时运输车辆应配备相应品种和数量的消防器材及泄漏应急处理设备。夏季最好早晚运输。运输时所用的槽（罐）车应有接地链，槽内可设孔隔板以减少震荡产生静电。严禁与氧化剂、碱类、食用化学品等混装混运。运输途中应防曝晒、雨淋，防高温。中途停留时应远离火种、热源、高温区。装运该物品的车辆排气管必须配备阻火装置，禁止使用易产生火花的机械设备和工具装卸。公路运输时要按规定路线行驶，勿在居民区和人口稠密区停留。铁路运输时要禁止溜放。严禁用木船、水泥船散装运输。

10.5 合成工艺

甲酸甲酯最早由甲酸和甲醇酯化脱水制得，甲酸甲酯合成方法有甲酸酯化法、甲醇羰基化法、甲醇脱氢法、合成气直接合成法等。

10.5.1 甲醇和甲酸酯化法

该法反应过程是用甲醇与甲酸在既定条件下进行酯化，在经过冷却、蒸馏后用无水碳酸钠干燥，过滤得到成品。

$$HCOOH + CH_3OH \longrightarrow HCOOCH_3 + H_2O \tag{10-12}$$

此法生产 1t 甲酸甲酯消耗 0.6t 甲醇和 1t 85% 的甲酸，成本较高，而且设备腐蚀严重。此法在国内外基本已被淘汰。

10.5.2　甲醇羰基化法

1925 年德国 BASF 公司首次用甲醇羰基化制取甲酸甲酯，此后甲醇、一氧化碳羰基化制甲酸甲酯便成为国际上工业生产中广泛采用的方法。该工艺技术成熟，工艺合理，原料利用率高，几乎没有副产物，生产成本最低，而且还可利用含一氧化碳的工业废气作原料，与其他方法相比，在技术经济上有明显的优越性。国外甲醇羰基化法制甲酸甲酯已工业化多年，生产工艺主要有 SD-Bethlehem 工艺、Leonard 工艺、BASF 工艺。目前该法已成为国外大规模生产甲酸甲酯的最主要方法。也是目前国内外公认的最有发展前途的一种生产方法，该法的缺点是：设备投资较大，存在催化剂分离问题。

甲醇羰基化法合成甲酸甲酯反应式为：

$$CH_3OH + CO \longrightarrow HCOOCH_3 \tag{10-13}$$

甲醇与一氧化碳在催化剂甲醇钠（甲醇钠溶解在甲醇中）存在下，于 80℃、4 MPa 的反应条件合成甲酸甲酯，其工艺流程见图 10-1。

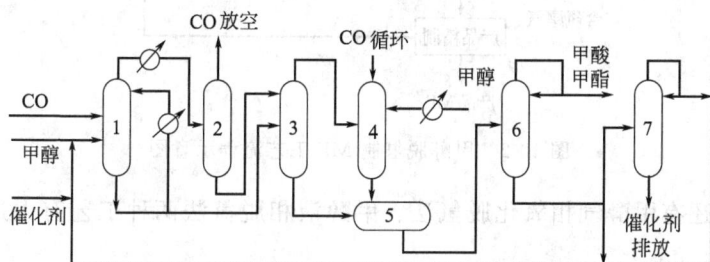

图 10-1　甲醇羰基化生产甲酸甲酯工艺流程

1—合成反应器；2—洗涤塔；3—气-液分离塔；4—吸收塔；5—中间储槽；6—精馏塔；7—重组分塔

10.5.3　甲醇脱氢法

甲醇脱氢法生产甲酸甲酯的研究始于 20 世纪 20 年代。1988 年日本三菱瓦斯化学公司（MGC）首次在世界上实现了该工艺的工业化生产。日本三井化学公司、美国空气产品公司也是两大甲醇脱氢法制甲酸甲酯的科研和生产公司。1990 年 9 月我国西南化工研究设计院对甲醇脱氢法生产甲酸甲酯进行了开发，并建成 2000t/a 装置，首次在国内实现工业化生产。

甲醇脱氢法生产甲酸甲酯与甲醇羰基化法相比，优点是原料单一、设备投资低、工艺流程短、操作方便、无腐蚀、无三废产生、能副产氢气，一直是个很活跃的研究领域，适合小规模生产。

甲醇气相脱氢法工艺的主要化学反应是甲醇在常压、温度 250～300℃、铜基催化剂上脱氢反应，其主要反应式如下：

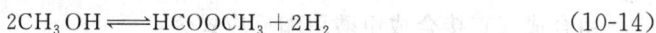

$$2CH_3OH \Longleftrightarrow HCOOCH_3 + 2H_2 \tag{10-14}$$

甲醇经预热、汽化、过热后在专用催化剂上进行脱氢反应，反应产物冷却冷凝后用低温甲醇吸收甲酸甲酯后气液分离，液相产品经精馏后得到产品。未反应甲醇在系统循环，气相产物氢气（含85%）引出界外另作他用。该工艺由于选择高性能的脱氢催化剂，甲醇单程转化率≥30%，甲酸甲酯选择性≥85%，工业装置催化剂寿命可达2.5年以上。甲醇脱氢法制甲酸甲酯工艺的缺点是能耗高，甲醇转化率低，副产物多，影响了产品的质量，对于氢气的回收也存在一些问题，而且生产成本受甲醇价格影响较大。

西南化工研究设计院开发的甲醇脱氢制甲酸甲酯工艺流程见图10-2。

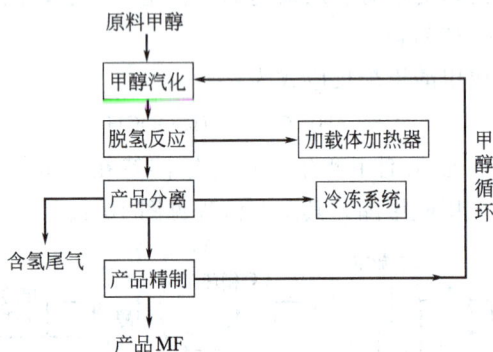

图10-2　甲醇脱氢制 MF 工艺流程示意图

此外，还有甲醇气相氧化脱氢法、甲醇液相脱氢法两种工艺有人进行了开发研究。

20世纪60年代开始，日本东京大学学者、英国石油化学品公司、日本东京科技大学学者等相继对甲醇气相氧化脱氢法工艺及催化剂进行了研究，我国华南理工大学也研究了 V-Ti-O 系催化剂物相结构、特性表征和最佳工艺条件，并探讨了甲醇氧化脱氢法制 MF 的可能机理。

甲醇液相脱氢法与气相法相比，避免了甲醇的汽化，降低了能耗，此外该工艺的一个显著特点是将一种气体或混合气体连续通入反应系统，同时与反应生成气一起连续排出系统，保持压力稳定，打破反应平衡的制约，可有更高的甲酸甲酯产率。借助于向反应系统中通入气体的方法将反应生成的甲酸甲酯和 H_2 移出系统，具有工业实际意义。

10.5.4　合成气直接合成法

由合成气直接合成甲酸甲酯是目前世界上公认的最先进的甲酸甲酯生产方法。其类型有液相均相加氢和多相加氢。在催化剂存在下，使合成气在液相中反应，优先生成甲酸甲酯。

由合成气直接合成甲酸甲酯反应式为：

$$2CO+2H_2 \longrightarrow HCOOCH_3 \qquad\qquad (10\text{-}15)$$

反应（10-15）是一个原子经济型反应，即全部反应物分子生成目的产物分子，避免了资源的浪费以及"三废"的产生，合成气直接合成甲酸甲酯技术较甲醇羰基化法具有如下优点：① 原料成本大幅度下降；② 我国煤炭资源丰富、价格便宜，德士古煤气化工艺的成功应用，适合采用合成气直接合成甲酸甲酯；③ 省去了繁杂的 CO 提纯工艺和高难度的甲醇精脱水工艺；④ 主要粗合成产物——甲醇和甲酸甲酯容易分离。粗产物水含量低，分离出的甲醇接近优良的燃料甲醇。

合成气直接合成甲酸甲酯与现在经济效益最好的甲醇羰基化法相比，生产成本可望降低 30%～50%，且在能源利用上更合理，因此受到催化界及 C_1 化学工作者的极大关注。

由合成气直接合成甲酸甲酯的关键技术是合成催化剂的研制。今后研究的关键是如何提高甲酸甲酯和甲醇产物的时空产率和甲酸甲酯的选择性。我国的厦门大学、中国科学院成都有机化学研究所等单位均在进行这方面的研究，并取得了有工业应用前景的进展。目前该法距工业化尚有一定距离。

10.6 下游产品的开发研究及应用

10.6.1 甲酸甲酯的用途

甲酸甲酯的衍生物见图 10-3。

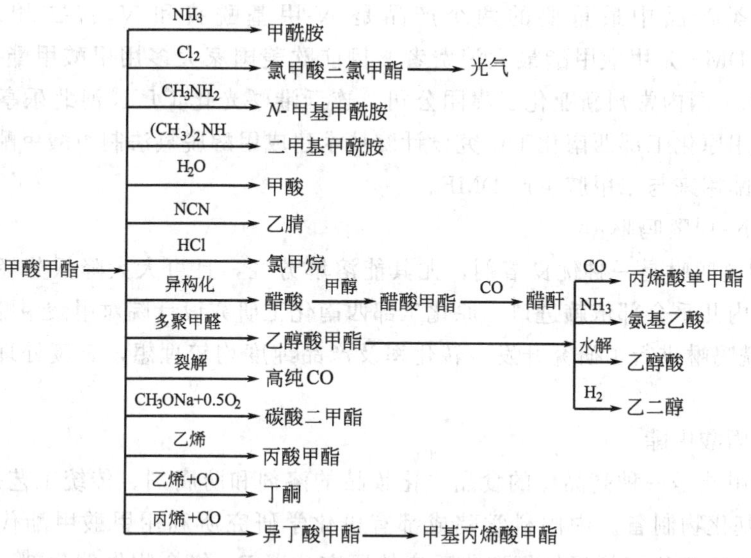

图 10-3 甲酸甲酯的衍生物

10.6.2　甲酸甲酯下游产品的开发研究

（1）甲酸

近年来，甲酸在青储饲料保鲜剂及冶金行业酸洗钢板方面的应用得到了成功开发，符合环保要求的采用甲酸制造纸浆的技术也已在芬兰开发成功，预计将极大地刺激市场对甲酸的需求。BASF 公司的研究表明，甲醇液相羰基化法制甲酸甲酯、甲酸甲酯水解制甲酸，是大规模生产甲酸的最经济的方法，成本仅为甲酸钠的50％左右。1995 年年底，BASF 公司用水解法使其甲酸产量从 100 kt/a 扩大到了180 kt/a。山东肥城化肥厂与美国合资兴建的甲酸装置，就是采用此工艺的。

（2）醋酸

甲酸甲酯异构化为醋酸生产的一个经典反应，经过半个多世纪的研究，国内外在催化剂方面取得了许多进展，该技术已日趋成熟。鉴于目前先进的甲醇羰基化法制醋酸必须使用高价材质甚至使用钛材，副产物及气体处理设备庞大、昂贵，可以预计从合成气直接合成甲酸甲酯，再异构化为醋酸，是未来醋酸生产工艺中具有一定竞争力的工艺路线。

（3）乙二醇

乙二醇是用途广泛的大宗石油化工产品。开发煤化工原料路线生产乙二醇的工艺，对中国而言，其"以煤代油"的重要性不言而喻。甲酸甲酯-甲醛法合成乙二醇，反应条件温和，且可避开使用贵重金属作催化剂。由于合成气一步法合成乙二醇尚处于开发过程中，离工业化距离较远，因此，该工艺前景比较好。

（4）酰胺类产品

酰胺类产品中最重要的两个产品是 N-甲基酰胺和 N, N-二甲基甲酰胺（DMF）。DMF 是甲酸甲酯最大消费者。目前欧美国家大多用甲酸甲酯-二甲胺法生产 DMF。国内常州新亚化工集团公司、连云港曙光化工厂、河北乐亭县化工厂等单位采用原化工部西南化工研究设计院技术建成甲醇脱氢法制甲酸甲酯装置，所产甲酸甲酯用来与二甲胺生产 DMF。

（5）N-甲酰吗啉

N-甲酰吗啉是一种优良溶剂，尤其能溶解芳烃，且可大大降低芳烃的相对挥发度。国内几乎全部依赖进口。原化工部西南化工研究设计院对甲酸甲酯与吗啉合成 N-甲酰吗啉进行了研究开发，转化率及产品纯度均较理想，三废处理简单，已完成扩试。

（6）丙酸甲酯

丙酸甲酯是一种高品位的食品、化妆品的溶剂和防腐剂。传统工艺是从烯烃、CO 和羰基物制备。中国科学院成都有机化学研究所利用甲酸甲酯代替通用的 CO/CH_3OH 进行了烯烃加氢酯化反应的研究。以 Ru 络合物作催化剂，共价碘化物或碘化四胺盐作助催化剂，非质子型极性溶剂中的 DMF 或 N-甲基吡咯烷酮作溶剂。在催化剂活性及产物收率等方面取得了一些试验结果。

（7）乙醇酸甲酯

乙醇酸甲酯是许多纤维素、树脂、橡胶等性能优良的溶剂，又是一种化工合成中间体。乙醇酸甲酯可以通过加氢还原、水解、羰基化、加氢氨解、氧化脱氢来制备乙二醇、乙醇酸、丙二酸酯、甘氨酸等众多下游产品（有些产品通常采用石油原料路线）。因此，有专家认为由甲酸甲酯与三聚甲醛偶联反应合成乙醇酸甲酯，并进一步形成以乙醇酸甲酯为中心的甲酸甲酯下游产品分支前景广阔。甲酸甲酯和甲醛均是可以大规模生产的煤化工或天然气化工产品，以两者为原料合成乙醇酸甲酯进而制取乙二醇等传统的石化产品，对发展煤化工的意义尤其重大。

（8）作汽油添加剂

甲酸甲酯替代 MTBE 作汽油高辛烷值添加剂，也正在开发研究中。若合成气直接合成甲酸甲酯取得工业化突破，则甲酸甲酯作汽油添加剂具有成本低、品位高的优点，尤其是具有可提高冷启动性能等优点。

（9）制备高纯度 CO

甲酸甲酯与适当的固体催化剂接触可分解为 CO 和 CH_3OH。该反应催化分解温度为 $200 \sim 300℃$，甲酸甲酯分解率几乎可达 100%。以此反应为基础，日本 MGC 公司已开发出使用碱金属系高性能催化剂的高纯度 CO 制备工艺，可制取纯度大于 98% 的 CO 气体。MGC 已在冰岛建成一套工业化装置，并向国外售出几套高纯度 CO 生产装置。

10.7　生产与消费

10.7.1　我国

我国甲酸甲酯工业起始于 20 世纪 70 年代，当时只有广东江门市农药厂和东北第六制药厂生产，年生产能力百吨，以甲酸、甲醇酯化法小规模生产甲酸甲酯，工艺落后，消耗大，成本高，且排放含酸污水造成环境污染。

1984 年西南化工研究设计院开展了甲醇脱氢制甲酸甲酯及其配套催化剂的研究，1986 年完成扩大试验研究，原计划 1987 年可实现工业化，后因厂家基建任务推迟，于 1990 年在江苏武进化肥厂第一套 2000t/a 工业甲酸甲酯装置投产成功（产品用于生产二甲基甲酰胺），此后相继在黑龙江牡丹江化工五厂、江苏连云港曙光化工厂、河北乐亭化工厂、广东开平氮肥厂、辽宁大洼化工总厂及西南化工研究设计院内共建立装置七套，装置总生产能力约 2.2 万吨/a，但这些厂现在大多数都已停产甲酸甲酯。

目前，肥城阿斯德化工有限公司是我国生产甲酸甲酯的主要企业，1994 年由山东肥城化肥厂与美国酸胺技术公司合资成立。其中主导产品甲酸生产采用当今世界最先进的甲酸甲酯法生产工艺，其甲酸生产能力 2003 年为 3 万吨/a，2004 年达到 6 万吨/a，2007 年 9 月已达到 10 万吨/a，甲酸产能居亚洲第一、世界第二位。该公司的甲酸甲酯外供量可达到 1 万吨/a 以上，2007 年甲酸甲酯实际市场供应量接近 3000t。

目前，我国甲酸甲酯主要用途是：用作醋酸纤维、DMF 的原料；用作农药多菌灵杀虫剂的溶剂；在酚醛树脂中用作固化剂；替代氟里昂制苯乙烯树脂的发泡剂；用于水果、各类烟草的熏蒸剂、甲酰胺的原料等，并可制备高纯度 CO。

目前，我国甲酸甲酯年生产能力约在 2 万吨，需求量约为 3 万吨。随着未来几年合成甲醇技术及装置大型化的发展，使得制备甲酸甲酯的原料——甲醇和 CO 的生产成本进一步降低，直接合成甲酸甲酯在成本方面将更具有竞争力，随着其下游产品（如甲酸、醋酐、丙酸甲酯、丙烯酸甲酯、乙醇酸甲酯等）的不断发展，预计我国甲酸甲酯的需求量将以每年 10％的速度递增，需求缺口将不断增大。

10.7.2　世界

国外甲醇羰基化法制甲酸甲酯已工业化多年，工艺路线多样化，主要有 SD-Bethlehem 工艺、Leonard 工艺、BASF 工艺。许多公司都建立了大型生产装置，国外甲酸甲酯生产情况见表 10-3。

表 10-3　国外甲酸甲酯生产情况

公 司 名 称	工 艺 路 线	生产能力/(kt/a)
美国空气产品公司	甲醇脱氢法	7.0
美国伦德公司	甲醇羰基化法	
美国 EVENS	CH_3OH、CO_2、H_2 合成	
美国杜邦公司		41.0
德国 BASF	甲醇羰基化法	60.0
德国 Leuna Werke		1.0
巴西 BASF		6.0
加拿大 Chinook		10.0
墨西哥 Celanese		6.0
日本三菱瓦斯公司	甲醇羰基化法,甲醇脱氢	10.0
日本三井化学公司	甲醇脱氢	26.0
西班牙化学		5.0
英国 ICI 公司		15.0
韩国化肥公司		8.0
比利时 Gent 公司		18.0

国外甲酸甲酯主要消费是生产甲酸、甲酰胺、DMF、N-甲酰基吗啉、高纯度

CO、碳酸二甲酯、二碳酰氯及乙二醇等。

10.8 发展建议

（1）选择先进工艺扩大生产满足市场需求

甲酸甲酯是一个用途广泛而非常有市场前景的产品，而我国甲酸甲酯产量目前仍然不能满足市场需求，我国的有关生产厂家应根据自身条件选择甲醇羰基化法、甲醇气相催化脱氢法等已实现工业化生产的先进工艺，新建和扩建生产装置，尽快满足国内市场需求。

（2）加强新的合成工艺研究开发提高产品市场竞争力

合成气直接合成甲酸甲酯是最有前途的工艺路线，该工艺对国内众多以煤为原料的中小合成氨厂开发生产甲酸甲酯及其下游产品来说意义重大，应引起有关决策部门的高度重视。我国的大专院校、科研机构、生产厂家应当投入力量、潜心研发、拿出成果。

CO_2 与甲醇加氢缩合法具有重大的环保意义，甲醇液相催化脱氢法与传统的气相法相比，具有反应温度低、能耗更少、甲酸甲酯产率提高等优势，国外的研究也处于起步阶段，国内对该新工艺的研究已引起重视，应根据条件加紧研究开发。

（3）积极开发甲酸甲酯下游产品

加紧对甲酸甲酯下游产品及其应用的进一步开发研究，是甲酸甲酯生产扩大持续发展的驱动力，有关部门统一部署、协调，可以促进甲酸甲酯的发展，进而可以推动我国煤化工、C_1 化工的发展。

参 考 文 献

[1] 谢克昌，李忠. 甲醇及其衍生物. 北京：化学工业出版社，2002.

[2] 洪仲苓. 化工有机原料深加工. 北京：化学工业出版社，1997.

（朱铨寿　编写）

11 聚乙烯醇

聚乙烯醇（plyvinyl alcohol，PVA）是由醋酸乙烯单体在甲醇作为溶剂（介质）的条件下聚合后经醇解而制成的一种白色或微黄色、无嗅无毒的片状或粉末状固体，是目前已发现的惟一具有水溶性的高聚物，它具有大量强亲水性羟基，易溶于水，也可与水溶性高聚物互溶。由于它具有醇的结构，所以极易酯化、醚化、缩醛化。

PVA 最早由德国化学家 W. O. 赫尔曼和 W. 汉奈于 1924 年首先发现，1950 年在日本实现工业化生产，至 2005 年已有 20 多个国家和地区生产 PVA，生产装置总能力达 120 万吨左右。目前世界上 PVA 生产能力和产量最大的国家依次是我国、日本、美国、朝鲜和西欧一些国家。

PVA 一般分为纤维用和非纤维用两大类，以 PVA 为主要原料生产的维纶，是目前性能最接近棉花的合成纤维，可用作民用衣料和工作服、工业用帘子线、滤布和渔网等。非纤维类主要用作浆料、黏合剂、涂料、乳化剂、薄膜和造纸加工剂等。PVA 和醛类化合物缩合可制成聚乙烯醇缩醛树脂。

11.1 物化性质

聚乙烯醇（PVA）的分子结构式为：

$$\begin{array}{c} -\!\!\!-\!\!\!\left[CH_2-CH\right]_n\!\!\!-\!\!\!- \\ | \\ OH \end{array}$$

式中，n 表示聚合度（DP），属线型高分子化合物，是以醋酸乙烯为单体聚合而成的一种水溶性高分子聚合物，PVA 的基本性质是由其聚合度和醇解度决定的。PVA 分子中因含有大量的羟基，极易溶于水，也能溶于含有羟基的有机化合物，如甘油、乙二醇、醋酸、乙醛和苯酐等，但不溶于一般的有机溶剂；在 180～200℃时发生 PVA 分子间脱水反应，其水溶性降低；在 200℃以上发生分子内脱水反应，当温度接近 300℃时，PVA 分解为水、醋酸、乙醛和丁烯醛等。PVA 的充填比重视醇解方法不同而异，高醇解度的 PVA 充填比重为 0.2～0.27，低醇解度的 PVA 充填比重为 0.42～0.52。PVA 在水中的溶解性能取决于聚合度和醇解度，特别是醇解度的影响更大。然而，PVA 是一种具有大量亲水性羟基的结构复杂的聚合物，其分子间和分子内的羟基之间存在着很强的氢键，显著地阻碍着聚乙烯醇对水的溶解。

PVA 可以看成是一种带有仲羟基的线性高分子聚合物。PVA 分子中的仲羟基具有较高的活性，能够进行低分子醇类的典型化学反应，如酯化反应，与无机酸、有机酸、醋酐等生成酯；醚化反应与低分子醇类的醚化相似，生成甲醚；缩醛（酮）化反应，在酸催化作用下与醛（酮）进行缩醛（酮）反应生成 PVA 缩醛（酮）物反应等，还可与许多无机化合物发生络合反应生成络合物，与硼砂发生交联反应而形成凝胶等。

除水以外，脂肪族羟基化合物（二元醇酒精、丙三醇甘油等），在加热时也能把 PVA 溶解成透明的溶液，冷却时则变成凝胶。完全醇解型 PVA 的一般性能和物化常数如表 11-1 所示。

表 11-1　完全醇解型 PVA 的一般性能和物化常数

序号	项　　目	数　据	备　注
1	形状	颗粒、粉末	
2	颜色	白色或微黄	
3	相对密度	1.19～1.31	非结晶形 0.94
4	堆积密度/(g/cm^3)	1.48～0.64	
5	抗张强度/MPa	151.8	50%相对湿度
6	折射率	1.49～1.53	
7	延伸率/%	300	未增塑
8	线性热膨胀系数(0%～50%)/℃$^{-1}$	1×10^{-4}	
9	比热容/[J/(g·K)]	1.67	
10	硬度/%	25～57	与玻璃比较,50%相对湿度
11	耐磨性	好、极好	与分子质量成正比
12	玻璃化温度/℃	85	
13	热封温度/℃	165～210	
14	熔点/℃	228～230	分解时
15	热稳定性	100℃以上缓慢降解 200℃以上迅速降解	
16	压模温度/℃	120～150	
17	耐光性	良好	在紫外光辐照下发生降解
18	热导率/[W/(cm·K)]	0.2	
19	电阻率/Ω·cm	(3.1～3.8)×10^7	
20	燃烧速度	慢	
21	耐磨压性	良好	
22	与酸作用	软化或分解	还原
23	与碱作用	软化或分解	
24	与有机溶剂作用	很小	

11.2 质量标准

我国 PVA 产品质量标准根据产品用途不同分为纤维用（GB 7351—87）和非纤维用（GB 12010—89）两种。

11.2.1 纤维用 PVA 产品质量标准

纤维用 PVA 产品质量标准（GB 7351—87）见表 11-2。

表 11-2 纤维用 PVA 产品质量标准（GB 7351—87）

（中华人民共和国纺织工业部 1987 年 2 月 23 日批准，1987 年 06 月 21 日实施）

指　标	高碱醇解			低碱醇解		
	优等品	一等品	合格品	优等品	一等品	合格品
挥发分/% ≤	8.0	8.0	8.0	9.0	9.0	9.0
氢氧化钠含量/% ≤	0.20	0.30	0.30	0.20	0.20	0.30
残余乙酸根含量/% ≤	0.15	0.20	0.20	0.13	0.15	0.20
乙酸钠含量/% ≤	6.8	7.0	7.0	2.1	2.3	2.3
纯度/% ≥	85.0	85.0	84.7	90.0	90.0	90.0
透明度/% ≥	90.0	90.0	90.0	90.0	90.0	90.0
着色度/% ≥	88.0	86.0	84.0	90.0	88.0	86.0
膨润度/%	190±15			145±15		
平均聚合度	1750±50	1750±70		1750±50	1750±70	

11.2.2 非纤维用 PVA 产品质量标准

非纤维用 PVA 产品质量标准（GB 12012—89）见表 11-3～表 11-6。

表 11-3 非纤维用 PVA 产品质量标准（17-92、17-95）

（中华人民共和国技术监督局 1989 年 12 月 25 日批准，1990 年 11 月 10 日实施）

指　标	17-92			17-95		
	优等品	一等品	合格品	优等品	一等品	合格品
醇解度(摩尔分数)/%	91.0～93.0	90.0～94.0	94.0～96.0	94.0～96.0	94.0～96.0	94.0～96.0
黏度/mPa·s	21.0～27.0	20.0～28.0	20.0～30.0	22.0～28.0	21.0～29.0	20.0～30.0
乙酸钠含量/% ≤	1.5	1.5	2.0	1.0	1.5	2.0
挥发分/% ≤	5.0	8.0	10.0	7.0	8.0	10.0
灰分/% ≤	0.4	0.5	0.5	0.4	0.7	1.0
pH	5～7	5～7.5	5～7.5	5～7	5～7.5	5～7.5

表 11-4 非纤维用 PVA 产品质量标准（04-86、17-88）

指　标	04-86			17-88		
	优等品	一等品	合格品	优等品	一等品	合格品
醇解度(摩尔分数)/%	85.0～87.0	84.0～88.0	84.0～88.0	87.0～89.0	86.0～90.0	90.0～91.0
黏度/mPa·s	3.4～4.2	3.0～5.0	3.0～5.0	20.5～24.5	20.0～26.0	20.0～26.0
乙酸钠含量/% ≤	—	—	—	1.0	1.5	1.5
挥发分/% ≤	5.0	5.0	6.0	5.0	8.0	10.0
灰分/% ≤	0.4	0.5	0.5	0.4	0.7	1.0
pH	5～7	4～7	4～7	5～7	5～7	5～7

表 11-5　非纤维用 **PVA** 产品质量标准（17-97、17-99B）

指　标		17-97			17-99B	
		优等品	一等品	合格品	一等品	合格品
醇解度（摩尔分数）/%		96.0～98.0	96.0～98.0	96.0～98.0	99.8～100	99.8～100
黏度/mPa・s		23.0～29.0	22.0～30.0	21.0～31.0	22.0～28.0	20.0～30.0
乙酸钠含量/%	≤	1.5	1.5	2.0	7.0	7.0
挥发分/%	≤	7.0	8.0	10.0	8.0	10.0
灰分/%	≤	0.7	1.0	1.5	2.5	3.0
透明度/%	≥	—	—	—	93.0	90.0
着色度/%	≥	—	—	—	86.0	86.0
平均聚合度		—	—	—	1750±50	1750±70

表 11-6　非纤维用 **PVA** 产品质量标准［17-99S（L）、17-99S（H）］

指　标		17-99S(L)			17-99S(H)		
		优等品	一等品	合格品	优等品	一等品	合格品
醇解度（摩尔分数）/%		99.8～100	99.8～100	99.8～100	99.8～100	99.8～100	99.8～100
黏度/mPa・s		20.0～30.0	22.0～30.0	21.0～31.0	22.0～28.0	21.0～29.0	20.0～32.0
乙酸钠含量/%	≤	2.1	2.3	2.5	6.8	7.0	7.0
挥发分/%	≤	8.0	9.0	10.0	7.0	8.0	9.0
灰分/%	≤	0.7	1.0	1.5	2.8	3.0	3.0

11.3　环保及安全

PVA 属无毒无害、可燃、可降解的高分子聚合物，但在粉碎加工或包装储运过程中易发生悬浮粉尘，有导致粉尘危害的可能性。该粉尘与空气形成爆炸性混合物，其爆炸的猛烈程度较低，只相当于煤粉尘的浓度参数为 1.0 时的爆炸危害。PVA 的粉尘愈细，其爆炸力愈强；PVA 的粉尘燃点静态为 440℃，流态为 520℃，最大爆炸压力为 0.52MPa。

PVA 粉尘有燃烧和爆炸的危险性，当操作温度达到 180℃或更高时，应立即采取通风措施，加工和使用 PVA 的现场要设除尘、降温装置，严禁使用明火作业，所用设备应符合防爆要求。

PVA 成品中一般都残存有少量的甲醇、醋酸甲酯等易挥发物，当温度超过180℃时，还会有甲醛和醋酸蒸气散发在加工或装运的空气中，应严格加以控制。

11.4　包装及储运

PVA 成品应保存在干燥、通风的库房内，避免阳光直射，远离热源，储存温度不高于 35℃为宜，严禁与易挥发化学品存储在一起，以防吸附变质。

PVA 成品包装物为涂刷有聚丙烯树脂膜的编织袋或牛皮纸袋，包装质量一般每袋为 12.5kg（絮状）、20kg、25kg。在储运过程中，应用清洁有篷的运输工具，注意防潮、防雨、防晒；搬运时，要防止外包装被刮破或损坏。

11.5 生产技术

PVA 不能直接由相应的单体乙烯醇聚合而成，往往是通过某些酸的乙烯酯经过聚合而成聚乙烯醇，再用醇解的方法而获得。这是由于游离态乙烯醇极不稳定，会进行分子重排变成较为稳定的异构体乙醛的原因。目前工业化生产 PVA 最常用的方法是以醋酸乙烯（VAC）为单体，偶氮二异丁腈（AIBN）作引发剂，采用甲醇作为溶剂，在聚合釜内由醋酸乙烯本体聚合而获得聚醋酸乙烯中间产物，进而在氢氧化钠作用下发生醇解（皂化）反应，经过分离干燥而制得 PVA 产品。

PVA 生产所用的醋酸乙烯（VAC）单体，按其所用原料不同可分为乙炔法和乙烯法。乙炔法中又可分为电石乙炔法和天然气乙炔法。20 世纪 40～60 年代，世界各国生产醋酸乙烯（VAC）主要是采用电石乙炔法和天然气乙炔法，进入 20 世纪 70 年代后，由于石油化工发展迅速，醋酸乙烯（VAC）生产方法逐步由乙炔法转为乙烯法，从生产工艺的先进性和发展趋势分析，今后相当长时期生产 PVA 的石油乙烯路线仍将占主导地位。

11.5.1 石油乙烯法工艺

用原油经裂解的乙烯和氧气在金属钯、金化合物催化作用下，在固定床合成反应器中，气相合成生成醋酸乙烯，并通过本体聚合、醇解而生成 PVA 的生产工艺。该法生产规模较乙炔法大，产品质量好，设备易于维护、管理和清洗，热利用率高，节能效果明显，生产成本较乙炔法低 10％左右。

11.5.2 天然气乙炔法

用天然气经裂解制得的乙炔在醋酸锌催化作用下在固定床中与醋酸气相合成生成醋酸乙烯后，通过本体聚合、醇解而制得 PVA 的生产工艺。该法技术成熟，生产成本较电石法低，但设备投资和技术难度都较大。

11.5.3 电石乙炔法

电石水解产生的乙炔，在以活性炭为载体的醋酸锌催化作用下，在流化床合成反应器中，与醋酸气相合成醋酸乙烯的工艺。该法操作比较简单，产率高，副产物易分离；但此种工艺路线产品能耗高、质量相对较差、成本高，电石渣污染较为严重，已逐步被国外先进国家所淘汰。

11.5.4 工艺特点

三种 PVA 生产工艺方法及其特点如表 11-7 所示。

表 11-7　三种 PVA 生产工艺方法及其特点

	原料路线	石油乙烯法	天然气乙炔法	电石乙炔法
1	反应方式	固定床气相法	固定床气相法	沸腾床气相法
2	反应温度/℃	150～180	160～200	170～210
3	压力/MPa	0.49～0.98	常压	常压
4	空速/(1/h)	2040～2100	250～280	110～150
5	原料配比/mol	乙烯:醋酸:氧气=9:4:1.5	乙炔:醋酸=1:(7±1)	乙炔:醋酸=1:(3±1)
6	催化剂组成	钯/金贵金属	醋酸锌/活性炭	醋酸锌/活性炭
7	催化剂寿命/月	12～24	6～12	4～6
8	单程转化率/%	15～20	60～70	30～35
9	空时收率/[$t/(m^3 \cdot d)$]	6～8	2.0～2.5	1.0～1.3
10	优点	副产物少,设备腐蚀性小,催化剂活性高,产品质量好	热能利用好,催化剂价廉,易得,副反应少	技术成熟,投资少,催化剂易得
11	缺点	催化剂贵重,价格昂贵	乙炔成本高	乙炔成本高,产品杂质多

11.5.5　PVA 生产主要技术经济指标

PVA 生产主要技术经济指标见表 11-8。

表 11-8　PVA 生产主要技术经济指标　　　　单位：kg/t

序号	项目	乙烯法	天然气法	乙炔法
1	乙炔(乙烯)	650	590	650
2	醋酸	60	122	80
3	甲醇	70	80	90
4	烧碱	14	13	15
5	综合能耗(折合成标准煤)/t	1.88	2.0	4.0
6	产品成本	低	较高	高

11.6　我国 PVA 的生产和消费

11.6.1　现状

我国早在 20 世纪 50 年代,就有沈阳化工研究院、北京化工研究院、吉林纺织工业设计院从事 PVA 的研发工作。1962 年化工部第一设计院在吉林四平联合化工厂设计了 1000t/a PVA 装置和维纺车间,并于 1963 年 4 月建成投产,开始了我国 PVA 产业的建设历程。为了加快我国 PVA-维纶工业的发展,1963 年 8 月我国从日本可乐丽公司全套引进 1 万吨/a PVA 装置建在北京有机化工厂,而配套的 1.1 万吨/a 维纶装置则建在北京维尼纶厂,两年后建成投产。从第一套引进 PVA 生产装置后,我国采取引进和自行翻版设计并举的方式,先后在贵州清镇、河北石家庄、广西宜州、云南曲靖、兰州西固、湖南溆浦、江西乐平、福建永安、安徽巢湖、山西洪洞、上海金山、重庆长寿等地建起了 13 家 PVA 生产经营企业，经过近四十年的努力，现已成为包括电石乙炔、天然气乙炔和石油乙烯三种原料路线的 PVA 生产大国，产品规格从单一的 PVA17-99 发展为 PVA24-99、PVA17-88 等二十多个品种，极大地丰富了 PVA 产品的用途。我国 PVA 的发展概况如表 11-9 和图 11-1 所示。

表 11-9　我国 PVA 的发展概况　　　　　　单位：万吨/a

年份	生产能力	产量	年份	生产能力	产量	年份	生产能力	产量
1985	18.56	14.2	1998	32	27.8	2002	42.5	38.5
1990	18.56	17.5	1999	35.2	32	2003	47	43.2
1995	19.3	19	2000	37	32.5	2004	54	45.6
1996	28	25.6	2001	39	35	2006	60.3	49.9

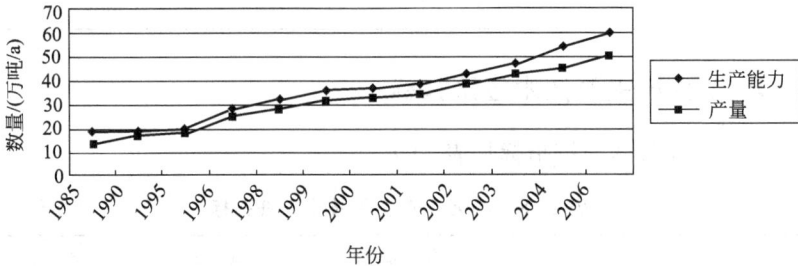

图 11-1　我国 PVA 的发展概况

在 1985～2006 年期间，我国 PVA 生产能力的年均增长率 5.77%，产量的年均增长率 6.17%。我国 PVA 发展迅速的主要原因：①我国黏结剂、涂料、建筑材料和维纶纤维工业的发展；②我国此行业厂家的生产技术不断开拓创新，各种新工艺、新技术、新材料、新设备层出不穷。2006 年我国 PVA 生产企业的概况如表 11-10 所示。

表 11-10　2006 年我国 PVA 生产企业的概况　　　　　　单位：万吨/a

序号	企 业 名 称	生产能力	工艺路线	生产方法
1	贵州水晶化工股份有限公司	3	电石乙炔法	高碱法
2	湖南省湘维有限公司	3	电石乙炔法	高碱法
3	江西化纤化工有限责任公司	3	电石乙炔法	高碱法
4	兰州新西部维尼纶有限公司	10	电石乙炔法	高碱法
5	山西三维集团股份有限公司	7.5	电石乙炔法	高碱法
6	石家庄化纤有限公司	1	电石乙炔法	高碱法
7	北京东方石油化工有限公司	3.3	乙烯法	低碱法
8	中石化上海石油化工有限公司	5	乙烯法	低碱法
9	中石化四川维尼纶厂	6.5	天然气乙炔法	低碱法
10	安徽皖维高新材料股份有限公司	8	电石乙炔法	高碱法
11	福建纺织化纤集团有限公司	4	电石乙炔法	高碱法
12	广西维尼纶集团有限责任公司	3	电石乙炔法	高碱法
13	云南云维有限公司	3	电石乙炔法	高碱法
合计		60.3		

11.6.2　发展趋势

我国现有 PVA 生产制造商，经过近四十年的运行，各企业都相继扩大了生产规模，从设计当初的 18.3 万吨增加到目前的 60 万吨。2006 年我国产量为 49.9 万吨，按照 2001~2007 年的增长速度预测，2008~2010 年每年将以 4%~5% 的速度增长，届时我国的 PVA 产能将超过 65 万吨。

由于 PVA 生产属资金密集、技术密集型企业，除 13 家 PVA 企业外，近四十年来没有新建装置，也没有引进项目，各厂家只是在原有基础上增加生产线，改进优化工艺，作一系列增加产能和降低消耗以及增加产品品种的技术改造和挖潜革新工作，进一步提高了我国 PVA 装置的生产技术水平，目前我国已经成为全球产能最大的 PVA 生产国。

PVA 低碱醇解生产方法与高碱醇解生产方法相比有工艺路线先进、产品质量好、物耗低、生产品种灵活的特点，已成为当今 PVA 的主要生产方法，我国新建或改扩建的 PVA 生产线均首推低碱醇解工艺，为今后 PVA 发展方向和趋势。

11.6.3　消费与市场

（1）消费量

2006 年，我国 PVA 市场表观消费量为 49.75 万吨。在 2000~2006 年期间，我国 PVA 市场表观消费量的年均增长率 8%，如表 11-11 和图 11-2 所示。

表 11-11　我国 PVA 的市场表观消费量　　　　　单位：万吨/a

年份	总产量	进口	出口	市场表观消费量
2000	32.5	1.95	3.04	31.41
2001	35	2.62	2.52	35.1
2002	38.5	3.74	2.32	39.92
2003	43.2	3.31	2.49	44.02
2004	45.6	3.28	2.71	46.17
2005	45.6	3.45	3.745	45.305
2006	49.9	4	4.15	49.75

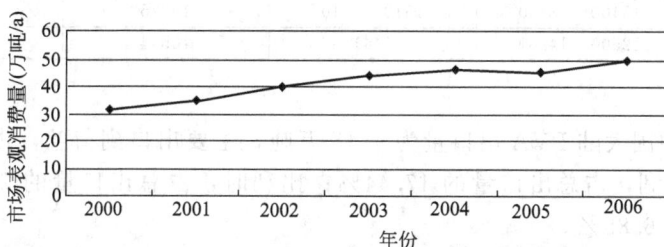

图 11-2　我国 PVA 的市场表观消费量

PVA 是一种具有许多特殊性质的高分子聚合物，品种繁多，用途广泛。传统的用途之一是生产维纶，它具有强度高、模量大、耐酸碱和耐候性好，与橡胶黏合性优良，逐渐在产业应用领域中占据了重要地位。随着维纶新品种、新用途的不断开发，纤维用PVA的需求量约占总量的20%，还有缓慢增长的趋势。PVA有优良的上浆性能，用于疏水性合成纤维及其混纺纱上浆，能够获得满意的效果，在非纤用途中，经纱浆料部分占40%；PVA作为非纤用途的另一分支为黏合剂，用PVA制作的黏合剂具有粘接力强、固化快、质量稳定、无毒无害的特点，主要用作乳化剂、分散剂、保护胶体等，约占非纤用途的40%；其他用途如在涂料、薄膜、医药、感光材料、凝固剂、防潮剂、水泥添加剂、土壤改良剂等诸多方面都有较大发展潜力，估计用量达10万吨以上。但由于建筑用PVA类胶黏剂和涂料所引起的环境问题使得PVA在此领域的消费增长趋缓。

（2）价格分析

20世纪90年代中期，是我国PVA市场的鼎盛时期，PVA价格曾高达到2.7万元/t，到1997年下半年稳定在每吨9000元左右，虽然价格回落很多，但仍有一定利润空间。目前世界上生产PVA商品量大的国家仅中、日、美三国。俄罗斯和东欧地区PVA产量很小，印度只有不足万吨产量，整个澳洲和非洲还是一片空白。世界PVA潜在市场很大，非一般化工产品可比。因此，我国市场潜力也很大，随着非纤用途的进一步开发以及纺织业的复苏，PVA市场前景乐观。

随着经济的快速发展和石油价格的节节攀升，PVA价格受原料（甲醇、醋酸乙烯、醋酸等）影响较大，呈现出稳中有升态势；在2010年以前，完全醇解型PVA17-99等系列产品价格将在12500~14500元/t之间徘徊，而部分醇解型PVA17-88等系列产品价格会在14500~16500元/t范围波动。我国PVA的价格概况如表11-2所示。

表 11-12　我国 PVA 的价格概况（平均价格）

年　份	国内价格		进口价格	
	/（元/t）	/（美元/t）	/（元/t）	/（美元/t）
2002	9800~11580	1270~1450	11545	1395
2003	11480~14700	1330~1510	13070	1579
2004	12300~14100	1450~1750	14255	1722
2005	13400~13800	1510~1810	15875	1918
2006	12500~14280	1441	15544	1998

（3）贸易

2006年中国大陆PVA出口量为4.15万吨，主要出口到荷兰，占总出口量的22.8%；意大利，占总出口量的17.44%；比利时，占总出口量的7.2%；美国，占总出口量的6.85%。

2006年中国大陆PVA进口量为4万吨，主要依赖于日本，占总进口量的39.4%；中国台湾地区，占总进口量的31.44%；新加坡，占总进口量的16.14%；美国，占总进口量的6.1%。

中国大陆 PVA 的进出口相关情况如表 11-13，图 11-3，图 11-4 所示。

表 11-13   中国大陆 PVA 的进出口概况

年份	进 口			出 口		
	数量/kg	金额/美元	单价/(美元/kg)	数量/kg	金额/美元	单价/(美元/kg)
2000	19478872	27264070	1.399673965	30398083	36962353	1.215943551
2001	26218925	37821314	1.44251963	25220821	34241964	1.357686334
2002	37418621	52211415	1.39533242	23180165	27590602	1.190267714
2003	33135189	52333714	1.579399894	24923128	30005326	1.203914934
2004	32825844	56529858	1.72211438	27118902	36095343	1.331003114
2005	34510372	67041067	1.942635304	37450823	54845071	1.464455694
2006	40017339	79956764	1.998052994	41506394	59833569	1.441550644

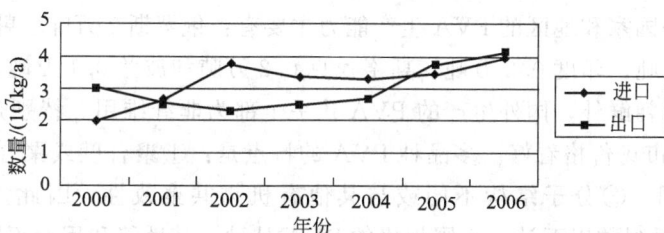

图 11-3   中国大陆 PVA 的进出口量

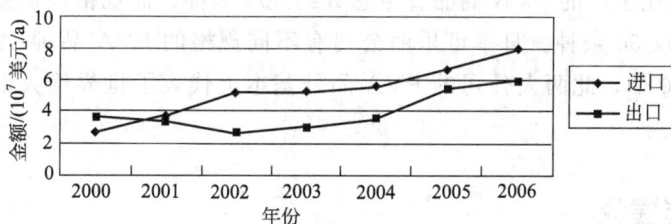

图 11-4   中国大陆 PVA 的进出口额

2000~2006 年期间，中国大陆 PVA 出口量的年均增长率 5.32％。从表 11-12 中看出，2005 年开始中国大陆由净进口变为净出口，表明中国大陆 PVA 行业参与国际竞争的能力增强，也说明中国大陆 PVA 市场竞争激烈。

11.7   世界 PVA 的生产和消费

全世界有二十多个国家生产 PVA，生产能力达到 120 万吨/a，日本是国外 PVA 产量最大的国家，也是品种最多和质量最好的国家，每年约有占总量 35％的产品对朝鲜、东南亚及美国等国家和地区大量出口；日本 PVA 厂商主要有 4 家，总生产能力 25 万吨/a，可乐丽公司生产能力最大，装置产能为 12.5 万吨/a，约为日本总生产能力的 50％，是目前全球产能最大的 PVA 生产厂家。日本 PVA 大部分用于维尼纶生产，20 世纪 60 年代用于维尼纶生产高达 60％，20 世纪 70 年代后，PVA 的非纤维用途比例提高很快。目前 PVA 约有 30％用于制造纤维，近70％用于非纤维方面；2005 年日本 PVA 的消费结构为：维尼纶 31％、黏合剂18％、纸加工 14％、薄膜 10％、纺织浆料 9％和其他 18％。可乐丽公司和日本合成化学公司是 PVA 最大的供应商，这两家公司约占日本市场 75％的份额。

美国的 PVA 主要用途是纺织浆料、黏合剂、聚合助剂和造纸加工等，其中纺织浆料和黏合剂占总消费量的 50％。聚乙烯醇缩醛在美国发展很快，杜邦公司和孟山都公司是最大的 PVA 生产厂商。预测到 2007 年美国 PVA 消费量约为 20 万吨。

朝鲜也是一个 PVA 生产大国和消费大国。但它的 PVA 主要用于制造维尼纶纤维，以自产自用为主，非纤维用途所占比例极小。朝鲜 PVA 生产能力 15 万吨/a。

另外一些国家和地区的 PVA 生产能力主要有：俄罗斯 2 万吨、韩国 1.2 万吨、墨西哥 0.2 万吨、印度 0.2 万吨、斯洛伐克 0.2 万吨和波兰 0.1 万吨。

除日本、朝鲜外，国外生产的 PVA 几乎全部为非纤维用。特别是非纤维用途的 PVA 国际市场价格看好。多品种 PVA 的特点是：①聚合度或聚合度分布不同；②醇解度不同；③分子结构不同或与其他有机物共聚改性。因此，可以构成的PVA 品种和系列数以万计。不同规格的 PVA 品种、其性能和用途不同。掌握国外PVA 多品种发展动态，有利于不断掌握开发 PVA 多品种方向，提高经济效益。

当前工业化生产的 PVA 商品牌号总数约 300 多种，而规格性能差异程度较大的 PVA 品种仅 50 余种。日本可乐丽公司有不同规格的 PVA 品种 40 多个，合成化学公司近 30 个，此两大公司的 PVA 品种基本上代表了世界绝大部分规格性能的 PVA 品种。

11.8 发展建议

11.8.1 扩大产能增加品种

在生产供应方面，因 2008 年北京奥运会和 2010 年上海万博会以及亚运会等大型活动的拉动和需求，对黏结剂、涂料、建筑材料等都会有长久的市场，在纤维浆料用途方面将不断增长，我国的聚乙烯醇生产企业还将继续扩大生产能力和加大品种开发。

11.8.2 开发多种衍生物和开拓深层次市场

我国聚乙烯醇企业的生产能力已经达到 60 万吨，在差别化 PVA 的品种和开发深度等方面，我国和 PVA 的强国日本相比还有较大差距。我国目前聚合悬浮剂用的特种 PVA 的进口量不是很大，但价格昂贵，对于我国 PVA 业界来说，开发PVA 衍生物，生产进口替代品，拓宽 PVA 应用领域方面有大量工作要做。在当前国际市场竞争日益剧烈以及 PVA 缩甲醛 107 胶等用途受到限制的情况下，多种

PVA 衍生物的开发和 PVA 市场的深层次开拓尤其重要。

11.8.3 积极开发应用节能降耗新技术

近年来，我国此行业厂家不断开拓创新，各种新工艺、新技术、新材料、新设备层出不穷，如新型高效节能分离技术（导向筛、CTST 塔板和高效填料塔技术、多效蒸馏技术等）、新型 VAC 聚合装置、大型气相沸腾床合成装置等的应用，在节能降耗方面取得良好业绩，产品的综合能耗进一步下降，各种物耗呈下降趋势，聚乙烯醇的品质提高，品种增多。但与国外先进水平相比，仍存在较大差距，尤其是在高聚合度和低醇解度方面还没有大的进展。我国 PVA 主要生产的品种是聚合度在 1700～2400，醇解度（摩尔分数）为 88%～99% 的普通型 PVA。而聚合度在 200～500，醇解度（摩尔分数）为 70%～80% 以及超低醇解度（摩尔分数）为 30%～60% 等特殊型的 PVA，由于生产工艺特殊，我国几乎没有大规模专业生产。在甲醇消耗上，国外最好水平在 10kg/t 左右，而蒸汽消耗在 10t/t 以下，我国 PVA 厂家还有很大潜力可挖，建议积极开发已有理论基础的节能降耗新技术。

11.8.4 重组并购整合求双赢

我国聚乙烯醇制造厂家从 2005 年以来相继开始了第二轮的扩能改造，并且来势迅猛，一般都是在原有基础上扩产（3～5）万吨/a 规模，三年内新增产能 10 万吨，占总产能的 20%，预计 2010 年前后，市场竞争会更加激烈，各厂家纷纷采取应对措施，重组或并购将在我国 PVA 行业进行，以整合求得双赢或多赢的局面。

11.8.5 积极关注等离子体裂解煤制乙炔的技术进展

从电石乙炔出发制造聚乙烯醇的生产企业，由于电石的特性，将逐步受到节能减排的双重压力，新建电石炉会受限，乙炔的来源面临经济和环保的挤压，行业厂家应积极关注等离子体裂解煤制乙炔的技术进展情况和以煤为原料的合成气制 VAC 生产技术（哈尔康法），有必要形成合力促进研究进展，摆脱电石乙炔带来的成本和环保压力。

参 考 文 献

[1] 刘颖隆，罗顺贻. 聚乙烯醇维纶工业数据手册. 重庆：《维纶通讯》编辑部，1998.
[2] 李群生等. 导向筛板在甲醇-醋酸甲酯回收塔改造钟的应用. 维纶通讯，1996，16（1）：34～36.
[3] 李行范. 差别化聚乙烯醇的开发和应用. 维纶通讯，2004，24（4）：1～3.
[4] 李峰，朱铨寿. 甲醇及其衍生物. 北京苏佳惠丰化工技术咨询有限公司，2006.

（唐田　朱铨寿　李峰　编写）

12 甲基丙烯酸甲酯

甲基丙烯酸甲酯（methyl methacrylate，MMA）是一种重要的有机化工原料。它的均聚物即有机玻璃，具有优良的光学性、耐老化性及抗裂性，广泛用于建筑材料、挡风和屏蔽窗板、照明和音响器材等。MMA 作为制备共聚物的一种重要单体，广泛用于高级装饰的工业涂料（如汽车、家用电器、轻式装饰品等），其乳液共聚物用于建筑涂料、皮革饰面、黏结剂、纸张上光剂、润滑剂、印染助剂和绝缘灌注材料等。MMA 还可用于 PVC 改性抗冲助剂 ACR 和 MBS、离子交换树脂等，也是生产腈纶的第二单体。

12.1 物化性质

12.1.1 物理性质

甲基丙烯酸甲酯（MMA）是一种纯色、易挥发液体，分子式为 $C_5H_8O_2$，结构式：

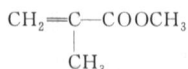

$$CH_2=C-COOCH_3$$
$$|$$
$$CH_3$$

其相对分子质量 100.12，沸点（101.325kPa）100.8℃，闪点（开杯）30℃，折射率 $n_D^{25}=1.412$，相对密度 $d_4^{20\sim24}=0.944$，黏度（25℃）0.58mPa·s，色度 APHA<5。微溶于水，溶于多种有机溶剂。在光、热、电离辐射、氧化剂和催化剂作用下易聚合。能与其他丙烯酸酯或许多其他单体共聚。

12.1.2 化学性质

甲基丙烯酸甲酯是甲基丙烯酸的一种衍生物，甲基丙烯酸及其衍生物的化学性质主要取决于分子结构中所含的双键及活性基团。

（1）端乙烯基碳原子的反应

脂肪胺类的亲核试剂如二乙胺可取代端乙烯基碳原子上的卤素，生成烯胺。

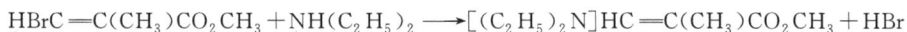

$$HBrC=C(CH_3)CO_2CH_3+NH(C_2H_5)_2 \longrightarrow [(C_2H_5)_2N]HC=C(CH_3)CO_2CH_3+HBr$$

(12-1)

（2）双键加成反应

各种含易被取代氢原子的亲核试剂如氢氰酸、硫醇、烷基胺、醇类、酚类、磷化氢等（以 ZH 代表）加至双键，使之生成 β-取代的 α-甲基丙酸酯。

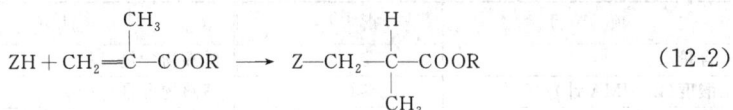

$$ZH + CH_2 = \overset{\displaystyle CH_3}{\underset{}{C}} - COOR \longrightarrow Z - CH_2 - \overset{\displaystyle H}{\underset{\displaystyle CH_3}{C}} - COOR \tag{12-2}$$

（3）Diels-Alder 反应

一个双键化合物如甲基丙烯酸甲酯与一个共轭双烯如丁二烯、环戊二烯、反式间戊二烯发生 1,4-加成反应，生成一个六元环的化合物，称为 Diels-Alder 反应。

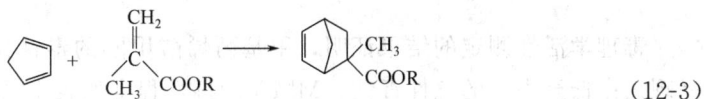

$$\tag{12-3}$$

（4）烯丙基的甲基反应

甲基丙烯酸甲酯与不同浓度的硝酸反应，导致烯丙基上的氢原子被硝基或亚硝基所取代：

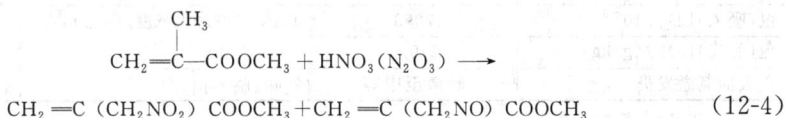

$$CH_2 = \overset{\displaystyle CH_3}{\underset{}{C}} - COOCH_3 + HNO_3(N_2O_3) \longrightarrow$$

$$CH_2 = C(CH_2NO_2)COOCH_3 + CH_2 = C(CH_2NO)COOCH_3 \tag{12-4}$$

甲基丙烯酸羟丙酯，适应的催化剂为离子交换树脂、三氯化铁和锂盐。

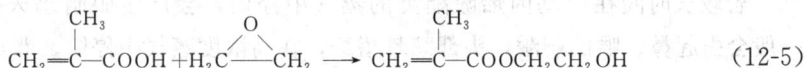

$$CH_2 = \overset{\displaystyle CH_3}{\underset{}{C}} - COOH + H_2C \overset{\displaystyle O}{\overset{\displaystyle \diagup\diagdown}{}} CH_2 \longrightarrow CH_2 = \overset{\displaystyle CH_3}{\underset{}{C}} - COOCH_2CH_2OH \tag{12-5}$$

（5）氧化反应

当缺少具有游离基的聚合阻聚剂时，甲基丙烯酸甲酯易被空气中的氧所氧化，导致聚合的过氧化物分解为甲醛和甲基丙酮酸盐。

（6）聚合反应

甲基丙烯酸和它的酯类以及其他甲基丙烯酸酯的衍生物，在游离基的引发下，当加热时，可迅速聚合。通常使用的苯二酚阻聚剂是过氧自由基起作用，而不是碳的自由基，故而它不会影响引发聚合。但在聚合工艺过程中，要尽量避免氧化，因为它可使烷基自由基转化为羟基自由基。

12.2 质量标准

工业上使用的 MMA 纯度为 99.9%，酸度［按甲基丙烯酸（MAA）计］＜0.003%，水含量＜0.05%。运输和储存时，通常加入阻聚剂氢醌甲醚（MEHQ）$10 \times 10^{-6} \sim 15 \times 10^{-6}$ 或氢醌（HQ）$25 \times 10^{-6} \sim 60 \times 10^{-6}$。美国 Rohm&Haas 公司的 MMA 产品质量指标为 MMA 含量（气液色谱分析值）＞99.8%，酸度（按

MAA 计）＜0.005％，水分含量＜0.05％，色度 APHA＜10。中国（安达）龙新化工有限公司的 MMA 产品质量指标列于表 12-1。

表 12-1　工业级 MMA 产品质量标准

项　目	指　标	项　目	指　标
含量/%	≥99.8	低沸物含量/%	≤0.05
酸度（以 MMA 计）/%	≤0.001	高沸物含量/%	≤0.05
水分含量/%	≤0.01	色度（APHA）	≤10

12.3　环保及安全

毒理学活性测定的结果证明，甲基丙烯酸甲酯的毒性比丙烯酸甲酯的毒性小，呈现出由低至中等的急性毒性。MMA 的毒性程度如表 12-2 所示。

表 12-2　甲基丙烯酸甲酯（MMA）的毒性测试结果

毒　性	MMA	毒　性	MMA
鼠（经口）LD_{50}/(g/kg)	7.9,9.4	兔眼刺激	轻微至中等
鼠（吸入）LD_{50}/10^{-6}	7093	TWA 容许最大浓度/(mg/m³)	410
兔（经皮）LD_{50}/(g/kg)	＞9.4	/10^{-6}	100
兔表面刺激发炎	轻微至中等	气味（临界值）/10^{-6}	0.083

注：TWA—暂时工作区。

若较长时间在甲基丙烯酸酯类的蒸气中停留，会产生眼睛永久损伤甚至失明。一般会引起鼻、喉的刺激，头部眩晕嗜睡，在高浓度蒸气中停留，严重者会引起中枢神经系统能力的降低。若不慎吸入口中，会导致口、喉、食道、胃的严重腐蚀，致使心慌不安、呕吐、腹泻、眩晕等症。直接与单体接触，刺激皮肤并产生红肿。实践证明，在 MMA 生产工作场所，暂时工作区的允许极限为 100×10^{-6}。老鼠吸入 MMA 400×10^{-6} 2 年及仓鼠 18 个月后未发现畸形变化，这是因为 MMA 发生迅速而广泛的降解作用，大部分生成二氧化碳和少量的丙二酸二甲酯，从肺部排出了。

12.4　包装及储运

MAA 和 MMA 均易聚合，MAA 和 MMA 的聚合热分别为 56.5kJ/mol 和 57.7kJ/mol。放出的热量更促进聚合的产生，因此，必须对单体进行适当的阻聚，避免聚合的发生。一般加入的阻聚剂为氢醌甲醚（hydroquinone monomethyl ether，MEHQ）或氢醌（hydroquinone，HQ）以保证产品质量和储运的安全。

MAA 储藏容器材质采用 316# 不锈钢，也可储于玻璃、不锈钢、铝或聚乙烯衬里的容器里。储存期间必须保持较低的温度（＜30℃），并且要使其中的过氧化物和氧化物杂质产生的可能性变得最小，以防止聚合。

在 MAA 及其酯类装运时，必须进行防护，以保证安全。操作人员必须戴耐化学物的手套、穿毛料的防护服装、戴防溅的护目眼镜，并且保证车间内的良好通风，一旦与这些物质直接接触后，可用大量的水进行冲洗。甲基丙烯酸低碳酯闪点较低，存在着火的危险，这些物质同空气（O_2）能形成爆炸性的混合物，在 25℃，101kPa 压力下，其爆炸极限 MMA 为 2.1%～12.5%，故而应作为易燃物质进行运输。

12.5 生产技术

甲基丙烯酸甲酯（MMA）的工业生产方法主要有四种：丙酮氰醇（ACH）法、BASF 法、Alpha 法和异丁烯法。

12.5.1 ACH 法

ACH 法于 1937 年由璐彩特国际公司（Lucite）首先工业化。该工艺产品收率高，在 MMA 的生产中长期占主导地位，欧、美地区曾广泛采用此法生产 MMA。该法以丙烯腈生产的副产物氢氰酸（HCN）或天然气 CH_4 氨氧化制得的 HCN 为原料，先与丙酮反应生成丙酮氰醇（ACH），ACH 在浓硫酸中加热生成甲基丙烯酰胺硫酸盐，再水解，酯化制得 MMA。其反应式如下：

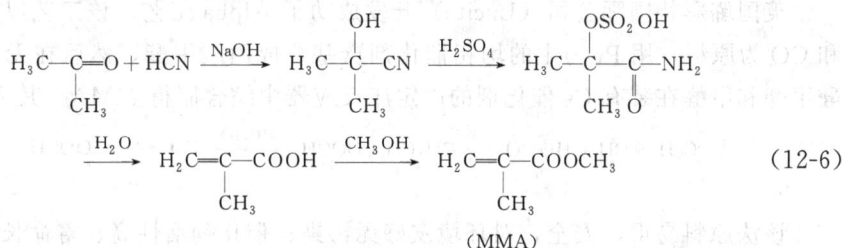

$$\begin{array}{c}
H_3C-C=O + HCN \xrightarrow{NaOH} H_3C-\underset{CH_3}{\overset{OH}{C}}-CN \xrightarrow{H_2SO_4} H_3C-\underset{CH_3}{\overset{OSO_2OH}{C}}-\underset{O}{\overset{}{C}}-NH_2
\end{array}$$

$$\xrightarrow{H_2O} H_2C=\underset{CH_3}{\overset{}{C}}-COOH \xrightarrow{CH_3OH} H_2C=\underset{CH_3}{\overset{}{C}}-COOCH_3 \tag{12-6}$$

（MMA）

ACH 法的原料 HCN 剧毒，且生产过程中大量使用浓硫酸，不仅会生成大量副产物硫酸氢胺难于处理，容易造成环境污染，而且必须采用耐酸蚀设备。

日本三菱瓦斯化学公司开发出了 MGC 法，即改良 ACH 法。该法分五步完成：①丙酮与 HCN 反应生成 ACH；②ACH 水解制成 α-羟基异丁酰胺；③α-羟基异丁酰胺与甲醇反应生成 α-羟基异丁酸甲酯和 NH_3；④α-羟基异丁酸甲酯脱水制得 MMA 产品；⑤甲醇与第③步产生的 NH_3 在固定床催化反应器中，经氨氧化反应制成 HCN，后者循环回第①步去作原料利用。

MGC 法仍以 HCN 为原料，采用 HCN 再生循环技术，减少了 HCN 用量。在生产过程中不使用 H_2SO_4，没有废酸和硫酸氢氨生成，使传统的 ACH 工艺向绿色工艺迈进了一步。但是，MGC 工艺仍存在工艺流程长，副产物较多，MMA 总产率偏低，HCN 再生循环利用的能耗较高等缺点。因此，它与真正意义上的绿色化工工艺尚有一定差距。

12.5.2　BASF 法

BASF 法是最早工业化的 C_2 工艺路线。首先由乙烯的氢甲酰化反应生成丙醛；然后丙醛与甲醛缩合生成甲基丙烯醛（MAL）；MAL 经分子氧化生成甲基丙烯酸（MAA），再与甲醇反应得到 MMA。其反应式如下：

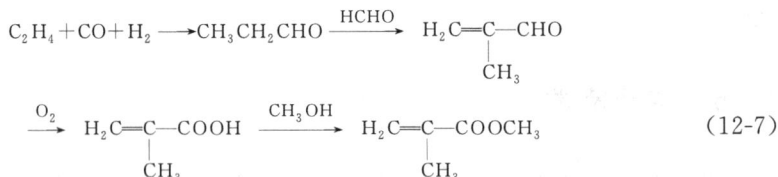

$$C_2H_4+CO+H_2 \longrightarrow CH_3CH_2CHO \xrightarrow{HCHO} H_2C\!=\!\underset{CH_3}{C}\!-\!CHO$$

$$\xrightarrow{O_2} H_2C\!=\!\underset{CH_3}{C}\!-\!COOH \xrightarrow{CH_3OH} H_2C\!=\!\underset{CH_3}{C}\!-\!COOCH_3 \qquad (12\text{-}7)$$

该法以乙烯及合成气（$CO+H_2$）为原料，生产过程中不使用腐蚀性的酸碱，生产的副产物可作燃料供应，无需后处理，因而原料和工艺过程都没有环境污染等问题，是一种洁净的绿色工艺。但是，该法的"乙烯氢甲酰化反应"的反应压力较高，需要投资较大的加压反应器。而且，中间产物丙醛和甲基丙烯醛容易自缩回，导致最终 MMA 产品收率不太高。

1989 年，BASF 建成一套 3.6 万吨/a 的生产装置。

12.5.3　Alpha 法

英国璐彩特国际公司（Lucite）开发成功了 Alpha 工艺。该工艺以乙烯、甲醇和 CO 为原料，用 Pt 为主的均相催化剂羰基合成丙酸甲酯，然后在无水条件下丙酸甲酯和甲醛在装有 Cs 催化剂的固定床反应器中缩合制得 MMA。其反应式如下：

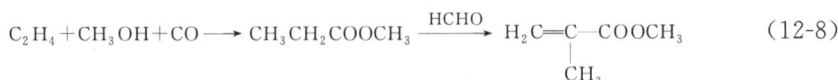

$$C_2H_4+CH_3OH+CO \longrightarrow CH_3CH_2COOCH_3 \xrightarrow{HCHO} H_2C\!=\!\underset{CH_3}{C}\!-\!COOCH_3 \qquad (12\text{-}8)$$

该法原料易得，安全，对环境友好无污染；催化剂活性高、寿命长；生成丙酸甲酯的选择性达 99%。酯化反应的副产物只有水和少量重酯，重酯可作燃料供热，无需复杂的分离和提纯步骤。该工艺条件（反应温度、压力）温和，无需特殊材质设备，且反应器尺寸较小，维修成本也较低，其总生产成本可能会比 ACH 法降低 38% 左右。因此，Alpha 法是具有原子经济性的 MMA 绿色生产工艺。该工艺的最大优点是反应中不生成难于提纯的甲基丙烯醛，产品 MMA 的最终收率较其他方法更高。

璐彩特国际公司采用 Alpha 技术已在新加坡建设 12 万吨/aMMA 生产装置，计划在 2008 年投产。

12.5.4　异丁烯法

MMA 合成工艺还有异丁烯原料路线（中间经过叔丁醇、甲基丙烯醛，最终合成 MMA）和丙炔路线（丙炔与甲醇、CO 进行羰基化反应一步合成 MMA）等。

该法特点是催化剂活性高，选择性好，寿命长，收率高，生产成本低于丙酮氰醇。

日本三菱人造丝公司采用此工艺建立了一套 4 万吨/aMMA 生产装置。

12.6 用途

甲基丙烯酸甲酯（MMA）从 20 世纪 30 年代问世以来，现已广泛应用于航空、建筑、车辆交通、医疗卫生、纺织印染、皮革纸张、树脂改性、润滑油品、涂料、胶黏剂、安全防护和光学元件等制造业中。它的聚合物（PMMA）的抗冲击强度是通用型塑料的 5～10 倍，所以在工程塑料市场上，它也是聚碳酸酯的有力竞争者。到 20 世纪 80 年代，聚甲基丙烯酸甲酯（PMMA）从传统的有机玻璃应用领域扩展到高新技术应用领域。如用作光电子信息传输载体，作为制备塑料光纤（POF）、激光视听光盘等的基础材料。由 PMMA 制成的高纯度 PMMA-POF 和氘化 PMMA-POF 等光波传导材料，已成为比磁记录密度高 10～100 倍的高密度、大容量的光电子储存与传输的信息材料。进入 21 世纪，信息材料如 LCD 显示材料和手机液晶面板等全球市场趋于火暴，加之汽车用涂料和住宅用人造大理石的市场需求旺盛，就有力推动了世界 MMA 工业生产新的发展浪潮。

12.6.1 PMMA

甲基丙烯酸甲酯（MMA）的最大用途是制造聚甲基丙烯酸甲酯（PMMA），主要用于制造有机玻璃板材和模塑料制品。一些新开发的高耐热 PMMA 树脂品种，其强度和热变形温度都已达到或超过聚碳酸酯，且价格较低。它与诸多高聚物树脂的相容性都较好，用作诸多塑料的改性添加剂，可改善塑料的热性能和光学性能。这类复合塑料已广泛用作灯管、广告灯箱、汽车仪表和包装材料等。

随着 PMMA 塑料光纤在光电子领域的广泛应用，以及液晶显示器在电视、电脑、手机和其他电子设备中的快速普及，更加速了 PMMA 的生产发展和 PMMA 改性制品的市场开拓步伐。中国科学院理化技术研究所有机光波导材料及器件研究中心的研究者经多年努力，攻克了本体聚合法直接生产 PMMA 光纤（塑料光纤）的技术难关，提出了利用单分子扩散较多原材料提纯新技术和平推式薄层本体聚合新技术制备高纯光纤级 PMMA 原料以及与之相配套的色层材料的方法，形成了具有自主知识产权的高纯度光纤级 PMMA 光学模塑料（芯层材料）和皮层材料制备的核心技术，成功地解决了产业化途径中的关键技术问题和批量生产的设备与工艺。2006 年秋，在其自行研制的每日生产 10 万米 PMMA 光纤的全自动流水线上，已连续数月生产出光衰减在 170～220dB/km 的 PMMA 光纤产品，产品质量技术指标达到世界先进水平，为我国推广采用 PMMA 光纤打下了坚实的技术基础。PMMA 光纤具有芯径大、质地柔软、连接容易、重量轻、价格低、传输带宽大等优点，在宽带接网系统、家庭智能网络系统、数据传输系统、汽车智能系统、工业控制系统以及纺织、灯饰照用、太阳能集热器等领域都有巨大的应用市场。

12.6.2 聚氯乙烯改性剂

聚氯乙烯（PVC）改性剂可降低 PVC 的熔融流动指数，改进加工性能，提高冲击强度，且不降低 PVC 原有的刚性、抗拉强度、耐热等性能，改性 PVC 能够生产透明或半透明的聚氯乙烯制品。常用的 PVC 改性剂有 MBS、ACR 等；MBS 是由甲基丙烯酸甲酯（MMA）、丁二烯（BD）和苯乙烯（St）组成的三元共聚物，它除可提高 PVC 的强度外，还能改善 PVC 制品的刚性和韧性、尺寸稳定性、加工性和色调，尤其在制造 PVC 透明制品方面至今仍独占鳌头。其加入量一般为 10% 左右。ACR 主要由 MMA 和部分丙烯酸酯〔如丙烯酸乙酯（EA）或丙烯酸丁酯（BA）〕及苯乙烯等经乳液聚合而成，它克服了 MBS 耐候性不佳的弊端。

12.6.3 混凝土改性剂

人造大理石是树脂混凝土的一种，其成分是：无机矿物填料、树脂、催化剂、促进剂和色料。人造大理石有不饱和聚酯型、丙烯酸树脂（MMA 树脂）型、三聚氰胺树脂型和环氧树脂型等。鉴于 MMA 树脂型性能优于其他类型，它具有近似天然大理石的质感，耐候性能优良，有可热弯曲加工、好保养等性能，因而增长速度较快。人造大理石可用于制作卫生洁具（如水槽、浴器、浴盆等）和温泉设备。

高分子聚合物与混凝土的复合作用，形成混合物混凝土，它具有抗压强度、抗拉强度、弹性模量高，吸水率低、抗冻性能好等优点，MMA 就是常用的一种聚合物。南京永丰化工厂与南京水利科学研究院共同协作，生产了 NUS 丙烯酸酯共聚乳液作为水泥的改性剂，该共聚乳液主要由 MMA、MAA、BA 等树脂和助剂共聚合而成。与 500# 普通水泥沙浆相比，抗渗透性为其 1.5 倍，抗氯离子渗透能力为其 8 倍以上。这类聚合物混凝土用于构筑水坝、桥梁和修复旧建筑物等都具有明显的社会效益和经济效益。

12.6.4 涂料、胶黏剂及其他

MMA 单体用于制备涂料的消费比例也较大。MMA 在涂料中起到提高聚合度，增加硬度，提高耐候性，增添光泽等作用。在汽车涂料、建筑涂料、防水涂料、木材涂料、金属涂料、粉末涂料中均使用了 MAA、MMA 和其他有关酯类。丙烯酸类涂料主要有：VAC/BA/MMA/MA；BMA/MA；St/BA/MMA/MA。这些涂料在耐水、耐擦洗、抗污染、耐候性能上均能满足各种结构材料表面防护的需要。

以 MMA 为主体，可以合成多种类型及各种用途的胶黏剂，如 CR/MMA 接枝型胶黏剂，是由 MMA 和氯丁橡胶（chloroprene rubber，CR）为主要原料，其粘接力可达 3kg/2.5cm，为塑料鞋用胶黏剂。还有改性的 CR/MMA/SBS 三元接枝胶黏剂，可粘接橡塑两性的材料。利用丙烯酸类乳液和黏土分散液制成一系列纸用胶黏剂。以 MMA、丙烯酸丁酯（butyl acrylate，BA）为主体的共聚乳液型胶黏剂，用于涂料印花、静电植绒、非织造布等，还有用于油面金属粘接的反应型丙烯酸胶黏剂等。

此外，MMA 还有许多其他用途。如配制纤维加工的纺织浆料；用作不饱和聚酯的交联剂、腈纶生产的第二单体；可作为医药功能性高分子材料的组成（制备假牙和牙托粉等）；可合成 PMMA/PVC 等塑料合金、树脂类磁性塑料，以及火箭用固体燃料等。

12.7 我国 MMA 的生产与消费

12.7.1 现状

我国早期的 MMA 是由有机玻璃（PMMA）废料经裂解而制取的。到 20 世纪 50 年代末期先后在苏州安利化工厂（0.1 万吨/a）和上海制笔化工厂建成（0.6 万吨/a）MMA 装置，是中国最早的 MMA 生产厂。我国 MMA 的发展概况如表 12-3 和图 12-1 所示。

表 12-3 我国 MMA 的发展概况　　　　　　　　单位：万吨/a

年份	生产能力	产量	年份	生产能力	产量	年份	生产能力	产量
1995	6	2.3	1999	8	4.5	2003	12.5	9.7
1996	7	2.5	2000	8.5	5	2004	20	16.5
1997	7	2.65	2001	10	5.6	2005	32	22
1998	7	4	2002	12	6.9	2006	40	28.3

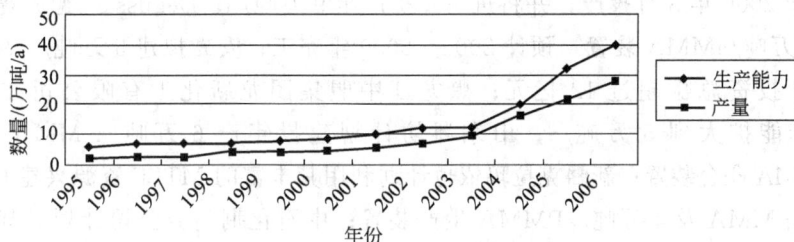

图 12-1 我国 MMA 的发展概况

在 1995～2006 年期间，我国 MMA 生产能力的年均增长率 37.2%，产量的年均增长率 52%。我国 MMA 发展迅速的主要原因是我国的表面涂料、黏合剂、ACR 和 MBS、纺织浆料、医用高分子材料、皮革助剂和一些多元复合塑料合金等领域的发展。同时，由于开发了耐温、耐磨、抗静电、高抗冲 PMMA 和特大、特厚、中空、异型 PMMA 以及光导纤维用的 PMMA 内芯材料等，MMA 应用领域不断拓展。

据不完全统计，2006 年我国有 7 家主要 MMA 生产企业，主要分布在吉林、黑龙江、上海和广东等省市。

2006 年，我国 MMA 生产能力 40 万吨/a，产量约 28.3 万吨/a，开工率 83.33%。2006 年我国主要 MMA 生产企业概况见表 12-4。

表 12-4　2006 年我国主要 MMA 生产企业概况

生 产 企 业	装置能力/(万吨/a)	工 艺	备 注
黑龙江龙新化工有限公司	2.4	丙酮氰醇	2004 年由 2 万吨/a 扩至 2.4 万吨/a
吉化集团苏州安利化工厂	1.2	丙酮氰醇	2004 年由 1.0 万吨/a 扩至 1.2 万吨/a
吉化集团公司丙烯腈厂	5.0	丙酮氰醇	2004 年建成投产
吉化集团抚顺吉特化工有限公司	1.6	丙酮氰醇	2001 年恢复生产 2003 年由 1.3 万吨/a 扩至 1.6 万吨/a
上海璐彩特(Lucite)国际公司	9.0	丙酮氰醇	2005 年中期投产
上海制笔化工厂	1.3	丙酮氰醇	
惠州 MMA 有限公司	7	异丁烯法	由日本三菱人造丝公司建立，2006 年 8 月投产
合计	27.5		

此外，我国还有 500 余家小企业采用裂解法生产 MMA，这些企业主要分布在华东、华南、华北等地区，以私营和乡镇企业为主，裂解原料主要来源于进口的 PMMA 制品回收料、边角料、机头料等。

12.7.2　发展趋势

为满足我国市场对 MMA 不断增长的需求，国内外厂商均计划继续在我国上马 MMA 建设项目。三菱人造丝公司在惠州大亚湾兴建的 7 万吨/a 异丁烯法 MMA 装置已于 2006 年 8 月投产，并将进一步扩建至 9 万吨/a；Degussa（德固赛）公司拟建 10 万吨/aMMA 装置，预计 2008～2009 年完工；安徽拟建 5 万吨/a MMA 生产装置，投资总额超过 12 亿元；黑龙江中盟集团龙新化工有限公司亦计划将 MMA 产能扩大到 5 万吨/a；山东潍坊计划建投年产 6 万吨/a MMA 及 3 万吨/aPMMA 联合装置；新疆克拉玛依也计划利用其丰富的 MTBF 资源兴建 6 万吨/a 异丁烯法 MMA 及 4 万吨/aPMMA 生产装置；中石化荆门分公司计划对其石油产品进行扩能改造，同时加大对石油深加工产品的开发力度，其中包括（7～14）万吨/aMMA 及 5 万吨/a PMMA 生产装置。

到 2010 年，我国 MMA 生产能力达 60 万吨/a。2005～2010 年期间，我国 MMA 生产能力的年均增长率 13.4%。预计，2010～2015 年期间，我国 MMA 生产能力的年均增长率 2%。

12.7.3　消费与市场

（1）消费量

2006 年，我国 MMA 的市场表观消费量 40.27 万吨，主要消费于 PMMA、聚氯乙烯改性剂、表面涂料、纺织、制革、丙烯酸纤维等。我国 MMA 的市场表观消费量如表 12-5 和图 12-2 所示。

表 12-5　我国 MMA 的市场表观消费量　　　单位：万吨/a

年份	总产量	进口	出口	市场表观消费量
2000	5	7.6975	0.0106	12.6869
2001	5.6	8.6416	0.0126	14.229
2002	6.9	11.1212	0.0194	18.0018
2003	9.7	11.7287	0.0385	21.3902
2004	16.5	12.4800	1.2604	27.7196
2005	22	11.4567	1.3167	32.14
2006	28.3	13.8434	1.8778	40.2656

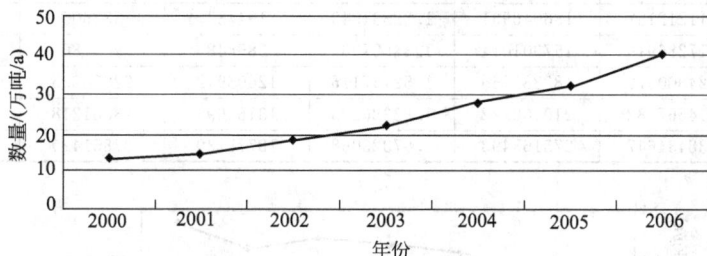

图 12-2　我国 MMA 的表观市场消费量

在 2000～2006 年期间，我国 MMA 市场表观消费量的年均增长率 21.23%。我国 MMA 市场增长的主要原因是我国飞机制造业、汽车制造业、房地产业和 IT 产业快速的发展。2006 年我国 MMA 的消费结构如表 12-6 和图 12-3 所示。

表 12-6　2006 年我国 MMA 的消费结构

消费领域	消费量/(万吨/a)	比例/%	消费领域	消费量/(万吨/a)	比例/%
PMMA	22.1461	55	纺织、制革	3.2212	8
聚氯乙烯改性剂	5.6372	14	其他	4.4292	11
表面涂料	4.8319	12	合计	40.2656	100

（2）贸易

2006 年，中国大陆 MMA 进口量为 13.8434 万吨，主要来源于韩国，占总进口量的 54%；日本，占总进口量的 53.3%；中国台湾地区，占总进口量的 29.2%；新加坡，占总进口量的 25.7%。

2000～2006 年期间，中国大陆 MMA 进口量的年均增长率 10.23%。中国大陆 MMA 进口量的增加是为了满足中国大陆飞机制造业和汽车制造业等行业的发展需

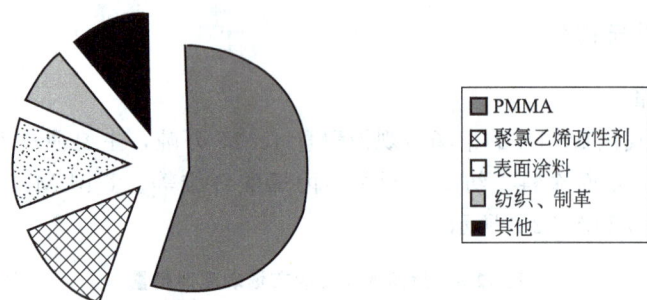

图 12-3　2006 年我国 MMA 的消费结构

求。中国大陆 MMA 的进出口相关数据如表 12-7，图 12-4，图 12-5 所示。

表 12-7　中国大陆 MMA 的进出口

年份	进　口			出　口		
	数量/kg	金额/美元	单价/(美元/kg)	数量/kg	金额/美元	单价/(美元/kg)
2000	76975179	93756343	1.21800747	106309	194821	1.832591784
2001	86416339	109669841	1.26908687	125984	282346	2.241125857
2002	111212132	136046961	1.22331043	194489	332605	1.710148132
2003	117286916	157901014	1.34627987	385448	909186	2.358777319
2004	124800372	189880166	1.52147115	12603942	22070235	1.751058121
2005	114567082	210100222	1.83386203	13166695	28001218	2.126670208
2006	138434647	273163493	1.97323068	18778130	37851429	2.015718764

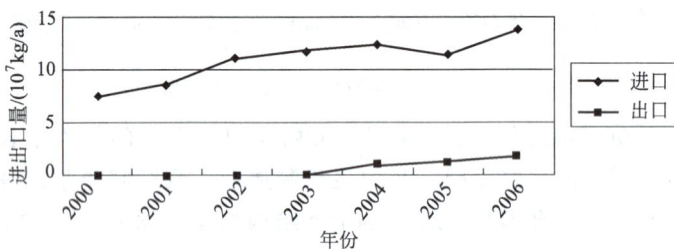

图 12-4　中国大陆 MMA 的进出口量

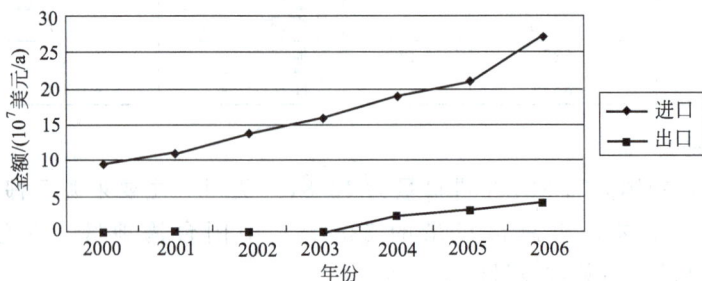

图 12-5　中国大陆 MMA 的进出口额

12.8 世界 MMA 的生产与消费情况

12.8.1 生产能力

2005 年，世界 MMA 单体的生产能力达 268 万吨以上（见表 12-8），其总需求量超过 260 万吨。

表 12-8 **2005 年世界 MMA 产能分布** 单位：万吨/a

生产商	厂址	产能	生产商	厂址	产能
美国		84.1	日本		
罗门哈斯	Deer Park,TX	40	三菱人造丝	Otake	21.7
璐彩特国际	Memphis	15.5	旭化成	Kawasaki	10
	Beaumont,TX	15.5	住友化学	Himeji	5
德固赛	Fortier,LA	13.1		Ehime	4
巴西		4	可乐丽	Nakajo	6.3
Proquigel(Grupo Unigel)	Candeias	4	Kyodo Monomer	Osaka	4
西欧		77.6	三菱天然气化学公司	Niigata	3.4
德国			新加坡		
德固赛	Marl	20	住友化学	裕廊岛①	5.5
	Wesseling	9.5	泰国		
巴斯夫	Ludwigshafen	3.6	三菱人造丝	Map ta Phut	7
法国			韩国		
Arkema	St. Avold	9	LG MMA	Yeosu②	10
意大利			湖南化学	Yeosu	4
Arkema	Rho	9	Daesan MMA Corp.③	Daesan	9
英国			中国台湾地区		
璐彩特国际	Cassel	22	璐彩特国际	高雄	10
西班牙			台塑石化	麦寮	7
Repsol-YPF	Tarragona	4.5	总计		272.6
亚洲及东南亚		106.9			

① 计划扩能至 9 万吨/a，2008 年年初完工。
② 2005 年增 7.6 万吨/a 产能，计划在 2008 年第二季度完成。
③ 日本三菱人造丝和韩国湖南化学合资项目。

12.8.2 市场需求量

IT 产业的发展，推动着世界 MMA 的市场需求量快速增长。例如，美国康奈尔大学材料科学与工程系的研究者利用 MMA 的酯交换反应制得了 6-溴己基-甲基丙烯酸酯，后者与相应的偶氮苯缩聚，便制得了 4-甲氧基-4′-(6-甲基丙烯酰基-己氧基) 偶氮苯聚合物树脂。这种树脂就是一类光电性能良好的液晶材料。而且，液晶显示器用的滤光片也是由甲基丙烯酸甘油酯与 MMA 配比为 40/60 的共聚物树脂为主要成分制成的。这样，随着 PMMA 塑料光纤和液晶显示器应用的飞速发展，

231

导致欧洲、美国和日本在 1995～2004 年 MMA 的消费构成发生了较大变化，PMMA 板材的消费比从过去的 50％左右降为 40％左右；MMA 在涂料、黏合剂、塑料合金等方面（其中包括 IT 产品）的消费比从 20％左右上升到了 30％左右。

12.8.3　世界 MMA 的供需

世界 MMA 单体产需情况如表 12-9 所示。

表 12-9　世界 MMA 单体产需情况　　　　　　　　单位：万吨/a

年份	产　　能				需　　求			
	美洲	欧洲	亚洲	合计	美洲	欧洲	亚洲	合计
2005	92	79	121	292	79	65	118	262
2006	92	79	136	307	80	66	128	274
2007	94	79	141	314	82	68	139	289
2008（预计）	94	84	150	328	83	69	147	299

预计，今后几年世界 MMA 需求年均增长率为 4％～5％，亚洲地区将超过 7％。亚洲地区总计有 38.6 万吨/a 的 MMA 新增产能计划在 2008 年投产，还有 25 万吨/a 新装置将在 2008 年以后启动。其中，日本住友化学公司正在新加坡建设它的第三套 MMA 生产装置，设计能力为 9 万吨/a MMA、联产 5 万吨/a PMMA，计划在 2008 年投产。届时住友公司在新加坡的 MMA 生产总能力将达 22.3 万吨/a，在亚洲的总生产能力将达 41.3 万吨/a。璐彩特国际公司正在新加坡裕廊岛新建一套 12 万吨/aMMA 生产装置（采用 Alpha 新工艺），计划在 2008 年投产。如果投产顺利，璐彩特国际公司还准备采用新工艺建设规模达 25 万吨/a 的 MMA 生产装置。据初步统计，未来几年，北美和欧洲也将新建总计 24 万吨/a 的 MMA 产能。在 2008～2009 年间，全球大约有 7 套 MMA 新装置投入运营，这将使 2009 年全球 MMA 单体的生产能力达到 370 万吨。那时，全球 MMA 全球市场的供求关系将趋于平衡。

12.9　发展建议

今后，我国建设 MMA 生产装置应立足于石油乙烯原料路线，既环保又廉价。为此，建议如下。

（1）从石油裂解制乙烯的尾气中回收乙烯作原料，低成本扩大我国的 MMA 产能

现在，我国石油化工和天然气化工已经发展到了相当的现代工业规模，能够为 C_2H_4、CH_3OH 与 CO 羰基合成制 MMA 的路线提供充足的原料。值得注意的是，我国西南化工研究设计院开发成功的"石油催化裂化干气变压吸附（PSA）回收乙

烯"的技术已经工业化应用（从含乙烯 17.8％的裂化干气中，每小时可回收乙烯产品 7t 左右）。这种 PSA 回收乙烯工艺的综合能耗要比惯用的低温精馏法的能耗低两倍。利用如此廉价的乙烯作原料，发展 MMA 生产肯定是经济可行的。加之，该院已有"甲醇低压羰基合成制醋酸"的技术，如果在此技术基础上，继续开发"C_2H_4、CH_3OH 与 CO 均相催化羰基合成丙酸和丙酸甲酯"的技术，那也是大有希望的。若能成功，在我国发展丙酸甲酯与甲醛缩合制取 MMA 的绿色合成工艺就有保障了。

（2）发展异丁烯氧化制 MMA 的生产

我国 C_4 资源丰富，但目前 C_4 利用率较低。所以，在我国发展异丁烯氧化制 MMA 的生产仍具有一定的技术经济优势。中国石油兰州石化研究院与中国科学院过程工程研究所共同开发成功的"MMA 新生产工艺"（已于 2006 年通过专家技术鉴定）。该技术是从混合 C_4 烃中回收异丁烯，经水合制成叔丁醇；后者氧化制得甲基丙烯醛（MAL）；MAL 氧化酯化制得 MMA。异丁烯转化率达 95.6％，生成 MAL 的选择性为 88.1％；第二步转化，MAL 转化率达 98％，生成 MMA 的选择性为 88％。将此技术推向工业化生产也是很有希望的。

参 考 文 献

[1] 陈冠荣. 化工百科全书. 北京：化学工业出版社，1998：171-190.
[2] 刘璐等. 甲基丙烯酸甲酯绿色工艺研究进展. 精细石油化工进展，2006，(8)：37-39.
[3] JP 2000-136.
[4] WO 2001-51.
[5] 李峰等.甲醇及其衍生物.北京苏佳惠丰化工技术咨询有限公司，2006.

（杨仲春　朱铨寿　李峰　编写）

13 甲烷氯化物

甲烷氯化物（chloromethanes，CMS）是一氯甲烷（methyl chloride）、二氯甲烷（methylene chloride）、三氯甲烷（chloroform）、四氯化碳（carbon tetrachloride）的简称。甲烷氯化物主要以甲醇、氯化氢、氯气为原料而制得，也可以用甲烷（天然气）、氯气为原料而制得。甲醇法是以甲醇、氯化氢为原料进行氢氯化反应而制得一氯甲烷，一氯甲烷和氯气进行氯化反应而得到二氯甲烷、三氯甲烷、四氯化碳等混合物，经过精制后分别得到一氯甲烷、二氯甲烷、三氯甲烷和四氯化碳产品。甲烷氯化物是重要的基本有机化工原料和优良的有机溶剂，在有机硅、有机氟、发泡剂、甲基纤维素及其衍生物方面得到广泛应用。随着甲烷氯化物应用范围的开拓和发展，它在国民经济中起到越来越重要的作用。

13.1　物化性质

13.1.1　一氯甲烷

（1）物理性质

一氯甲烷是无色、无刺激气味的易液化气体。有醚样的微甜气味。气体有着火危险。微溶于水，易溶于乙醇、三氯甲烷、乙醚等，并能与大多数有机物溶液互溶。高温时水解成甲醇和盐酸。一氯甲烷的物理性质见表 13-1。

（2）化学性质

一氯甲烷是最简单的烷基氯化物，它是氯代烷烃中热稳定性最好的化合物。

在干燥状态下低于 400℃ 时即使与多种金属接触也不会分解。如有水存在时，超过 60℃ 就会缓慢水解生成甲醇与盐酸。在 120℃ 和 536.89kPa（5.3atm）下含饱和水的一氯甲烷，水解速率是 1g/100mL 时，碱的存在会促进水解。在低温下一氯甲烷水溶液会生成晶体状水合物 $CH_3Cl \cdot 6H_2O$，后者于常压下 7.5℃ 分解。一氯甲烷与火焰接触时能燃烧，生成二氧化碳和氯化氢。

一氯甲烷与溶解在液氨中的钠反应时生成甲烷、甲胺和氯化钠。

（1）在干燥的乙醚溶液中一氯甲烷与钠发生反应生成烷烃

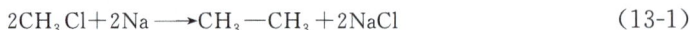

$$2CH_3Cl + 2Na \longrightarrow CH_3-CH_3 + 2NaCl \tag{13-1}$$

表 13-1　一氯甲烷物理性质

性　质	数　据	性　质	数　据
分子式	CH_3Cl	气体热导率/[kJ/(h·m²·K)]	0.0993
相对分子质量	50.49	临界压力/MPa	6.68
20℃下蒸气压/kPa	489.6	临界温度/℃	143.8
常压沸点/℃	−23.7	熔点/℃	−97.7
密度/(g/cm³)	0.920	空气中爆炸极限(体积)/%	
20℃下黏度/10³Pa·s	0.244	上限	17.2
汽化热/(J/g)	428.75	下限	8.1
20℃下液体比热容/[J/(g·℃)]	1.594	25℃一氯甲烷在水中的溶解度/(g/100mL)	0.74
常压下气体比热容/[J/(g·℃)]	0.833	25℃水在一氯甲烷中的溶解度/(g/100mL)	0.285
20℃下液体热导率/[kJ/(h·m²·K)]	1.901	自燃温度/℃	632

也可以与 C_2 以上的氯代烃缩合得到丙烷、丁烷等。

（2）一氯甲烷与镁反应生成 CH_3MgCl

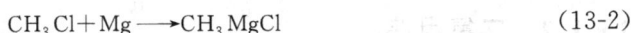

$$CH_3Cl + Mg \longrightarrow CH_3MgCl \tag{13-2}$$

后者被用于醇类和硅酮的合成。与锌也能发生类似的反应。

（3）在铜存在下硅与一氯甲烷反应生成各种甲基氯硅烷，例如：

$$2CH_3Cl + Si \xrightarrow{Cu} (CH_3)_2SiCl_2 \tag{13-3}$$

（4）一氯甲烷与铝反应生成三甲基三氯化二铝

$$3CH_3Cl + 2Al \longrightarrow (CH_3)_3Cl_3Al_2 \tag{13-4}$$

它是烃类聚合和加氢用的催化剂。

（5）在氯化铝存在下一氯甲烷与芳烃发生 Friedle-Crafts 反应，生成芳烃的甲基衍生物，例如与苯反应生成甲苯，以氯化铝为催化剂，一氯甲烷经羧基化反应生成乙酰氯

$$CH_3Cl + CO \longrightarrow CH_3COCl \tag{13-5}$$

一氯甲烷经氯化可逐级转化成二氯甲烷、三氯甲烷和四氯化碳。也可进行溴化反应，如在 300℃ 和接触时间为 13s 时，它与溴发生气相反应可主要生成氯溴甲烷。如以活性炭为催化剂，则可生成二溴甲烷、溴仿及四溴化碳。它在高温下通过溴化铝时，溴甲烷是主要产物。在丙酮溶液中它与溴化钠或碘化钠一起回流时，一氯甲烷很快转化成对应的溴甲烷或碘甲烷。

（6）一氯甲烷与氨在醇溶液或在气相中可发生反应，生成甲胺、二甲胺、三甲胺的盐酸盐及氯化四甲胺：

$$CH_3Cl + NH_3 \longrightarrow CH_3NH_2 \cdot HCl \tag{13-6}$$

（7）与叔胺反应形成季铵衍生物：

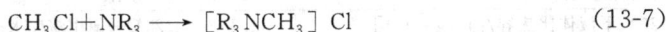

$$CH_3Cl + NR_3 \longrightarrow [R_3NCH_3]Cl \tag{13-7}$$

（8）一氯甲烷与醇或酚的金属衍生物反应产生甲基醚类。该反应适合于制造不对称的脂肪族醚和芳基烷基醚，尤其是甲基正丁基醚、氢醌二甲醚及茴香醚等：

$$RONa + CH_3Cl \longrightarrow ROCH_3 + NaCl \tag{13-8}$$

通过类似的反应，它与纤维素钠作用能生成甲基纤维素。

（9）一氯甲烷与适当组成的铅钠合金反应生成四甲基铅，催化剂为三氯化铝。

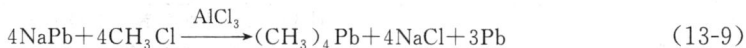

$$4NaPb + 4CH_3Cl \xrightarrow{AlCl_3} (CH_3)_4Pb + 4NaCl + 3Pb \tag{13-9}$$

（10）在游离基引发剂催化下一氯甲烷与 α-烯烃反应可把氯引入直键烃分子中

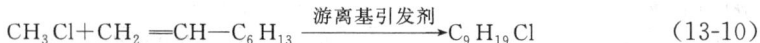

$$CH_3Cl + CH_2 = CH - C_6H_{13} \xrightarrow{\text{游离基引发剂}} C_9H_{19}Cl \tag{13-10}$$

此外，一氯甲烷与有机酸的金属盐反应得到相应的甲酯。例如与醋酸钠在 290～297℃反应产生醋酸甲酯，与苯甲酸钠在 300～305℃反应生成苯甲酸甲酯。它与硫化钠反应得到甲硫醚 $(CH_3)_2S$。一氯甲烷在 70℃、1246kPa（12.3atm）下与硫氢化钠溶液在过量硫化氢存在下反应可制得甲硫醇。

干燥的一氯甲烷蒸气在 60℃以下时不腐蚀铝和铝合金，但含水时会腐蚀铝合金（尤其是铝镁合金）。

13.1.2 二氯甲烷

（1）物理性质

二氯甲烷是一种无色透明的易挥发气体，有类似醚的气味和甜味。二氯甲烷与高浓度氧气混合会形成爆炸混合物，不易燃，对很多树脂、石蜡和脂肪都具有优良的溶解性，是工业溶剂中毒性小、不燃性能好的低沸点溶剂之一，能与水及一些有机溶剂形成二元共沸物。

室温下二氯甲烷难溶于液氨，能很快溶解在很多酚、醛、酮和冰醋酸、磷酸三乙酯、乙酰乙酸乙酯、甲酰胺和环己胺中。在水中溶解度很小，但能以任何比例与其他氯代溶剂、乙醚和乙醇完全互溶。单独的二氯甲烷无闪点。含等体积的二氯甲烷与汽油、溶剂石脑油或甲苯的溶剂混合物是不易燃的，然而配合比为 10∶1 的二氯甲烷与丙酮或甲醇混合物蒸发后与空气会形成易燃的混合物。二氯甲烷的物理性质如表 13-2 所示。

表 13-2　二氯甲烷物理性质

性　质	数　据	性　质	数　据
分子式	CH_2Cl_2	气体热导率/[kJ/(h·m²·K)]	0.0895
相对分子质量	84.94	临界压力/MPa	6.17
20℃下蒸气压/kPa	46.7	临界温度/℃	245
常压沸点/℃	39.8	熔点/℃	−96.7
密度/(g/cm³)	1.326	在空气中的爆炸极限(体积,25℃)/%	
20℃下黏度/10³Pa·s	0.425	上限	25
汽化热/(J/g)	329.3	下限	14
20℃下液体比热容/[J/(g·℃)]	1.172	25℃一氯甲烷在水中的溶解度/(g/100mL)	1.32
常压下气体比热容/[J/(g·℃)]	0.648	25℃水在一氯甲烷中的溶解度/(g/100mL)	0.198
20℃下液体热导率/[kJ/(h·m²·K)]	1.881	自燃点/℃	640

（2）化学性质

四种甲烷氯化物中二氯甲烷对热分解和水解的稳定性仅次于一氯甲烷。在干燥空气中最低的热解温度是120℃，热解温度随水含量增加而降低。热解主要生成氯化氢和光气。蒸气和空气混合后在450℃通过氧化铜时会形成光气。300～450℃下，有铁和金属氯化物存在时二氯甲烷有焦化的倾向，会生成黑色的固体聚合物。

二氯甲烷与水会发生水解反应。密封容器中二氯甲烷与水在140～170℃下长期加热会生成甲醛和盐酸：

$$CH_2Cl_2 + H_2O \longrightarrow HCHO + 2HCl \qquad (13\text{-}11)$$

在180℃长期加热其与水的混合物，生成甲酸、一氯甲烷、甲醇、盐酸和少量一氧化碳。二氯甲烷与水会形成水合物，它的临界分解温度是1.7℃/160mmHg（1mmHg＝133.3Pa）。

常温下干燥的二氯甲烷对普通金属没有作用。高温、水分和空气结合特别有助于二氯甲烷的分解。在商品二氯甲烷中一般添加稳定剂以防止水解。

二氯甲烷进一步氯化制得三氯甲烷、四氯化碳：

$$CH_2Cl_2 + Cl_2 \xrightarrow{\triangle} CHCl_3 + HCl \qquad (13\text{-}12)$$

$$CH_2Cl_2 + 2Cl_2 \xrightarrow{\triangle} CCl_4 + 2HCl \qquad (13\text{-}13)$$

二氯甲烷在催化剂存在下，与氟化氢反应生成二氟甲烷：

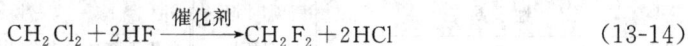

$$CH_2Cl_2 + 2HF \xrightarrow{\text{催化剂}} CH_2F_2 + 2HCl \qquad (13\text{-}14)$$

溴与二氯甲烷反应生成氯溴甲烷：

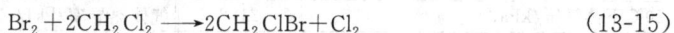

$$Br_2 + 2CH_2Cl_2 \longrightarrow 2CH_2ClBr + Cl_2 \qquad (13\text{-}15)$$

有铝存在时，26～30℃即可发生反应。

二氯甲烷在200℃与碘反应可得到二碘甲烷。与碘化溴在110～180℃反应时，产生二碘甲烷、碘甲烷和一氯二碘甲烷的混合物。

在铝存在下于200℃和900atm（1atm＝1.013×10⁵Pa）下，二氯甲烷与一氧化碳发生羰基化反应得到氯乙酰氯。

二氯甲烷在三氯化铝存在下可与芳烃发生Friedle-Crafts反应，二氯甲烷与苯反应得到二苯基甲烷。

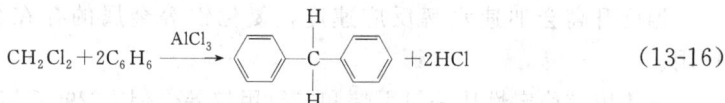

$$CH_2Cl_2 + 2C_6H_6 \xrightarrow{AlCl_3} \text{（二苯基甲烷）} + 2HCl \qquad (13\text{-}16)$$

二氯甲烷与甲苯反应产生 m,m'-二甲苯甲烷、p,p'-二甲苯甲烷、m,p'-二甲苯甲烷和三个异构的二甲基蒽的混合物；与联苯反应产生芴。

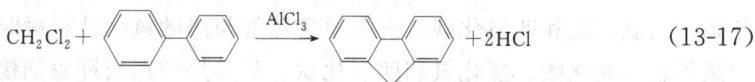

$$CH_2Cl_2 + \text{（联苯）} \xrightarrow{AlCl_3} \text{（芴）} + 2HCl \qquad (13\text{-}17)$$

二氯甲烷与乙醇的氨溶液加热到100～125℃产生六亚甲基四胺。与氨水在200℃反应产生氯化氢、甲酸和甲胺。在200℃和过量氢存在下，二氯甲烷蒸气与镍接触产生氯化氢和炭黑。

二氯甲烷与三甲基铝、一氯二甲基铝、二氯一甲基铝等烷基铝在温度超过140℃时会发生强放热反应，生成三氯化铝、氯化氢、甲烷和元素碳。

在270℃二氯甲烷与二氧化氮反应生成氧化氮、一氧化碳和氯化氢的气体混合物。

以磷酸盐为催化剂在460℃与水蒸气反应得到甲醛。

氮气氛下二氯甲烷与硅和铜的混合物在300~400℃反应得到混合的有机硅衍生物。

13.1.3 三氯甲烷

（1）物理性质

三氯甲烷（氯仿）是一种无色透明的易挥发液体，具有特殊的甜味，蒸气有毒，有强烈的麻醉作用。不燃，但与火焰接触会燃烧，同时放出光气。微溶于水，但能与很多有机溶剂互溶。在25℃时，1体积三氯甲烷能溶解3.95体积的二氧化碳。三氯甲烷能与水和一些有机物形成二元共沸混合物。三氯甲烷物理性质见表13-3。

表 13-3 三氯甲烷物理性质

性 质	数 据	性 质	数 据
分子式	$CHCl_3$	常压下气体比热容/[J/(g·℃)]	0.594
相对分子质量	119.39	20℃下液体热导率/[kJ/(h·m²·K)]	1.535
20℃下蒸气压/kPa	21.2	气体热导率/[kJ/(h·m²·K)]	0.0930
常压沸点/℃	61.2	临界压力/MPa	5.45
密度/(g/cm³)	1.489	临界温度/℃	263
20℃下黏度/10³Pa·s	0.57	熔点/℃	-63.5
汽化热/(J/g)	248.1	25℃三氯甲烷在水中的溶解度/(g/100mL)	0.79
20℃下液体比热容/[J/(g·℃)]	0.979	25℃水在三氯甲烷中的溶解度/(g/100mL)	0.097

（2）化学性质

三氯甲烷在甲烷氯化物中最易水解，水解产物是甲酸和氯化氢，反应式为：

$$CHCl_3 + 2H_2O \longrightarrow HCOOH + 3HCl \tag{13-18}$$

温度升高会加速水解反应速度，氯化铁等金属的存在会对水解反应起催化作用。

三氯甲烷稳定性比一氯甲烷和二氯甲烷差。但在290℃以下三氯甲烷不会热分解。在450℃以上热分解时产生六氯乙烷、四氯乙烯、氯化氢和少量其他的氯代烃。三氯甲烷与热沸石接触时，1%汽化的碘能催化热分解反应，分解产物是四氯乙烯、六氯乙烷和四氯化碳。三氯甲烷蒸气与热的氧化钛接触时也发生分解，生成六氯苯、一氧化碳、氯化氢和四氯化钛。与赤热的铜或钾汞剂接触能得到乙炔。

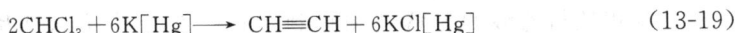

$$2CHCl_3 + 6K[Hg] \longrightarrow CH\equiv CH + 6KCl[Hg] \tag{13-19}$$

氧化反应也会引起三氯甲烷分解。在空气存在下，置于暗处也会引起氧化分解。产物为光气、氯化氢、氯、二氧化碳和水。没有空气存在而长期受日光照射时，三氯甲烷也会缓慢地分解。用铬酸等强氧化剂氧化时生成光气和氯气。约270℃下二氧化氮氧化三氯甲烷生成光气、氯化氢、水和二氧化碳。臭氧在三氯甲烷中会形成蓝色溶液，很快发生分解。三氯甲烷的水解、热分解和氧化都产生氯化氢，会严重腐蚀金属。

三氯甲烷能进一步氯化生成四氯化碳。锌粉和乙醇水溶液可还原三氯甲烷生成甲烷。如有氨存在时还原产物为二氯甲烷及甲烷。

三氯甲烷会非常强烈地与固体氢氧化钠反应，产生不稳定的中间化合物，三氯甲烷是惟一会与氢氧化钠进行这个反应的氯代甲烷，因此不能用固体氢氧化钠干燥三氯甲烷。

三氯甲烷与溴反应生成各种氯溴甲烷（CCl_3Br、CCl_2Br_2 和 $CClBr_3$），与溴化铝反应生成三溴甲烷。但不与碘反应，在氯化铝存在下与碘乙烷反应生成三碘甲烷。三氯甲烷最重要的化学反应是与氟化氢生成二氟一氯甲烷。以五氯化锑作为催化剂，在金属氟化物存在下与氟化氢反应亦能生成三氟甲烷和一氟二氯甲烷。

约50℃和碱金属氢氧化物存在下，三氯甲烷与丙酮缩合得到氯代丁醇。

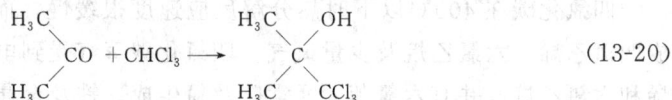

$$\text{(CH}_3)_2\text{CO} + \text{CHCl}_3 \longrightarrow \text{(CH}_3)_2\text{C(OH)CCl}_3 \tag{13-20}$$

它是白色结晶，有樟脑似的气味，具有麻醉、镇静和防腐作用，用于医药工业。

在碱溶液中三氯甲烷与酚发生 Reimer-Tiemann 反应，得到羧基芳香醛，如与苯酚反应时主要生成对羧基苯甲醛和少量水杨醛。

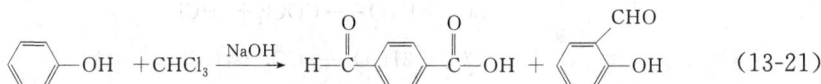

$$\text{C}_6\text{H}_5\text{OH} + \text{CHCl}_3 \xrightarrow{\text{NaOH}} \text{OHC-C}_6\text{H}_4\text{-CHO} + \text{salicylaldehyde} \tag{13-21}$$

三氯甲烷与水杨酸酸酐结合成结晶的络合物，加热很快释出三氯甲烷，可用于制备高纯度三氯甲烷。

三氯甲烷与无水氯化铝一起煮沸时不发生分解而形成络合物，遇水释出三氯甲烷。在三氯化铝存在下，三氯甲烷和苯能发生 Friedel-Crafts 反应生成三苯基甲烷。

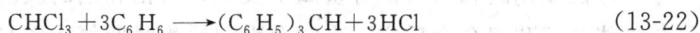

$$\text{CHCl}_3 + 3\text{C}_6\text{H}_6 \longrightarrow (\text{C}_6\text{H}_5)_3\text{CH} + 3\text{HCl} \tag{13-22}$$

三氯甲烷与二乙基氯化铝反应生成氯化铝、氢、甲烷和乙烷等化合物，反应非常剧烈并放出大量热量。

13.1.4 四氯化碳

（1）物理性能

四氯化碳是一种无色透明的易挥发液体，具有特别的无刺激性气味，不燃。微溶于水，能与大多数有机溶剂互溶。四氯化碳液体密度较大，是甲烷氯化物中毒性最大的物质。四氯化碳的物理性质如表 13-4 所示。

四氯化碳能形成大量的二元共沸物。

表 13-4　四氯化碳的物理性质

性　　质	数　据	性　　质	数　据
分子式	CCl_4	常压下气体比热容/[J/(g·℃)]	0.552
相对分子质量	153.84	20℃下液体热导率/[kJ/(h·m²·K)]	1.396
20℃下蒸气压/kPa	12.3	气体热导率/[kJ/(h·m²·K)]	0.0836
常压沸点/℃	76.5	临界压力/MPa	4.56
熔点/℃	22.92	临界温度/℃	283
密度/(g/cm³)	1.594	熔点/℃	22.9
20℃下黏度/10³Pa·s	0.969	25℃四氯化碳在水中的溶解度/(g/100mL)	0.08
汽化热/(J/g)	195.8	25℃水在四氯化碳中的溶解度/(g/100mL)	0.013
20℃下液体比热容/[J/(g·℃)]	0.858		

四氯化碳与空气不形成爆炸混合物，但它的蒸气能影响很多气体的爆炸极限。

（2）化学性能

四氯化碳在 400℃ 以下时热分解反应速度很缓慢，而在 900～1000℃ 时热分解成四氯乙烯、六氯乙烷及少量氯气。四氯化碳蒸气受到电弧作用亦能分解成四氯乙烯和六氯乙烷，并有六氯苯、元素碳及氯生成。铁及金属盐（如三氯化铁）的存在能催化它的氧化分解，1g 四氯化碳与空气的混合物加热到 335℃ 会产生 375mg 光气。

在少量水存在下，四氯化碳加热到 250℃ 时就会分解成光气和氯化氢。如有足够水时光气亦会分解，最后产生二氧化碳和氯化氢。

$$CCl_4 + H_2O \longrightarrow COCl_2 + 2HCl \tag{13-23}$$

$$CCl_4 + 2H_2O \longrightarrow CO_2 + 4HCl \tag{13-24}$$

在甲烷氯化物生成中，这是一个较重要的反应，蒸馏塔再沸器的蒸气如泄漏到管外就会很快进行这一反应。常温下受超声波辐射，四氯化碳在水中的悬浮液会分解生成二氧化碳、氯、氯化氢、四氯乙烯和六氯乙烷。常温下潮湿四氯化碳受紫外线（$\lambda = 253.7 Å$）照射亦发生分解。

干燥四氯化碳和铁及镍等金属不反应，与铅和铜的反应亦很缓慢。水存在下四氯化碳能与铝和铝合金反应，有时会引起爆炸。四氯化碳与金属钠或钾以及它们的液体合金接触并受到冲击时，可能产生爆炸。四氯化碳与钠汞剂一起加热会分解成氯化钠和游离碳。100℃ 下四氯化碳与溴化铝反应可生成四溴化碳。与碘化钙在 75℃ 下反应得到四碘化碳。在 130℃ 下与浓氢碘酸作用生成碘仿。常温下四氯化碳不与氟反应，但氟化氢可与它发生卤素置换的 Swats 反应，反应生成一氟三氯甲烷和二氟二氯甲烷。无催化剂时需在高温高压下进行，在 230～300℃ 及 5166.3～6888.4kPa（51～68atm）下反应时主要生成二氟二氯甲烷，如有五氯化锑催化剂存在时反应可在较低的温度和压力下进行，同时生成一氟三氯甲烷和二氟二氯甲烷。

$$CCl_4 + HF \rightarrow CCl_3F + HCl \tag{13-25}$$

$$CCl_4 + 2HF \xrightarrow{SbCl_5} CCl_2F_2 + 2HCl \tag{13-26}$$

用浸渍氯化镍的活性氧化铝催化剂在流化床中反应，主要得到三氟一氯甲烷。

四氯化碳与氢、甲烷、锌粉或乙醇反应可被部分还原生成氯仿。用钾汞齐和水时四氯化碳可完全还原生成甲烷。在催化剂存在和 $400 \sim 600℃$ 下，四氯化碳与四氯乙烷反应生成四氯乙烯。

$$2CHCl_2-CHCl_2 + 2CCl_4 \longrightarrow 3CCl_2 = CCl_2 + 4HCl \tag{13-27}$$

四氯化碳在一定压力下与乙烯可发生调聚反应，生成通式为 $CCl_3(C_2H_4)_nCl$ 的各种 $\alpha,\alpha,\alpha,\omega$-四氯烷烃的液体混合调聚物，$n$ 为 $1 \sim 4$ 的整数。过氧化物（如过氧化苯甲酰）可诱导反应。

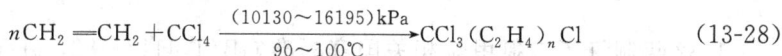

$$nCH_2 = CH_2 + CCl_4 \xrightarrow[90 \sim 100℃]{(10130 \sim 16195)kPa} CCl_3(C_2H_4)_nCl \tag{13-28}$$

如果 $n=3$ 和 4，则产物经水解生成 ω-氯代羧酸，后再氨化可得到 7-氨基庚酸和 9-氨基壬酸，他们分别是尼龙-7 和尼龙-9 的单体。四氯化碳与醋酸乙烯间亦发生类似的调聚反应，生成通式为 $CCl_3(CH_2-\overset{\overset{\displaystyle OOCCH_3}{|}}{CH})_nCl$ 的液体混合物，其中 $n=1 \sim 8$。在 $100 \sim 120℃$，氮气氛中，氧化铜和二乙胺催化四氯化碳与 1,3-丁二烯和异戊二烯的反应，产生二烯烃与四氯化碳摩尔比为 $1:1$ 的 $\alpha,\alpha,\alpha,\omega$-四氯烷烃。在相似条件下四氯化碳还会与苯乙烯及 α-甲基苯乙烯反应生成摩尔比为 $1:1$ 的 $\alpha,\alpha,\alpha,\omega$-四氯烷烃。$220℃$ 下，四氯化碳与硫反应生成二硫化碳和氯化硫 S_2Cl_2。

无水氯化铝可催化四氯化碳与苯的反应，产物为三苯基甲烷。高温下硅胶可与四氯化碳反应，生成氧氯化硅。

和氯仿相似，在乙醇的碳酸钾溶液中加热四氯化碳与苯胺混合物时，可得到苯基异腈。

13.2 质量标准

13.2.1 一氯甲烷

目前，我国一氯甲烷主要由甲醇氢氯化而制得或为农药敌百虫生产的副产一氯甲烷，农药副产一氯甲烷与甲醇氢氯化制得的一氯甲烷产品质量相差很大，我国大部分一氯甲烷生成均为有机硅生产装置和甲烷氯化物生产装置配套，市售一氯甲烷商品量较少，故我国未制定一氯甲烷国家标准，各生产企业制定相应的企业标准。

甲醇氢氯化方法生成的一氯甲烷质量指标（昊华西南公司企业质量标准）见表13-5。敌百虫生产副产一氯甲烷指标（自然挥发法）见表13-6。

表 13-5　一氯甲烷质量指标

项　　目	指　　标	
	优级品	一级品
一氯甲烷（体积分数）/%　≥	99.95	99.90
水分（体积分数）/%　≤	0.0020	0.0040
酸度（以 HCl 计，体积分数）/%　≤	0.0015	0.0020

表 13-6　敌百虫生产副产一氯甲烷指标（自然挥发法）

项　　目	指　　标
一氯甲烷（体积分数）/%　≥	98.0
酸度（以 HCl 计，体积分数）/%　≤	0.5

13.2.2　二氯甲烷

1982 年制订了二氯甲烷相关国家标准 GB/T 4117—82，并于 1992 年进行修订，以 GB/T 4117—92 颁布实施，其质量指标适用于天然气热氯化法生产的二氯甲烷。于 2006 年对国家标准再次进行了修订，修订后的国家标准适用于甲醇氢氯化法工艺生产的二氯甲烷，并以 GB/T 4117—200x 发布征求意见稿，修订后的国家标准将在征求意见后颁布实施。以 GB/T 4117—200x 代替 GB/T 4117—92。征求意见稿的二氯甲烷质量指标见表13-7。

表 13-7　征求意见稿的二氯甲烷质量指标

项　　目	指　　标		
	优等品	一级品	合格品
二氯甲烷（体积分数）/%　≥	99.90	99.50	99.20
水分（体积分数）/%　≤	0.010	0.020	0.030
酸度（以 HCl 计，体积分数）/%　≤	0.0004	0.0004	0.0008
色度（Pt-Co）/号　≤	10	10	10
蒸发残渣（体积分数）/%　≤	0.0005	0.0005	0.0005

注：二氯甲烷中添加的稳定剂的量不计入产品体积分数，二氯甲烷为外观无色澄清液体。

13.2.3　三氯甲烷

与二氯甲烷相同，于 1982 年制订了三氯甲烷相关国家标准 GB/T 4118—82，并于 1992 年进行修订，以 GB/T 4118—92 颁布实施。其质量指标适用于甲烷热氯化法、乙醛法、三氯乙醛碱解法、光氯化法生成的三氯甲烷。于 2006 年对国家标准再次进行修订，修订后的国家标准适用于甲醇氢氯化法工艺生产的三氯甲烷，并以 GB/T 4118—200x 发布征求意见稿，修订后的国家标准将在征求意见后颁布实施，以 GB/T 4118—200x 代替 GB/T 4118—92。征求意见稿的三氯甲烷质量指标见表13-8。

表 13-8　征求意见稿的三氯甲烷质量指标

项　目		指　标		
		优等品	一级品	合格品
色度(Pt-Co)/号	≤	10	15	25
纯度(体积分数)/%	≥	99.90	99.50	99.20
水分(体积分数)/%	≤	0.010	0.020	0.030
酸度(以 HCl 计,体积分数)/%	≤	0.0004	0.0006	0.0010
蒸发残渣(体积分数)/%	≤	0.0005	0.0006	0.0010
四氯化碳(体积分数)/%	≤	0.04	0.06	0.20

注：三氯甲烷为外观无色澄清液体。

13.2.4　四氯化碳

与二氯甲烷、三氯甲烷相同,于 1982 年制订了四氯化碳相关国家标准 GB/T 4119—82,并于 1992 年进行修订,以 GB/T 4119—92 颁布实施。其质量标准适用于天然气热氯化法、二硫化碳法生产的四氯化碳。于 2006 年对国家标准再次进行修订,修订后的国家标准适用于天然气热氯化法、二硫化碳法、甲醇氢氯化法及全氯化氯解法工艺生产的四氯化碳。并以 GB/T 4119—200x 发布征求意见稿,修订后的国家标准将在征求意见后颁布实施,以 GB/T 4119—200x 代替 GB/T 4119—92。征求意见稿的四氯化碳质量指标见表 13-9。

表 13-9　征求意见稿的四氯化碳质量指标

项　目		指　标	
		优级品	一级品
四氯化碳(质量分数)/%	≥	99.80	99.50
三氯甲烷(质量分数)/%	≤	0.05	0.3
四氯乙烯(质量分数)/%	≤	0.03	0.1
水分(体积分数)/%	≤	0.005	0.007
酸度(以 HCl 计,体积分数)/%	≤	0.0002	0.0008

注：四氯化碳为外观无色澄清液体。

以甲醇氢氯化生产的一氯甲烷、二氯甲烷、三氯甲烷和四氯化碳的质量指标均已达到国际先进水平。

13.3　环保及安全

13.3.1　一氯甲烷

(1) 一氯甲烷毒理学资料

一氯甲烷职业性接触毒物危害程度为Ⅱ级,危险类别为第 2.3 类有毒气体。一氯甲烷有刺激和麻醉作用,对中枢神经系统有损伤作用,亦能损坏肝、肾和睾丸。

急性中毒：轻者可有头痛、眩晕、恶心、呕吐、视力模糊、步态蹒跚、精神错乱等。严重中毒时，可出现谵妄、躁动、抽搐、震颤、视力障碍、昏迷，呼气中有酮体味。尿中检出甲酸盐和酮体有助于诊断。皮肤接触可因氯甲烷在体表迅速蒸发而致冻伤。

慢性影响：低浓度长期接触，可发生困倦、嗜睡、头痛、感觉异常、情绪不稳等症状，较重者有步态蹒跚、视力障碍及震颤等症状。

急性毒性：LC_{50}　5300mg/cm^3，4h（大鼠吸入）；

致突变性：微生物致突变　鼠伤寒沙门氏菌 2500×10^{-6}；

　　　　　微粒体致突变　鼠伤寒沙门氏菌 2500×10^{-6}。

（2）一氯甲烷对环境影响

一氯甲烷对环境有伤害，对水体和大气可造成污染，对水生物应给予特别注意，在厌氧条件下，试验室可释放 50%～70% 的氯。

一氯甲烷接触潮气发生分解，分解产物为光气、一氧化碳、二氧化碳和氯化氢。在空气中形成爆炸性气体，爆炸极限为 17.4%～8.1%，遇火灾或高温能引起爆炸，并生成剧毒的光气和一氧化碳。

空气中最高允许浓度如下。

美国 TLV-TWA（阈限值-时间加权平均值）

OSHA（美国职业安全与卫生局）100×10^{-6}；207mg/m^3；

ACGIH（美国政府工业卫生学家会议）50×10^{-6}；10^3mg/m^3［皮］。

美国 TLV-STEL（阈限值-短期接触限值）

ACGIH 100×10^{-6}；207mg/m^3［皮］。

我国 MAC（最高允许浓度）40mg/m^3。

（3）环保安全措施

① 接触控制及个人防护　监测方法：气相色谱法。

工程控制：严加密闭，提供充分的局部排风和全面通风。提供安全淋浴和洗眼设备。

呼吸系统防护：空气中浓度超标时，建议佩戴过滤式防毒面具（半面罩），紧急事态急救或撤离时，应佩戴氧气呼吸器。

眼睛防护：戴化学安全防护眼镜。

身体防护：穿防静电工作服。

手防护：戴防护手套。

其他防护：工作场禁止吸烟、进食和饮水，工作后淋浴更衣，注意个人清洁卫生。

② 泄漏的应急处理　迅速撤离泄漏污染区人员至安全地带，并进行隔离。严格限制出入。切断火源。应急处理人员戴自给式呼吸器，穿消防服。不要直接接触泄漏物，在确保安全的情况下尽可能切断泄漏源。

消除方法：尽可能切断泄漏源，喷雾状水稀释、溶解，构筑围堤或挖坑收容产生的大量废水。如有可能，将残余气或漏出气用排风机送至水洗塔或与塔相连的通风橱内。漏气容器要经妥善处理，修复、检验后再用。

③ 消防措施　一氯甲烷火灾危险分类为甲 A 类。

有害燃烧产物：光气、一氧化碳、二氧化碳、氯化氢。

灭火方法及灭火剂：切断气源。若不能立即切断气源，则不允许熄灭正在燃烧的气体。喷水冷却容器，可能的话将容器从火场移至空旷处。灭火剂为雾状水、泡沫、二氧化碳。

④ 急救措施　一氯甲烷泄漏可能导致皮肤直接接触和吸入，造成人体皮肤冻伤和吸入中毒。

皮肤接触：若有冻伤，就医治疗。

吸入：吸入者迅速脱离现场移至空气新鲜处，保持呼吸道畅通。如呼吸困难，给输氧。呼吸停止时，立即进行人工呼吸，就医。

⑤ 废弃物的处理　一氯甲烷废弃物为化学危险品，其处理方法采用焚烧法，焚烧炉排出的氯化氢通过酸洗涤器除去，处置过程中严格按照国家和地方有关法规进行，坚决杜绝二次污染。

13.3.2　二氯甲烷

(1) 二氯甲烷毒理性资料

二氯甲烷职业性接触毒物危害程度为 Ⅱ 级，危险类别为第 6.1 类毒害品。二氯甲烷对中枢神经有刺激和麻醉作用，会抑制中枢神经，使人产生易睡和昏迷等。

急性中毒：轻者可有眩晕、头痛、呕吐以及眼和上呼吸道黏膜刺激症状；较重者则出现易激动、步态不稳、共济失调、嗜睡，可引起化学性支气管炎。重者昏迷，可有肺水肿。血中碳氧血红蛋白含量增高。

慢性影响：长期接触主要有头痛、乏力、眩晕、食欲减退、动作迟钝、嗜睡等。对皮肤有脱脂作用，引起干燥、脱屑和皲裂等。

急性毒性：LD_{50}　1600～2000mg/kg（大鼠经口）；

$\quad\quad\quad\quad\quad$ LC_{50}　88000mg/m^3，1/2h（大鼠吸入）。

亚急性和慢性毒性：大鼠吸入 4.69g/m^3，8h/d，75d，无病理改变。暴露时间增加，有轻度肝萎缩、脂肪变性和细胞浸润。

致突变性：微生物致突变　鼠伤寒沙门氏菌 5700×10^{-6}。

DNA 抑制：成人纤维细胞 5000×10^{-6}/h（连续）。

致癌性：IARC 致癌性评论　动物阳性，人类不明确。

(2) 二氯甲烷对环境影响

二氯甲烷对环境有影响，在地下水中有蓄积作用。对生物有降解性，对水生生物应给予特别注意，同时注意对大气的污染。

二氯甲烷稳定，在空气中形成爆炸性气体，爆炸极限为 14%～22%，与明火或灼热物质接触时产生剧毒的光气。在潮湿空气中能水解生成微量氯化氢，光照亦能促进水解，生成氯化氢对金属产生腐蚀性。

空气中最高允许浓度如下。

美国 TLV-TWA

OSHA 500×10^{-6}；

ACGIH 50×10^{-6}；175mg/m^3。

我国 MAC 200mg/m^3。

(3) 环保、安全措施

① 接触控制及个人防护　监测方法：气相色谱法。

工程控制：生产过程密闭，加强通风。

呼吸系统防护：空气中浓度超标时，建议佩戴过滤式防毒面具（半面罩），紧急事态急救或撤离时，应佩戴氧气呼吸器。

眼睛防护：戴化学防溅安全眼镜或面罩。

身体防护：穿防静电工作服。

手防护：戴防护手套。

其他防护：工作现场禁止吸烟、进食和饮水，工作后淋浴更衣，进行就业前和定期体检。

② 泄漏的应急处理　迅速撤离泄漏污染区人员至安全地带，并进行隔离。严格限制出入。切断火源。应急处理人员戴自给式呼吸器，穿消防服。不要直接接触泄漏物，尽可能切断泄漏源，防止进入下水道、排洪沟等限制性空间。

消除方法：小量泄漏　用沙土或其他不燃材料吸附或吸收。

大量泄漏：构筑围堤或挖坑收容；用泡沫覆盖，降低蒸气灾害。用泵转移至槽车或专用收集器内，回收或运至废物处理场所处置。

③ 消防措施　二氯甲烷在我国的火灾危险分类为甲 B 类。

有害燃烧产物：光气、一氧化碳、二氧化碳、氯化氢。

灭火方法及灭火剂：消防人员须佩戴防毒面具、穿全身消防服。喷水冷却容器，可能的话将容器从火场移至空旷处。灭火剂为雾状水、干粉、泡沫、二氧化碳、沙土。

④ 急救措施　二氯甲烷的主要中毒渠道为皮肤接触、食入和吸入。

皮肤接触：脱去被污染的衣物，用肥皂和清水彻底冲洗皮肤。

眼睛接触：提起眼睑，用流动清水或生理盐水冲洗，就医。

吸入：迅速脱离现场移至空气新鲜处，保持呼吸道畅通。如呼吸困难时给输氧。如呼吸停止应立即进行人工呼吸，就医。

食入：饮足量温水，催吐，就医。

⑤ 废弃物的处理　二氯甲烷废弃物为化学危险品，其处理方法与一氯甲烷相同，采用焚烧法，焚烧炉排出的氯化氢通过酸洗涤器除去，处置过程中严格按照国家和地方有关法规进行，杜绝二次污染。

13.3.3　三氯甲烷

（1）三氯甲烷毒理学资料

三氯甲烷职业性接触毒物危害程度分级为Ⅱ级，危险类别为第6.1类毒害品。三氯甲烷对人体某些基本功能有危害，长期接触会造成功能慢性中毒；在高浓度下短时间眼睛接触，皮肤渗透或服入，经处理后仍会产生小的残留危害。

急性中毒：吸入或经皮肤吸收引起急性中毒。初期有头痛、头晕、恶心、呕吐、兴奋、皮肤湿热和黏膜刺激症状。以后呈现精神紊乱、呼吸表浅、反射消失、昏迷等，重者发生呼吸麻痹、心室纤维性颤动。同时可伴有肝、肾损害。误服中毒时，胃有烧灼感，伴恶心、呕吐、腹痛、腹泻。以后出现麻痹症状。液态可致皮炎、湿疹，甚至皮肤灼伤。

慢性影响：主要引起肝脏损坏，并有消化不良、乏力、头痛、失眠等症状，少数有肾损害及嗜氯仿癖。

急性毒性：LD_{50}　908mg/kg（大鼠经口）；

LC_{50}　47702mg/m^3，4h（大鼠吸入）。

亚亚急性和慢性毒性：动物慢性毒性主要表现为肝、肾损坏。

致癌性：IARC（国际癌症研究机构）致癌性评论为对人可能致癌。

（2）三氯甲烷对环境影响

三氯甲烷可微弱水解和微弱光降解。无生物富集性，光照会发生水解，高温燃烧产生氯化氢和光气。

最高容许浓度如下。

美国　TVL-TWA

OSHA　50×10^{-6}［上限值］；

ACGIH　10×10^{-6}，49mg/m^3。

我国 MAC 20mg/m^3。

三氯甲烷对环境有危害，在地下水中有蓄积作用。其污染行为主要体现在饮用水中，但对食品及蔬菜也能造成污染。破坏敏感水生生物的呼吸系统。在水环境中很难被生物降解。

（3）环保、安全措施

① 接触控制及个人防护　监测方法：气相色谱法。

工程控制：生产过程密闭，加强通风。

呼吸系统防护：空气中浓度超标时，建议佩戴过滤式防毒面具（半面罩），紧急事态急救或撤离时，应佩戴氧气呼吸器。

眼睛防护：戴化学安全防护眼镜。

身体防护：穿防毒物渗透工作服。

手防护：戴防化学品手套。

其他防护：工作现场禁止吸烟、进食和饮水，工作后淋浴更衣，单独存放被毒物污染的衣物，洗后备用。注意个人清洁卫生。

② 泄漏的应急处理　迅速疏散泄漏区人员至安全地带，并进行隔离。严格限制出入。建议应急处理人员戴自给正压式呼吸器，穿防毒服。不要直接接触泄漏物，尽可能切断泄漏源，防止进入下水道、排洪沟等限制性空间。

消除方法：小量泄漏　用沙土、蛭石或其他惰性材料吸收。

大量泄漏　构筑围堤或挖坑收容；用泡沫覆盖，降低蒸气灾害。用泵转移至槽车或专用收集器内，回收或运至废物处理场所处置。

③ 消防措施　三氯甲烷不燃，但与明火或灼热的物体接触时能产生剧毒的光气。在空气、水分和光的作用下，酸度增加，因而对金属有强烈的腐蚀性。

有害燃烧产物：氯化氢、光气。

灭火方法及灭火剂：消防人员须佩戴过滤式防毒面具（全面罩）或隔离式呼吸器、穿全身防火防毒服，在上风处灭火。灭火剂为雾状水、二氧化碳、沙土。

④ 急救措施　三氯甲烷主要中毒渠道为皮肤接触、吸入和食入。

皮肤接触：立即脱去被污染的衣物，用大量流动清水冲洗，至少 15min，就医。

眼睛接触：立即提起眼睑，用大量流动清水或生理盐水冲洗，至少 15min，就医。

吸入：迅速脱离现场至空气新鲜处，保持呼吸道畅通。如呼吸困难，给输氧。如呼吸停止，立即进行人工呼吸。就医。

食入：饮足量温水，催吐，就医。

⑤ 废弃物处理　三氯甲烷废弃物为化学危险品，其处理方法与一氯甲烷、二氯甲烷的处理方法相同，采用焚烧法，焚烧炉排出的氯化氢通过酸洗涤器除去，处置过程中严格按照国家和地方有关法规进行，杜绝二次污染。

13.3.4　四氯化碳

（1）四氯化碳毒理学资料

四氯化碳职业性接触毒物危害程度分级为Ⅱ级，危险类别为 6.1 类毒害品。高浓度的四氯化碳蒸气对黏膜有轻度刺激作用，对中枢神经系统有麻醉作用，对肝、肾有严重损害。

急性中毒：吸入较高浓度本品蒸气，最初出现上呼吸道刺激症状。随后可出现中枢神经系统抑制和胃肠道症状。较严重病例数小时或数天后出现中毒性肝、肾损伤。重者发生肝坏死、肝昏迷或急性肾功能衰竭。吸入极高浓度可迅速出现昏迷、抽搐，可因室颤和呼吸中枢麻痹而猝死。口服中毒肝肾损坏明显。少数病例发生周围神经炎、球后视神经炎。皮肤直接接触可致损坏。

慢性中毒：神经衰弱综合征、肝肾损伤、皮炎。

急性毒性：LD_{50}　2350mg/kg（大鼠经口）；

$\qquad\qquad$ 5070mg/kg（大鼠经皮）；

$\qquad\qquad$ LC_{50}　50400mg/m^3，4h（大鼠吸入）。

亚急性和慢性毒性：动物吸入 400×10^{-6}，7h/d，5d/周，173d，部分动物127d后死亡，肝肾肿大，肝脂肪变性，肝硬化，肾小管上皮退行性病变。

致突变性：微生物致变性　鼠伤寒沙门氏菌 20μL/L。

DNA损伤：小鼠经口 355μmol/kg。

致癌性：IARC致癌性评论　动物阳性，人类可疑。

（2）四氯化碳对环境影响

四氯化碳性能稳定，具有非生物降解性，高温或燃烧生成剧毒化学品光气和氯化物。

最高容许浓度如下。

美国 TVL-TWA

OSHA 10×10^{-6}；

ACGIH 5×10^{-6}，31mg/m^3（皮）。

TLV-STEL

ACGIH 10×10^{-6}，63mg/m^3（皮）。

我国 MAC 25mg/m^3（皮）。

四氯化碳为高蓄积性物质，在哺乳动物的肝部可产生积蓄，对鲑鱼可致肝癌。

四氯化碳及其用四氯化碳生产的一氟三氯甲烷、二氟二氯甲烷，其ODP（臭氧消耗潜能值）分别为1.1、1、1，均为"破坏大气臭氧层物质"（以下简称ODS），四氯化碳被国际公约"蒙特利尔议定书"列为ODS受控物质附件B第三类，要求发展中国家在2006年12月31日停止生产和销售（作为非ODS生成的原料除外）。我国政府为"蒙特利尔议定书"签字国，按照"蒙特利尔议定书"要求制定了淘汰ODS的国家方案。四氯化碳作为ODS物质在我国生产受到了限制和淘汰。

（3）环保、安全措施

① 接触控制及个人防护　监测方法：气相色谱法。

工程控制：生产过程密闭，加强通风。

呼吸系统防护：空气中浓度超标时，建议佩戴过滤式防毒面具（半面罩），紧急事态急救或撤离时，佩戴氧气呼吸器。

眼睛防护：戴安全护目镜。

身体防护：穿防毒物渗透工作服。

手防护：戴防护手套。

其他防护：工作现场禁止吸烟、进食和饮水，工作后淋浴更衣，单独存放被毒物污染的衣物，洗后备用。注意个人清洁卫生。实行就业前和定期体检。

② 泄漏的应急处理　迅速疏散泄漏区人员至安全地带，并进行隔离。严格限

制出人。建议应急处理人员戴自给正压式呼吸器，穿防毒服。不要直接接触泄漏物，尽可能切断泄漏源，防止进入下水道、排洪沟等限制性空间。

消除方法：小量泄漏　用活性炭或其他惰性材料吸收。

大量泄漏：构筑围堤或挖坑收容；用喷雾状水冷却和稀释蒸气，保护现场人员，但不要对泄漏点直接喷水。用泵转移至槽车或专用收集器内，回收或运至废物处理场所处置。

③ 消防措施　四氯化碳为不燃品，但其沸点为 76℃，是一种易挥发物品，在高温下分解而成高度有毒和腐蚀性气体及蒸气，如：氯化氢和有剧毒的光气和氯。

有害燃烧产物：氯化氢、光气和氯气。

灭火方法及灭火剂：消防人员须佩戴过滤式防毒面具（全面罩）或隔离式呼吸器、穿全身防火防毒服，在上风处灭火。灭火剂为雾状水、二氧化碳、沙土。

④ 急救措施　四氯化碳主要中毒渠道为皮肤接触、吸入或食入。

皮肤接触：脱去污染的衣物，用肥皂水和清水彻底冲洗皮肤，就医。

眼睛接触：提起眼睑，用流动清水或生理盐水冲洗，就医。

吸入：迅速脱离现场至空气新鲜处，保持呼吸道畅通。呼吸困难时给输氧，如呼吸停止，立即进行人工呼吸。就医。

食入：饮足量温水，催吐，洗胃，就医。

⑤ 废弃物处理　四氯化碳废弃物为化学危险品，其处理方法与一氯甲烷、二氯甲烷和三氯甲烷的处理方法相同，采用焚烧法，焚烧炉排出的氯化氢通过酸洗涤器除去，处置过程中严格按照国家和地方有关法规进行，坚决杜绝二次污染。

13.4　包装及储运

13.4.1　一氯甲烷

危险货物编号：23040

包装标志：6，7（有毒气体）

包装类别：Ⅱ

UN（联合国）编号：1063

包装方法：用钢瓶盛装，钢瓶外表颜色为银灰色，并注明"一氯甲烷"字样。

（1）包装注意事项

密闭操作，加强通风。操作人员必须经过专门培训，严格遵守操作规程。建议操作人员佩戴自吸过滤式防毒面具（半面罩），戴化学安全防护眼镜，穿防静电工作服，必要时戴防护手套。远离热源，工作场所严禁吸烟。防止蒸气泄漏到工作场所空气中，搬运时要轻装轻卸，防止包装及容器损坏，配备相应品种和数量的消防和防毒器材及泄漏应急处理设备。

（2）储运注意事项

一氯甲烷为易燃压缩气体。储存于阴凉、通风的仓间，仓内温度不宜超过30℃，远离火种、热源。防止阳光直射。应与氧气、压缩空气、氧化剂等分开存放。储存间的照明、通风设施应采用防爆型，开关应设在仓外。配备相应品种和数量的消防器材。罐储时要有防火防爆技术措施。露天储罐夏季要有降温措施。禁止使用易产生火花的机械设备和工具。验收时要注意品名，注意验瓶日期，先进仓的先发用。搬运时要轻装轻卸，防止钢瓶及附件破损。运输按规定路线行驶，勿在居民区和人口稠密区停留。

夏季尽量采取早晚运输，防止日光暴晒。

保管期限：半年。

（3）灭火措施

火灾时救火人员应戴好防毒面具，用水保持火场容器冷却，可能的话将盛装容器搬运至空旷处，用雾状水、泡沫灭火剂以及二氧化碳灭火剂灭火。

13.4.2　二氯甲烷

危险货物编号：61552

包装标志：14

包装类别：Ⅲ

UN（联合国）编号：1593

UN（联合国）分类：6.1

（1）包装储运要求

工业用二氯甲烷包装容器上应有牢固清晰的标志，内容包括：产品名称、商标、生产厂厂名与厂址、净质量、批号、产品等级、本标准编号、GB 190 规定的"有毒品"标志。

工业用二氯甲烷应使用干燥、清洁的小开口镀锌铁桶、涂防护层的小开口铁桶或储槽（槽车）密闭包装。铁桶包装每桶净重 100kg±0.3kg、150kg±0.4kg、200kg±0.5kg、250kg±0.5kg。

镀锌铁桶、涂防护层铁桶或储槽（槽车）的装入量应根据铁桶或储槽的总容积和液体氯代甲烷类产品在运输路途上允许的温度及其他因素变化而引起的体积膨胀加以考虑。

工业用二氯甲烷产品应储存在阴凉、通风、干燥的地方，不得靠近热源，严禁日晒雨淋。

工业用二氯甲烷产品的储存应符合中华人民共和国铁路、公路和水路对危险货物储存和运输的有关规定。

工业用二氯甲烷产品在运输和装卸时不得撞击，应小心轻放，以免损伤包装容器致使产品渗漏。

工业用二氯甲烷的稳定剂是甲醇或戊烯。

工业用二氯甲烷的储存期为发货之日起的三个月。

（2）包装注意事项

密闭操作，加强通风。操作人员必须经过专门培训，严格遵守操作规程。建议操作人员佩戴自吸过滤式防毒面具（半面罩），戴化学安全防护眼镜，穿防静电工作服，必要时戴防护手套。远离热源，工作场所严禁吸烟。防止蒸气泄漏到工作场所空气中，搬运时要轻装轻卸，防止包装及容器损坏。要配备相应品种和数量的消防和防毒器材及泄漏应急处理设备，倒空的包装桶可能残留二氯甲烷，应加以注意。

（3）储运注意事项

储存于阴凉、通风的库房内。远离火种、热源，防止阳光暴晒。保持容器密闭。应与氧化剂、酸类分开存放，切忌混储混运。搬运时要轻装轻卸，防止包装及容器损坏。分装和搬运作业要注意个人防护。

（4）灭火措施

发生火灾时用雾状水、泡沫、二氧化碳灭火器或沙土灭火。灭火人员应注意防毒和防光气。

（5）急救措施

当皮肤接触时，应用肥皂水和清洁水彻底冲洗皮肤至少 15min；眼睛接触时，用流动清水或生理盐水冲洗，就医。

13.4.3　三氯甲烷

危险货物编号：61553
包装标志：14
包装类别：Ⅲ
UN（联合国）编号：1888
UN（联合国）分类：6.1

（1）包装储运要求

工业用三氯甲烷包装容器上应有牢固清晰的标志，内容包括：产品名称、商标、生产厂厂名与厂址、净质量、批号、产品等级、本标准编号、GB 190 规定的"有毒品"标志。

工业用三氯甲烷应使用干燥、清洁的小开口镀锌铁桶、涂防护层的小开口铁桶或储槽（槽车）密闭包装。铁桶包装每桶净重 $100kg \pm 0.3kg$、$150kg \pm 0.4kg$、$200kg \pm 0.5kg$、$250kg \pm 0.5kg$。

镀锌铁桶、涂防护层铁桶或储槽（槽车）的装入量应根据铁桶或储槽的总容积和液体氯代甲烷类产品在运输路途上允许的温度及其他因素变化而引起的体积膨胀加以考虑。

工业用三氯甲烷产品应储存在阴凉、通风、干燥的地方，不得靠近热源，严禁日晒雨淋。

工业用三氯甲烷产品的储存应符合中华人民共和国铁路、公路和水路对危险货物储存和运输的有关规定。

工业用三氯甲烷产品在运输和装卸时不得撞击，应小心轻放，以免损伤包装容器致使产品渗漏。

工业用三氯甲烷的稳定剂是乙醇或戊烯。

工业用三氯甲烷的储存期为发货之日起的三个月。

（2）包装注意事项

密闭操作，加强通风。操作人员必须经过专门培训，严格遵守操作规程。建议操作人员佩自吸过滤式防毒面具（半面罩），戴化学安全防护眼镜，穿防静电工作服，必要时戴防护手套。远离热源，工作场所严禁吸烟。防止蒸气泄漏到工作场所空气中，搬运时要轻装轻卸，防止包装及容器损坏。应配备相应品种和数量的消防和防毒器材及泄漏应急处理设备。倒空的包装桶可能残留三氯甲烷，应加以注意。

（3）灭火措施

火灾时用雾状水、沙土和二氧化碳灭火。灭火人员应注意防毒和防光气。

（4）急救措施

当皮肤接触时，应用肥皂水和清洁水彻底冲洗皮肤至少 15min；眼睛接触时，用流动清水或生理盐水冲洗，就医。三氯甲烷误入口应立即送医院，必须洗胃，用清洗剂，停止呼吸的进行人工呼吸进行急救。

13.4.4 四氯化碳

危险货物编号：61554

包装标志：14

包装类别：Ⅱ

UN（联合国）编号：1846

UN（联合国）分类：6.1

（1）包装储运要求

工业用四氯化碳包装容器上应有牢固清晰的标志，内容包括：产品名称、商标、生产厂厂名与厂址、净质量、批号、产品等级、本标准编号、GB 190 规定的"有毒品"标志。

工业用四氯化碳应使用干燥、清洁的小开口镀锌铁桶、涂防护层的小开口铁桶或储槽（槽车）密闭包装。铁桶包装每桶净重 100kg±0.3kg、150kg±0.4kg、200kg±0.5kg、250kg±0.5kg。

镀锌铁桶、涂防护层铁桶或储槽（槽车）的装入量应根据铁桶或储槽的总容积和液体氯代甲烷类产品在运输路途上允许的温度及其他因素变化而引起的体积膨胀加以考虑。

工业用四氯化碳产品应储存在阴凉、通风、干燥的地方，不得靠近热源，严禁日晒雨淋。

工业用四氯化碳产品的储存应符合中华人民共和国铁路、公路和水路对危险货物储存和运输的有关规定。

工业用四氯化碳产品在运输和装卸时不得撞击，应小心轻放，以免损伤包装容器致使产品渗漏。

工业用四氯化碳的储存期为发货之日起的三个月。

（2）包装注意事项

密闭操作，加强通风。操作人员必须经过专门培训，严格遵守操作规程。建议操作人员佩戴自吸过滤式防毒面具（半面罩），戴化学安全防护眼镜，穿防静电工作服，必要时戴防护手套。远离热源，工作场所严禁吸烟。防止蒸气泄漏到工作场所空气中，搬运时要轻装轻卸，防止包装及容器损坏。应配备相应品种和数量的消防和防毒器材及泄漏应急处理设备。倒空的包装桶可能残留四氯化碳，应加以注意。

（3）注意事项

四氯化碳不燃，但在使用时应注意明火。因其高热时会分解出剧毒的光气。

（4）急救措施

中毒时必须洗胃。当皮肤接触时，应用肥皂水和清洁水彻底冲洗皮肤至少15min，眼睛接触时，用流动清水或生理盐水冲洗，就医。

13.5 甲烷氯化物的合成工艺

13.5.1 原料路线

甲烷氯化物分别可用甲醇、甲烷（天然气）作为原料而制得，用甲醇和氯化氢为原料生产一氯甲烷，再用一氯甲烷和氯气作为原料通过氯化反应制得二氯甲烷、三氯甲烷、四氯化碳等产品，氯化方法主要有热氯化（温度400～500℃）、液相光氯化（紫外光）。

采用甲烷为原料同氯气进行热氯化或光氯化的方法生产，同时得到一氯甲烷、二氯甲烷、三氯甲烷、四氯化碳4种产品。

（1）甲醇原料路线

以甲醇为原料生产甲烷氯化物分为两个反应，即甲醇与氯化氢反应生成一氯甲烷，一氯甲烷与氯气反应生成二氯甲烷、三氯甲烷和四氯化碳。

其反应式如下：

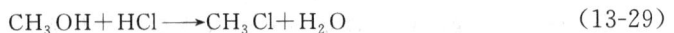

$$CH_3OH + HCl \longrightarrow CH_3Cl + H_2O \qquad (13-29)$$

$$CH_3Cl + Cl_2 \longrightarrow CH_2Cl_2 + HCl \qquad (13-30)$$

$$CH_2Cl_2 + Cl_2 \longrightarrow CHCl_3 + HCl \qquad (13-31)$$

$$CHCl_3 + Cl_2 \longrightarrow CCl_4 + HCl \qquad (13\text{-}32)$$

甲醇与氯化氢的反应可分为液相催化法，液相非催化法和气相催化法。美国 Vulcan 材料公司氯甲烷生产工艺流程如图 13-1 所示。

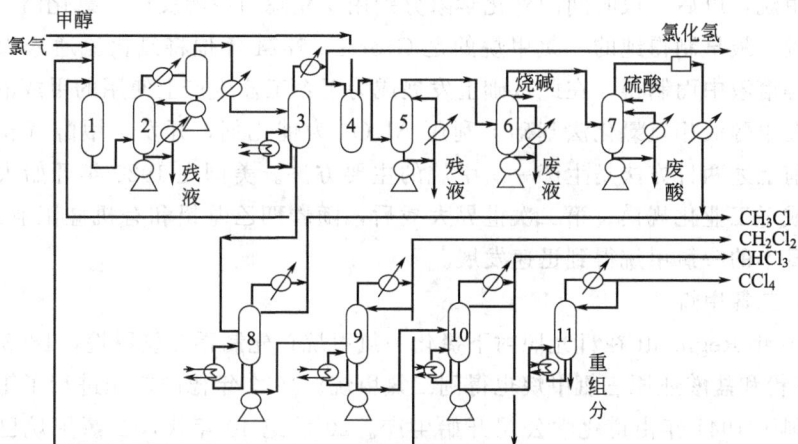

图 13-1　美国 Vulcan 材料公司氯甲烷生产工艺流程

1—反应器；2—闪蒸器；3—初级产品回收；4—反应器；

5—闪蒸器；6—洗涤塔；7—干燥塔；8—一氯甲烷塔；

9—二氯甲烷塔；10—三氯甲烷塔；11—四氯化碳塔

(2) 甲烷原料路线

以甲烷为原料和氯气进行热氯化生产甲烷氯化物的工艺即甲烷氯化。其反应式如下：

$$CH_4 + Cl_2 \longrightarrow CH_3Cl + HCl \qquad (13\text{-}33)$$

$$CH_3Cl + Cl_2 \longrightarrow CH_2Cl_2 + HCl \qquad (13\text{-}34)$$

$$CH_2Cl_2 + Cl_2 \longrightarrow CHCl_3 + HCl \qquad (13\text{-}35)$$

$$CHCl_3 + Cl_2 \longrightarrow CCl_4 + HCl \qquad (13\text{-}36)$$

一氯甲烷与氯气的反应则主要有气液相光氯化法、气相热氯化法和液相催化氯化法。甲烷为原料同氯气进行热氯化的方法同时得到一氯甲烷、二氯甲烷、三氯甲烷和四氯化碳等四种产品。我国一氯甲烷的生成均采用甲醇和氯化氢为原料的路线。生产二氯甲烷、三氯甲烷、四氯化碳采用甲醇氢氯化生成一氯甲烷，再用一氯甲烷氯化方法或甲烷氯化方法制得。

我国昊华西南公司（四川鸿鹤精细化工有限责任公司）以甲烷为原料制二氯甲烷、三氯甲烷和四氯化碳。

13.5.2　国外生产技术的发展

国外甲烷氯化物制造研究是在 19 世纪 30 年代开始进行的，并于 20 世纪 20 年代陆续形成工业化生产装置。

（1）一氯甲烷

1835 年 Dumas 和 Peligot 在实验室用甲醇、硫酸和食盐混合液加热制得不纯的一氯甲烷，以后一段时间国外化学家分别用氯化磷与甲醇反应，氯化沼气而制得一氯甲烷。最早制得纯的一氯甲烷的是 Grores，1874 年他将氯化氢通入沸腾的氯化锌甲醇溶液中而制得，在此基础上发展成为至今工业生产上使用的甲醇液相氢氯化法，在甲醇液相氢氯化法基础上利用 Al_2O_3 为催化剂，开发了甲醇气相氢氯化法，目前上述两种方法是生产一氯甲烷的主要方法。美国在 1920 年开始大规模生产，形成了工业化规模。第二次世界大战后，随着四乙基铅和有机硅工业的发展，欧美和日本的一氯甲烷得到迅速发展。

（2）二氯甲烷

1840 年 Regnault 在日光照射下氯化一氯甲烷首先制得二氯甲烷，1868 年 Perkin 用锌粉和盐酸还原三氯甲烷也得到二氯甲烷。1923 年德国首先进行了工业化生产。美国于 1941 年由道化学公司开始生产。20 世纪 40 年代，二氯甲烷已成为一个重要的工业化学品，进入 20 世纪 50 年代后，随着有机合成工业的发展，二氯甲烷迅速成为主要的卤代烃工业溶剂。

二氯甲烷的生产方法最早采用的是甲烷、一氯甲烷高温气相热氯化法，后发展了光化氯化法，到 20 世纪 60 年代欧美对催化氯化和氧氯化进行了大量的研究工作，美国 C-E Lummus 和 Armstrong 公司于 1972 年共同开发成功甲烷氧氯化法生产新工艺，1975 年日本信越公司也曾宣布应用该技术建设 30kt/a 的甲烷氯化物生产装置，但一直未见投产报道。日本德山化学公司也于 1979 年开发了一氯甲烷低温液相自由基引发氯化法制造技术，但也未工业化。目前应用于工业生产中的仍是热氯化法，其次为光氯化法。

（3）三氯甲烷

三氯甲烷是在实验室中最早制得的氯代甲烷，1831 年德国的 Liebig 通过强碱和三氯乙醛作用制得三氯甲烷。与此同时，美国的 Soubeirain 用漂白粉与乙醇或丙酮反应而得到三氯甲烷。1839 年 Dumas 加热强碱和三氯乙酸制得了三氯甲烷，次年 Regnault 用氯化一氯甲烷的方法制得三氯甲烷。第二次世界大战前，三氯甲烷在美国和英国主要作为麻醉剂和药物制造的原料。20 世纪 40 年代，因青霉素提炼的需要使三氯甲烷产量增加很快；进入 20 世纪 50 年代后又因 HCFC-22（二氟一氯甲烷）和四氟乙烯制造的需要，产量逐年增加，生产方法主要是漂白粉丙酮法、漂白粉乙醛法和甲烷或一氯甲烷氯化法；进入 20 世纪 90 年代后，主要以甲烷、一氯甲烷氯化法为主导。

（4）四氯化碳

1839 年 Regnault 在日光下使氯与三氯甲烷反应首先制得了四氯化碳，此后不久 Dumas 用氯气与沼气（甲烷）反应而制得了四氯化碳。1843 年 Kolbe 用氯气与二硫化碳的混合物通过填充碎瓷块的赤热钢管制得四氯化碳。1986 年 Hoffman 用五氯化锑氯化二硫化碳生成四氯化碳和硫。1893 年 Müller 和 Dubois 提出了二硫化碳液相氯化法生产四氯化碳的方法，该方法在 19 世纪 90 年代～20 世纪 50 年代一直是生产四氯化碳的主要方法之一。20 世纪中期甲烷氯化法生产四氯化碳成为了一个重要的生产路线，四氯化碳在 19 世纪 90 年代就开始工业生产，最初用作干洗剂和灭火剂。20 世纪初期用途扩大至谷物熏蒸和橡胶工业。进入 20 世纪 50 年代后，四氯化碳作为 CFC-11、CFC-12 的原料以及作为高聚氯化物生产的溶剂。由于上述行业对原料需要量的增长，促进了四氯化碳的发展。进入 20 世纪 80 年代，国际上的科学家发现四氯化碳及用四氯化碳生产的 CFC-11、CFC-12 对大气同温层的臭氧层有破坏作用而将四氯化碳逐渐淘汰，使四氯化碳生产和使用量大幅降低。按国际公约要求允许四氯化碳作为非 ODS 原料外，在全球范围内禁止生产、禁止销售和禁止使用。在甲烷氯化物生产装置中得到的副产品四氯化碳必须转化为非 ODS，不能转化的要进行无害化处理。

13.5.3　国外甲烷氯化物工艺概况

甲醇法生产甲烷氯化物分为两步：第一步使甲醇与氯化氢反应生成一氯甲烷；第二步使一氯甲烷与氯气反应生成多氯甲烷。国外各公司工艺技术上的区别主要是氢氯化和氯化反应方法的选择不同，精制及后处理工艺差别不大，技术水平都处于先进行业。

（1）氢氯化反应

采用甲醇液相催化法的有美国道化学、法国阿托等公司，采用气相催化法的有日本德山、美国斯托夫等公司，采用液相非催化法的只有日本信越化学公司。其工艺技术比较见表 13-10。

表 13-10　氢氯化反应方法工艺技术比较

项　目	法国阿托	日本德山	美国斯托夫	日本信越
工艺方法	液相催化	气相催化	气相催化	液相非催化
反应器类型	釜式	列管固定床	列管固定床	—
反应温度/℃	160～170	300	270～300	120
反应压力/MPa	0.4～0.6	0.2～0.5	0.3	0.2
时空产率/[kg/(m³·h)]	190～210	820	430	50
甲醇单程转化率/%	≥95.0	≥97.0	≥97.0	—

（2）氯化反应

采用气相氯化法的有美国道化学、美国斯托夫等公司；采用液相氯化法的只有日本德山公司；采用液相光氯化法的有法国阿托公司。国外主要公司生产甲烷氯化物工艺技术比较见表 13-11。国外主要公司生产甲烷氯化物工艺方法见表 13-12。

表 13-11 国外主要公司生产甲烷氯化物工艺技术比较

项　目	法国阿托	日本德山	美国斯托夫
氯化工艺	液相光氯化	液相催化氯化	气相氯化
反应器类型	组合式	塔式	筒式
反应温度/℃	40～60	105～110	425～450
反应压力/MPa	2.5	2.9	0.7
时空产率/[kg/(m³·h)]	230～250	330～420	450～470
氯甲烷单程转化率/%	60～80	＞60	25～30

表 13-12 国外主要公司生产甲烷氯化物工艺方法

公司名称	甲醇氢氯化			一氯甲烷氯化			生产水平	
	液相催化	气相催化	液相非催化	气相热氯化	液相光氯化	液相催化氯化	CH₃Cl 收率/%	Cl₂ 收率%
美国道化学	√	—	—	√	—	—	96.4	97.7
美国斯托夫	—	√	—	√	—	—	96.0	98.0
法国阿托	√	—	—	—	√	—	97.7	98.6
日本德山	—	√	—	—	—	√	97.2	97.2
日本三井东压	—	√	—	√	—	—	95.0	98.1
日本信越化学	—	—	√	√	—	—		

13.5.4　我国生产技术的发展

（1）生产技术

我国甲烷氯化物初期生产采用的方法为：一氯甲烷采用甲醇法；二氯甲烷采用天然气热氯化法；三氯甲烷采用氯油法、漂白粉乙醛法、天然气热氯化法；四氯化碳采用二硫化碳法、天然气热氯化法。2005 年后甲烷氯化物生产除昊华西南公司保留了天然气热氯化法外，其他企业均采用甲醇法。

20 世纪 70 年代以来为解决有机硅所需的原料，我国开发了甲醇液相催化氢氯化生产一氯甲烷工艺，相继建成几套一氯甲烷生产装置，装置规模为 1000t/a，气相催化氢氯化法由原重庆天然气化工研究所进行了小试，但工业化开发没有继续进行下去。20 世纪 80 年代为解决 HCFC-22 的原料问题，我国建设了几套一氯甲烷热氯化法生产三氯甲烷装置，规模为千吨级，但开车均不太成功，其装置与国外的生产装置比较具有很大差距，主要为装置规模能力小，产品比例调节困难，工艺流程不完善，原料、动力消耗高，产品生产成本高，环境保护措施不完善。

我国甲醇液相催化氢氯化生产一氯甲烷生产工艺在 20 世纪 80 年代日趋成熟，装置日趋完善，但一直未克服装置放大的相关问题。20 世纪 90 年代初，江西星火化工厂在进行有机硅生产装置能力改造时，将一氯甲烷装置能力扩大到万吨级规模，并一次开车取得了成功，为我国一氯甲烷装置达到万吨级规模作出了贡献。现甲醇液相催化氢氯化生产一氯甲烷单套装置能力可以达到（2～3）万吨/a，为我国有机硅生产装置能力放大提供了原料保证。

我国甲醇气相催化氢氯化生产一氯甲烷、一氯甲烷生产多氯甲烷的技术在我国一直未得到突破。1992 年浙江巨化首先引进了日本德山公司的甲醇气相催化氢氯化制一氯甲烷，一氯甲烷氯化制三氯甲烷、四氯化碳技术，建设了 3 万吨/a 三氯甲烷联四氯化碳生产装置，产品比例：三氯甲烷与四氯化碳比为 1.6：1.4，装置于 1994 年建成投运成功，该装置的投运为我国甲烷氯化物装置大型化、先进化起到了很好的示范作用。与此同时，自贡鸿化（现昊华西南公司）引进西班牙阿拉贡公司的甲醇液相催化氢氯化生产一氯甲烷，一氯甲烷超临界热氯化生产二氯甲烷、三氯甲烷技术建设 5 万吨/a 生产装置，装置于 2001 年开工建设，2003 年试车投运。进入 21 世纪后，江苏梅兰、无锡格林艾普、山东东岳、自贡鸿化（现昊华西南公司）先后引进美国文氏公司的甲醇气相催化氢氯化生产一氯甲烷，一氯甲烷热氯化生产二氯甲烷、三氯甲烷技术和关键设备，建设了多套 4 万吨/a 生产装置；山东金岭、山东海化、常熟理文化工（中国香港）公司利用华陆科技工程公司甲醇气相催化氢氯化生产一氯甲烷，一氯甲烷热氯化生产二氯甲烷、三氯甲烷技术分别建设 4 万吨/a 生产装置。在此期间我国各生产厂家在引进技术的基础上一方面进行了扩产改造，使产能增加，另一方面对引进技术进行消化吸收，使装置技术和设备进一步国产化，使工艺过程更趋于完善，更符合国情。通过一系列工作，使我国的甲醇法生产甲烷氯化物生产装置上了一个新的台阶，装置技术自动化水平、生产消耗指标、环境保护措施和产品质量达到了国际先进水平，我国生产的二氯甲烷、三氯甲烷产品质量、生产成本具备了参与国际市场竞争的能力。

我国甲醇法生产甲烷氯化物技术在今后将是一个巩固、完善、提高的阶段，同时也是装置向大型化发展的阶段，甲醇法生产甲烷氯化物生产装置将在单套 4 万吨/a 基础上放大到单套 8 万吨/a 和 12 万吨/a，使装置达到大型化和集约化。

（2）我国甲烷氯化物发展情况

① 起步阶段（20 世纪 50 年代～70 年代）　20 世纪 50 年代，我国仅有以乙醛、氯油为原料生产氯仿和以二硫化碳为原料生产四氯化碳的装置。甲烷直接氯化法是在 1958 年到罗马尼亚考察后，由原四川永川天然气化工研究所完成 42t/a 天然气热氯化法生产二氯甲烷中试的，1965 年由国家指定在四川自贡鸿鹤化工总厂（现昊华西南公司）建成 2200t/a 二氯甲烷工业规模试验装置。1965 年 6 月原重庆天然气化工研究所参考罗马尼亚天然气化学化工研究院天然气热氯化法制四氯化碳 4～4.5t/月扩大试验装置，完成了我国天然气热氯化法制四氯化碳 500t/a 中间试验，于 1979 年 10 月在原四川自贡鸿鹤化工总厂建成 1000t/a 生产装置，并投入生产。

② 初期发展阶段（20 世纪 80 年代）　进入 20 世纪 80 年代后，自贡鸿化（现昊华西南公司）在工业规模试验装置的基础上，开发的拥有自己知识产权的天然气热氯化法生产二氯甲烷、三氯甲烷的生产装置和重庆天然气化工研究所开发的四氯化碳生产装置的技术日趋成熟。

自贡鸿化（现昊华西南公司）扩大其天然气热氯化法生产二氯甲烷生产装置和

四氯化碳生产装置的产能。同时相继在重庆、四川泸州等地建成一批天然气热氯化法生产四氯化碳生产装置，使天然气热氯化法生产二氯甲烷、三氯甲烷、四氯化碳的生产装置能力达到 6.6 万吨/a，二硫化碳法生产装置约为 3000t/a。

天津化工厂和湖南株洲化工厂分别用氯油法生产三氯甲烷的生产装置能力达到 1.2 万吨/a。

我国有机硅生产属起步阶段，其所需原料一氯甲烷大部分为生产农药敌百虫产品中的副产一氯甲烷，仅在北京第二化工厂和江西星火化工厂建有以甲醇为原料的一氯甲烷生产装置，装置能力约为 5000t/a。

到 20 世纪 80 年代末期，我国甲烷氯化物生产装置能力约为 8.6 万吨/a，产量约为 5.2 万吨/a。在此期间参照日本、前苏联国家标准制定了我国的二氯甲烷、三氯甲烷、四氯化碳的国家标准。

③ 高速发展阶段（20 世纪 90 年代至今）　天然气热氯化法生产的四氯化碳因其质量、成本优势淘汰了二硫化碳生产装置，到 1993 年四氯化碳装置能力达到 8 万吨/a，生产厂家近十二家（当时是我国四氯化碳生产最繁荣的时期）。由于国外发达国家因禁止使用四氯化碳后将大量的四氯化碳向我国进行倾销，致使我国四氯化碳生产厂家举步维艰，到 1997 年我国先后有五家企业因严重亏损而被迫关停生产装置。到 1999 年生产装置能力保持在 7.3 万吨/a，但产量不到 3 万吨/a，跌入四氯化碳生产的最低谷。2000 年四氯化碳禁止进口后，产量回升至 5 万吨/a，生产厂家为 7 家。我国从 2003 年开始削减和关停四氯化碳装置。

二氯甲烷、三氯甲烷生产装置能力在昊华西南公司（原自贡鸿化）逐步扩大天然气热氯化法生产装置能力的同时，分别于 2001 年、2003 年引进西班牙阿拉贡技术、装置和引进美国文氏公司技术分别建设 5 万吨/a 和 4 万吨/a 甲醇法生产二氯甲烷、三氯甲烷生产装置。浙江巨化于 1993 年引进日本德山的技术建设了一套 3 万吨/a 甲醇法生产三氯甲烷、四氯化碳生产装置。江苏梅兰于 1998 年、江苏无锡于 2000 年、山东东岳于 2002 年分别引进美国文氏公司技术建设 4 万吨/a 甲醇法生产二氯甲烷、三氯甲烷生产装置。2002 年山东金岭集团由华陆科技工程公司设计建设了一套 4 万吨/a 甲醇法生产二氯甲烷、三氯甲烷生产装置。到 2005 年年底我国甲烷氯化物装置能力达到了 88.2 万吨/a，除昊华西南公司（原自贡鸿化）保留了 3 万吨/a 天然气法生产二氯甲烷、三氯甲烷外，其余生产装置几乎全部采用甲醇作为原料的生产方法。

（3）甲烷氯化物产能

① "十五" 末期甲烷氯化物产能　"十五"（2001～2005 年）末期我国甲烷氯化物产能为 88.2 万吨/a，其中一氯甲烷为 22 万吨/a；二氯甲烷、三氯甲烷、四氯化碳综合产能为 66.2 万吨/a。

我国甲烷氯化物生产厂家和生产装置分为两大块，一块是有机硅生产厂家与有机硅生产装置配套的一氯甲烷生产装置，其装置基本上是有机硅生产厂家系统配套；一块是二氯甲烷、三氯甲烷生产厂家，二氯甲烷、三氯甲烷生产厂家可联产一部分一氯甲烷供应市场，同时副产四氯化碳。

一氯甲烷生产厂家以江西星火化工厂、浙江新安化工集团、吉林电石厂、北京化工二厂、江苏梅兰化工集团为主（北京化工二厂因搬迁而停产，表 13-13 未统计）。2005 年一氯甲烷生产厂家及产能见表 13-13。

表 13-13　2005 年一氯甲烷生产厂家及产能　　　　　　单位：万吨/a

生产厂家	有机硅产能	一氯甲烷产能	备注
江西星火化工厂	10.0	8.5	甲醇法
浙江新安化工集团	6.0	5.1	甲醇法
吉林电石厂	6.8	5.8	甲醇法
江苏梅兰化工集团	43.0	2.8	甲醇法
合计	25.8	22.0	

2005 年二氯甲烷、三氯甲烷的生产厂家以昊华西南公司（原自贡鸿化）、浙江巨化、江苏梅兰、山东金岭等 8 个生产厂家为主体。2005 年二氯甲烷、三氯甲烷生产厂家、产能见表 13-14。

表 13-14　2005 年二氯甲烷、三氯甲烷生产厂家、产能　　　　单位：万吨/a

生产厂家	二氯甲烷、三氯甲烷产能	备注
昊华西南公司	13.0（其中一氯甲烷 1.0）	天然气法、甲醇法
浙江巨化	14.0	甲醇法
江苏梅兰	16.0	甲醇法
山东金岭	12.0	甲醇法
山东东岳	4.0	甲醇法
重庆天意	1.2	甲醇法
泸州北方	2.0	甲醇法
无锡格林艾普	4.0	甲醇法
合计	66.2	

② "十一五"期间甲烷氯化物的发展　预计，"十一五"（2006～2010 年）期末，我国甲烷氯化物总装置能力将达到 315.4 万吨/a，其中一氯甲烷装置能力将达到 163.2 万吨/a，二氯甲烷、三氯甲烷装置能力将达到 152.2 万吨/a。"十一五"我国一氯甲烷和有机硅生产厂家的建设计划见表 13-15。

"十一五"期末，为有机硅配套的一氯甲烷装置能力为 163.2 万吨/a，在"十五"基础上净增 141.2 万吨/a，增幅达 6.42 倍。

我国二氯甲烷和三氯甲烷装置在"十五"期间也得到了高速发展，发展特点是形成大型化、集约化的生产装置，在"十五"期间投资的新建和老厂技改扩建项目在 2006 年和 2007 年相继建成投运，使产能大于消费量的矛盾更加突出。"十一五"期间我国二氯甲烷和三氯甲烷生产厂家的建设计划见表 13-16。

表 13-15 "十一五"我国一氯甲烷和有机硅生产厂家的建设计划　　　　单位：万吨/a

单 位 名 称	"十一五"计划		"十一五"总量	
	有机硅	一氯甲烷	有机硅	一氯甲烷
江西星火	10.0	8.5	2.0	17.0
浙江新安化工集团	10.0	8.5	16.0	13.6
吉林电石厂			6.8	5.8
江苏梅兰			3.0	2.6
昊华西南公司	10.0	8.0	10.0	9.0
山东东岳	40.0	34.0	40.0	34.0
美国道康宁	45.0	38.0	45.0	38.0
蓝星天津化工	40.0	34.0	40.0	34.0
泸州北方	3.0	2.6	3.0	2.6
江苏宏达	3.0	2.6	3.0	2.6
浙江采美	4.5	4.0	4.5	4.0
合计	165.5	140.2	191.3	163.2

表 13-16 "十一五"期间我国二氯甲烷和三氯甲烷生产厂家的建设计划　　　　单位：万吨/a

单 位 名 称	"十一五"计划	"十一五"合计	单 位 名 称	"十一五"计划	"十一五"合计
昊华西南公司	7.0	20.0	泸州北方		2.0
浙江巨化	12.0	26.0	泸州鑫福	10.0	10.0
江苏梅兰	11.0	27.0	山东海化	4.0	4.0
山东金岭	8.0	20.0	常熟阿科玛	8.0	8.0
山东东岳	10.0	14.0	重庆天原	4.0	4.0
重庆天玄		1.2	常熟理文化工(中国香港)	12.0	12.0
无锡格林艾普		4.0	合计	86.0	152.2

　　以上计划如能够全部完成，"十一五"期末，我国二氯甲烷和三氯甲烷装置能力将达到 152.2 万吨/a，在"十五"基础上净增 86 万吨/a，增幅 130%。

13.6　我国甲烷氯化物的生产与消费

13.6.1　应用

　　我国甲烷氯化物的应用如图 13-2 所示。

　　(1) 一氯甲烷

　　一氯甲烷主要用作有机硅单体甲基氯硅烷、甲基纤维素及其衍生物羟丙基甲基纤维素、甲基硫醇锡的原料，同时用作生产二氯甲烷、三氯甲烷、四氯化碳的原料，有机硅生产厂家和二氯甲烷、三氯甲烷生产厂家自己配套一氯甲烷生产装置。进入 21 世纪，我国有机硅开发生产成为一个热门话题，它将在"十一五"期间将

甲基氯硅烷 ——→ 有机硅及其衍生物
甲基纤维素及其衍生物
甲基硫醇锡

一氯甲烷 ——→

二氯甲烷 ——→ 溶剂 ——→ 清洗剂
油漆脱除剂
医药
三醋酸纤维酯胶片(电影片、照相片、X光片)
鞋用黏结剂
印刷油墨

二氟甲烷(HFC-32) ——→ 制冷剂

三氯甲烷 ——→ 农药、医药
二氟一氯甲烷(HCFC-22) ——→ 聚四氟乙烯(PTFE)
制冷剂
染料工业

四氯化碳 ——→ 一氟三氯甲烷(CFC-11) ——→ 发泡剂、气雾剂
二氟二氯甲烷(CFC-12) ——→ 制冷剂
五氟丙烷(HFC-245fa) ——→ 发泡剂、气雾剂
四氯乙烯 ——→ 干洗剂
五氟乙烷(HFC-125) ——→ 制冷剂
电子清洗剂
肉桂酸
六氟丙烷(HFC-236fa) ——→ 气雾剂、灭火剂
清洗剂

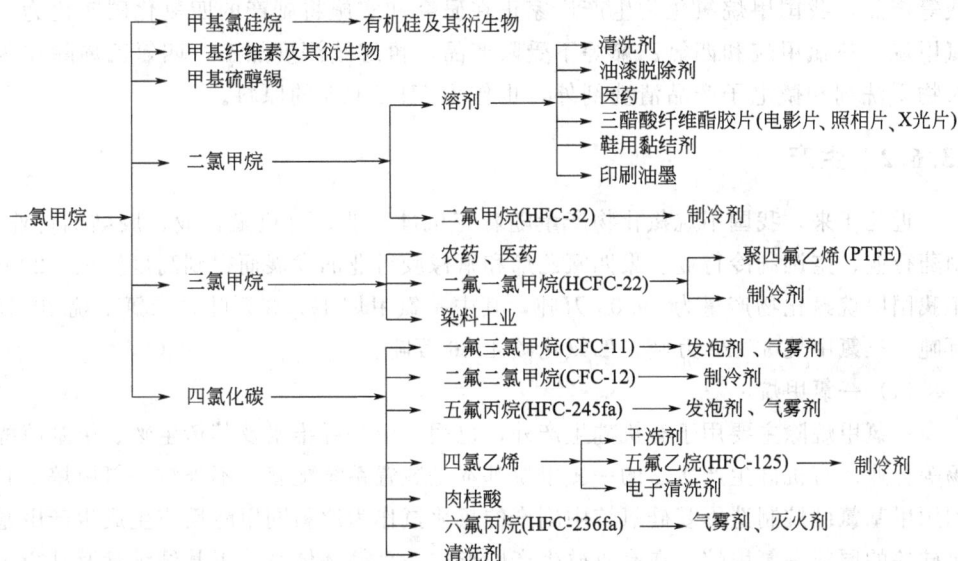

图 13-2 我国甲烷氯化物的主要应用

得到飞速发展，从而也带动了一氯甲烷的飞速发展。

（2）二氯甲烷

二氯甲烷作为一种优良的化工溶剂，主要作为机械油污清洗剂，船舶、汽车、家用电器、工业机械等的油漆脱除剂；作为胶片制造的溶剂、发泡剂；近年来替代含苯类溶剂作为印刷油墨，鞋用黏结剂的溶剂和医药中间体原料；也用作 ODS（消耗大气臭氧层物质）替代品二氟甲烷（HFC-32）的原料。

（3）三氯甲烷

三氯甲烷（又称氯仿），主要用作制造二氟一氯甲烷（HCFC-22）的原料，HCFC-22 作为 ODS 的过渡性替代品用作家用空调、工业制冷设备的制冷剂，HCFC-22 又是制造聚四氟乙烯（PTFE）单体和氟橡胶的原料，三氯甲烷作为优良的有机溶剂，能迅速溶解脂肪、油脂、树脂和蜡。常用作配制干洗剂和工业脱脂溶剂，在黏结剂、包装塑料和树脂的调和中用作溶剂，在染料、杀螨虫药、杀菌剂和烟草籽苗、防霉剂生产中作为中间体。三氯甲烷在医药上用作青霉素药品的萃取剂和溶剂，配制止痛软膏等药品；三氯甲烷具有麻醉性，同时用于配制兽用麻醉剂。

（4）四氯化碳

四氯化碳在 20 世纪 70～90 年代主要作为 CFC-11、CFC-12 的原料，也作为生产氯化高聚物（氯化橡胶、氯化石蜡-70、氯化聚乙烯、氯化聚丙烯、氯化聚氯乙烯）的溶剂。四氯化碳、CFC-11、CFC-12 均为 ODS，按国际公约"关于消耗臭氧层的蒙特利尔议定书"要求在规定时间内必须淘汰，世界各国纷纷开发四氯化碳新的用途，用四氯化碳作为新的原料生产 HFC-245fa、HFC-236fa、肉桂

酸等产品，我国甲烷氯化物生产厂家正在研究和实施将副产的四氯化碳转化为一氯甲烷、三氯甲烷和四氯乙烯等不受限产品，再继续深度加工，四氯乙烯除作为衣物干洗剂和微电子产品清洗剂外，也作为 HFC-125 的原料。

13.6.2 生产

近几年来，我国甲烷氯化物产量随着有机硅行业、有机氟行业、胶黏剂行业、制药行业、空调制冷行业、聚四氟乙烯和氟橡胶行业的发展而得到高度发展。2006年我国甲烷氯化物产量为 89.09 万吨，其中一氯甲烷 17.53 万吨，二氯甲烷 30.15万吨，三氯甲烷 37.25 万吨，四氯化碳 4.16 万吨。

（1）一氯甲烷

一氯甲烷除主要用于有机硅生产外，也用于甲基纤维素及其衍生物、甲基硫醇锡等行业。有机硅生产所需的一氯甲烷基本是装置系统配套，不外购一氯甲烷，它利用甲基氯硅烷制造甲基硅氧烷中副产的氯化氢作为原料同甲醇反应生成生产甲基氯硅烷的原料一氯甲烷，在有机硅生产中形成一个循环体系。甲基纤维素及其衍生物羟丙基甲基纤维素、甲基硫醇锡生产所需的一氯甲烷，一部分利用农药敌白虫生产的副产一氯甲烷，一部分由甲烷氯化物生产厂家提供。近年我国一氯甲烷的产量见表 13-17。

表 13-17　近年我国一氯甲烷的产量　　　　　　　　单位：万吨/a

项　目	2003 年	2004 年	2005 年	2006 年
一氯甲烷	0.14	0.15	0.92	0.53
有机硅	8.5	11.05	12.28	17.0
合计	8.64	11.2	15.37	17.53

注：有机硅消耗一氯甲烷按 850kg/t 计算，表中已折合为一氯甲烷的量。

一氯甲烷产量增加取决于有机硅产量的增加，2003～2005 年，我国有机硅单体产量由 10 万吨/a 增加至 17 万吨/a，增幅 70%。预计 2006 年有机硅产量将达到 20 万吨，其一氯甲烷产量达到 17 万吨，加上甲烷氯化物装置的 0.53 万吨产量，全年为 17.53 万吨。到 2010 年我国有机硅装置能力达到 191.3 万吨，配套的一氯甲烷装置能力达到 163.2 万吨，装置按 70% 开工率，产量为 114.2万吨。

（2）二氯甲烷

2006 年，我国二氯甲烷产量达到 30.15 万吨。到 2010 年二氯甲烷、三氯甲烷装置能力将达到 152.2 万吨/a，装置中二氯甲烷、三氯甲烷产量可以在 30：70～60：40 之间进行调节，二氯甲烷产量按 10% 增长到 2010 年产量达到 44 万吨。2010 年二氯甲烷产量为装置能力的 96.4%（二氯甲烷、三氯甲烷比例按 30：70 计算）。近年我国二氯甲烷的产量见表 13-18。

表 13-18　近年我国二氯甲烷的产量　　　　　　　单位：万吨/a

年份	2003	2004	2005	2006
产量	9.8	13.0	20.84	30.15

（3）三氯甲烷

2006 年，我国三氯甲烷产量达到 37.25 万吨。到 2010 年产量将达到 54.17 万吨/a（按 10％增长率计算）。2010 年二氯甲烷、三氯甲烷生产装置能力达到 152.2 万吨/a，三氯甲烷产量为装置能力的 50.8％（二氯甲烷和三氯甲烷比例按 30：70 计算）。2010 年二氯甲烷、三氯甲烷总产量为 98.17 万吨，为生产装置能力的 64.5％。近年我国三氯甲烷的产量见表 13-19。

表 13-19　近年我国三氯甲烷的产量　　　　　　　单位：万吨/a

年份	2003	2004	2005	2006
产量	11.24	16.0	26.46	37.25

（4）四氯化碳

四氯化碳为消耗臭氧层物质，按国家环保总局要求 2005 年年底关闭了天然气法生产四氯化碳装置后，2006 年除上海氯碱化工股份有限公司利用乙烯法生产 PVC 的残液 C_2 物质生产四氯乙烯、四氯化碳装置生产四氯化碳外，其余四氯化碳为甲醇法生产二氯甲烷、三氯甲烷生产装置的副产物。近年我国四氯化碳的产量见表 13-20。

表 13-20　近年我国四氯化碳的产量　　　　　　　单位：万吨/a

年份	2003	2004	2005	2006 年 1~6 月
产量	5.71	4.62	4.52	4.16

从表 13-20 可以看到从 2003 年开始，四氯化碳产量是一个逐年递减的过程，2006 年副产四氯化碳的量为 4.16 万吨。从 2007 年开始，按国际公约要求对甲醇法生产二氯甲烷、三氯甲烷生产装置副产的四氯化碳除用于非消耗臭氧层物质的使用外，剩余部分必须转化为其他物质或进行焚烧处理。预计 2010 年副产四氯化碳为 3.3 万吨。

13.6.3　消费

（1）贸易

一氯甲烷生产装置主要与有机硅生产装置配套，供给有机硅生产所需原料，其他行业需要的一氯甲烷主要是用农药副产和二氯甲烷、三氯甲烷生产装置中生产的一氯甲烷供给，一氯甲烷为易燃易爆的液化气，长途运输困难，所以一氯甲烷基本上没有进、出口量。四氯化碳为破坏大气臭氧层物质，我国早在 2000 年就禁止了四氯化碳的进口，四氯化碳也没有进、出口量。表 13-21 对甲烷氯化物的进、出口进行了分析，主要是二氯甲烷和三氯甲烷。

表 13-21 2003～2006 年我国甲烷氯化物进、出口　　　　　　　单位：万吨/a

项　目	2003 年		2004 年		2005 年		2006 年	
	进口	出口	进口	出口	进口	出口	进口	出口
二氯甲烷	6.54	0.28	6	—	4.8	0.46	1.52	1.61
三氯甲烷	21.23	0.01	24	—	23.66	—	17.15	—

二氯甲烷、三氯甲烷受我国资源情况和价格因素影响，其出口量很低。我国主要生产厂家昊华西南公司、浙江巨化、江苏梅兰针对国外甲烷氯化物生产厂商将二氯甲烷、三氯甲烷对我国进行倾销的情况，先后于 2000 年和 2002 年对国外倾销行为提起反倾销诉讼，国家商务部进行反倾销立案调查，终裁决定国外甲烷氯化物生产厂商存在倾销、存在实质损害，并征收相应的反倾销税后，国外二氯甲烷、三氯甲烷进口门槛增高，加上我国甲烷氯化物生产装置相继投产，我国二氯甲烷、三氯甲烷资源丰富，而使二氯甲烷、三氯甲烷进口量呈现逐年下降趋势。2006 年二氯甲烷进口量为 1.52 万吨、出口量为 1.61 万吨，三氯甲烷进口量为 17.15 万吨。到 2010 年二氯甲烷、三氯甲烷在 2006 年基础上还有所降低，预计二氯甲烷进口量为 1 万吨，三氯甲烷 10 万吨。随着我国甲烷氯化物生产装置生产水平提高，装置生产水平和产品质量达到国际先进水平，具备了参与国际市场竞争的基本条件。"十一五"期间，将是我国二氯甲烷、三氯甲烷出口量快速增长时期。

（2）消费

一氯甲烷、四氯化碳没有进出口量，其生产量就是需求量和消费量。我国甲烷氯化物消费情况见表 13-22～表 13-28。

表 13-22 一氯甲烷消费情况　　　　　　　　单位：万吨/a

项　目	2003 年	2004 年	2005 年	2006 年	2010 年（预计）
产量	8.65	11.2	15.37	17.53	114.2
进出口量	—	—	—	—	—
出口量	—	—	—	—	—
消费量	8.65	11.2	15.37	17.53	114.2

一氯甲烷的消费组成：2006 年 99.0% 为有机硅，1.0% 为其他行业。

表 13-23 二氯甲烷消费情况　　　　　　　　单位：万吨/a

项　目	2003 年	2004 年	2005 年	2006 年	2010 年（预计）
产量	9.8	13.0	20.84	30.15	44.0
进口量	6.54	6.0	4.8	1.52	1.0
出口量	0.28	—	0.46	1.61	—
消费量	16.06	18.0	25.18	30.06	45.0

2010 年需求量预测未包括出口部分，如果 2010 年出口量增加，那我国生产量将得到增加，将有利于我国二氯甲烷、三氯甲烷生产装置产能的发挥。

表 13-24　我国二氯甲烷消费构成

行业	医药	海绵发泡	黏胶溶剂	清洗	HCFC-22	其他
比例/%	32	20	35	8	3	2

表 13-25　三氯甲烷消费情况　　　　　　　　单位：万吨/a

项目	2003 年	2004 年	2005 年	2006 年	2010 年（预计）
产量	11.24	16.0	26.40	37.25	54.17
进口量	21.26	24.0	23.66	17.15	10.0
出口量	0.01	—	—	—	—
消费量	32.49	40.0	50.06	54.4	64.17

2010 年三氯甲烷预测未包括出口部分，如果三氯甲烷在 2010 年出口量增加，使需求量增加，将有利于我国二氯甲烷，三氯甲烷生产装置产能的发挥。

表 13-26　我国三氯甲烷消费组成

行业	HCFC-22 及 PTFE	医药	农药	其他
比例/%	80	14	3	3

表 13-27　四氯化碳消费情况　　　　　　　　单位：万吨/a

项目	2003 年	2004 年	2005 年	2006 年	2010 年（预计）
产量	5.71	4.62	4.52	4.16	3.3
消费量	5.71	4.62	4.52	4.16	3.3

四氯化碳为消耗臭氧层物质，随着"蒙特利尔议定书"和淘汰消耗臭氧层物质"国家方案"的实施，四氯化碳需求量将是呈减少趋势，但随着四氯化碳作为原料应用于肉桂酸，HFC-245fa，HFC-236fa 等产品，其需求量将有可能维持在一定水平上。

表 13-28　近年我国甲烷氯化物总产量和总消费量　　　　单位：万吨/a

项目	2003 年	2004 年	2005 年	2006 年	2010 年（预计）
总产量	35.4	44.82	67.19	89.09	215.67
总消费量	62.82	73.82	95.13	106.15	215.67

到 2010 年二氯甲烷、三氯甲烷装置产能将达到 152.2 万吨/a，我国甲烷氯化物消费量按 10% 增长，产能远远大于产量和需求量。预计 2010 年一氯甲烷产量将达到 114.2 万吨；二氯甲烷、三氯甲烷产量为 98.17 万吨，其二氯甲烷、三氯甲烷装置运行率仅为 64.5%。现我国二氯甲烷、三氯甲烷生产装置技术水平、生产成本、产品质量已达到国际先进水平，具备参与国际市场竞争的能力，如果二氯甲烷、三氯甲烷产品在"十一五"期间出口量增加，将使我国产量增加而使装置运行率提高。

13.7　世界甲烷氯化物生产与消费情况

甲烷氯化物作为重要的化工原料和溶剂，19 世纪 20 年代被发现，一直到 20 世纪 20～30 年代才工业化生产，经过 80 年历程，现在成为氯碱工业的一个重要的耗氯产品。到 20 世纪 80 年代末期，总生产能力达到 370 万吨/a。进入 20 世纪 90 年代，受国际环境公约的限制，发达国家急剧减少和停止了四氯化碳的生产和消费。近年来，美国环保局（EPA）认定二氯甲烷有致癌的可能性，对某些应用领域（气溶胶、电子工业等）提出了限制，故在发达国家的生产、消费呈衰减趋势，但在发展中国家和地区（东欧、亚洲、中东、南美）消费增长较快。一氯甲烷作为甲基氯硅烷的原料逐年增长，三氯甲烷作为 HCFC-22 的原料，虽随着 PTFE 的发展有一定增长，因 HCFC-22 为 ODS，三氯甲烷又随着 HCFC-22 作为制冷剂被逐年削减而逐年呈现负增长。测算在 2001～2006 年，世界甲烷氯化物的增长率分别为：一氯甲烷 3.0%、二氯甲烷 0.5%、三氯甲烷 1.0%、四氯化碳 12.5%。

近年来，世界甲烷氯化物生产能力保持在 320 万吨/a，2000 年以前世界上主要生产国家和地区为美国、西欧和日本，其产量占世界总产量的 90%左右。甲烷氯化物在国际市场上的发展过程是随着其用途的拓展而迅速发展，随着其物化性能的进一步认识而逐渐减退，但又随着新用途的开发又逐步增长的过程。

一氯甲烷主要用于生产有机硅单体（甲基氯硅烷）和甲烷氯化物，其用量占一氯甲烷总量的 75%以上，其余用作甲基纤维素、四甲基铅、丁基橡胶、季铵化合物、农用化学品和甲基硫醇锡的原料。

二氯甲烷主要用做金属清洗剂、油漆脱除剂、气溶胶、发泡剂、电影胶片溶剂，也用于农药、医药、聚碳酸酯生产，现开发的新用途用作生产 HFC-32 的原料。

三氯甲烷主要用做 HCFC-22 的生产（约占产量 90%以上）。其中 HCFC-22 主要用做空调、工业制冷的制冷剂，30%用做氟聚合物（PTFE、FEP）原料，其余 10%三氯甲烷用做医药、农药、化工生产的原料。

四氯化碳主要作为 CFC-11、CFC-12 的原料（约占产量 90%以上），也用作医药、农药化工生产的原料和溶剂。现开发新用途为生产 HFC-245fa、HFC-236fa 的原料。随着四氯化碳作为溶剂、灭火剂的淘汰和禁用，以及 CFC-11、CFC-12 的淘汰和禁用，四氯化碳呈负增长。世界甲烷氯化物消费情况见表 13-29。

表 13-29　世界甲烷氯化物消费情况　　　　　　　　单位：万吨/a

项　目	2001 年	2006 年	2001～2006 年年均增长率/%
一氯甲烷	165.0	190.0	3.0%
二氯甲烷	58.0	59.5	0.5%
三氯甲烷	76.5	72.5	−1.0%
四氯化碳	5.0	2.0	<−12.5%

从表 13-29 看出三氯甲烷、四氯化碳为负增长。到 2006 年以后，发达国家对 HCFC-22 进行削减和完全替代后，三氯甲烷消费减量将会更大。

13.8　发展建议

"十五"期间，我国甲烷氯化物企业分别对国外进口的二氯甲烷和三氯甲烷进行了成功的反倾销，同时引进了国外先进技术，先后建成了 4 万吨/a 以上的大型装置，加上国民经济发展增加了有机硅和甲烷氯化物的消费，使我国甲烷氯化物这一民族工业得到高速发展，进入"十一五"，我国甲烷氯化物生产装置先后投运，使装置能力达到 152.2 万吨/a，远远超过了我国消费量，在这一严峻时刻，我国甲烷氯化物生产厂家应该保持清醒头脑，要加强生产企业间的协调和沟通，杜绝企业间的恶性竞争，使甲烷氯化物这一民族工业得到健康有序发展。

（1）装置大型化、国产化

进一步消化吸收引进技术和引进设备，使甲烷氯化物生产装置大型化、国产化。搞好节能降耗工作，搞好环境保护和安全工作，降低生产成本。

（2）做好副产物转化与处理

做好副产四氯化碳的非 ODS 应用领域的开发工作；做好副产四氯化碳的转化和处理工作，避免二次污染。

（3）参与国际市场竞争

我国 CMS 生产装置的生产规模、控制水平、原料消耗和产品质量已达到国际先进水平，完全具备参与国际竞争的条件，我国甲烷氯化物生产企业应做好协调工作，将二氯甲烷、三氯甲烷产品推向国际市场，参与国际市场竞争。

（4）利用国际规则保护自己

利用国际游戏规则保护自己，进一步巩固二氯甲烷、三氯甲烷反倾销的胜利成果，延长二氯甲烷、三氯甲烷的保护期。

（5）遵守国家产业政策

"十一五"期间，国家将 8 万吨/a 以下甲烷氯化物生产装置和装置副产四氯化碳无处理措施的建设项目列为限制类项目。我国甲烷氯化物生产企业要严格遵守国家产业政策，切实做好自律和监督工作。

（6）拓展应用领域

积极开发生产甲烷氯化物下游产品，拓展应用领域，增加甲烷氯化物的消费，增大市场容量。

（7）新建项目应慎重决策

我国甲烷氯化物发展速度高于我国消费速度，装置能力严重过剩成为不争的现实，"十一五"要进入这一领域的企业一定要认真调研，慎重决策。

甲烷氯化物企业在"十一五"期间将进行新的格局调整，甲烷氯化物将在这一调整中得到进一步完善和发展。

参 考 文 献

[1] 甲烷氯化物物性数据汇编. 重庆：重庆天然气化工研究院，1976.

[2] 魏文德. 有机化工原料大全. 北京：化学工业出版社，1989.

[3] 周国泰. 化学危险品安全技术. 北京：化学工业出版社，1997.

[4] 国家环境保护局，化工部北京化工研究院环境保护研究所. 化学品毒性法规环境数据手册. 北京：环境
    科学出版社，1992.

[5] 全国危险化学品管理标准化技术委员会秘书处. 常用危险化学品包装运输. 北京：化学工业出版
    社，2004.

[6] 谢克昌，李忠. 甲醇及其衍生物. 北京：化学工业出版社，2002.

（文咏祥　编写）

14 甲基叔丁基醚

甲基叔丁基醚（MTBE）是无铅汽油的重要添加成分，可有效提高汽油的辛烷值，被称为 20 世纪 80 年代"第三代石油化学品"。添加甲基叔丁基醚的汽油燃烧完全，抗爆性能好，是目前四乙基铅的主要替代产品之一。同时 MTBE 还是一种重要的化工原料，可用于制取异丁烯；MTBE 与乙二醇反应生成乙二醇甲基叔丁基醚，被广泛用于涂料、油墨等的生产；MTBE 是制取高纯度异丁烯的中间原料及丁烯等的抽提剂；MTBE 与氢氰酸在硫酸存在下反应生成叔丁胺，再进一步可合成烟嘧磺隆（除草剂），该除草剂具有高效、低残留的特点且对环境友善，这一新产品的开发有利于农药生产和现代农业的发展；MTBE 还是合成香料、医药、抗氧剂、表面活性剂等多种精细化工产品的原料。

20 世纪 70 年代初，发达国家面对含铅汽油燃料对环境所造成的严重污染问题，相继采取了一系列措施。美国政府率先颁布了降低汽油中铅含量的法规，由此引起了提高汽油辛烷值添加剂的更新换代。适于汽油添加剂的醚类有许多，如甲基叔丁基醚（MTBE）、甲基叔戊基醚（TAME）、乙基叔丁基醚（ETBE）、二异丙基醚（DIPE）等。这些醚类化合物具有辛烷值高、与汽油的互溶性好、毒性低等优点，特别是 MTBE 和 TAME 可以通过甲醇和来源丰富的异丁烯或异戊烯大规模工业化合成，而备受青睐，得到了广泛应用，成为目前甲醇消费的重要领域。

14.1 物化性质

无色、低黏度液体，具有类似萜烯的臭味。沸点 55.3℃。凝固点 −108.6℃。相对密度 d_4^{20} 0.7407。折射率 n_D^{20} 1.3694。闪点（闭杯）−28℃。燃点 460℃。爆炸极限（空气中体积分数）1.65%～8.4%。蒸气压（25℃）32.664kPa。临界压力 3.43MPa。临界温度 223.95℃。微溶于水，但与许多有机溶剂互溶，与某些极性溶剂如水、甲醇、乙醇可形成共沸混合物。

14.2 质量标准

我国 MTBE 相关的质量标准如表 14-1～表 14-3 所示。

表 14-1　我国 MTBE 的质量标准 （Q/SH 1120003—2004）

指 标 名 称	指 标
外观	无色透明、无可见杂质及游离水
甲基叔丁基醚(质量分数)/%	≥95
叔丁醇(质量分数)/%	≤1.5
甲基仲丁基醚(质量分数)/%	≤0.5
甲醇(质量分数)/%	≤0.5
异丁烯低聚物(质量分数)/%	≤1
碳四等烃类(质量分数)/%	≤1.5

表 14-2　吉化集团吉林市锦江油化厂的 MTBE 质量标准

指 标 名 称	指 标	
	一等品	合格品
甲基叔丁基醚(质量分数)/%　≥	98	97

表 14-3　黑龙江石油化工厂的 MTBE 质量标准

指 标 名 称	指 标	指 标 名 称	指 标
甲基叔丁基醚(质量分数)/%	≥96.45	甲醇(质量分数)/%	≤0.16
叔丁醇(质量分数)/%	≤0.73	C$_4$ 等烃类(质量分数)/%	≤0.26
低聚物(质量分数)/%	≤0.37	C$_5$ 等烃类(质量分数)/%	≤2.03

14.3　毒性及防护

有轻度麻醉作用，微毒。老鼠经口 LD_{50} 为 3865mg/kg，皮肤吸收 LD_{50} > 10000mg/kg。对眼有刺激作用，溅入眼睛后应立即用大量水冲洗 15min 以上，并就医诊治。操作中应戴防护目镜及橡皮手套。

14.4　包装及储运

储存容器和密封材料与储存汽油的要求相同，对容器材质无特殊要求，如铁、锌、铝都可应用，也可使用聚乙烯制的容器。因 MTBE 为可燃液体，装载容器应注明"易燃品"字样，按易燃品规定储运。

14.5　生产技术

MTBE 主要由甲醇与异丁烯反应而制得，催化剂为强酸性阳离子交换树脂，生产工艺已经成熟。由于原料异丁烯来源有限，西方一些大的石化公司，如 UOP、ABB Lummus Crest、Phillips 等竞相开发由正丁烷直接异构化脱氢制异丁烯再醚化的生产工艺，但其流程长、投资大、生产成本偏高，尚无法实现工业化。

制备 MTBE 的主要工艺有：固定床反应技术、膨胀床反应技术、催化蒸馏反应技术、混相床反应技术、混相反应蒸馏技术和膨胀床-催化蒸馏反应技术。

14.5.1　固定床反应技术

早期开发的 MTBE 生产工艺大多是采用列管式固定床反应技术：甲醇和异丁烯在 70～100℃左右进行反应，反应器外多用冷却水移走反应热，产物用一个或多个分馏塔分离 MTBE 和甲醇以及剩余的 C_4 馏分。尽管反应器外部用水冷却，但仍难以消除反应区中的热点，这类工艺在最近几年新建厂中已较少采用。

14.5.2　膨胀床反应技术

膨胀床反应技术与固定床反应技术相比，进料是自下而上进入反应器，其中催化剂处于蠕动状态，有利于传质及传热。C_4 烯烃和甲醇提余物通过一个装有专用树脂作为吸附剂的吸附塔，其中一个塔进行吸附，另一个塔进行脱附，通过在线分析物料的办法自动控制流体切换。这种方法降低了能耗和成本。

14.5.3　催化蒸馏反应技术

催化蒸馏反应技术的核心是把反应与共沸蒸馏巧妙地结合起来，使醚化反应和产物分离在同一塔中同时进行，反应放出的热直接用来分馏，既减少了外部冷却设备又控制了反应温度，防止了反应区热点超温现象，降低了能耗，节省了投资。反应器分上、中、下 3 段，上部为精馏段，中部为反应段，下部为提馏段。但该技术也有其不足的地方，特别是中部催化剂的填装比较困难，要严格按要求捆扎成包，主要用玻璃丝布外加不锈钢丝网把催化剂包起来置于反应段中，依靠包与包之间的空隙，使气液两相能够对流通过催化床，减少因催化剂颗粒小造成阻力大的问题。但由于催化剂置于包中，反应物料必须扩散进入布包中才能与催化剂接触进行反应，反应后产物还要扩散出来，故对反应不利。在此基础上，齐鲁石化公司开发出一种新的催化蒸馏工艺，克服了以上不足。其特点是，采用一种新型的散装筒式催化蒸馏塔，催化剂直接散装入催化床层中，不用包装，相邻两床层间设至少一个分馏塔盘，且床层中留有气体通道，整个反应段类似若干个重叠放置的小固定床反应器和若干个分设在各床层间的分馏段。反应与分馏交替进行，破坏其平衡组成，使反应不受平衡转化率的限制。异丁烯的转化率达到 99.5% 以上。齐鲁石化公司的催化蒸馏合成 MTBE 的工艺流程如图 14-1 所示。

14.5.4　混相床反应技术

混相床反应技术的特点是混相固定床反应技术与分馏技术有机地结合起来，克服了固定床反应技术中需要取热冷却设备、流程长以及催化蒸馏技术装置较为复杂的缺点。该技术中反应不是在液相条件下进行，控制反应压力可使反应在沸点温度下进行，反应热可使部分物料汽化而被吸收，因而反应物料恒定而形成气液混相状态，使反应在气-液两相同时进行。该技术可根据不同要求生产质量分数为 93%～

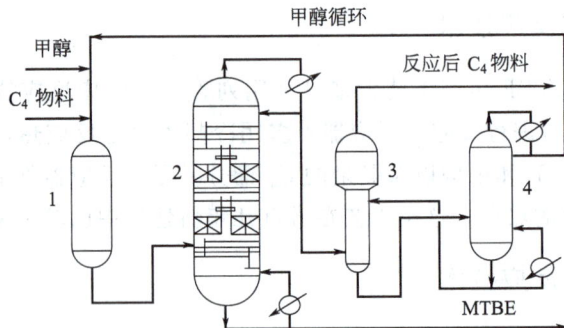

图 14-1　齐鲁石化公司的催化蒸馏合成 MTBE 的工艺流程

1—混相预反应器；2—MP-Ⅲ型催化蒸馏塔；3—水萃取塔；4—甲醇回收塔

96％的 MTBE，甚至还可生产质量分数高达 99.5％的 MTBE，是一项很有前景的新工艺。

14.5.5　混相反应蒸馏技术

20 世纪 90 年代初，我国石油化工总公司北京设计院联合齐鲁石化公司研究院、哈尔滨炼油厂进行试验，在混相反应技术基础上开发了合成 MTBE 新技术——混相反应蒸馏技术。在哈尔滨炼油厂建成了我国第一套采用混相床-催化蒸馏组合工艺的 1 万吨/aMTBE 装置，于 1994 年 10 月一次试运行投产成功，并进行了工业标定，积累了组合工艺工业化的经验，是我国 MTBE 生产的一大技术进步。混相床-催化蒸馏组合工艺流程如图 14-2 所示。

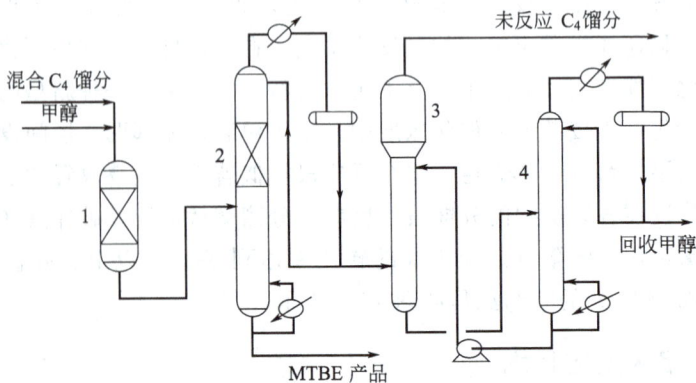

图 14-2　混相床-催化蒸馏组合工艺流程

1—混相反应器；2—催化蒸馏塔；3—甲醇萃取塔；4—甲醇回收塔

该技术分为炼油型和化工型两种。炼油型技术工艺的反应塔的中部是混相反应段，上部和下部分别为精馏段和提馏段。催化剂装填容易、投资省、能耗和费用低，异丁烯转化率可达 90％～98％。化工型技术工艺是将炼油型工艺反应塔上部的精馏段改为催化蒸馏反应段，即异丁烯和甲醇先在混相反应段内预反应，异丁烯转化率可达 90%～95%，然后再在催化蒸馏反应段进行深度转化，使异丁烯转化率达到 99.5% 以上。

14.5.6 膨胀床-催化蒸馏反应技术

我国洛阳化纤 MTBE 装置，采用膨胀床-催化蒸馏-脱二甲醚组合化工型生产 MTBE 工艺，四塔流程设计。该工艺具有操作灵活、方便的特点。

14.6 我国 MTBE 的生产与消费

14.6.1 现状

我国 MTBE 生产技术研究始于 20 世纪 70 年代末期，1983 年在齐鲁石化公司橡胶厂建成第一套 5500 吨/a 的生产装置。我国 MTBE 的发展概况如表 14-4 和图 14-3 所示。

表 14-4 我国 MTBE 的发展概况

项目	2001 年	2002 年	2003 年	2004 年	2005 年	2006 年
生产能力/(万吨/a)	116	150	160	183	210	240
产量/万吨	73	79	125	140	170	185
开工率/%	62.93	52.67	78.12	76.5	80.95	77.08

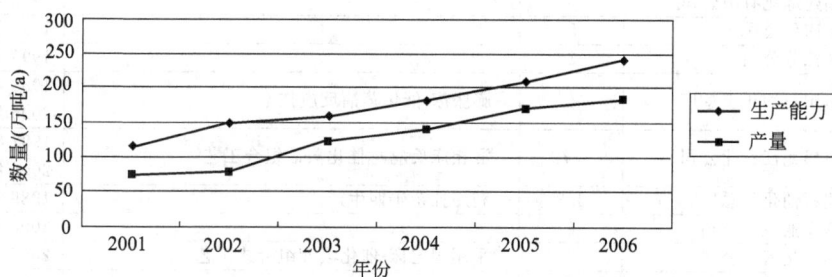

图 14-3 我国 MTBE 的发展概况

2001～2006 年，我国 MTBE 生产能力的年均增长率 15.65%，产量的年均增长率 20.44%。我国 MTBE 发展迅速的主要原因：①我国汽车工业的发展促进了对汽油及其相关产品的需求；②我国 MTBE 生产技术的进步。

我国 MTBE 生产主要集中在中石油和中石化下属的一些大型炼油厂，二者产能之和占我国 MTBE 总生产能力的 60%。作为大规模的集团化企业，中石油和中石化不仅拥有生产 MTBE 的原料来源，还具备配套下游油品生产及经营业务，因此在 MTBE 生产领域具有得天独厚的优势和强大的实力。

2006 年，我国 MTBE 生产能力 240 万吨/a（100%），产量 185 万吨/a，开工率 77.08%。我国主要 MTBE 生产企业的概况如表 14-5 所示。

表 14-5　我国主要 MTBE 生产企业的概况　　　　　单位：万吨/a

生产厂家	生产能力	技　术	备　注
中石油大庆石化	16	以裂解 C_4 中的异丁烯和甲醇为原料，在大孔磺酸阳离子交换树脂催化作用下生成，并经精制而成	1987 年投产
中石油抚顺石化	7	异丁烯与甲醇在催化剂作用下生成的醚类产物经分离得到成品	1990 年投产
中石油大连石化	9		1993 年投产
中石油大连西太平洋有限公司	5		1993 年投产
中石油吉化集团	5.5	由异丁烯与甲醇在催化剂作用下醚化合成	1986 年投产
中石油吉化集团	3	由异丁烯与甲醇在催化剂作用下醚化合成	1999 年投产
中石油独山子石化分公司	3	由异丁烯与甲醇在催化剂作用下醚化合成	1994 年投产
中石油哈尔滨石化分公司	1		1994 年投产
中石油锦西石化分公司	5		1985 年投产 2004 年扩能
中石油前郭石化分公司	2		1995 年投产
中石油兰州石化分公司	5		2000 年投产
中石化北京燕化	15		2000 年投产
中石化广州分公司	6		1992 年投产
中石化上海高桥石化	6		1991 年投产
中石化上海石化	7.3		1995 年投产
中石化金陵分公司	6		
中石化茂名炼化	9		2000 年投产
中石化齐鲁石化公司	6	抽余 C_4 中的异丁烯和 1-丁烯和甲醇按比例混合，在大孔强酸阳离子交换树脂作用下，加成反应生产	1983 年投产
中石化镇海炼化有限公司	8		1989 年投产
中石化福建炼化有限公司	5		1993 年投产
中石化济南分公司	5		1995 年投产
中石化九江分公司	3		1995 年投产
中石化洛阳石油化工总厂	4	膨胀床-催化蒸馏反应技术	1988 年投产 2005 年扩能
中国蓝星黑龙江石化公司	3.72	混相床反应与催化蒸馏组合工艺	1997 年投产 2006 年扩能
江苏泰州石油化工总厂	0.8	利用抽余碳四生产	1989 年投产
陕西延炼实业集团公司	6		2005 年投产
山东东明石化有限公司	3	采用固定床-催化蒸馏组合式工艺	2005 年投产
青海格尔木炼油厂	2		2005 年投产
山东华星集团有限公司	5		2006 年投产

随着市场需求的快速增长，我国不少企业都有增扩建 MTBE 生产装置的计划。而受美国禁用 MTBE 的影响，投资者更为慎重。河南洛阳石化宏利化工厂计划新增 2 万吨/a MTBE，同时新建 1 万吨/a 异丁烯生产装置；青海格尔木炼油厂计划投资 3200 万元，建设年产 3 万吨 MTBE 生产装置；中石化荆门分公司计划对起石油产品进行扩能改造，同时加大对石油深加工产品的开发力度，其中包括（14～25）万吨/a MTBE 项目。

预计 2010 年，我国 MTBE 生产能力将达 270 万吨/a。2005～2010 年期间，我国 MTBE 生产能力的年均增长率为 2%。

14.6.2 用途与市场

尽管目前国际上出现对 MTBE 使用安全性的争议，但未来几年内，MTBE 在车用燃料中的应用还无法被完全替代。而从目前汽车工业的发展趋势来看，短期内我国 MTBE 生产仍呈增长趋势，但受美国禁用 MTBE 的影响，发展速度将放缓。预计未来 5 年内，年均需求增长率为 3%～4%。2006 年我国约 175 万吨的 MTBE 产量用于汽油添加剂。

近年，我国茂名学院化学工程系进行了 MTBE 与苯酚烷基化反应合成 2,4-二叔丁基酚的实验研究。结果表明，用 MTBE 替代异丁烯合成 2,4-二叔丁基酚的工艺条件比较温和，反应无需加压，反应工艺简单。2,4-二叔丁基酚主要用于生产塑料加工添加剂和农药乳化剂。

2006 年我国 MTBE 的消费构成如表 14-6 和图 14-4 所示。

表 14-6　2006 年我国 MTBE 的消费构成　　　　　　单位：万吨/a

用　途	消 费 量	消费构成/%	用　途	消 费 量	消费构成/%
汽油添加剂	175	94.6	其他	1.0	0.54
异丁烯	9.0	4.86	合计	185	100.0

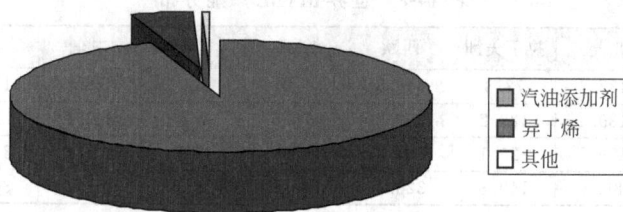

图 14-4　2006 年我国 MTBE 的消费构成

预计 2010 年，我国 MTBE 的需求量将达到 190 万吨。

14.6.3 价格分析

2006 年，我国 MTBE 价格持续上扬，8 月份价格与 1 月份相比，涨幅达到 20%。价格的支撑主要来自于两方面：一是车用燃料需求的快速增长，带动了 MTBE 的市场需求；二是原料异丁烯资源紧张，且在石油价格迅速窜升的影响下，其衍生产品价格也水涨船高，增加了 MTBE 的生产成本。2006 年 1～8 月我国 MTBE 的价格走势如表 14-7，图 14-5 所示。

表 14-7　2006 年我国 MTBE 的价格走势　　　　　　单位：元/t

月份	1	2	3	4	5	6	7	8
平均价格	4700	5050	5250	5300	5400	5650	5600	5620

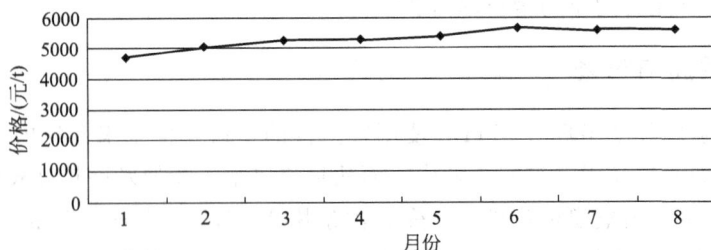

图 14-5　2006 年我国 MTBE 的价格走势

14.7　世界 MTBE 的生产与消费

14.7.1　世界 MTBE 的生产能力

预计 2010 年，世界 MTBE 产能将从 2005 年的 2300 万吨小幅增至 2350 万吨，其动力主要来自亚洲、中东和欧洲中东部。2010 年后，MTBE 的产量及消费量则将显著下滑。世界 MTBE 产能分布如表 14-8 所示。2004 年世界 MTBE 产量分布如图 14-6 所示。2009 年世界 MTBE 产量分布（预计）如图 14-7 所示。

表 14-8　世界 MTBE 产能分布　　　　　　　单位：万吨/a

年份	北美	拉丁美洲	西欧	东欧	非洲	中东	亚洲	合计
1995	1137.4	78.3	346.8	130	0	216.6	159.5	2068.6
1998	1189.1	128.2	359.9	170.6	4.7	343.8	224.9	2421.2
2002	1179.7	125.1	361.7	149.6	11.7	407.2	321.1	2556.1
2005	788.3	140.8	326.3	190.2	11.7	485.2	360.1	2302.6

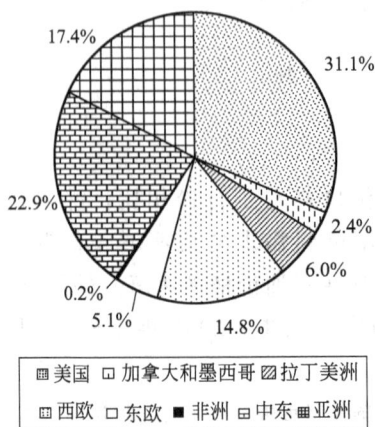

图 14-6　2004 年世界 MTBE 产量分布

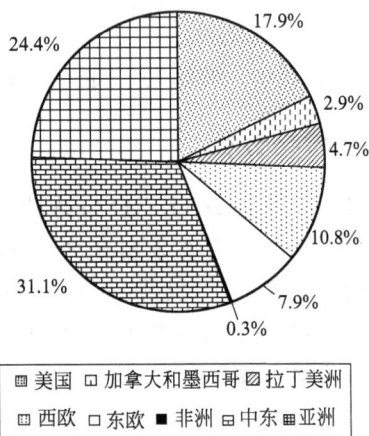

图 14-7　2009 年世界 MTBE 产量分布（预计）

14.7.2 世界 MTBE 的消费量

2004 年世界 MTBE 消费量分布如图 14-8 所示。2009 年世界 MTBE 消费量分布（预计）如图 14-9 所示。

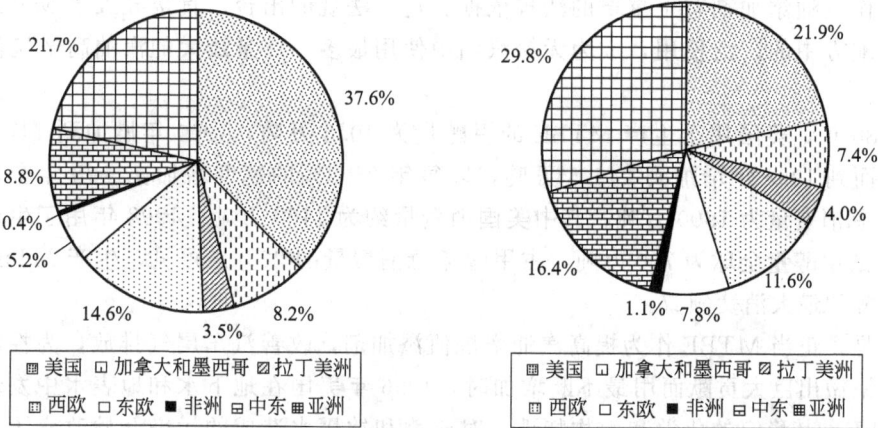

图 14-8 2004 年世界 MTBE 消费量分布   图 14-9 2009 年世界 MTBE 消费量分布（预计）

14.7.2.1 美国

由于环境安全问题，在美国，MTBE 的使用从 2002 年开始走下坡路，自 2003 年加州禁用 MTBE 后，其用量显著减少，降幅达 37%。随着其他州相继出台 MT-BE 禁用法规，美国 MTBE 的生产及应用将逐年减少，取而代之的是可以为生产商带来更好的经济效益的乙醇。2005 年美国 MTBE 产能从 2002 年的 1080 万吨锐减至 650 万吨，生产厂家从 26 个减少到 14 个。美国 MTBE 的使用情况见图 14-10。

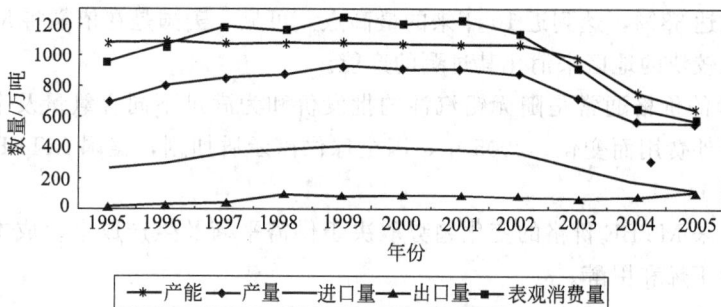

图 14-10 美国 MTBE 的使用情况

在 20 世纪 70 年代后期，一些国家曾利用在汽油中添加乙醇、甲醇等含氧化合物配制调和汽油，但由于该类汽油的蒸气压较大，不符合蒸气压小于 62kPa 的规定，其发展受到一定制约。20 世纪 80 年代初，乙醇在汽油中的用量已大大降低，到 1988 年乙醇在汽油中用量的年增长率已接近零。1990 年 11 月 15 日美国政府颁布了"清洁空气法修正案",明确规定了含氧化合物在未来美国汽油中的永久性地位。它要求从 1992 年 11 月 1 日起,冬季几个月中使用的汽油中含氧化合物含量不得低于 2.7%,到 1995 年新配方汽油中苯含量(体积)不得高于 1%,芳烃含量(体积)不得高于 25%,而氧含量不得低于 2.0%。这样使含氧化合物作汽油添加剂有了重要的法规依据。这一法规的出台,直接导致了 MTBE 在汽油配方中的广泛使用,成为无铅汽油中使用最多、用量最大的汽油高辛烷值添加剂。

1980 年,美国用于生产 MTBE 的甲醇量为 10.8 万吨,1990 年增加到 147.1 万吨,而到 1994 年增加到 242.5 万吨,以每年 26.9% 的速度增加。1998 年全球 MTBE 总消费量为 1900 万吨,其中美国消费量约为 1160 万吨。1998 年用于生产 MTBE 的甲醇量全球为 700 万吨,占甲醇年总消费量的 27%。可见,生产 MTBE 成为甲醇的最大消费领域。

但是,正当 MTBE 作为提高汽油辛烷值添加剂,改善汽车尾气排放,为控制大气污染做出巨大贡献而用量不断增加时,1996 年美国在地下水和地表水中发现了 MTBE,其稳定的化学和生物特性、对土壤和饮用水造成的污染开始改变了人们对 MTBE 改善环境质量的支持和赞扬,使 MTBE 作为汽油添加剂的霸主地位开始动摇。MTBE 有两个缺点:一是其在水中约有 4.2% 的溶解度,且 MTBE 具有难闻的臭味,在水中的含量超过 $40\sim95pg/L$ 时,就会使水有比较难闻的气味和味道;二是 MTBE 难于被生物降解,因而一旦掺有 MTBE 的汽油泄漏,就将较长期残留在地下。2000 年 3 月 24 日,美国环境保护局(EPA)发布了一项提案预告(ANPR),将减少或停用汽油添加剂 MTBE。美国可能在 2010 年前后全面禁止使用 MTBE。

在美国 MTBE 生产、需求下降的同时,出口量却出现增长,特别是 2005 年,同比增幅高达 38%,达到近 10 年来的最高点。可见,美国是在依靠将 MTBE 出口到需求增长较快的地区来消化其过剩的产能。

MTBE 的价格通常是随无铅汽油的批发价和为满足不同含氧量及辛烷值要求而产生的额外费用而变化。2005 年,因全球供需矛盾加剧,美国 MTBE 价格一路攀升,见图 14-11。

美国未来 MTBE 价格的变化趋势取决于供需平衡及生产成本。成本因素主要来自原料异丁烯和甲醇。

14.7.2.2 欧洲

在西欧,MTBE 主要被用作汽油添加剂,其用量占西欧总产量的 96%。从 2003 年开始,西欧 MTBE 产需全线呈现负增长,并且这种势头将延续下去。根据目前的形势预测,不久的将来,西欧将从传统的出口地转变为净进口地区。2004 年西欧 MTBE 的消费结构如表 14-9 所示。西欧 MTBE 产需情况及预测如表 14-10 所示。

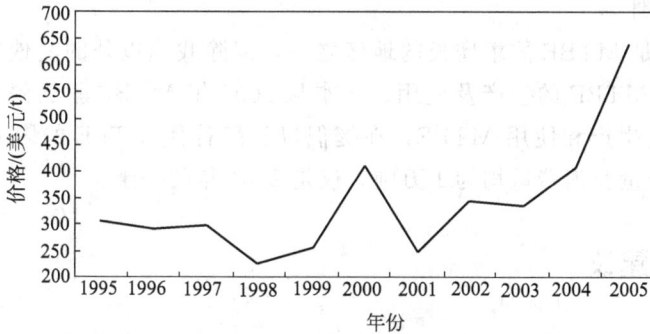

图 14-11 美国 MTBE 价格

表 14-9 2004 年西欧 MTBE 的消费结构

用　途	用量/(万吨/a)	比例/%
燃料添加剂	246.2	96.5
生产异丁烯	8.2	3.2
溶剂	0.8	0.3
合计	255.1	100

表 14-10 西欧 MTBE 产需情况及预测　　　　　单位：万吨/a

年　份		产能	产量	净出口量	消费量
1998		359.9	296.6	45.3	251.3
1999		358.9	297.9	60.2	237.7
2000		351.7	274.3	16.4	257.9
2001		352.7	299.8	33.4	266.4
2002		361.7	314.7	46.1	268.6
2003		366.7	304.4	28.9	275.4
2004		326.3	269.2	14.1	255.1
年均增长率/%	1998~2001	-0.7	0.4	-9.7	1.7
	2001~2004	-2.6	-3.5	-25.1	-1.4
	2004~2009	-6.6	-7.1	-7	-7.1

　　西欧 MTBE 价格的影响因素较多，如欧盟的法规、供求关系、市场所需汽油的种类、原油及汽油价格、MTBE 的产量等。在能源价格高涨的带动下，2005 年欧洲 MTBE 价格创造了有史以来的最高记录。2005 年欧洲 MTBE 价格如图 14-12 所示。

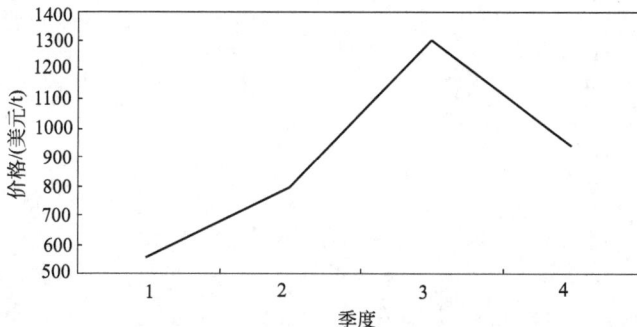

图 14-12 2005 年欧洲 MTBE 价格

14.7.2.3 亚洲

尽管亚洲是 MTBE 需求增长的地区之一，但除我国以外的其他国家，也在不同程度上限制 MTBE 的生产及使用。日本从 2002 年 MTBE 就已停产。印度计划到 2008 年停止生产和使用 MTBE，在提倡以乙醇替代 MTBE 的影响下，2005 年印度 MTBE 产量及消费量均为 1 万吨，仅是 2004 年的一半。

14.8 发展建议

针对我国 MTBE 生产与市场的现状，提出以下建议：①对于一些拥有丰富的甲醇资源、规划发展 C_1 化工的地区，应该在确保技术来源先进可靠的基础上，综合考虑 MTBE 的建设问题；②加大 MTBE 应用领域的市场开发和技术储备，力争实现大规模工业化生产，在降低产品的市场风险的同时，提高产品的附加值可以有效地扩大市场内需，缓解我国 MTBE 市场的压力，营造更好的市场环境；③加强 MTBE 地下储罐的管理，防止泄漏。

参 考 文 献

[1] 程丽萍.甲基叔丁基醚合成 2,4-二叔丁基酚的实验研究.辽宁化工，2006，(7)：382-384.
[2] 李大伟等.甲基叔丁基醚的生产工艺及应用进展.河北化工，2006，(12)：36-38.
[3] 李峰等.甲醇及其衍生物.北京苏佳惠丰化工技术咨询有限公司，2006.

（李峰　编写）

对苯二甲酸二甲酯

对苯二甲酸二甲酯（dimethyl terephthalate，DMT）即1,4-苯二甲酸二甲酯，主要用于合成聚酯纤维、树脂、薄膜、聚酯漆及工程塑料等。DMT和PTA（精对苯二甲酸）是对二甲苯最重要的两个下游产品，二者都是生产聚对苯二甲酸乙二醇酯（PET）纤维和树脂的主要原料。对PET纤维、薄膜及包装品需求的增长成为推动DMT/PTA市场发展的原动力。纤维及薄膜市场较为成熟，而包装品（即吹塑聚酯瓶）市场仍继续快速发展。将来PET在食品、非食品包装瓶方面的应用会进一步得到发展，而以DMT为原料的聚酯在薄膜、纤维和工程塑料等方面仍有其独特的用途。

15.1 物化性质

DMT分子式 $C_{10}H_{10}O_4$，相对分子质量194.19，为无色斜方晶系结晶体。熔点140.6℃。液体相对密度（d_4^{150}）1.084。沸点283℃。热至230℃即升华。折射率（n_D^{150}）1.4752。黏度（150℃）0.965mPa·s。着火点155℃。不溶于水，溶于乙醚和热乙醇。

15.2 质量标准

我国DMT的质量标准如表15-1所示。

表 15-1 我国 DMT 的质量标准

指 标 名 称	指 标	指 标 名 称	指 标
外观	无色结晶体	酸值(KOH)/(mg/g)	≤0.03
对苯二甲酸二甲酯含量/%	≥99.0	灰分/%	≤0.001
熔点/℃	≥140.63	铁含量/10^{-6}	≤1

15.3 毒性及防护

毒性很低，也无皮肤刺激作用。大鼠经口 LD_{50} 为 10g/kg。

15.4 包装及储运

塑料编织袋包装。储存于阴凉通风处。

15.5 DMT 的合成

15.5.1 改进的 DMT 工艺

DMT 主要采用 Witten-Katzschmann 工艺（有时称为 DynamitNobel 或 Witten-Hercules 工艺）生产，即采用空气氧化和甲醇酯化反应，随后伴有一系列的精制过程。对二甲苯和对甲基苯甲酸甲酯在后者过量的溶液中被氧化，分别生成对甲基苯甲酸和对苯二甲酸单甲酯。反应混合物酯化后分别生成对甲基苯甲酸甲酯和DMT。采用真空蒸馏从混合物中分离出对甲基苯甲酸馏分（返回氧化单元）、高沸点馏分（送入回收单元）以及含异构体的 DMT 馏分。DMT 在甲醇中通过悬浮结晶进行最后的精制。DMT 最终可根据需要水解成 PTA。反应过程如下所示：

对二甲苯　　对甲基苯甲酸　　对甲基苯甲酸甲酯　　对苯二甲酸单甲酯　　DMT

在工业生产中，对二甲苯和对甲基苯甲酸甲酯的氧化反应在同一反应器内进行。Witten-Katzschmann 工艺流程如图 15-1 所示。

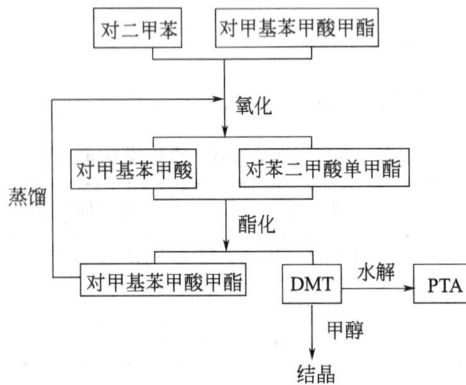

图 15-1　Witten-Katzschmann 工艺流程

在发达国家，Witten-Katzschmann 工艺制 DMT 的平均理论收率达到 88% ～ 90%，以对二甲苯制 PTA 的收率达到 94% ～ 95%。

（1）氧化反应

对二甲苯和对甲基苯甲酸甲酯的氧化反应在同一反应器内进行，采用钴/锰催化剂，反应温度 140～180℃，反应压力 500～800kPa。催化剂于蒸馏单元回收并返回氧化反应单元；H&G Hegmanns/Sulzer 新工艺中催化剂补加量每小时仅为几克。新工艺氧化反应的主要特征：①反应器优化设计，进料口结构和空气输送系统重新设计，改进了控制系统，以确保反应的高转化率，减少了副产物，同时提高了生产安全性；②反应不用溴和醋酸，降低了对环境的污染，确保产品、副产物及排放气体不含溴，无需抗爆、耐腐蚀容器，标准不锈钢如 316L 或 1.4571 即可满足装置全部设备的材质要求；③通过设于氧化反应器内的联合冷却系统直接导出反应热；④特有的废气催化清洁/膨胀透平机系统与进料空气压缩机相结合，进一步回收能量；⑤清洁废气总碳含量 $<20mg/m^3$，不含 CO 和 NO_x，甚至低于严格的清洁空气标准，废气含氧量低，适合用作惰性气体；⑥反应气冷却系统产生的多余水蒸气可供给蒸汽透平机发电。

（2）酯化反应，甲醇及副产物回收

酯化反应在一个塔式反应器内于 250℃和 2500～3000kPa 条件下进行。酯化反应生成的大部分水随离开反应器的气流排出。将气流冷凝、蒸馏以便回收甲醇。H&G Hegmanns/Sulzer 新工艺对这部分也进行了优化。

① 改进副产物回收系统　除进行酯化反应外，该系统回收并且精制循环物流以达到适当的标准，同时有效脱除苯甲酸甲酯（BME）。因此，新鲜对二甲苯中乙苯的浓度允许有较大的变化范围。此外，BME 是一种有价值的副产物，可用于制作香料等。

② 优化甲醇回收过程　新工艺对此进行重新设计以优化甲醇蒸馏过程，能耗低、回收效果好。

（3）回收对甲基苯甲酸甲酯和催化剂，蒸馏采出粗 DMT

经过酯化和副产物回收后的液态物流连续送入两个真空蒸馏塔。对甲基苯甲酸甲酯在第一塔内回收并返回氧化反应器。含异构体的 DMT 从第二塔采出，塔底为催化剂和重组分。H&G Hegmanns/Sulzer 新工艺主要特点：①采用 Sulzer 工艺包括先进的真空蒸馏技术，不仅分离效率高，而且处理能力显著提高，由于设备较少，可降低投资成本；②该技术采用合理的控制方案，第一塔内对甲基苯甲酸甲酯回收效果好，同时第二塔内 DMT 精制效率高，产品受温度的影响小，提高了收率；③蒸馏优化后塔顶的 DMT 更适于采用熔体结晶法进一步精制；④通过甲醇醇解系统有效回收有机重组分，整个工艺对二甲苯产率得到显著提高；⑤从重组分中几乎能完全回收催化剂，每小时催化剂仅补加几克，可忽略不计。

（4）熔体结晶得聚合级 DMT

常规 Witten-Katzschmann 工艺通过两段以甲醇为溶剂的悬浮结晶将蒸馏出的粗 DMT 进一步精制成聚合级 DMT。其中结晶及甲醇回收部分约占常规 DMT 装置总投

资成本的 45%。每段结晶通过甲醇蒸发进行冷却。新鲜甲醇加入第二段结晶器，第二段结晶离心分离母液送入第一段结晶器作为溶剂。第一段结晶离心分离母液送至甲醇回收系统。回收甲醇的质量对 DMT 最终纯度有直接影响，其含水量不应超过 1×10^{-4}，以免污染 DMT 或与其反应。国外标准的 DMT 装置仅结晶单元甲醇容量会超过 $1200m^3$，其不断蒸发和冷却，仅回收甲醇就消耗了大部分来自氧化单元的能量。若甲醇回收量减少或为零，就能更有效的利用这些能量，如用来发电等。

H&G Hegmanns/Sulzer 新工艺省去了两段悬浮结晶单元，采用 Sulzer 分步熔体结晶技术，降低了投资成本和操作成本，同时提高了整个工艺的可操作性。采用熔体结晶法是新工艺最具创新性的一个特点。Sulzer 熔体结晶技术是根据薄膜（静态或降膜）结晶的原理。如采用降膜结晶时，熔体薄膜自上而下在一冷表面上流动，逐渐形成结晶薄膜。降膜结晶器内设垂直排列的管子，结晶薄膜于管内最终形成圆筒形外壳。杂质在固/液界面剪切力作用下迅速转入熔体内。降膜技术一般用于进料纯度高、处理量大的场合。其主要优点：①DMT 产率高，具有良好的颜色稳定性，产品质量好；②大规模的工业化技术，应用范围广，能精制晶状的丙烯酸或双酚 A；③可操作性好，能生产特殊用途的产品；④操作稳定，工艺异常时可迅速恢复，减少次品损失；⑤不使用溶剂，装置甲醇容量大幅降低；⑥删除甲醇回收单元，节省能量；⑦更有效利用氧化单元产生的蒸汽，如用于发电；⑧除常规的泵和阀门外，无需使用离心机、搅拌釜和其他复杂的转动设备；⑨无需处理浆料。

（5）DMT 水解得 PTA

PTA 可通过 DMT 水解制得。当生产商向非联产装置供应或外销 PTA 时，宜采用此法。通过技术改造，这一几乎过时的工艺路线（该工艺仅占世界 PTA 生产总量的 2%）再次显出其良好的经济效益。水解反应温度 $260\sim280℃$，压力 $4500\sim5000kPa$。DMT 水解生成甲醇，在反应器顶部气流中与水形成混合物，一起送入甲醇回收系统。甲醇循环回到酯化反应器，水返回进行水解反应。水解得到的液流被送入多个结晶器以处理 PTA 浆料，通过离心分离和干燥，最终得产品 PTA。通过 DMT 水解生产的 PTA 纯度极高。PTA 中 4-羧基苯甲醛和对甲基苯甲酸含量很容易控制在 5×10^{-6} 以下，这在其他工艺中往往难以达到。此外，因不使用溴，DMT 工艺路线生产的产品无痕量溴。与常规工艺相比，H&G Hegmanns/Sulzer 新工艺大大简化了水解单元，其优势在于：①采用一个塔式反应器，可省去反应釜间耗资大的多个加料泵；②DMT 含量与水含量的比值大，反应釜内不形成固体；③无需水洗脱除重组分，中间产品可直接送往结晶单元；④PTA 产品中不含溴；⑤PTA 产品中 4-羧基苯甲醛含量极低；⑥PTA 产品中对甲基苯甲酸含量极低。

15.5.2 DMT/PTA 的新工艺

新工艺既适用于基本投资建设装置，也适用于常规装置脱"瓶颈"。二者的投资和操作成本均低于其他 DMT/PTA 工艺，而且产品质量更好，同时也提高了装置的可操作性。

（1）采用新 DMT 工艺的联产型 DMT 装置

采用 H&G Hegmanns/Sulzer 新工艺的联产装置能生产高纯度 DMT，可直接供给缩聚装置，无需使用 PTA。与其他工艺相比，其优点在于：①投资成本相对较低；②产品可在全球生产和销售，不受限制；③DMT 生产的聚酯性能更好；④从对二甲苯进料到缩聚反应出料无需处理浆料。而缺点则包括：①缩聚副产甲醇需要处理并返回 DMT 单元；②与乙二醇缩聚中的酯交换反应需要催化剂；③生产聚酯的单耗，DMT 比 PTA 多 17%。

（2）常规装置采用 PTA/DMT 新工艺脱瓶颈

常规 DMT 装置采用 H&G Hegmanns/Sulzer 新工艺可提高经济效益，具体表现为：①优化氧化反应，氧化反应器处理能力可提高到 100%；②通过改进回收单元、提高氧化选择性可提高对二甲苯转化率；③DMT 真空蒸馏脱瓶颈，能大幅提高处理量；④采用熔体结晶技术提高纯 DMT 生产能力。

15.5.3 DMT/PTA 新工艺经济性评估

通过优化氧化反应和蒸馏操作、采用熔体结晶技术，同时降低了投资成本和生产成本。H&G Hegmanns/Sulzer 新工艺有望大大改进目前 DMT/PTA 生产装置的技术经济指标。新工艺具体消耗数据见表 15-2。

表 15-2　新工艺具体消耗数据

项　目	DMT	PTA	项　目	DMT	PTA
原料消耗			公用工程消耗		
对二甲苯/kg	605	707	燃料/(MW·h)	1.3	1.5
甲醇/kg	360[①]	60	脱离子水/m³	无	0.5
醋酸	无	无	冷却水/m³	250	300
Co^{2+}/Mn^{2+} 催化剂	可忽略	可忽略	电/(kW·h)	无[②]	无[②]
氢气	无	无	氮气/kg	1.5	1.5

① 整个工艺消耗为 30kg，因缩聚副产甲醇被回收利用。

② 氧化反应冷却系统产生的蒸汽用于发电，能够实现装置自给自足。

15.6　DMT 的应用

DMT 上下游产品的关系如图 15-2 所示。

过去十年，PTA 已取代 DMT 作为生产多种用途 PET 的原料。2004 年，全球约 86% 的线性 PET 产能是以 PTA 为原料，比 1994 年增长了 66%。一般说来，经济发达地区聚酯原料组成为 85% 的 PTA 和 15% 的 DMT，结果导致 DMT 市场发展缓慢甚至停滞不前。基于上述形势，有人预测 DMT 将从聚酯原料市场上消失。然而由于 DMT 性能独特，生产特种 PET 时，DMT 仍成为人们优选的原料。其中

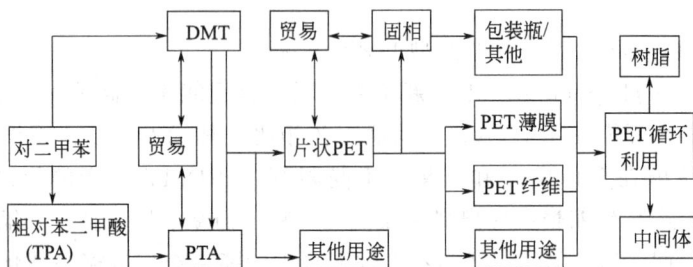

图 15-2　DMT 上下游产品的关系

包括聚酯薄膜、聚对苯二甲酸丁二醇酯（PBT）、PET 工程树脂、聚酯纤维以及其他多种用途。除上述应用性能优异外，与 PTA 工艺路线相比，DMT 工艺路线设备简单。这一点令人们仍对 DMT 大感兴趣，因为生产商无需 PTA 工艺所必需的钛以及强耐腐蚀的合金钢。标准耐腐蚀的不锈钢如 316L 或 1.4571 打造的设备在生产中足以保证不受限制的使用时间。

近年，我国华东理工大学化工学院与上海石油化工研究院合作，对 DMT 加氢合成 1,4-环己烷二甲醇（CHDM）进行了研究，CHDM 主要由 DMT 经两步不同的加氢反应制成。CHDM 可替代乙二醇或其他多元醇生产具有良好热稳定性和热塑性的聚酯树脂。

15.7　DMT 的生产与消费

15.7.1　我国

我国 DMT 工业生产起步于 20 世纪 60 年代中期，从南京有机化工厂兴建一套 500t/a 生产装置开始，至今已有 40 年的历史。中国在 DMT 生产技术、应用开发等方面取得了适时的发展，但 DMT 并不能满足我国经济发展与市场的需求。

我国 DMT 主要集中在石油化工企业中。2006 年我国 DMT 生产能力达 30 万吨，其中仪征化纤，占 30%；辽阳石油化纤，占 30%。

（1）消费

在我国，DMT 主要用于生产聚对苯二甲酸乙二醇酯（PET），PET 的 98% 用于制造涤纶纤维。目前，我国是 DMT/TPA 消费第一大国，占全球总消费量的 14%。

（2）贸易

2006 年我国 DMT 进口量为 2.08 万吨，主要来源于墨西哥，占总进口量的 40.58%；伊朗，占总出口量的 31.73%；白俄罗斯，占总出口量的 11.7%；日本，占总出口量的 7.73%。

2000～2006 年期间, 我国 DMT 进口量的年均增长率 7.56%。我国 DMT 进口量增加的主要因素是为了满足我国化纤行业的发展需求。

在我国, 由于受 DMT 用途、供需及价格等因素影响, 每年都有进、出口贸易, 但 2004 年以后进口逐年下降。其主要原因是随着我国 DMT 产品的投产, 使得原来完全依赖进口的 DMT 的进口量大为减少。而出口量的增加一是由于我国 DMT 产品牌号的增加, 二是近几年我国 DMT 行业在降低消耗、提高质量上取得了长足的进步, 使得中国的 DMT 产品在国际市场上具有一定的竞争力。我国 DMT 进、出口的概况如表 15-3, 图 15-3 所示。

表 15-3 我国 DMT 进、出口的概况

年份	进 口			出 口		
	数量/kg	金额/美元	单价/(美元/kg)	数量/kg	金额/美元	单价/(美元/kg)
1995	9323027	9961073	1.068437644	654608	970810	1.483040232
1996	13341325	11360883	0.851555824	6515	22484	3.451112817
1997	5363744	3137403	0.584927804	16000	47712	2.982
1998	3674387	1764881	0.480319847	20000	109526	5.4763
1999	9777338	4058955	0.41513907	21005	72166	3.435658177
2000	6968377	3411788	0.489610134	47750	48557	1.016900524
2001	8432937	3903190	0.462850606	2189000	1075355	0.491253997
2002	18540270	8647999	0.46644407	400	2202	5.505
2003	27123407	14055535	0.518206839	0	0	0
2004	43342460	27309514	0.630086848	11187	29452	2.632698668
2005	25924904	18982582	0.732214168	19128	75918	3.968946048
2006	20799822	19332191	0.929440213	168050	272008	1.618613508

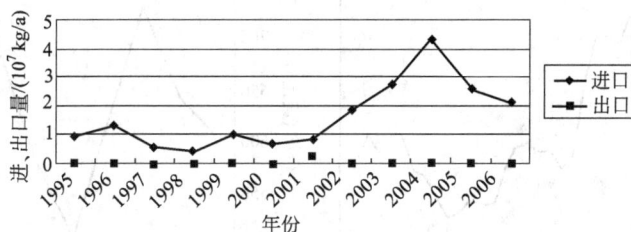

图 15-3 我国 DMT 进、出口的概况

15.7.2 世界

2004 年全球 DMT 产能为 492.8 万吨。未来 DMT 产能的增长主要来自亚洲东部, 如韩国、中国大陆、中国台湾地区等, 这些国家和地区将成为聚对苯二甲酸酯纤维、薄膜及树脂产品的市场核心。预计 2008 年, DMT 产能将为 450 万吨。世界 DMT 产能分布见表 15-4。

表 15-4　世界 DMT 产能分布

地　区	产能/(万吨/a)	所占比例/%	地　区	产能/(万吨/a)	所占比例/%
北美			东欧	57.5	11.7
墨西哥	49	9.9	中东	32	6.5
美国	133.1	27.0	日本	37.3	7.6
南美	7.8	1.6	亚洲其他地区	47.1	9.6
西欧	129	26.2	合计	492.8	100

　　美国 DMT 产能占全球总产能的 29%，2004～2008 年没有增加产能的计划。美国历年 DMT 产量及消费量统计见图 15-4，价格走势见图 15-5。

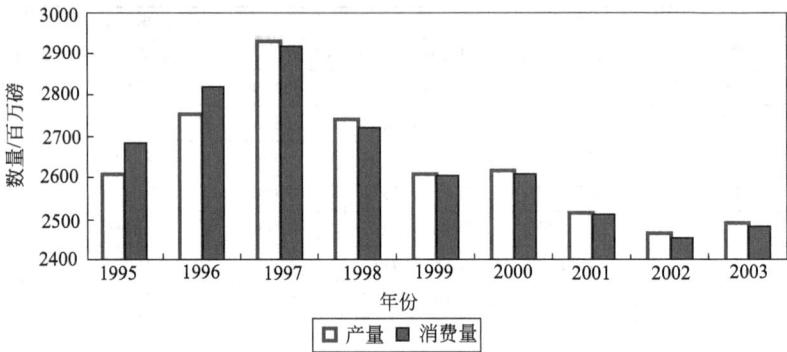

图 15-4　美国历年 DMT 产量及消费量

注：1lb（磅）=0.4536kg

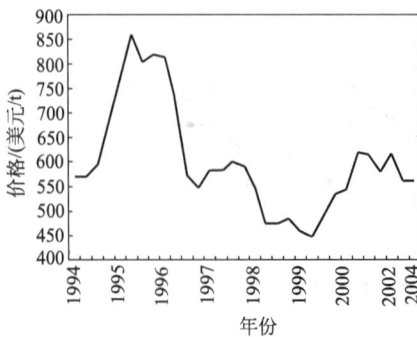

(a) 美国历年DMT市场价格　　(b) 美国历年DMT出口均价

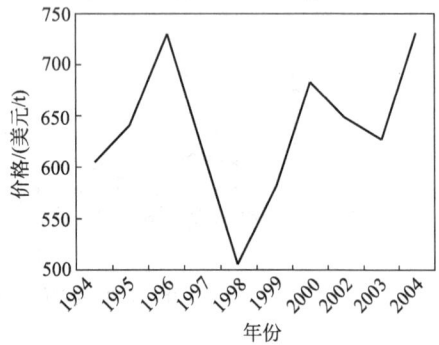

图 15-5　美国 DMT 价格走势

　　除日本以外的其他亚洲国家和地区 DMT 产能占世界总产能的 10%，1999～2003 年间以 6.2% 的速度递减。到 2008 年，印度将有 4.5 万吨的新增产能投产。印度和韩国 DMT 产能分布及预测见表 15-5。

表 15-5　印度和韩国 DMT 产能分布及预测　　　　　　单位：万吨/a

国家及地区	2003 年	2008 年
印度	22.5	27
韩国	15	15

15.8　发展建议

　　针对目前国内外 DMT 的生产现状，对我国 DMT 装置的建设与发展提出以下建议：①今后，我国 DMT 发展的主要趋势是自主开发和引进相结合，实现产业化、规模化；加强应用开发，增加产品牌号，扩大应用市场；②值得特别提起注意的是，DMT 作为涤纶化纤，其营销工作的技术含量更高，其应用技术的开发往往需要深入到应用领域技术的前沿。要使我国 DMT 健康发展，必须长期在应用开发上下功夫。

参 考 文 献

[1] 司航.有机化工原料. 第 3 版.北京：化学工业出版社，2000.
[2] 李峰等.甲醇及其衍生物.北京苏佳惠丰化工技术咨询有限公司，2006.
[3] 朱志庆等.对苯二甲酸二甲酯加氢合成 1,4-环己烷二甲醇的研究.精细石油化工，2004，(6)；7～10.

（李峰　编写）

16 二甲基甲酰胺

二甲基甲酰胺（N,N-dimethyl formamide，DMF）是一种优良的溶剂和重要的化工原料，由于其溶解能力很强，被称为万能有机溶剂。

随着我国DMF大型装置相继投产，2006年我国DMF的生产能力达51万吨/a，成为世界上生产能力和产量最大的国家，生产能力占全球总生产能力的52.5%，对全球DMF生产与供应起到举足轻重的作用。

16.1 物化性质

无色透明易燃液体，淡的氨味。熔点-61℃，沸点152.8℃，闪点57.7℃，折光率1.427~1.429，密度（20℃）0.9487g/mL。蒸气密度2.51。蒸气压0.49kPa（3.7mmHg，25℃）。自燃点445℃。蒸气与空气混合物爆炸极限2.2%~15.2%。与水和通常有机溶剂（醚、酯、酮、氯化烃和芳烃）混溶。有吸湿性。遇明火、高热可引起燃烧爆炸。能与浓硫酸、发烟硝酸剧烈反应甚至发生爆炸。

16.2 质量标准

浙江江山化工股份有限公司的质量标准如表16-1所示。江苏新亚化工有限公司的质量标准如表16-2所示。

表 16-1 浙江江山化工股份有限公司的质量标准

分 析 项 目	指 标	分 析 项 目	指 标
外观	清澈、无悬浮物	酸度(以甲酸计)/(mg/kg)	≤10.0
纯度/%	≥99.90	碱度(以二甲胺计)/(mg/kg)	≤5.0
色度 Hazen(铂-钴色号)	≤10	甲醇含量/(mg/kg)	≤20.0
馏程(1.013×10⁵Pa,馏出 1%~95%体积)/℃	150.8~154.8	电导率(25℃)/(μs/cm)	≤2.0
水分含量/(mg/kg)	≤500	pH(25℃,20%水溶液)	6.5~8.0
铁含量/(mg/kg)	≤0.050	折射率 n_{D}^{25}	1.4275~1.4290

表 16-2 江苏新亚化工有限公司的质量标准

指标名称		一等品	合格品	指标名称		一等品	合格品
外观		无色透明液体,无可见杂质		水分含量/%	≤	0.05	0.10
二甲基甲酰胺含量/%	≥	99.8	99.5	甲酸含量/(mg/kg)	≤	30	50
甲醇含量/(mg/kg)	≤	50	100	二甲胺含量/(mg/kg)	≤	15	30
色度(Pt-Co 号)	≤	5	10	pH(20%溶液)	≤	6.5~8.0	6.5~9.0
折射率 n_D^{25}	≤	1.427~1.429	—	Fe 含量/(mg/kg)	≤	0.05	—

16.3 毒性及防护

毒性较低,对皮肤及黏膜有轻微的刺激。但其原料二甲胺毒性较大,对肝脏有严重损害,因此生产设备须密闭,操作人员应戴好防护用品。

16.4 包装及储运

200L 塑料桶或内涂塑铁桶包装及镀锌桶包装。密闭储存。储运中要防止泄漏,避免雨淋、曝晒,严禁撞击、摩擦,远离火种,储于阴凉干燥处。与本品接触的移动部位须用石墨而不得用油脂润滑。按易燃化学品规定储运。

16.5 生产技术

自从 1899 年用甲酸与二甲胺反应首次合成 DMF 以来,发展了多种以不同原料合成 DMF 的工艺方法,主要的工业生产工艺有以下几种。

16.5.1 甲酸甲酯法

(1) 以甲酸和甲醇为原料

先由甲酸与甲醇酯化反应生成甲酸甲酯,再将甲酸甲酯与 40% 二甲胺反应得DMF,副产甲醇。粗品经蒸馏回收甲醇和甲酸甲酯,最后经减压精馏得成品DMF。反应式如下:

$$HCOOH + CH_3OH \longrightarrow HCOOCH_3 + H_2O \tag{16-1}$$

$$HCOOCH_3 + (CH_3)_2NH \longrightarrow HCON(CH_3)_2 + CH_3OH \tag{16-2}$$

此法生产工艺流程简单,装置投资少,但技术比较落后(间歇生产),原料消耗高,产品质量差,生产规模小,生产成本高,生产中还有含醇、酸废水污染环境。

(2) 以 CO 和甲醇为原料

在催化剂甲醇钠的存在下羰基化得到甲酸甲酯,然后,将提纯的甲酸甲酯与二甲胺反应得 DMF。反应式如下:

$$CO + CH_3OH \xrightarrow{cat} HCOOCH_3 \tag{16-3}$$

$$HCOOCH_3 + (CH_3)_2NH \longrightarrow HCON(CH_3)_2 + CH_3OH \tag{16-4}$$

该法也需要一套甲酸甲酯生产装置，工艺流程长，生产成本高。加拿大庆乐（Chinuok）公司采用此工艺生产 DMF，工艺流程见图 16-1。

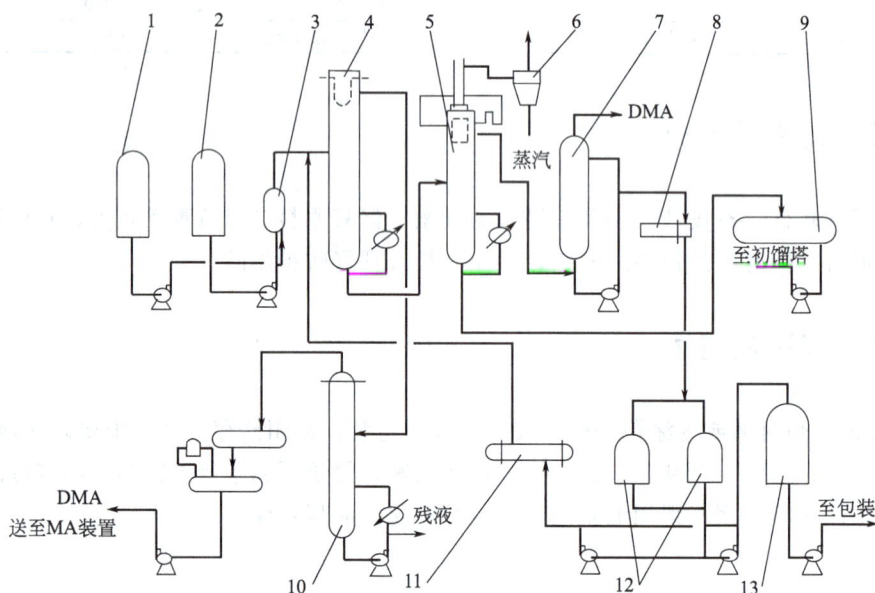

图 16-1　加拿大 Chinuok 公司甲酸甲酯法 DMF 工艺流程

1—二甲胺储槽；2—甲酸甲酯储槽；3—合成塔；4—第一蒸馏塔；5—第二蒸馏塔；6—蒸汽喷射泵；
7—脱气塔；8,11—冷却器；9—DMF 中间槽；10—DMF 成品槽；12—重沸物槽；13—甲醇回收塔

（3）甲醇脱氢制甲酸甲酯

20 世纪 80 年代，我国西南化工研究设计院成功开发了甲醇催化脱氢合成甲酸甲酯并连续化生产 DMF 工艺技术（称新酯法），并迅速得到推广应用。反应式如下：

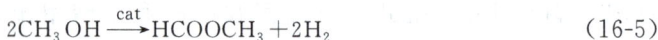

$$2CH_3OH \xrightarrow{cat} HCOOCH_3 + 2H_2 \tag{16-5}$$

$$HCOOCH_3 + (CH_3)_2NH \longrightarrow HCON(CH_3)_2 + CH_3OH \tag{16-6}$$

甲醇气化后在催化剂上脱氢生成甲酸甲酯，副产氢气。反应温度为 220～280℃，压力为常压。没有反应的甲醇可循环使用。粗产品 DMF 经精制得到高纯 DMF。新酯化法生产 DMF 工艺流程如图 16-2 所示。

1991 年在江苏武进化肥厂采用新酯法建成年产 2250t 的生产装置，甲醇单程转化率 25%～35%，甲酸甲酯选择性 85%～92%，胺化转化率＞95%，胺化选择性＞99%，产品总收率以甲醇计为 72%。但流程长，负荷较小，在经济性方面仍无法与 CO 直接合成法相比。新酯化法 DMF 的消耗指标如表 16-3 所示。

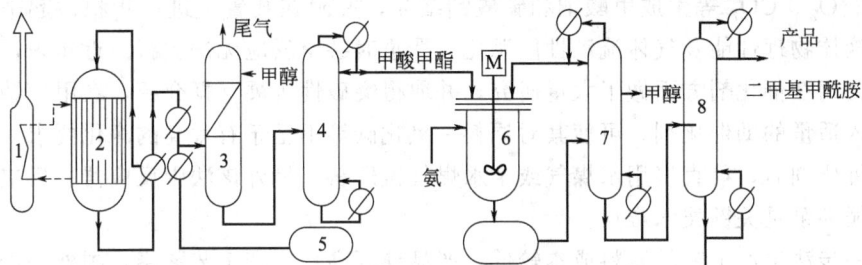

图 16-2　新酯化法生产 DMF 工艺流程

1—加热炉；2—反应器；3—吸收塔；4,8—精馏塔；5—甲醇回收塔；6—胺化反应器；7—粗馏塔

表 16-3　新酯化法 DMF 的消耗指标

项目名称	规格	单位	消耗指标
原材料			
甲醇	99.5%	t/t	0.67
二甲胺	40%	t/t	1.62
催化剂	专用	kg/t	0.8
公用工程			
冷却水	20℃,0.54MPa	t/t	537
电	200/380V	kW·h/t	590
低压蒸汽	0.35MPa	t/t	4.55
中压蒸汽	1.0MPa	t/t	3.08
煤	燃料级	t/t	0.52
仪表空气	0.6MPa	m³/t	360
软水	25℃,0.3MPa	t/t	4

16.5.2　直接合成法（一步法）

将二甲胺和一氧化碳以甲醇钠作催化剂在 110～150℃ 温度，压力为 1.5～2.5MPa 条件下直接合成 DMF，反应式为：

$$(CH_3)_2NH + CO \xrightarrow{CH_3ONa} HCON(CH_3)_2 \qquad (16\text{-}7)$$

具体工艺过程为：将无水二甲胺与溶于甲醇的催化剂甲醇钠，一起强制、连续加入环形反应器，同时用喷射泵将一氧化碳打入反应器，控制反应温度 110～115℃，压力 1.5～2MPa，反应进行很快，少部分反应生成物经冷却器冷却后导入一氧化碳喷射泵，重新返回反应器。反应物用循环泵循环，使气液相物料充分混合接触进行反应，反应热用外部换热器除去，部分作为粗产品连续引出，除产品 DMF 外还有甲醇及未反应的二甲胺，于常压下进行蒸馏，分离出甲醇和二甲胺并返回反应器，得到产品。用过的催化剂甲醇钠经分离提浓之后，返回反应器重复使用，此反应过程中无水生成，可得到无水产品。

该法也存在一些不足，如在反应过程中催化剂甲醇钠易和原料中带来的杂质

H_2O、O_2、CO_2 等生成甲酸钠和碳酸钠结晶，并附在装置上进一步积蓄起来，易造成液体物理性能及气体流动性能恶化，严重时甚至反应无法进行。近年来，日本日东公司在催化剂方面做了大量研究，并取得突破性进展，据介绍，在甲醇钠溶液中加入适量的助催化剂，可使其对原料一氧化碳等不至于有太高的净化要求，加入该助催化剂后，可直接用水煤气或半水煤气做原料。另外该法中反应器、反应器内件和循环泵是关键技术难点。

　　一步法生产工艺的原料成本较低，产品纯度高，生产工艺紧凑，国外一步法生产工艺合成压力一般在 15MPa 下操作，其产品纯度可达 99.9%，并适合于大规模生产，这样生产成本比较低，装置竞争能力较强，因此世界上大部分企业采用该法生产，浙江江山化工股份有限公司、安徽淮南化肥厂和扬巴一体化几套大型 DMF 装置均采用引进 CO 一步法技术建设。缺点是设备投资较大。二甲胺-CO 生产 DMF 工艺流程如图 16-3 所示。比利时 UCB S. A 的 DMF 消耗指标如表 16-4 所示。

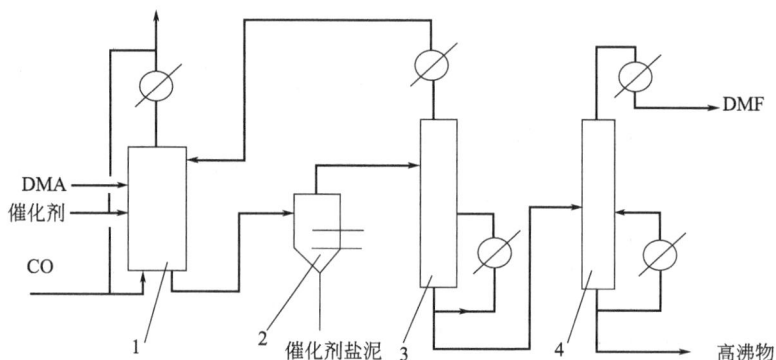

图 16-3　二甲胺-CO 生产 DMF 工艺流程

1—反应器；2—蒸发器；3—粗馏塔；4—精馏塔

表 16-4　比利时 UCB S. A 的 DMF 消耗指标

项目名称	规格	单位	消耗指标	项目名称	规格	单位	消耗指标
原材料				公用工程			
二甲胺	100%	t/t	0.63	低压蒸汽		t/t	1.2
CO	99.2%	m³/t	420	冷却水	40～50℃	t/t	75
甲醇		kg/t	7	电		kW·h/t	52
催化剂	专用	kg/t	20				

16.5.3　三氯乙醛与二甲胺合成法

　　小规模生产可由二甲胺与三氯乙醛反应生成 DMF，再分馏脱除氯仿而得。

$$CCl_3CHO + (CH_3)_2NH \longrightarrow HCON(CH_3)_2 + Cl_3CH \qquad (16-8)$$

　　抚顺化工研究设计院以三氯乙醛和二甲胺（≥98%）为原料进一步合成 DMF，并联产三氯甲烷，DMF 总收率 91%，三氯甲烷总收率 80%。

但随着大型甲烷氯化物装置建设和进口增加，我国三氯甲烷不再紧俏，而且原料三氯乙醛由乙醇和氯气合成，原料成本较高，设备腐蚀比较严重。

16.5.4 氢氰酸-甲醇法

该法是将氢氰酸与甲醇在催化剂下反应生成 DMF，反应式为：

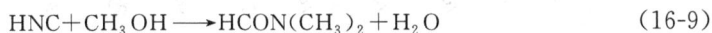

$$HNC + CH_3OH \longrightarrow HCON(CH_3)_2 + H_2O \tag{16-9}$$

该法反应温度为 260～270℃，压力 5.9～9.8MPa，停留时间为 20～40min，催化剂采用四氯化钛，以氢氰酸计 DMF 的收率可达到 85%。

该法最早由日本旭化成公司开发，主要是解决丙烯腈副产氢氰酸的出路问题，由于我国长期以来氢氰酸紧俏，因此没有引起足够重视，抚顺石化研究院掌握该技术。

16.6 我国 DMF 的生产与消费

16.6.1 现状

我国 DMF 的生产起始于 20 世纪 70 年代初期，上海人民制药厂采用酯化法建成一套生产能力为 600t/a 的装置，随后河北、辽宁、江苏、浙江、湖南、四川等省陆续上马投产。我国 DMF 的发展阶段：①20 世纪 90 年代以前，我国 DMF 的发展较为缓慢，生产装置规模较小，基本上是甲酸酯化二步法传统工艺生产，虽然生产过程简单，但成本高、纯度低，应用范围受到限制；②进入 20 世纪 90 年代，随着腈纶抽丝及人造革生产的快速发展，我国 DMF 的生产也得到相应的发展；③20 世纪 90 年代后期至 21 世纪初，随着我国对引进技术的消化吸收和西南化工研究设计院技术不断完善，为了满足我国腈纶和聚氨酯加工业快速发展，我国掀起了 DMF 新建和扩建热潮。我国 DMF 的发展概况如表 16-5 和图 16-4 所示。

表 16-5 我国 DMF 的发展概况　　　　　　　单位：万吨/a

年份	生产能力	产量	年份	生产能力	产量
1990	0.95	0.25	1999	5.5	5
1991	1.1	0.52	2000	7.3	6.4
1992	1.6	0.8	2001	13	8.6
1993	1.65	1.4	2002	13	10
1994	4.0	1.2	2003	25	26
1995	5.0	3.5	2004	32	25
1996	5.1	2.6	2005	40	35
1997	5.2	2.85	2006	51	42
1998	5.4	3.8			

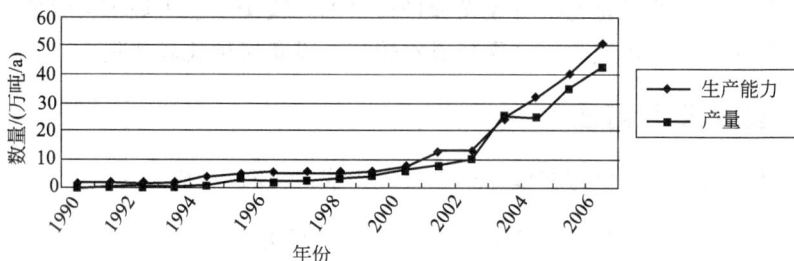

图 16-4 我国 DMF 的发展概况

1990～2006 年，我国 DMF 生产能力的年均增长率 28.27％，产量的年均增长率 37.75％。我国 DMF 发展迅速的主要原因：①我国腈纶和聚氨酯加工业的快速发展；②我国对引进技术的消化吸收和西南化工研究设计院技术不断完善。

据不完全统计，2006 年我国有 13 家主要 DMF 生产企业，主要分布在安徽、辽宁、江苏、河南、山东和浙江等省。2006 年，我国 DMF 生产能力约 51 万吨/a，产量约 42 万吨/a，开工率 82.35％。

浙江江山化工股份有限公司是世界上最大的 DMF 生产企业，2005 年的产能达到 15 万吨/a，产能约占国内总产能的 29.4％，全球总产能的 15％。随着浙江江山化工股份有限公司 DMF 产能不断扩大，DMF 的市场控制地位将进一步加强，成为浙江江山化工股份有限公司盈利的稳定来源。

我国主要 DMF 生产企业的概况如表 16-6 所示。

表 16-6　我国主要 DMF 生产企业的概况　　　　　　单位：万吨/a

生 产 企 业	生产能力[①]	技术来源	备　　注
安徽淮化集团有限公司	4	美国 ATI 二甲胺和 CO 一步法	1997 年投产 2002 年新建 2 万吨/a 装置
河南安阳九天精细化工公司	3	二甲胺和 CO 一步法	2003 年投产 2005 年扩建至 3 万吨/a 装置
南京扬子 BASF 股份有限公司	4	BASF 二甲胺和 CO 一步法	2005 年投产
山东泰安肥城化工有限公司	0.5	二甲胺和 CO 一步法	2001 年投产
江苏新亚集团公司	1.5	西南化工研究院	1990 年投产 2002 年采用二甲胺和 CO 一步法
河北乐亭丰泽有机化工有限公司	0.6	西南化工研究院 甲醇脱氢法	1995 年投产
辽宁盘锦新兴化工有限公司	1	西南化工研究院 甲醇脱氢法	2001 年投产
山东华鲁恒升集团有限公司	15	二甲胺和 CO 一步法	2000 年投产 2005 年底扩建至 15 万吨/a
山东章丘日月化工有限公司	4	二甲胺和 CO 一步法	2006 年投产
浙江江山化工股份有限公司	15	美国 AAT 公司 二甲胺和 CO 一步法	1994 年投产 2005 年底扩建至 15 万吨/a
其他	2.26		
合计	50.86		

① 2006 年。

16.6.2　发展趋势

随着我国大型装置的不断建设，我国 DMF 生产已经基本完成了结构调整，许多小规模的生产装置将面临淘汰的命运，浙江江山化工股份有限公司、山东华鲁恒升集团有限公司、山东章丘日月化工有限公司、河南安阳九天精细化工公司、安徽淮化集团有限公司、江苏新亚集团公司、扬子 BASF 股份有限公司将成为我国主要 DMF 生产企业，其生产能力占总生产能力的 94%，不仅在我国市场上互相竞争，也必将走向国际市场与国外产品进行竞争。

据了解，浙江江山化工股份有限公司计划未来通过技术改造将 DMF 的产能扩大，继续保持 DMF 的领先优势。

预计到 2010 年我国 DMF 生产能力将达 80 万吨/a。2005～2010 年，我国 DMF 生产能力的年均增长率 15%。预计，2010～2015 年，我国 DMF 生产能力的年均增长率 2%。2006 年我国建设的主要 DMF 装置如表 16-7 所示。

表 16-7　2006 年我国建设的主要 DMF 装置　　　　单位：万吨/a

序号	企 业 名 称	生产能力	投产时间	序号	企 业 名 称	生产能力	投产时间
1	河南安阳九天精细化工公司	3	2007 年	4	山东华鲁恒升集团有限公司	8	2008 年
2	山东章丘日月化工有限公司	10	2007 年	5	天津渤海化工有限公司	2	2008 年
3	菱田(南京)精细化工有限公司[①]	4	2007 年	6	香港建滔化工集团有限公司	3	2008 年

① 与日本 MGC 合资。

16.6.3　消费与市场

16.6.3.1　用途

（1）高聚物

DMF 对多种高聚物如聚乙烯、聚氯乙烯、聚丙烯腈、聚酰胺等均为良好的溶剂，可用于聚丙烯腈纤维等合成纤维的湿法纺丝，聚氨酯的合成；用于塑料制膜；也可作去除油漆的脱漆剂；它还能溶解某些低溶解的颜料，使颜料带有染料的特点。DMF 用于芳烃抽提以及用于从 C_4 馏分中分离回收丁二烯和从 C_5 馏分中分离回收异戊二烯，还可用作从石蜡中分离非烃成分的有效试剂。它对间苯二甲酸和对苯二甲酸的溶解性有良好的选择性，可在 DMF 中进行溶剂萃取或部分结晶将两者分离。在石油化学工业中，DMF 可作气体吸收剂，用来分离和精制气体。

（2）有机反应

在有机反应中，DMF 不但广泛地用作反应的溶剂，也是重要中间体。农药工业中可用来生产杀虫脒，但近年来发现杀虫脒残留物中有致癌物质，有关部门决定停止杀虫脒的生产。医药工业中可用于保成磺胺嘧啶、强力霉素、可的松、维生素 B_6、碘苷、司替碘铵（驱蛲净）、噻嘧啶、N-甲酰溶肉瘤素、抗瘤氨酸、甲氧芳芥、苄氮芥、环己亚硝脲、替加氟、氨甲环酸（止血环酸）、信他美松、甲地孕酮、胆维他、马来酸氯苯那敏（扑尔敏）等。

（3）化学分析

在化学分析中用作极谱分析的非水溶剂，非水溶液滴定溶剂，薄层色谱分析用萃取剂和展开剂，乙烯树脂和乙炔的溶剂，还可用于气体烃的分析，用作气相色谱固定液。

（4）其他

DMF在加氢、脱氢、脱水和脱卤化氢的反应中具有催化作用，使反应温度降低，产品纯度提高。

把0.1%的DMF加到汽油里，可防止汽油结冰；还可用于清除内燃机气化器、活塞、润滑系统的积炭、胶质和油垢。

16.6.3.2 消费量与市场

我国DMF主要消费在农药、医药、聚丙烯腈抽丝及聚氨酯人造革等领域。

（1）农药

农药行业曾是我国DMF最大的消费领域，主要用来生产杀虫脒，最大年消费量达4400t。但近年来研究结果表明杀虫脒残留物有致癌的危险，因此有关部门已决定在1992年底停止杀虫脒的生产。这样DMF在农药领域中的市场已逐渐消失。2006年，我国农药工业的DMF消耗量约0.4万吨左右。

近年，我国湖南师范大学化学化工学院与江苏宝灵化工股份有限公司采用DMF为溶剂，反应生成炔草酯（除草剂），该除草剂是近年来发展较快的值得关注的除草剂项目，这一新产品的开发有利于我国农药生产和现代农业的发展。

（2）聚氨酯（PU）合成革

我国聚氨酯合成革的生产开始于20世纪60年代初，20世纪70年代起以年均递增约20%的速度发展。湿法聚氨酯合成革价格低，性能优良，用途极广，是目前合成革市场上最有生命力的产品。DMF主要用在湿法聚氨酯合成革的生产中，用于PU树脂的洗涤固化。近年来，我国许多引进的合成革装置对高纯DMF的需求量增加很快，而我国原有甲酸甲酯法生产工艺落后，产品质量差，一般达不到合成革的要求，所以要依靠进口解决，致使采用我国技术的DMF生产的开工率较低。

随着20世纪90年代中期全球制鞋业和聚氨酯加工业向亚洲转移，目前我国已经成为全球制鞋业和聚氨酯加工业的中心，2003年我国聚氨酯制品产量达到140万吨/a，其中聚氨酯合成革产量达到88万吨/a，高居世界第一位，与2002年相比增长了20%以上。目前全国共引进聚氨酯合成革生产线200多条，其中湿法生产线150条左右；2003年我国制鞋产量约40亿双以上，其中大部分采用聚氨酯鞋底。一方面我国加入WTO以后，鞋类和服装配额限制减少和关税降低，促使了我国聚氨酯合成革制品和鞋类出口；另一方面随着我国聚氨酯制品业的迅猛发展，国外许多跨国公司把聚氨酯市场焦点集中到我国，亨兹曼（Huntsman）、巴斯夫公司和日本聚氨酯公司同我国合作在上海漕泾经济开发区兴建 16 万吨/a MDI 和 13 万吨/a TDI 装置，2002 年开始动工兴建，2004 年一期工程投产；由烟台万华聚氨酯股份有限公司投资 25.8 亿元兴建，拥有自主知识产权的年产 16 万吨 MDI 项目 2003 年 8 月 8 日在浙江省宁波市大榭岛开工；此外，德国拜耳公司在上海建设的年产 23 万吨 MDI 装置也都得到了我国政府的批准；众多大型聚氨酯原料装置建设也将保证我国聚氨酯制品业稳定发展。因此，预计未来几年内我国聚氨酯制品业仍将保持年均 15% 以上增长速度发展。根据不完全统计，2006 年聚氨酯工业消耗 DMF 约 34 万吨。

（3）医药

DMF 是重要的医药原料，广泛用于强力霉素、可的松、磺胺类等 20 多种药品的生产。

预计，今后强力霉素发展较快，磺胺类、可的松类的发展比较平稳，由于磺胺类药物在国外作为畜牧业的饲料添加剂需求量很大，目前我国磺胺类药品有 30% 供出口，出口形势较好。2006 年，我国医药工业消耗 DMF 约 1.6 万吨。

（4）聚丙烯腈抽丝

DMF 是一种优良的极性惰性溶剂，适用于聚丙烯腈的纺织抽丝。以 DMF 为溶剂的丙烯腈抽丝工艺生产的腈纶产品，具有疏水性好，覆盖性强，质地柔软，毛感强的特点。作为服装生产大国，我国是全球腈纶的第一大消费国，约占全球总消费量的 1/3，也是腈纶的主要生产国之一，2003 年我国腈纶的产量为 62.9 万吨，同比增长了 7.0%，约消耗 DMF1.6 万吨。尽管产量增长较快，但是仍不能满足我国市场的巨大需求，每年仍需要进口大量腈纶产品，2003 年进口量高达 47 万吨以上，2004 年上半年进口量为 26 万吨，同比增长 8.1% 左右。为了减缓我国供应紧缺的矛盾，2003~2004 年开始我国许多地方加快腈纶纤维及其原料的扩建和改造项目的实施，仅 2003 年我国腈纶主要原料丙烯腈就增加生产能力 23 万吨/a，2004 年将增长 10 万吨/a 以上；同时，浙江金甬公司、秦皇岛腈纶厂、吉化齐峰、宁波丽阳等数家公司均计划建设 10 万吨/a 的腈纶项目。2006 年，我国腈纶的生产能力超过 100 万吨/a，其中，腈纶干法纺丝的生产能力达到 50 万吨/a，约消耗 DMF（3.0~3.2）万吨。

（5）丁二烯的生产

从乙烯裂解气 C_4 中抽提丁二烯的方法有 DMF 法、乙腈法、N-甲基吡咯烷酮（NMP）法、二甲基乙酰胺法和糠醛法等。其中 DMF 法是一种较好的方法，其优点在于它的溶解度较其他溶剂更好，能与 C_4 烃类互溶。分离效果相同时 DMF 法所需溶剂量最少，成本较低。我国利用自主技术建设的丁二烯装置采用乙腈法，但引进的 30 万吨乙烯装置的丁二烯抽提均采用 DMF 工艺，总生产能力 40 万吨/a。近年来我国大型石油化工项目建设加快，如南京扬巴、上海赛科、惠州南海等大型乙烯装置建设，丁二烯抽提对 DMF 消耗将迅速增加。2006 年，我国 DMF 消耗量约 0.35 万吨左右。

此外，DMF 可用于黏合剂中助溶剂、危险气体载体溶剂、镀锡零部件的淬火和清洗等领域。

综上所述，聚氨酯（PU）行业是我国 DMF 主要的消费领域，约占 DMF 总需求的 77.3%。由于 DMF 与 MDI 为互补性配套原料产品，因此未来 DMF 的实际需求增长情况将相应随 MDI 的表观消费量而变化。2005～2010 年期间，我国 DMF 消费量将以年均 8% 的速度增长。2006 年我国 DMF 的消费构成如表 16-8 和图 16-5 所示。

表 16-8   2006 年我国 DMF 的消费构成

用　　途	2006 年		用　　途	2006 年	
	消费量/(万吨/a)	消费构成/%		消费量/(万吨/a)	消费构成/%
农药	0.4	0.93	丁二烯和其他用途	0.35	0.816
聚氨酯(PU)	34	79.26	其他	3.344	7.8
医药	1.6	3.73	合计	42.894	100
聚丙烯腈抽丝	3.2	7.46			

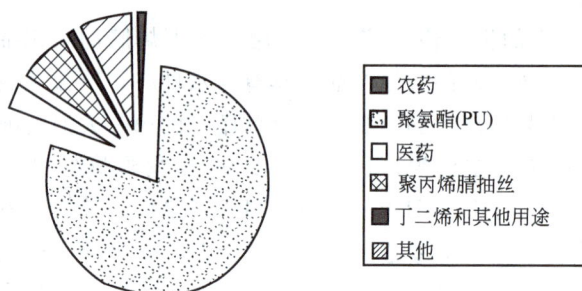

图 16-5   2006 年我国 DMF 的消费构成

基于上述因素，2006 年，我国 DMF 的消耗量约为 42.894 万吨，2010 年将增长到 60 万吨左右。2010 年，我国 DMF 总生产能力将达到 80 万吨，假设开工率为 75%，就可以满足我国市场需求，随着我国 DMF 工业的发展，将结束依赖大量进口的历史，而且我国未来几年将出现产能过剩的趋势。

（6）价格分析

表 16-9   我国 DMF 的历年价格（平均值）   单位：元/t

年份	1994	1995	1996	1997	2003	2004	2005	2006(1 月～6 月)
历年价格	14000	14500	10500	9800	6200	6500	6800	7400

从图 16-6 和表 16-9 可以看出，近年来，我国市场 DMF 价格波动较大，主要是受我国整个化工市场行情、进口数量及进口价格等多方面的影响。

（7）贸易

2006 年中国大陆 DMF 进口量为 4.918 万吨，主要依赖于韩国，占总进口量的

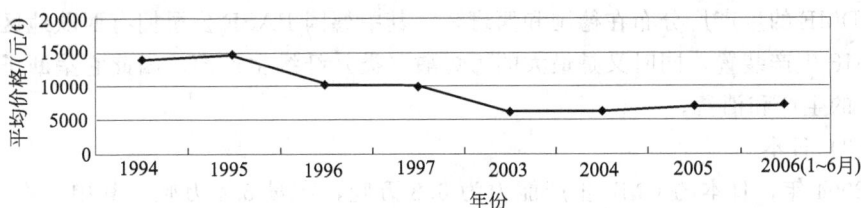

图 16-6 我国 DMF 的历年价格（平均值）

52.37％；中国台湾地区，占总进口量的 18.5％；日本，占总进口量的 14.2％；德国，占总进口量的 7.23％。

2006 年中国大陆 DMF 出口量为 4.029 万吨，主要出口到韩国，占总出口量的 29.8％；中国香港地区，占总出口量的 29.36％；中国台湾地区，占总出口量的 27.1％；印度，占总出口量的 6％。

表 16-10 中国大陆 DMF 的进出口概况

年份	进　口			出　口		
	数量/kg	金额/美元	单价/(美元/kg)	数量/kg	金额/美元	单价/(美元/kg)
2004	98266193	63983210	0.651	25880448	14059003	0.543
2005	83946176	53549293	0.638	38667366	22237249	0.575
2006	49186999	36192290	0.736	40293204	25738333	0.639

从表 16-10 可以看出，近年中国大陆经济高速发展，促使中国大陆 DMF 出口量的增加。

16.7 世界 DMF 的生产与消费

16.7.1 生产

世界 DMF 生产主要集中在美国、西欧、日本和东亚地区。其中，美国占 11.92％，西欧占 25.35％，日本占 14.73％，见表 16-11。

表 16-11 2004 年世界 DMF 的生产概况　　　　　单位：万吨/a

国家和地区	生产能力	产量	国家和地区	生产能力	产量
美国	5.5	2.9	中东	0.6	0.6
墨西哥	0.8	0.7	日本	6.8	5.4
中美洲和南美洲	0.8	0.38	亚洲其他地区	19.95	10.6
西欧	11.7	8.5	合计	46.15	29.08

（1）美国

Du Pont 是目前美国惟一一家 DMF 生产厂家。2004 年，Du Pont 的 DMF 生产能力为 5.5 万吨，产量 2.9 万吨。

（2）西欧

2004 年，西欧地区的 DMF 生产能力为 11.7 万吨，年产量为 8.5 万吨左右。

西欧 DMF 的生产厂分布在德国和西班牙。其中德国 BASF 公司拥有西欧地区最大的 DMF 生产装置，同时又是最大的丙烯酸（类）纤维生产商，因此它垄断了西欧 DMF 的生产和消费。

（3）日本

2004 年，日本的 DMF 生产能力为 6.8 万吨，产量 5.4 万吨。其中日本 MGC 公司拥有日本最大的 DMF 生产装置。

（4）亚洲其他地区

除我国大陆以外，亚洲地区 DMF 的生产主要集中在韩国、中国台湾地区和印度。其中韩国三星精细化工公司拥有亚洲最大的 DMF 生产装置之一。

2004 年世界 DMF 生产企业的概况如表 16-12 所示。

表 16-12　2004 年世界 DMF 生产企业的概况　　　　单位：万吨/a

国　家	生　产　企　业	生产能力	产　量
美国	Du Pont	5.5	2.9
加拿大	Chinook 公司	1.2	0.38
墨西哥	拉塞尼斯公司	0.8	0.7
巴西	BASF 公司	0.8	0
德国	BASF 公司	6	5
	Taminco	5	3
西班牙	ERTISA 公司	0.7	0
土耳其	AKKIM KIMYA 公司	0.6	0
韩国	三星精细化工有限公司	10	8
日本	三菱瓦斯公司	3.7	3
	三菱 Rayon 有限公司	3.1	2.4
印度	Rashtriya 化学和肥料有限公司	0.25	0.2
印尼	LANGCENG 化工厂	4.0	0
中国	台湾 Formosa 化纤公司	4.5	3.5
合计		46.15	29.08

16.7.2　消费

国外 DMF 的消费情况如表 16-13 所示。

表 16-13　国外 DMF 的消费情况

应用领域	2004 年		2009 年		2004～2009 年年均增长率/%
	消费量/万吨	所占比例/%	消费量(预计)/万吨	所占比例/%	
聚氨酯	30.5	61.3	38.8	62.8	4.90
医药、农药和染料	8.5	17.1	9.8	15.9	2.90
电子化学品	3.2	6.4	4.03	6.5	4.7
聚丙烯腈纤维	2.9	5.8	3.65	5.9	4.7
丁二烯抽提	1.0	2.0	1.11	1.8	2.1
其他领域	3.69	7.4	4.35	7.1	3.3
合计	49.79	100.0	61.74	100.0	4.4

（1）美国

美国的 DMF 作为高级溶剂，主要应用于药物、电子化学品和丁二烯抽提等领域，与世界其他国家不同，美国只有很少量的 DMF 用于合成革，且今后的增长率也很有限。美国 DMF 的消费情况如表 16-14 所示。

表 16-14 美国 DMF 的消费情况

应用领域	2004 年		2009 年	2004~2009 年
	消费量/万吨	所占比例/%	消费量(预计)/万吨	年均增长率/%
医药	0.8	40	0.8	0
电子化学品	0.54	27	0.53	−0.4
丁二烯抽提	0.2	10	0.24	3.7
聚氨酯	0.2	10	0.2	0
其他领域	0.26	13	0.27	0.8
合计	2.0	100	2.04	0.4

（2）西欧

西欧 DMF 主要用于医药和农药的溶剂，其次用于化学品，见表 16-15。西欧是国外 DMF 最大生产和供应地区，其中德国是西欧最大出口商。2004 年西欧有 4 万吨出口量，主要出口到我国（包括台湾地区）、韩国和土耳其。

表 16-15 西欧 DMF 的消费情况

应用领域	2004 年		2009 年	2004~2009 年
	消费量/万吨	所占比例/%	消费量(预计)/万吨	年均增长率/%
医药和农药	1.2	24	1.6	5.9
化学品	1.1	22	1.2	1.8
聚氨酯	1.1	22	0.9	−3.9
电子化学品	0.5	10	0.6	3.7
聚丙烯腈纤维	0.4	8	0.3	−5.6
丁二烯抽提	0.2	4	0.1	−12.9
其他领域	0.5	10	0.6	3.7
合计	5	100	5.3	1.2

（3）日本

2004 年，日本 DMF 的年消费量约 3.1 万吨，其消费结构与西欧和美国不同，主要用于聚氨酯领域，其他用于电子化学品、丁二烯抽提等，见表 16-16。日本每年进口 DMF（0.1~0.2）万吨。近年来，日本的 DMF 出口量稳步增长，主要出口到亚洲地区。

表 16-16 日本 DMF 的消费情况

应用领域	2004 年		2009 年	2004~2009 年
	消费量/万吨	所占比例/%	消费量(预计)/万吨	年均增长率/%
聚氨酯	1.8	56	1.4	−4.9
电子化学品	1.1	34	1.4	4.9
丁二烯抽提	0.05	2	0.05	0
聚丙烯腈纤维	0.05	2	0.05	0
其他领域	0.2	6	0.2	0
合计	3.2	100	3.1	−0.6

（4）东南亚

近年来，东南亚地区 DMF 生产与消费增长迅速，尤其是韩国三星精细化工公司的 10 万吨/a 一氧化碳一步法装置，成为世界上最大规模的装置之一，印度原有两套小规模生产装置，目前计划建设大规模装置，东南亚成为全球 DMF 重要生产区。由于中国大陆和台湾地区是全球主要腈纶生产和聚氨酯加工地区。因此，国外出口大量 DMF 产品，涌入中国大陆和台湾地区。

未来几年，美国、西欧、日本等国家和地区 DMF 的市场已经成熟，其需要量不会有大的增长，年均增长率约为 2%～3%，而东亚、南亚地区成为全球 DMF 增长速度最快的地区，年均增长率达到 10% 左右。因此，未来东南亚地区尤其是中国大陆和台湾地区需求影响着全球 DMF 的生产与发展。

16.8 发展建议

针对我国 DMF 生产与市场的现状，提出以下建议：①随着我国 DMF 的生产快速发展，我国 DMF 已由供求不足趋向供应过剩，我国 DMF 生产结构已经完成调整，呈现装置规模化、技术先进化、设备控制自动化的局面。因此，许多中小型装置面临淘汰的命运在所难免，原有中小型装置要做好现有装置改产的准备，另外我国拥有原料优势的企业不能再盲目建设中小型生产装置，即使大型装置也要慎重考虑，以免造成资源浪费；②由于 DMF 在西方发达国家和地区是非常成熟的产品，消费市场主要集中在中国大陆和台湾地区，国外跨国公司不会轻易放弃我国巨大市场。因此，我国 DMF 主要生产企业要不断强化生产装置技术水平和产品质量，与国外产品竞争，并防止国外 DMF 产品倾销，要准备好依靠贸易法规维护自己权益；另外要加大中国大陆以外 DMF 市场的拓展，尤其是中国台湾地区、东南亚、印度等国家和地区市场的开发；③对比西方发达国家和地区 DMF 的消费比例来看，目前我国消费结构比较单调，主要依赖聚氨酯和腈纶，在气体载体、电子化学品和一些精细化学品生产方面仍具有较大的市场潜力。因此，今后我国要不断拓展 DMF 应用领域，确保我国 DMF 工业健康稳定发展。

参 考 文 献

[1] 司航.有机化工原料. 第 3 版.北京：化学工业出版社，2000.
[2] 陈强等.除草剂炔草酯的合成研究.精细化工中间体，2005，35（2）：35-36.
[3] 李祥君.化工产品技术经济咨询报告（4）.中国化工信息中心，1996.
[4] 李峰等.甲醇及其衍生物.北京苏佳惠丰化工技术咨询有限公司，2006.

（李峰　编写）

17 碳酸二甲酯

碳酸二甲酯（dimethyl carbonate，DMC）是一种重要的有机合成中间体。DMC分子结构中含有羰基、甲基和甲氧基等官能团，因而具备多种反应活性。此外，由于具有使用安全且方便、污染少、容易运输等特点，DMC被视为"绿色"化工产品，可替代高毒光气、硫酸二甲酯等，用于医药、农药及溶剂等众多化工领域。

随着我国DMC大型装置相继投产，2005年我国DMC的生产能力达8.1万吨/a，成为世界上生产能力和产量最大的国家，生产能力占全球总生产能力的38.6%，对全球DMC生产与供应起到举足轻重的作用。

17.1 物化性质

常温下为无色透明液体，有香味，易挥发出可燃性的气体。相对密度（d_4^{20}）1.073。熔点 2～4℃。沸点 90.2℃。折射率（n_D^{20}）1.3697。闪点（开杯）21.7℃。黏度 0.664mPa·s。不溶于水，溶于乙醇、乙醚等有机溶剂。

17.2 质量标准

① 朝阳化工集团公司的 DMC 质量标准如表 17-1 所示。

表 17-1 朝阳化工集团公司的 DMC 质量标准（Q-CH 02—2003）

名　　　称		优等品	一等品
外观		无色透明液体	
碳酸二甲酯含量/%	≥	99.7	99.5
水含量/%	≤	0.05	0.10
甲醇含量(外标法)/%	≤	0.02	0.05
密度(20℃)/(g/cm³)		1.071±0.005	

② 淄博宝鼎化工有限公司的 DMC 质量标准如表 17-2 所示。

表 17-2 淄博宝鼎化工有限公司的 DMC 质量标准

名　　　称		指标		
		优等品	一等品	合格品
外观		无色透明液体		
DMC含量/%	≥	99.9	99.5	99.0
水含量/%	≤	0.02	0.20	0.20
甲醇含量/%	≤	0.08	0.30	0.80

17.3　毒性及防护

对眼、皮肤、黏膜有轻度的刺激作用。大鼠经口 LD_{50} 为 $6.4\sim12.8g/kg$。由于生产中使用的原料光气剧毒，必须严格保证设备密闭，加强通风，操作人员应穿戴各种防护装具。

17.4　包装及储运

镀锌铁桶包装，每桶 200kg。本品易燃，与氧化剂接触能引起燃烧，应储存于阴凉通风和专用仓库内，远离火源。防止包装容器损坏渗漏。按易燃、有毒危险化学品规定储运。

17.5　生产技术

17.5.1　传统光气法

生产 DMC 的传统方法是采用光气与甲醇反应的方法。反应分两步进行，首先 1mol 的甲醇同光气反应生成氯甲酸甲酯，氯甲酸甲酯再与 1mol 的甲醇反应生成 DMC。化学反应式如下：

$$COCl_2 + CH_3OH \longrightarrow ClCOOCH_3 + HCl \tag{17-1}$$

$$ClCOOCH_3 + CH_3OH + NaOH \longrightarrow CH_3OCOOCH_3 + NaCl + H_2O \tag{17-2}$$

甲醇和过量光气在低温（$0\sim10℃$）下进行液相反应，脱除释放出的 HCl 并加以回收，按甲醇计产品收率为 90%。

氯甲酸甲酯与补充的甲醇反应速度较慢，且在较高温度下进行，用叔胺或通过与冷碱液一起搅拌可加速反应。

具体工艺过程如下：在管式反应器中，使一氧化碳和氯气在活性炭上反应发生光气，反应温度约 200℃，通过在管式反应器内发生蒸汽而除去反应热，一氧化碳稍过量，以便保证氯气完全转化。

光气用冷却水冷凝并冷却后送入氯甲酸甲酯反应器，未冷凝的一氧化碳气体用循环的氯甲酸甲酯洗涤以回收残存的光气。

氯甲酸甲酯反应器是一个带搅拌的单程容器。甲醇和过量光气在反应器内，于50℃下液相进行反应，停留时间约 1h，反应热用循环的反应器液体通过一台致冷换热器除去。反应器顶部蒸气送入致冷冷凝器除去回流光气，然后送入吸收塔，用水吸收 HCl 成 32% 的盐酸。

氯甲酸甲酯反应器的液体流出物泵入光气汽提塔，在此使未转化的光气和溶解的 HCl 汽化并返回反应器。汽提塔底物冷却后送入 DMC 反应器，少量物流循环至光气装置的排气洗涤塔。

在 DMC 反应器中，氯甲酸甲酯和甲醇（过量 20%）、溶剂（如氯化苯）、45% 烧碱溶液（为计算量的 1.03 倍）接触，反应在常压和 50℃ 下进行。反应器为串联的带搅拌的立式反应器。氢氧化钠水溶液分别加入到每台反应器(共四台)中，在每台反应器内停留 1.5 h，氯甲酸甲酯转化率约为 90%。

反应器流出物由溶剂、DMC 和未转化的甲醇和氯甲酸甲酯组成，水相中含沉淀的氯化钠，加水使之溶解，在不断搅拌的盐溶解器内形成混合物，在净析器内进行分离，含盐的水相送去废液处理；碱洗和净析后的有机相送去蒸馏。蒸馏在三个塔中进行，第一个塔分出轻组分（基本上是甲醇和氯甲酸甲酯）并返回 DMC 反应器，而后 DMC 产品送去储存。第二蒸馏塔底物中所含的可循环的物料和水送入第三个塔，塔顶物返回反应器；底物中含氯苯溶剂，经冷却后用来自第二净析器的水相洗涤再返回反应器。水洗液送去废液处理。

以光气和甲醇计，DMC 的总收率（摩尔分数）分别为 82% 和 85%。

17.5.2　甲醇氧化羰基合成

甲醇、二氧化碳和氧气直接氧化羰基化合成 DMC 的方法有液相法和气相法两种工艺，其关键是催化剂的选用。

（1）液相法工艺

液相法工艺以意大利埃尼合成公司为代表。该工艺以甲醇、一氧化碳和氧气为原料，氯化亚铜为催化剂，在 100℃ 和 25atm（1atm＝101.325kPa）下反应。

反应分两步进行，首先甲醇、氧和氯化亚铜反应生成甲氧基氯化亚铜，然后与 CO 反应生成 DMC，两个反应同时发生。其反应式如下：

$$2CuCl + 2CH_3OH + \frac{1}{2}O_2 \longrightarrow 2Cu(OCH_3)Cl + H_2O \tag{17-3}$$

$$2Cu(OCH_3)Cl + CO \longrightarrow CH_3OCOOCH_3 + 2CuCl \tag{17-4}$$

工艺过程分为氧化羰基化工段和碳酸二甲酯回收工段。

① 氧化羰基化工段　甲醇氧化羰基化生成 DMC 是在一系列液相连续搅拌罐式反应釜中进行的（见图 17-1）。

氧气和一氧化碳物料压缩至反应压力并喷入第一反应釜中，同时向反应釜送入甲醇和催化剂（新鲜的和回收的）。反应在此发生，反应后未转化的一氧化碳和汽化的液体与少量的氧气从反应釜上部导出，进入第二反应釜，而液体物料则借助重力作用流入第二反应釜。为使反应充分，根据动力学反应原理，此时须补加氧气。在下一反应阶段中仍按这方式继续补入氧气，直至甲醇转化率达到 30% 左右。这种给氧方式保证了各个反应釜顶部的气体低于可燃极限。同时，通过氧气加入的速率几乎完全可以控制反应速率。

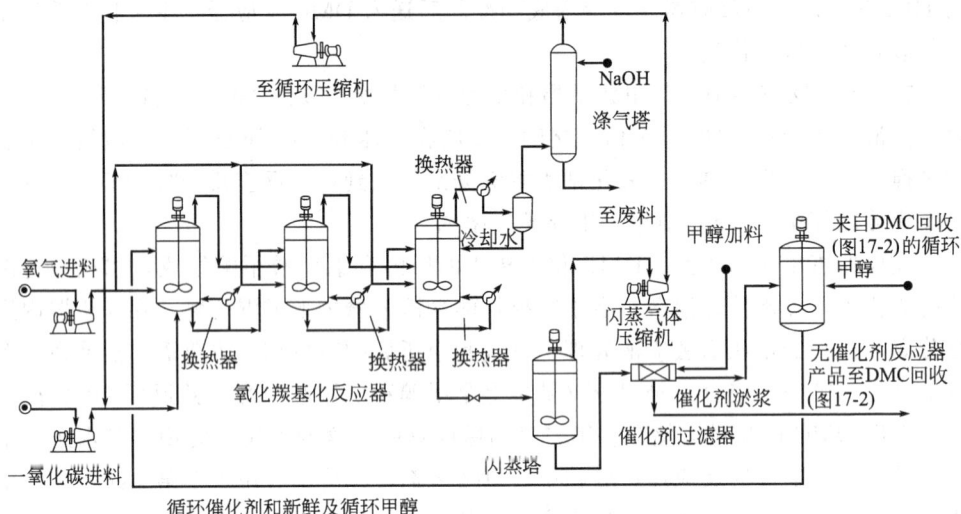

图 17-1　甲醇氧化羰基化

从第二反应釜出来的物料补入氧气后进入第三反应釜。经反应后第三个反应釜上部出来的气体送往冷凝器和分离罐，进行气、液、固分离。冷凝液与气体夹带的液体及催化剂再流到反应釜中；气体则送到一个小型洗涤器用苛性钠（氢氧化钠）溶液吸收除去二氧化碳。洗涤后的气体返回第一反应釜。而由第三反应釜下部流出的液体物料闪蒸至大气压以释放出溶解在其中的气体，再经压缩机送往循环气管路中。液体进两台并联过滤器中的一台，过滤掉催化剂。然后用原料甲醇冲洗过滤器的催化剂，冲洗过的催化剂淤浆收集在罐中，再用泵打入第一反应釜中循环使用。

② DMC 回收工段　含水和未反应甲醇的 DMC 送往回收工段（见图 17-2）。先进萃取蒸馏塔，使用过量的水（从塔顶加入）把甲醇萃取出来。塔压为大气压，DMC 在塔顶洗提，经冷凝分为 DMC 有机相和水相。回流水相和部分有机相，分出含有少量水和甲醇的 DMC 送往 DMC 塔，塔底为甲醇水溶液（含量 15%）。送入萃取蒸馏塔顶部的水量约为 DMC 质量的 10 倍。

在碳酸二甲酯塔中，水和碳酸二甲酯共沸物由塔顶出来经冷凝分为有机相和水相。有机相回流，水相送去废液处理。碳酸二甲酯在塔顶端以气体导出，经冷凝后为产品。

从萃取蒸馏塔底部出来的甲醇溶液进入甲醇回收塔，蒸馏后由塔顶循环回反应工段。水由塔底送至三废处理工段。

反应物料在三个反应釜中的停留时间为 4h，以甲醇和一氧化碳计，DMC 的选择性分别为 98%（摩尔分数）和 90%（摩尔分数）；以甲醇计，DMC 总收率为 95%（摩尔分数）。

（2）气相法工艺

气相法的化学原理与液相法相同。它是采用一种固体催化剂，以解决液相法的

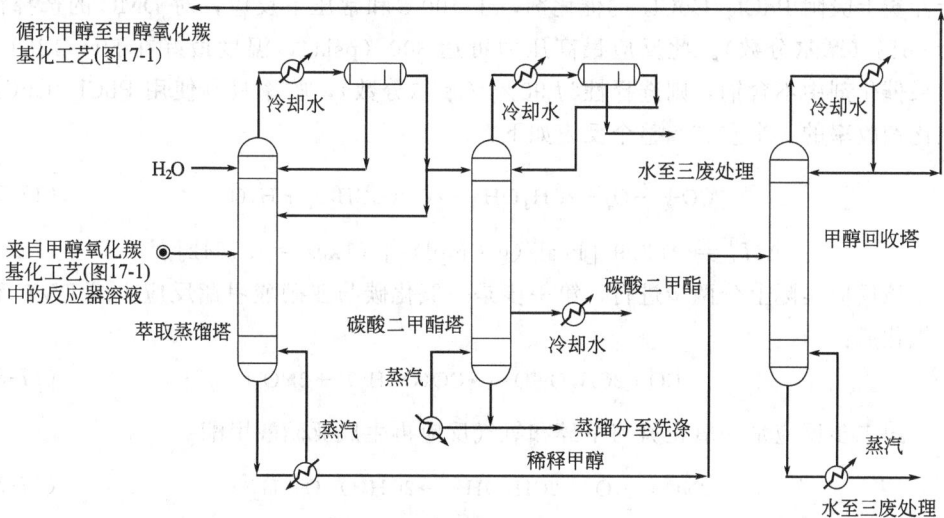

图 17-2　DMC 回收

腐蚀性问题，并便于产品回收。美国道化学率先在这方面开展了研究，并取得了一些进展，但始终没有找到理想的催化剂来解决其选择性明显低于液相法的问题。直至 20 世纪 90 年代初，日本宇部兴产公司从草酸二甲酯合成工艺中获得启示，终于成功地开发了一条经济上可行的气相法工艺路线，并于 1992 年建设了一套 3000t/a 规模的气相法 DMC 生产装置。

① 道化学工艺　在道化学工艺中，含 65％（摩尔分数）一氧化碳、25％（摩尔分数）甲醇、10％（摩尔分数）氧气的蒸气物料流通过固定床反应器（装有氯化铜或氯化甲氧基铜/活性炭催化剂），反应于 110～125℃和 15～25atm 下进行，以一氧化碳计 DMC 收率约为 65％（摩尔分数）。

含 DMC 和甲醇的反应产物可通过萃取蒸馏或通过共沸蒸馏分离。在萃取蒸馏中，加入极性溶剂（如氯苯）以增加与极性较低的 DMC 相比具有较高极性的甲醇的挥发性。然后，除去氯苯并在另一塔中循环以回收塔顶馏分 DMC。在共沸蒸馏中，使用两塔蒸馏方法分离甲醇和 DMC。第一塔于 118℃和 88psia（1psia＝6.89kPa）下操作，将 70∶30（质量）的甲醇/DMC 共沸物加到第一个塔中，蒸出 82.5∶17.5（质量）的甲醇/DMC 共沸物，而 DMC 从塔底排出。将第一塔蒸出的共沸物通入第二个塔中，常压下操作，从塔底除去甲醇；塔顶馏出 70∶30（质量）的甲醇/DMC 共沸物，此共沸物返回第一个塔中。

② 宇部兴产工艺　DMC 原是宇部兴产生产草酸二甲酯（DMO）过程中的主要副产物。此工艺是用一氧化碳、甲醇和亚硝酸甲酯于 110℃、常压下，在固定床反应器中进行汽相催化反应，固定床反应器中装有氧化铝为载体的钯和钼/镍的催化剂。若催化剂不用钼/镍化合物浸渍或在氧化剂存在下，对 DMC 的选择性会增加。

宇部兴产的 DMC 新工艺便是在上述工艺的基础上开发出来的。新工艺使用在

活性炭上吸附 $PdCl_2/CuCl_2$ 的催化剂，于 100℃ 和常压下反应，对 DMC 的选择性为 96%（摩尔分数）。此反应最高压力可达 300（psia），温度最好在 50~120℃。如果催化剂中不含铜，则选择性为 90%（摩尔分数），收率只有使用 $PbCl_2/CuCl_2$ 催化剂收率的一半左右。整个反应如下：

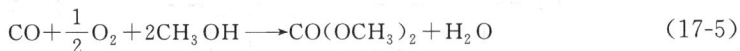

$$CO+\frac{1}{2}O_2+2CH_3OH \longrightarrow CO(OCH_3)_2+H_2O \tag{17-5}$$

$$\Delta H_R^0 = -83.9 \ [kcal/(g \cdot mol)] \ (1kcal=4.184kJ)$$

该反应实际上分两步进行，第一步是一氧化碳与亚硝酸甲酯反应生成 DMC 和一氧化氮：

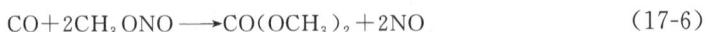

$$CO+2CH_3ONO \longrightarrow CO(OCH_3)_2+2NO \tag{17-6}$$

第二步反应是一氧化氮与甲醇和氧气反应再生成亚硝酸甲酯：

$$2NO+\frac{1}{2}O_2+2CH_3OH \longrightarrow 2CH_3ONO+H_2O \tag{17-7}$$

该工艺的主要副产品是草酸二甲酯：

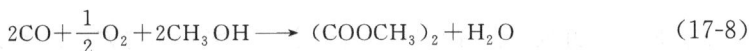

$$2CO+\frac{1}{2}O_2+2CH_3OH \longrightarrow (COOCH_3)_2+H_2O \tag{17-8}$$

$$\Delta H_R^0 = -88.9 \ [kcal/(g \cdot mol)]$$

此反应也生成少量的甲酸甲酯、二氧化碳、醋酸甲酯和甲缩醛，并能生成硝酸。

具体工艺过程如下（参见图 17-3）：将原料和主要含有一氧化碳、亚硝酸甲酯、氧气、一氧化氮和甲醇的循环气混合，并在进入羰基化反应器 R-101 之前，用反应器流出物的交换热将混合物预热至 90℃。多管反应器 R-101 内装有用活性炭吸附的 $PdCl_2/CuCl_2$ 催化剂。反应在 100℃ 和 30psia 的压力（绝）下进行。反应器流出物除用反应物换热降温外，还需用冷却水进行热交换，使其部分冷凝后分成气体和液体，再通过压缩和冷却进一步冷凝。冷凝液被送到 DMC 粗品槽 T-102 中。

清洗后的气体分成两部分，一部分供循环用，另一部分与补充的一氧化氮和氧气一起加到亚硝酸甲酯再生器 R-102 的底部。再生器是一个填充塔，操作压力为 40psia，温度为 40℃。生成的亚硝酸酯作为原料气与从再生器顶部添加的甲醇接触。回收含有亚硝酸酯以及部分未转化甲醇的塔顶馏分，并循环至羰基化反应器 R-101。大部分未转化的甲醇和生成的水作为塔底产物排出，并送至甲醇回收塔 C-101。回收的甲醇循环至亚硝酸甲酯再生器中。

将来自 DMC 粗品槽，主要含 DMC 和 DMO 的液体物料送至 DMO 塔 C-102 中，塔顶回收 DMC 和甲醇，DMO 作为塔底产物回收。甲醇和 DMC 在两塔蒸馏系统 C-103 和 C-104 中进一步分离。塔 C-103 控制温度 118℃，压力 88psia。将来自塔 C-102 的甲醇/DMC 及来自 C-104 的循环物料送至 C-103，蒸出 甲醇/DMC 共沸物，其比例为 82.5 : 17.5（质量），而 DMC 从塔底排出。将蒸馏液送入 C-104 塔，常压操作，塔底回收的甲醇送回甲醇原料槽。70 : 30（质量）的甲醇/

DMC 共沸物作为塔顶馏分回收并送至 C-103 中。

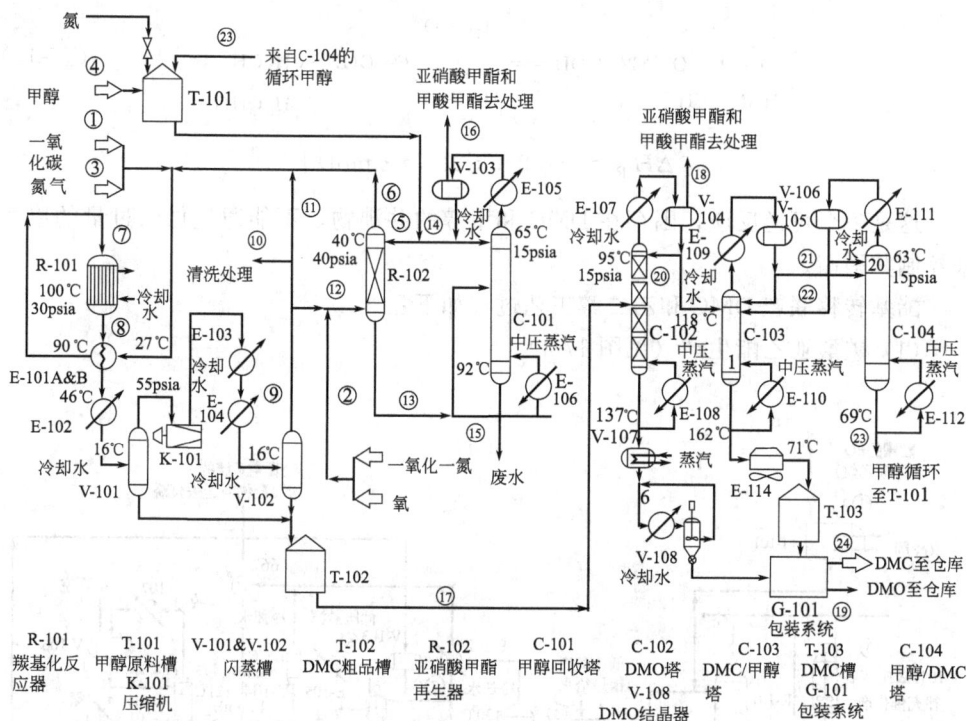

图 17-3　气相氧化羰基化法生产 DMC

17.5.3　酯基转移工艺

　　由美国德士古公司开发的另一种非光气法工艺，即酯基转移工艺，以环氧乙烷和二氧化碳衍生的碳酸亚乙酯为中间体，在催化剂存在下，与甲醇进行酯基转移，从而实现联产碳酸二甲酯和乙二醇。可选用有叔胺功能性弱碱性凝胶型阴离子交换树脂、铊催化剂、沸石等多种催化剂。最有效的一种是有叔胺功能性的弱碱性凝胶型阴离子交换树脂，其商品名为 Amberlite。

　　环氧乙烷与二氧化碳的加成反应在铵或碱金属盐催化剂存在下进行：

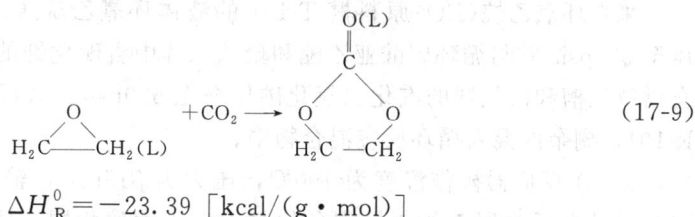

$$
\underset{\displaystyle H_2C\!-\!CH_2(L)}{\overset{\displaystyle O}{\diagdown\!\diagup}} + CO_2 \longrightarrow \underset{\displaystyle H_2C\!-\!CH_2}{\underset{\displaystyle O\qquad O}{\diagdown\!\diagup}}\!\!\overset{\displaystyle O(L)}{\overset{\|}{C}} \tag{17-9}
$$

$$\Delta H_R^0 = -23.39\,[\mathrm{kcal/(g\cdot mol)}]$$

　　该反应环氧乙烷转化率可达 98% 以上，对碳酸亚乙酯的选择性可达 99% 以上。甲醇和碳酸亚乙酯的酯基转移反应如下：

$$\begin{array}{c} O(L) \\ \parallel \\ C \\ \diagup \ \diagdown \\ O \qquad O \\ \mid \qquad \mid \\ H_2C - CH_2 \end{array} + 2CH_3OH \Longleftrightarrow \begin{array}{c} H_3C-O \\ \diagdown \\ C=O(L) \\ \diagup \\ H_3C-O \end{array} + \begin{array}{c} CH_2OH \\ \mid \\ CH_2OH(L) \end{array} \tag{17-10}$$

$$\Delta H_R^0 = -1.8 \ [\text{kcal}/(\text{g} \cdot \text{mol})]$$

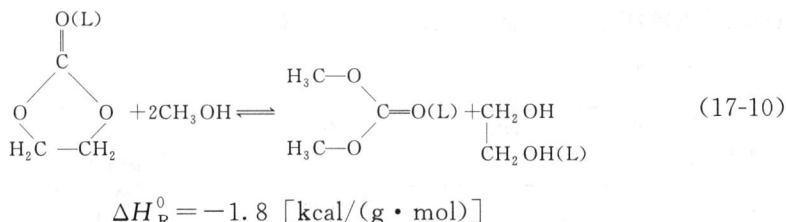

这是一个可逆反应，因存在 DMC 和甲醇的共沸物，不能通过加入过量的甲醇来控制其平衡。

酯基转移联产 DMC 和乙二醇工艺过程如下：

(1) 碳酸亚乙酯生产（见图 17-4）

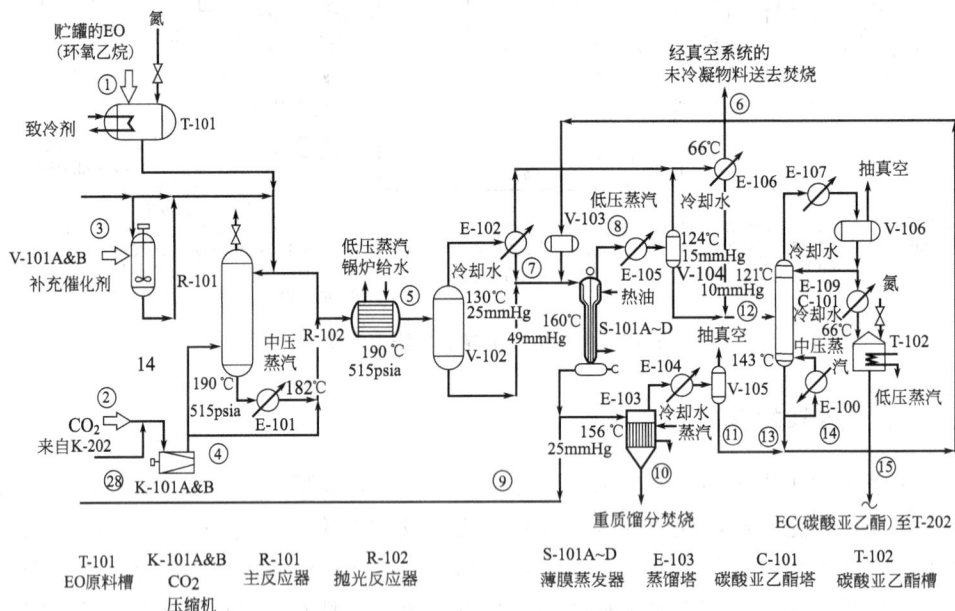

图 17-4　酯基转移法联产 DMC 和乙二醇、碳酸亚乙酯（EC）的生产工艺

1mmHg＝133.322Pa。

来自环氧乙烷(EO)原料槽 T-101 的液体环氧乙烷送入主反应器 R-101 之前，压至 530psia 并与循环碳酸亚乙酯和聚乙二醇中含碘化钾的催化剂溶液混合。将来自供料贮槽和汽化器的汽化二氧化碳压缩至 530psia，大部分的二氧化碳直接送入 R-101，剩余的混入循环反应混合物中。

R-101 反应器操作温度为 190℃，压力为 515psia，输入的环氧乙烷转化率为 91%。抛光反应器 R-102 操作条件与 R-101 大致相同，环氧乙烷转化率达 99%。两个反应器的反应热通过产生蒸汽而除去。

R-102 反应器流出物在 130℃，26mmHg（1mmHg＝133.322Pa）下闪蒸除

去乙醛和其他轻质馏分。获得的液体物料与含碳酸亚乙酯和聚乙二醇的循环物流混合并送入薄膜蒸发器 S-101A~D，这些薄膜蒸发器的操作温度为 160℃，压力为 49mmHg，约蒸发进料的 85%。来自薄膜蒸发器的液体大部分循环返回反应系统，剩余部分送入蒸馏塔 E-103 中，在此清洗除去重质馏分。E-103 塔顶馏分经冷凝后与来自蒸馏工序的重质馏分一起循环回薄膜蒸发器。在蒸馏塔中，部分碳酸亚乙酯分解成环氧乙烷，二氧化碳和乙醛，有些环氧乙烷与乙二醇反应生成聚乙二醇。

来自 S-101A~D 的塔顶馏分分两步部分冷凝。未冷凝的蒸气送去焚烧。得到的碳酸亚乙酯粗品含乙二醇和聚乙二醇，送碳酸亚乙酯塔 C-101 蒸馏回收含微量乙二醇的碳酸亚乙酯。重质馏分循环回薄膜蒸发器。

碳酸亚乙酯产品经冷却至 66℃，送往配有低压蒸汽蛇管的碳酸亚乙酯槽 T-102 恒温保存并用氮气覆盖。通常碳酸亚乙酯只有两天的贮量。

（2）DMC 和乙二醇联产（图 17-5）

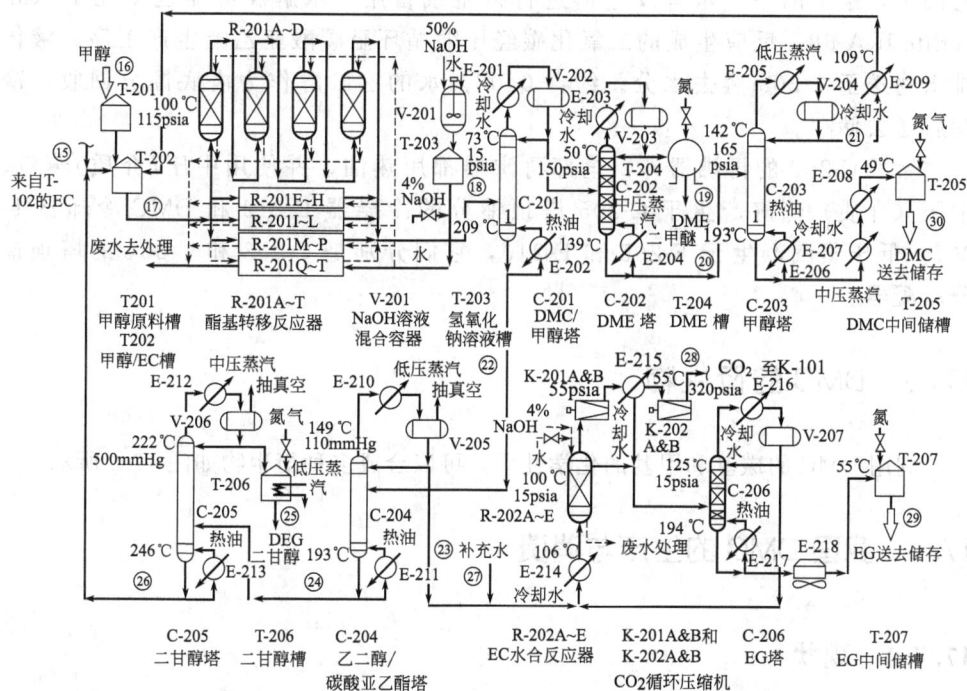

图 17-5　酯基转移法联产 DMC 和乙二醇的生产工艺

以 4∶1 的比例（物质的量）将来自 T-201 的新鲜甲醇和循环使用的甲醇与碳酸亚乙酯混合后，送入五个串联的酯基转移反应器中的四个。余下的一个反应器进行再生或备用。反应器填充了 Amberlite IRA-68 催化剂（与含二甲氨基功能键相连的丙烯酸二乙烯基苯聚合物的弱碱凝胶型阴离子交换树脂）。可用 4% 的氢氧化钠水溶液通过树脂 30min，再用水冲洗的方法再生树脂。

碳酸亚乙酯转化率为 58.5%，对乙二醇的选择性为 99.9%（摩尔分数）。以甲醇计，转化率为 29.5%，对 DMC 的选择性为 96.9%（摩尔分数），副产品是二甲醚、二甘醇和水。

在 C-201 中，来自酯基转移反应器的物流分离成含 DMC/甲醇共沸物、水和二甲醚的塔顶馏分以及由乙二醇、二甘醇和碳酸亚乙酯组成的塔底物。C-201 塔顶馏分送入 C-202 中蒸去二甲醚（可作副产品回收）。C-202 塔底物（DMC/甲醇）进入 C-203 中，于 165psia 压力下分离并回收富集甲醇（约 95%）的物流循环使用。塔底产品冷却并送往储存。

来自 C-201 的塔底物在压力为 110mmHg 的 C-204 中蒸馏，塔顶馏分为乙二醇/碳酸亚乙酯共沸物。含二甘醇和碳酸亚乙酯的塔底馏分送往 C-205，蒸出二甘醇（可作副产品），碳酸亚乙酯循环使用。

来自 C-204 的塔顶共沸物与两倍量的水送入五个碳酸亚乙酯水解反应器中的四个，余下的一个水解反应器进行再生或备用。水解反应器也填充了 Amberlite IRA-68。反应生成的二氧化碳经压缩循环至碳酸亚乙酯生产工序。液体排出物送至 C-206 蒸去水分。约含 0.02% 水的乙二醇作为塔底馏分回收，冷却后送去储存。

除了 C-202 的再沸器外，全部再沸器都用热油，并使用中压（介质）蒸汽。中压（介质）蒸汽产生于 C-205 塔顶馏分的冷凝器 E-212 和 DMC 冷却器 E-207。低压蒸汽产生于 E-205 和 E-210，它们分别是 C-203 和 C-204 的塔顶馏分冷凝器。

17.6　DMC 的衍生物

利用 DMC 的羰基和甲基的化学性质，可以合成多种衍生物如图 17-6 所示。

17.7　我国 DMC 的生产与消费

17.7.1　现状

我国 DMC 产品开发始于 20 世纪 80 年代初期，重庆长风化工厂采用我国自行研制开发的光气法，选择在已有光气生产企业内建设，单套装置规模 300～500 t/a，随后河北、辽宁、安徽、山东、湖北等省陆续上马投产。

我国 DMC 的发展阶段：①20 世纪 80 年代初期，采用我国自行研制开发的光气法，选择在已有光气生产企业内建设。在此期间，我国 DMC 的生产能力约1000～1500t/a；②进入 20 世纪 90 年代，浙江大学、华东理工大学、华中理工大

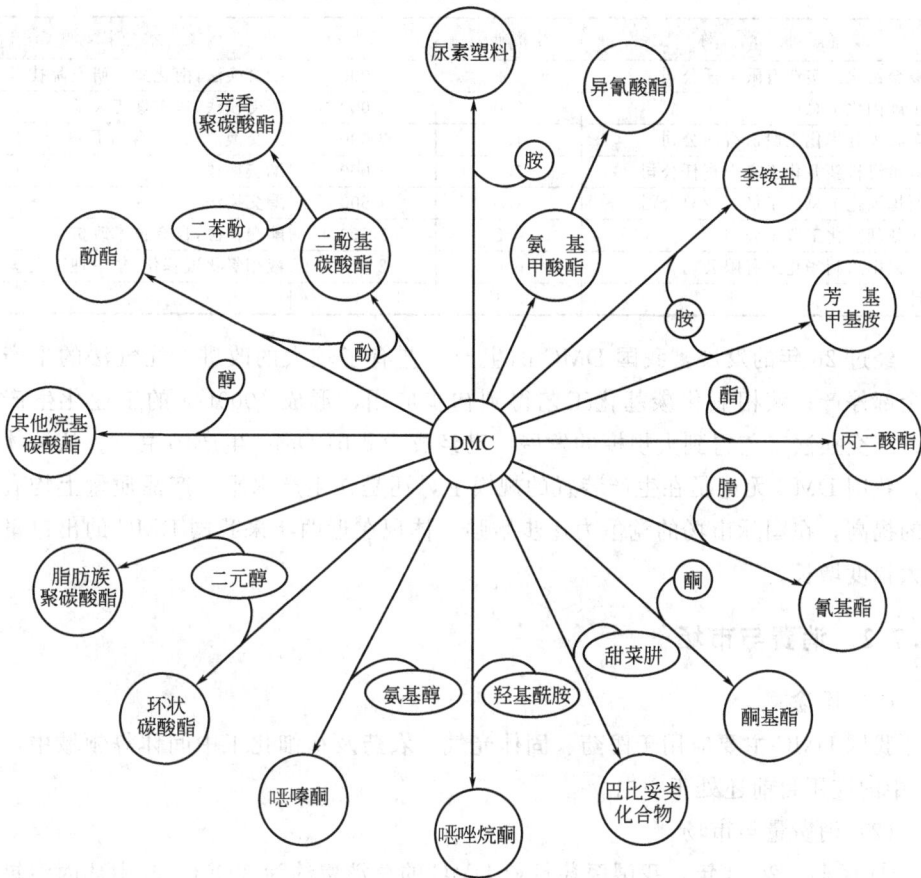

图 17-6　DMC 的衍生物

学、西南化工研究设计院和上海化工研究院等科研单位，相继开始了对非光气法DMC 生产工艺的开发研究。其中，酯交换法工艺先后在河北唐山、山东淄博、江苏泰兴等地的企业进行了中试或工业化试验。经过多年的摸索，工艺技术水平逐步提高。华中理工大学开发的液相法氧化羰基化生产工艺也在湖北兴利华进行了小试和中试。在此期间，我国 DMC 的生产得到较大的提高。到 20 世纪 90 年代末期，我国有 DMC 生产企业十几家，生产能力 6000～7000t/a；③21 世纪以来，我国酯交换法 DMC 生产工艺逐步完善，2002 年以后，我国相继建成了几套万吨级 DMC生产装置。液相羰基氧化工艺得到工业化应用，在湖北建成了 4000t/a 的生产装置。此时，我国 DMC 工业进入高速发展期。

据不完全统计，2005 年我国有 7 家 DMC 生产企业，主要分布在安徽、辽宁、湖北、山东和河北等省。2005 年，我国 DMC 生产能力约 8.1 万吨/a，产量约 2 万吨/a。2005 年我国 DMC 主要生产企业的概况如表 17-3 所示。

表 17-3   2005 年我国 DMC 主要生产企业的概况   单位：万吨/a

企 业 名 称	生产能力	产量	技 术 来 源
铜陵金泰化工实业有限责任公司	1.2	5 000	酯交换法,南化集团研究院技术
唐山朝阳化工总厂	3.0	4 000	酯交换法,华东理工大学
山东石大胜华化工股份有限公司	1.0	3 000	酯交换法,2003 年 6 月投产
东营市海科新源化工有限责任公司	1.0	2 000	酯交换法
锦西炼油化工总厂华亿实业总公司	1.0	1 500	酯交换法
河北新朝阳化工股份公司	0.5	1 500	酯交换法,自有技术改扩
湖北兴山兴利华化工有限公司	0.4	2 000	液相氧化羰基化,华中理工大学
合计	8.1		

经过 26 年的发展，我国 DMC 的生产工艺有了较大的改进。光气法的生产装置全部停产；液相氧化羰基化工艺得到初步应用，形成 4000t/a 的工业化生产装置；酯交换法工艺得到大规模的发展，已经成为我国 DMC 生产的主流。从总体上讲，我国 DMC 无论是在生产装置的规模上，还是在生产水平、产品质量上均有一定的提高，在国际市场的竞争力逐步增强，体现在近两年来我国 DMC 的出口量得到大幅度增长。

17.7.2   消费与市场

（1）用途

我国 DMC 主要应用于医药、固体光气、农药及精细化工中间体等领域中，在 PC 中的应用目前还处于空白。

（2）消费量与市场

① 医药   2003 年，我国医药行业 DMC 的总消费约为 3000t。其中环丙沙星是 DMC 用量较大的品种，DMC 的消费量约 1800t。此外，在氟哌酸原药的生产中，近年来 DMC 用于替代 DMS 有较大的发展，其 DMC 的消费量达到了约 1200t 的水平。

在医药行业中，喹诺酮类药物疗效好，价格低，而且使用也比较安全方便，未来我国的消费量将会保持良好的增长势头，新的品种将不断出现，在喹诺酮类药物生产中 DMC 的需求量将会有较大幅度的增长；另外，随着 DMC 的成本和价格进一步降低以及我国环保政策进一步强化，DMC 用于替代高毒的 DMS 作为甲基化剂的应用也将得到较大范围的推广，这也是 DMC 在医药行业中最有增长潜力的市场。

预计，2008 年我国医药生产中 DMC 的消费量达到 8000t 的水平。

② 固体光气   固体光气又称三光气，其反应活性与光气类似，可以代替光气，实现光气化反应，但安全性远远高于光气。近年来，随着我国 DMC 行业的快速发展，为进一步拓展 DMC 下游产品消费市场，固体光气的生产及应用得到我国众多 DMC 生产企业及科研院所的重视，产量逐年上升。

2003年，我国固体光气的总生产能力约1万吨，产量约4600t，全部采用DMC路线生产，消耗DMC约1400t。近年来为提高化工生产安全水平，政府对光气生产厂点的限制更加严格。从长远来看，作为光气替代产品的固体光气将会有一定的发展空间。

预计，2008年我国固体光气消费DMC 3000t。

③ 农药 20世纪80年代，我国氨基甲酸酯类农药发展很快，其中消费甲基异氰酸酯的农药品种，如甲萘威、残杀威、克百威、灭多威均有生产。目前，我国上述品种的农药生产除江苏太仓鲍利葛化工有限公司用DMC生产甲基异氰酸酯外，其他生产厂均用光气法生产甲基异氰酸酯。总体上讲，我国农药行业DMC的消费量比较小，总量不会超过600t/a。近年，光气的生产及供应渠道均有了较大改进，加上成本上的原因，DMC替代光气生产氨基甲酸酯类农药方面的应用增长受到限制，在农药行业中DMC的需求量将基本维持现状。

近年，我国西北大学采用DMC与2-氨基-4,6-二甲氧基嘧啶为起始原料，采用非光气合成法，以4,6-二甲氧基-2-嘧啶氨基甲酸甲酯作为重要中间体，再与相应的芳基磺酰基反应生成烟嘧磺隆（除草剂），该除草剂具有高效、低残留且对环境友善的特点，这一新产品的开发有利于农药生产和现代农业的发展。

④ PC PC生产一般采用两种方法：酯交换法和光气化界面缩聚法。酯交换法是将双酚A与过量的碳酸二苯酯（DPC）在熔融状态下进行酯交换和缩聚反应，逐步形成高分子产物聚碳酸酯。光气化界面缩聚法是将双酚A水溶液进行光气化界面缩聚反应，合成PC（聚碳酸酯）。DPC的合成一般采用光气和苯酚反应路线，也可使用DMC与苯酚反应合成DPC，即所谓的非光气化路线。我国PC生产厂均采用光气为原料，用界面聚合方法生产，因此我国在PC生产中没有DMC的消耗。从近年我国PC项目的发展动态看，我国一大批科研院所正在大力研究非光气法DPC、PC的生产工艺技术，我国有计划建设非光气法PC的设想，如果得以实施，将实现零的突破，一跃成为我国DMC的第一大消费领域，预计届时DMC的消费量将达到2万吨。2010年以后，在我国非光法PC工艺取得突破并实现工业化的基础上，预计我国非光法PC工业将得到快速的发展，从而带动DMC市场的快速增长。

⑤ 其他领域 作为安全环保的电解液应用于锂离子电池生产，是近年来碳酸酯类产品的最重要的用途之一，受到业内的普遍关注。近年来，我国手机、便携式计算机、摄像机、照相机等移动电器等产业得到高速发展，相应地锂电池的产量及用量也得到大幅度增长。目前，我国手机拥有量已达2.5亿部，便携式计算机已达130万台。据业内人士统计，2003年仅手机用锂电池的产量就达到8亿个，年消费碳酸二甲酯-碳酸二乙酯-碳酸甲乙酯三元溶剂约3000 t，按其中1/3为DMC估算，实际年消费DMC约1000 t。

另外，DMC还可以用于生产异氰酸酯、涂料和油墨溶剂以及替代DMC合成一系列有机中间体等领域。目前，DMC 在这些领域中的消费尚处于起步的阶段，实际消费量较小，2003 年仅为 300 t 左右。从长远发展的观点上看，由于 DMC 低毒、安全的特性，将来在大幅度降低成本的基础上，在这些领域中将会出现一定幅度的增长。但由于 DMC 价格较高，它在替代 DMS 作化工反应中的酯化剂，用于在涂料生产中作为有机溶剂，替代 MTBE 用作汽油添加剂等领域中的应用仍须进一步推广和开发。预计，2008 年 DMC 在锂电池及其他领域中的需求量达 5000t。我国 DMC 的消费构成如表 17-4 所示。2005 年我国 DMC 的消费构成如图 17-7 所示。

表 17-4 我国 DMC 的消费构成

项目	2003 年		2005 年		2008 年(预计)	
	消费量/(t/a)	消费构成/%	消费量/(t/a)	消费构成/%	消费量/(t/a)	消费构成/%
医药	3000	47.63	4500	50	8000	21.86
固体光气	1400	22.22	1900	21.11	3000	8.2
农药	600	9.52	600	6.67	600	1.64
PC	0	0	0	0	20000	54.64
其他	1300	20.63	2000	22.22	5000	13.66
合计	6300	100.0	9000	100.0	36600	100.0

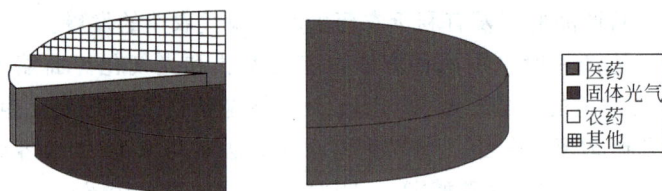

■ 医药
■ 固体光气
□ 农药
▦ 其他

图 17-7 2005 年我国 DMC 的消费构成

（3）价格分析

我国 DMC 的历年价格（平均值）如表 17-5 所示。

表 17-5 我国 DMC 的历年价格（平均值）　　　　　　单位：万元/t

年份	价格	年份	价格	年份	价格
1997	1.5～1.8	2001	0.95～1.15	2005	0.68～0.75
1998	1.0～1.3	2002	0.98～1.15	2006(1 月～7 月)	0.75～0.95
1999	0.95～1.10	2003	0.85～1.0		
2000	0.95～1.15	2004	0.75～0.90		

1997 年上半年，由于意大利埃尼公司和日本宇部兴产公司 DMC 装置同时发生故障，造成国际市场上 DMC 供不应求，产品价格大幅度上涨，我国 DMC 产品价格也达到了(1.5～1.8)万元/t。此后随着 DMC 生产供应逐步正常，价格在 1997 年下半年开始逐渐回落，至 1998 年 6 月，稳定在(1.0～1.3)万元/t。1998 年以后的近 5 年来，我国 DMC 的生产呈现了快速发展的局面，生产装置能力和产量不断增长，我国 DMC 市场逐步摆脱了对国外市场依赖的局面，这在很大程度上对我国

DMC 的市场价格起到了稳定的作用。1999~2002 年上半年期间，我国 DMC 的市场价格基本保持在 1 万元/t 的水平上，随着市场的供求略有波动。2003 年以后，由于我国 DMC 装置生产能力出现大幅度的提高，生产能力相对过剩，市场竞争日趋激烈，价格出现明显下降，从 2003 年平均 9000 元/t 的水平下降到 8250 元/t。

　　从当前发展形势上看，我国 DMC 生产能力的发展速度仍高于其市场需求的增长速度，我国 DMC 市场的竞争还将进一步激化，预计在今后几年内我国 DMC 的市场价格将相对保持平衡的态势，略有下降，价格将在 7000~8000 元/t 之间波动。

　　（4）出口

　　由于受到目前我国 DMC 下游产品市场开发增长的限制，以及我国装置生产能力快速增长的压力，寻求产品出口已经成为我国 DMC 企业的热点。目前河北新朝阳化工股份有限公司及唐山朝阳化工总厂两家企业在我国 DMC 出口市场上占据主导地位，其产品已经得到国外用户的广泛认同。随着产品结构向相关多元化方向的发展，这两家企业在海外的市场份额将继续保持增长。我国其他 DMC 生产企业也逐步加大了产品出口的力度，如铜陵金泰化工实业有限责任公司，该企业产品出口的主要流向是东南亚及日本等国家和地区。我国 DMC 的出口概况如表 17-6 所示。

表 17-6　我国 DMC 的出口概况　　　　　　　　单位：t/a

年份	2003 年	2005 年	2008 年
净出口	7 000	>10000	>20000

17.8　世界 DMC 的生产与消费

17.8.1　生产

　　世界 DMC 生产主要集中在美国、西欧、日本和东亚地区，在国外 DMC 是比较成熟的有机化工原料，产能稳步增长。2005 年，国外 DMC 生产能力约 12.9 万吨/a，如表 17-7 所示，其中美国占 46.5%，西欧占 23.26%，日本占 30.24%。

表 17-7　国外 DMC 的生产能力　　　　　　　　单位：万吨/a

国家和地区	美国	西欧	日本
能力	6.0	3.0	3.9

　　目前，国外 DMC 主要的生产企业十几家，包括 GE（通用电气公司）、Enichem Synthesis SPA（意大利埃尼公司）、Mitsubishi Chemical Corp.（日本三菱化学公司）以及日本宇部兴产公司等（表 17-8）。

表 17-8　欧美、日本主要 DMC 生产商的概况　　　　　　单位：万吨/a

国别	生产厂	装置所在地	技　术	能力
美国	GE 公司		氧化羰基化工艺	6.0
意大利	埃尼公司	Ravenna，Emilia-Romagna	液相氧化羰基化工艺	1.2
日本	三井化学子公司	Kitakyushu，Fukuoka	液相氧化羰基化工艺	0.3
	大赛路公司	Ube，Yamaguchi	液相氧化羰基化工艺	0.6
	三菱化学公司			1.5
	宇部兴产公司		宇部兴产公司气相氧化羰基化工艺	1.5

17.8.2　消费

（1）PC

目前，世界上共有 7 个国家和地区生产 PC，包括美国、西欧、日本、韩国、巴西、东欧和中国，有近 50 家工厂。通用电气公司（General ELectric，GE）是最大的生产商，2002 年，GE 公司 PC 生产能力约占全球总生产能力的 35%。拜耳公司（Bayer）居世界第 2 位，约占总生产能力的 26%；道化学是世界第三大 PC 生产商，其总生产能力占世界总量的 11%。

2002 年，全球共有 PC 生产能力约 240 万吨/a。近年世界 PC 的生产和消费一直保持着快速增长的势头，是众多国外大型 PC 生产商的投资热点之一。亚太地区将成为新一轮投资的重点地区，PC 的生产局面将随之发生变化。如德国 Bayer 公司拟在我国上海建设 20 万吨/a 的大型 PC 项目。

目前，PC 的生产工艺主要是以光气为原料的界面聚合法为主。

在 PC 行业中，Enichem Synthesis 公司第一个成功开发以甲醇与一氧化碳进行氧化羰基化反应生产 DMC 的工艺路线，并实现了工业化生产。1995 年，Bayer 收购了 Enichem Synthesis 公司。据悉 Bayer 公司有可能采用 Enichem Synthesis 公司的 DMC 技术生产 PC。

GE 塑料（日本）于 20 世纪 90 年代初在 Chiba 的 2.5 万吨/a PC 厂中采用了 Enichem Synthesis 公司的非光气技术，目前其装置生产能力已扩至 4.5 万吨/a。

GE 在西班牙 Cartagena 的 PC 生产厂采用其自主开发的非光气法技术，其 PC 生产能力为 13.6 万吨/a。

在日本的 Asahi（旭化成）化学公司开发了从 DMC 生产碳酸二苯酯（DPC）进而生产 PC 的工艺。

Ube Industries（日本）曾计划建设非光气法实验厂，截止 2006 年建成投产。

到 2006 年，国外采用 DMC 路线生产 PC 的装置能力约为 18 万吨/a，消费 DMC 约 5 万吨/a。

今后随着世界 PC 工业的发展、工艺路线的改造，DMC 在 PC 业中的消费也将有一定的增长。

（2）农药

在农药领域，DMC 主要用于生产甲基异氰酸酯，进而生产某些氨基甲酸酯类农药。可生产的农药品种有：甲萘威、残杀威、克百威、灭多威等。2002年，全球在农药方面DMC的消费量约为8000t。今后几年内氨基甲酸酯类的农药的生产及消费将基本维持现状。

（3）医药

DMC在医药方面主要用于合成抗感染类药、解热镇痛类药、维生素类药和中枢神经系统用药。DMC主要用于合成环丙沙星、诺氟沙星（氟哌酸）、吡哌酸、乳酸环丙沙星等原料药的合成，主要是作为甲基化剂使用。

DMC在生产中具有使用安全、方便、污染少、容易运输等特点。自1984年印度博帕尔的美国联碳公司发生中间体泄漏事故以来，世界各国出于安全和环境的要求，已逐步限制了光气等有毒化学品的生产与使用。作为光气、硫酸二甲酯（DMS）等替代品，DMC具有较大的市场。"9·11"事件后，美国连续发生了几起炭疽病毒邮件案件，使得作为预防炭疽病毒特效药的环丙沙星成为畅销药，DMC的消费大幅增加。根据世界抗感染类药物生产情况，估算DMC的消费量为2.6万吨/a左右。

（4）其他领域

DMC还可代替DMS作甲基化剂领域；与高碳醇（$C_{12}\sim C_{15}$）反应制备链烷基碳酸酯；作溶剂以及汽油添加剂等。其他领域中DMC的消费量约为1.3万吨/a。

17.9 发展建议

针对我国DMC生产与市场的现状，提出以下建议：①对于一些拥有丰富的煤资源、规划发展C_1化工的地区，应该在确保技术来源先进可靠的基础上，在认真分析各自的产品竞争力的基础上，综合考虑DMC的建设问题；②加大DMC应用领域的市场开发力度，与国内相关科研单位合作，开发DMC-DPC-PC、碳酸甲乙酯、碳酸二乙酯、固体光气以及异氰酸酯等系列产品，力争实现大规模工业化生产。在降低产品的市场风险的同时，提高产品的附加值可以有效地扩大市场内需，缓解我国DMC市场的压力，营造更好的市场环境；③重视DMC新工艺的开发和应用，如氧化羰基合成法、CO_2与甲醇直接合成DMC工艺以及尿素醇解法等。

参 考 文 献

[1] 司航. 有机化工原料（第3版）. 北京：化学工业出版社，2000.
[2] 徐415利. 烟嘧磺隆的研究与开发进展. 农药科学与管理，2007, 28 (6)：35-39.
[3] 张瑞和等. 化工产品技术经济咨询报告 (3). 中国化工信息中心，1996.
[4] 李峰等. 甲醇及其衍生物. 北京苏佳惠丰化工技术咨询有限公司，2006.

（李峰　编写）

18 二甲基亚砜

二甲基亚砜（dimethyl sulfoxide，DMSO）是一种含硫有机化合物，它无色无臭，有高沸点、高吸湿性，是一种既溶于水又溶于有机溶剂的极为重要的非质子强极性惰性溶剂，人们称其为"万能溶剂"。

DMSO用作抽提溶剂、医药中间体、农药添加剂、防冻剂、金属脱漆和脱脂剂、电容介质、稀有金属提取剂、化妆品助剂、合成纤维的染色剂和改性剂等，被广泛应用于石油、化工、医药、电子、合成纤维、塑料、印染等行业。DMSO产品附加值高，生产工艺成熟，具有广阔的开发前景。

18.1 物化性质

18.1.1 物理性质

二甲基亚砜（DMSO）为无色透明液体。DMSO分子式：$(CH_3)_2SO$。无臭、略苦、能溶解无机盐及多数有机化合物。液态DMSO能高度缔合。DMSO的物理性质如表18-1所示。

表 18-1 DMSO 的物理性质

项　　目	数　　据	项　　目	数　　据
熔点/℃	18.55	80℃	36.45
沸点/℃		100℃	34.00
101.3kPa(760mmHg)	189.0	临界温度/℃	434
1.6kPa(12mmHg)	72.5	临界压力/MPa	5.85
折射率		/atm	57.7
20℃	1.4783	临界密度/(g/cm³)	0.283
25℃	1.4768	临界压缩因子	0.274
30℃	1.4742	黏度/mPa·s	
体积膨胀系数/(cm³/℃)	0.00088	20℃	2.20
蒸气压 $p^{①}$/mmHg		40℃	1.51
表面张力/(10³N/m)		60℃	1.09
20℃	43.99	80℃	0.810
40℃	41.45	100℃	0.623
60℃	38.94	闪点(开口)/℃	95
		自燃温度(在空气中)/℃	300～302

续表

项　目	数　据	项　目	数　据
在空气中爆炸极限(体积分数)/%		25℃,气体	−151.0
下限	3～3.5		−36.09
上限	42～63	燃烧热(25℃)/(kJ/mol)	1978.6
介电常数		/(kcal/mol)	−472.9
20℃	48.9	熔融热(18.4℃)/(kJ/mol)	6.53
25℃	46.4	/(kcal/mol)	1.56
偶极矩(20℃)/D	4.3	蒸发热/(kJ/mol)	
电导率(20℃)/(S/m)	3×10^{-6}	/(kcal/mol)	
/[1/(Ω·cm)]	3×10^{-8}	25℃	52.89(12.64)
密度/(g/cm³)		189℃	43.18
20℃	1.1014		10.32
25℃	1.0946	比热容/[kJ/(kg·℃)]	
50℃	1.0721	/[kcal/(kg·℃)]	
电离热/eV	8.85	3.78℃	1.87
生成热/(kJ/mol)			0.4462
/(kcal/mol)		13.53℃	1.88
			0.4499
25℃,液体	−203.9	与水的混合热(摩尔分数为50%)	2.67
	−48.73	/(kJ/mol)	
		/(kcal/mol)	0.637

① $\lg p = 26.49558 - 3539.32 T^{-1} - 6.00000 \lg T$

式中，T 为热力学温度。

注：1mmHg=133.322Pa；1D=3.33564$\times10^{-30}$C·m。

18.1.2　化学性质

（1）**热分解反应**

DMSO 在高温（180℃）下，会慢慢地分解为甲硫醇、甲醛、水、双（甲硫代）甲烷、二甲基二硫醚、二甲砜及二甲硫醚的混合物。酸、二元醇或酰胺，可使之加速分解。

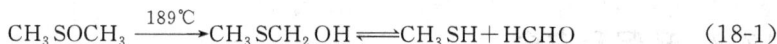

$$CH_3SOCH_3 \xrightarrow{189℃} CH_3SCH_2OH \Longrightarrow CH_3SH + HCHO \tag{18-1}$$

$$2CH_3SH + HCHO \Longrightarrow CH_3SCH_2SCH_3 + H_2O \tag{18-2}$$

$$2CH_3SH + (CH_3)_2SO \Longrightarrow CH_3SSCH_3 + CH_3SCH_3 + H_2O \tag{18-3}$$

$$2(CH_3)_2SO \longrightarrow CH_3SO_2CH_3 + CH_3SCH_3 \tag{18-4}$$

（2）**氧化反应**

亚砜可被 $KMnO_4$、H_2O_2、O_3、SeO_2、发烟硝酸或热硝酸等强氧化剂迅速氧化为砜，并且收率高。硝酸氧化时，常副产磺酸。当 DMSO 用次卤（氯或溴）酸处理时，在氧化过程中，常伴随着卤化作用，以高收率制得六卤代二甲砜（$CX_3SO_2CX_3$）。用 H_2O_2 氧化宜在冰醋酸中进行。

（3）**还原反应**

亚砜可被新生态的氢还原成硫醚。DMSO 可被氢化铝、氢碘酸、二硼烷、硫醇、磷化氢衍生物等强还原剂还原成二甲硫醚。DMSO 在盐酸中经氯化亚锡还原后，在低浓度的水溶液体系中，可用气液相色谱法进行定量分析。

DMSO 能与其他有机硫化物发生硫与氧的交换反应，变为二甲硫醚。有机硫化物则氧化为砜。

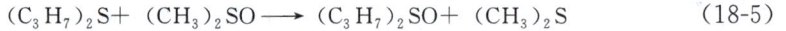

$$(C_3H_7)_2S + (CH_3)_2SO \longrightarrow (C_3H_7)_2SO + (CH_3)_2S \qquad (18-5)$$

（4）普梅雷尔反应

醋酸酐在 70℃时，可将苯基亚磺基醋酸乙酯转化为 α-乙酰氧基硫醚，收率 70%。

$$C_6H_5\overset{O}{\underset{}{S}}CH_2\overset{O}{\underset{}{C}}OC_2H_5 + (CH_3\overset{O}{\underset{}{C}})_2O \longrightarrow C_6H_5SCH(O\overset{O}{\underset{}{C}}CH_3)\overset{O}{\underset{}{C}}OC_2H_5 \qquad (18-6)$$

上述反应是非常普遍的，通常收率为 75%～90%。在所有包括亚砜的反应中，至少含有一个 α-氢被还原成硫醚，同时也在 α-碳上氧化，称之为普梅雷尔（Pummerer）反应。

18.2 质量标准

DMSO 质量标准如表 18-2 所示。

表 18-2　DMSO 质量标准

指标名称		药用级	优级	特级	工业一级
外观		无色透明液体			
DMSO 含量/%		99.8	99.5	99.5	99.0
凝固点/℃	≥	18.2	18.0	17.8	16.45～18.45
酸值/(mgKOH/g)	≤	0.025	0.04	0.04	0.1
透光度(400μm)/%		95	95	95	80
水分/%	≤	0.5	0.5	0.5	1.0

18.3 环保及安全

DMSO 生产的主要废气为硫醚尾气、二氧化氮，主要废水为硫醚分离水、碱洗分离水，主要污染物为硫氢化钠、氢氧化钠、甲硫醇、硫化氢和甲醇等。采用西南化工研究设计院最新处理技术，硫醚尾气送造气炉燃烧，二氧化氮尾气闭路循环利用，废水用臭氧氧化塔氧化处理，环保问题能得到妥善解决。

DMSO 是一种相对稳定的低毒性化合物，大白鼠一次经口服，LD_{50} 约 19700～28300mg/kg，小白鼠 LD_{50} 16500～24000mg/kg，家兔静脉注射 165mg/kg 后死亡。据报道，DMSO 经常接触皮肤，可致变红，并引起鳞片状的脱屑。有时引起恶心、呕吐、恶寒、痉挛和视力减退或变态反应，甚至呈现眼球混浊的现象。可按有毒物品规定采取防护措施。如配戴防护眼镜和手套等。丁基橡胶手套对防护

DMSO 溶液的穿透比其他类型的材料安全。

DMSO 在氧气或空气中的爆炸范围很宽，当采用二氧化氮法生产 DMSO 时，要防止爆炸事故发生。

18.4　包装及储运

DMSO 工业品可采用铝桶、塑料桶或玻璃瓶包装储运，塑料桶包装，产品净重 200kg 或 100kg。存放于阴凉、通风干燥处，按易燃有毒物品规定储运。此外，由于 DMSO 熔点较高，在冬季有冻结期的地区，在储运中有附带保温装置的必要。DMSO 吸湿性强，储运时应严密封闭、防潮、防火、防晒、防冻（18℃以下会结晶）。

18.5　生产工艺

DMDO 的生产方法：首先合成二甲基硫醚，然后二甲基硫醚再与其他的氧化剂进行氧化反应制得 DMSO 产品。

二甲基硫醚的合成有硫化氢法、二硫化碳法和硫化钠法。

① 以甲醇和硫化氢为原料，在 $\gamma\text{-}Al_2O_3$ 催化剂作用下生成二甲基硫醚（DMS）的工艺，其主要反应如下：

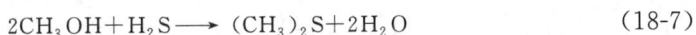

$$2CH_3OH+H_2S \longrightarrow (CH_3)_2S+2H_2O \tag{18-7}$$

② 以甲醇和二硫化碳为原料，在 $\gamma\text{-}Al_2O_3$ 催化剂作用下生成二甲基硫醚的工艺，其主要反应如下：

$$4CH_3OH+CS_2 \longrightarrow 2(CH_3)_2S+CO_2+2H_2O \tag{18-8}$$

③ 以硫酸二甲酯和硫化钠为原料，反应制取二甲基硫醚的工艺，其主要反应如下：

$$(CH_3)_2SO_4+Na_2S \longrightarrow (CH_3)_2S+Na_2SO_4 \tag{18-9}$$

这三种 DMSO 合成工艺的主要原材料消耗定额列于表 18-3。

表 18-3　三种 DMSO 合成工艺的主要原材料消耗定额

原料名称	规格	消耗定额/(kg/t)
①甲醇/硫化氢法		
甲醇	98%	965
硫化氢		510
②甲醇/二硫化碳法		
甲醇	98%	1370
二硫化碳	工业品	881
硝酸	工业品	1880
纯碱	工业品	1140
$\gamma\text{-}Al_2O_3$		3
③硫酸二甲酯法		
硫酸二甲酯	98%	1800
硫化钠	工业品	2300
亚硝酸钠	工业品	500

由二甲基硫醚生产二甲基亚砜的成熟工艺有氧化法和电解法。

氧化法生产二甲基亚砜工艺按氧化剂可分为硝酸氧化法、过氧化氢氧化法、臭氧氧化法、阳极氧化法和二氧化氮氧化法。按相数又可分为均相氧化法和非均相氧化法。

相比之下，合成 DMSO 最廉价可行的工艺路线是以甲醇和硫化氢为原料，催化反应制取 DMS；采用富氧空气或氧气为氧化剂，NO_2 为催化剂，将 DMS 选择氧化制成 DMSO 产品。现在，我国都主要采用这种工艺生产 DMSO。其生产工艺流程示意如图 18-1 所示。

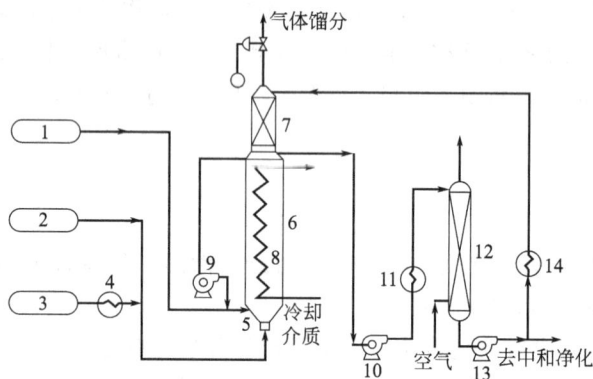

图 18-1　DMSO 生产工艺流程示意

1—二甲基硫醚储罐；2—氧气储罐；3—液体二氧化氮储罐；

4—蒸发器；5—细孔板；6—氧化塔；7—洗涤器；

8，14—冷却器；9，10，13—泵；11—过热器；12—脱气塔

以甲醇和硫化氢为原料，$\gamma\text{-}Al_2O_3$ 为催化剂，在 400℃ 左右的催化剂床中，气相脱水反应制得 DMS；用硫酸和亚硫酸钠反应制得 NO_2；用变压吸附法（PSA）从空气制得富氧空气或氧气。然后，按一定的物料配比，将 DMS 从氧化塔中部加入，氧气和 NO_2 从氧化塔底部加入，在 60℃±5℃ 的反应温度下，进行 DMS 的液相氧化反应，尾气经氧化塔上部排出，塔釜得 DMSO 粗品。氧化塔中部的内部用蛇型管冷却，外部用夹套冷却，釜底温度控制在 30～35℃，中部温度控制在 35～45℃，顶部温度不高于 45℃。DMSO 粗品溶液经吹除脱气，中和除酸，蒸发脱水，脱盐，减压蒸馏等精制处理后，便可制得含量达 99% 以上的 DMSO 精品。

18.6　DMSO 的用途

DMSO 是一种重要的有机溶剂，主要用作有机合成反应中的选择性溶剂，以及医药、农药、涂料、染料制备和石油、天然气加工中的溶剂、助溶剂、渗透剂和

防冻剂、稀有金属提取剂等。

18.6.1　在石油加工中的应用

DMSO 在芳烃抽提中作为萃取溶剂，它的优点是：①对芳烃的选择性高；②常温下对芳烃的无限制混溶；③萃取温度低，且不与烷烃、烯烃、水反应；④无腐蚀、无毒；⑤萃取工艺简单、设备少、节能；⑥不溶于烯烃适合含烯高的油料；⑦溶剂回收可用反萃取。我国辽阳石化公司在引进装置中已使用。

DMSO 对烷烃不溶，因此用于食品蜡、食用白油的精制和致癌物的检测中；DMSO 对乙炔易溶，DMSO 沸点高，回收、再生容易，因此用于石油气乙炔回收和溶解乙炔生产中；DMSO 对有机硫化物、芳烃、炔烃易溶，常用于润滑油、柴油精制中；DMSO 在燃料油添加剂二茂铁生产中用作反应溶剂，使二聚环戊二烯钠与三氯化铁的反应加速，提高收率；在硝基烷烃生产中，使亚硝酸钠与氯代烷在 DMSO 中直接反应具有很高收率。国外 DMSO 用于柴油精制已投入了工业化生产。

18.6.2　在有机合成中的应用

DMSO 在化学反应中，由于其沸点为 189.0℃，而其 60% 的水溶液的冰点只有 −80℃，所以 DMSO 既适合应用于高温反应，也可用作一些低温反应的溶剂。使某些不能实现的反应在 DMSO 中能顺利进行，对某些化学反应具有加速催化作用，提高收率，改善产品性能。

DMSO 也可作为丙烯酸树脂及聚砜树脂的聚合或缩合溶剂、聚丙烯腈及醋酸纤维的抽丝溶剂、烷烃分离的抽提溶剂等。DMSO 还可作聚氨酯合成及抽丝溶剂，作聚酰胺、氟氯苯胺、聚酰亚胺的合成溶剂。

除此以外，DMSO 作为一种强极性非质子偶极型溶剂和一种很弱的氧化剂，在亲核取代反应、亲电取代反应、双键重排、酯缩合反应中都有十分广泛的应用，由于其能使阳离子或带正电荷的基团发生强烈的溶剂化，而不能使负离子很好的溶剂化，所以能大大的提高反应速度，特别是作为伯醇、仲醇的氧化剂具有良好的反应效果。例如，在醋酸合成双乙烯酮的反应中，用 DMSO 作反应溶剂，可以大大提高其反应的转化率；在烷基化反应中用 DMSO 作反应溶剂，可使其反应速率比普通溶剂（如水）要快 100 倍以上等。

18.6.3　在合成纤维中的应用

DMSO 在腈纶纺丝中应用，最早是日本东洋人造丝株式会社申请专利，丙烯腈在 DMSO 溶液中聚合，不用分离，直接在水浴中喷丝，得到蓬松、柔软、容易染色的人造羊毛。该工艺操作简单，生产成本低，产品性能好，且 DMSO 溶剂易于回收再利用。我国山西榆次、辽宁大连、北京部分腈纶厂用此工艺生产。最近在用聚丙腈生产碳纤维中也在应用。国外在涤纶树脂生产中用于对苯二甲酸酯的精制。此外在氯纶生产中，用 DMSO 纺丝、丙烯腈共聚中都有使用。

18.6.4　在医药生产中的应用

DMSO 作为反应溶剂在医药中间体合成中应用很多。如：用氟化钾与 3,4-二氯硝基苯在 DMSO 中反应制得氟氯苯胺，DMSO 可用于氟哌酸、氧氟沙星、三氟硝基甲苯、氟氯苯胺等含氟药品原料的生产；DMSO 在合成黄连素、菸酸肌醇酯、蔗糖脂肪酸多酯和中药萃取生产都得到应用；DMSO 可生产二甲基砜，而二甲基砜是高附加值的精细化工产品，是药物合成、染料中间体和食品添加剂的高温溶剂和高纯试剂，可作为色谱固定液和分析试剂。二甲基砜是人体胶原蛋白质合成的必需物质，作为保健品被应用，是维护人体生物硫元素平衡的主要药物，能调节胃肠功能、促进营养吸收，可治疗关节炎、皮肤病、胃肠疾病，具有护肤养颜及保健功能，这些引起了国外重视，作为保健药品大量应用，近两年来需求量迅速增加；DMSO 还是制取第三代喹诺酮类抗菌药物的重要原料。

18.6.5　直接在医疗中的应用

DMSO 对许多药物具有溶解性、渗透性，本身具有消炎、止痛，促进血液循环和伤口愈合及利尿、镇静作用。能增加药物吸收和提高疗效，因此在国外叫做"万能药"。各种药物溶解在 DMSO 中，不用口服和注射，涂在皮肤上就能渗入体内，从而开辟了新的给药途径，更重要的是提高了病区局部药物含量，降低对身体其他器官的药物危害。

国外对 DMSO 在医疗上的研究报道和我国由沈阳药学院、北京药物研究所、中国药物检测中心等机构的全面毒理检验及病理解剖数据证明：DMSO 属于无毒品。这与病理解剖所见相符。

国外研究认为癌细胞有一层角质保护膜，妨碍药物进入，DMSO 具有对角质的溶解渗透能力，所以能提高疗效。有关研究证明，使用 DMSO 加入治疗药物可取得很好的疗效，明显抑制肿瘤生长。在动物实验时，经过解剖检测，局部药物浓度比其他器官药物浓度高 2～8 倍。

实践证明 DMSO 对神经性皮炎、牛皮癣、关节炎、滑囊炎、毛囊炎、类风湿、中耳炎、鼻炎、附件炎、牙疼、带状疱疹、痔疮、扭伤、腰肌劳损、烧伤、外伤等都具有疗效。目前生产的骨友灵、脚气药、肤氢松软膏等外用药及各大医院的外用制剂中已广泛使用 DMSO。中国科学院兽医研究所用 DMSO 溶解"帕斯"治疗马传染性贫血病（马传贫）和寄生虫病。用低浓度 DMSO 冻存外周血造血干细胞（PBSC）也有研究成果报告。

18.6.6　在农药、化肥中的应用

DMSO 是农药、化肥的溶剂、渗透剂和增效剂。用抗生素溶入 DMSO 中治疗

果树腐烂病,将杀虫剂溶入 DMSO 中杀灭树木及果实中的食心虫;用 0.05% 的溶液在大豆开花期喷洒,增产 10%~15%;将甲醛溶于 DMSO 中制成杀菌剂,不仅可大大减少甲醛的刺激性,而且可提高甲醛熏蒸的灭菌能力;在合成农药除草剂三氟羧草醚和氟磺胺草醚时,选用 DMSO 作为反应溶剂,可使缩合反应具有很高的转化率和收率;各种肥料水溶液中加 5‰DMSO 可叶面施肥。但也有报道在农药加入 DMSO 后更容易引起人身中毒。

DMSO 在我国果树霉菌病中已有应用。在对植物实验中将非渗透药物、染料配成 DMSO 水溶液,涂抹树干,12h 后发现枝叶、根茎果实都含有量或着色,再经过 24h 检测结果消失。说明溶在 DMSO 中的药物、色素可以渗透、流通,也能通过新陈代谢排出、这种特性显示出 DMSO 在农业上的应用前景,有待于今后研究。

18.6.7 在染料中的应用

DMSO 作为染料、颜料的溶剂,能促进颜料、染料的稳定性,增加有机色素的着色量。吉林染料厂在仁丹士林兰生产中使用 DMSO 后使生产能力、收率大幅度提高,四川染料厂目前仍在使用。据报道在印染中加入 DMSO 使染色均匀,消除色差。

18.6.8 在涂料中的应用

DMSO 做溶剂、助溶剂、防冻剂,在水乳漆中使用较多。由于 DMSO 对各种树脂溶解性好,因而在某些漆中作为增溶剂。更重要的用途是作去漆剂。DMSO 中加入碱或硝酸,可以除掉包括环氧树脂在内的各种漆膜。

18.6.9 在防冻剂中的应用

纯 DMSO 的冰点是 18.45℃,含水 40% 的 DMSO 在 -60℃ 不冻,而且 DMSO 与水、雪混合时放热。这种性质使 DMSO 可作为汽车防冻液、刹车油、液压液组分。乙二醇防冻液在超过 -40℃ 低温时已不适用,而且比 DMSO 沸点低,有毒,易发生气阻。DMSO 防冻液在北部严寒地区用作除冰剂,涂料、各种乳胶的防冻剂,汽油、航煤的防冰剂,骨髓、血液、器官低温保存的防冻剂等。

18.6.10 在气体分离中的应用

在石油加工、化工尾气回收、气体分离中,利用 DMSO 对芳烃、炔烃、硫化物、二氧化氮、二氧化硫的易溶物性,作为气体分离溶剂。

18.6.11 在合成树脂中的应用

在生产中 DMSO 作为聚砜树脂的聚合反应溶剂。DMSO 对许多天然树脂、合成树脂具有溶解性，对尼龙、涤纶、聚氯乙烯树脂在加热中可以溶解。DMSO用于人造革加工，还可用作聚氨酯反应釜清洗剂，丙烯腈共聚反应溶剂。

18.6.12　在焦化副产中的应用

在蒽醌生产中，用于蒽精制。在蒽油中加入DMSO萃取精蒽，一次萃取含量可达到98%以上，用不着水反萃取回收DMSO，工艺简单。在萘精制中，国外也有应用。在焦炉气分离中用于回收有机硫化物。

18.6.13　在稀有金属湿法冶炼中的应用

用DMSO做金、铂、铌、钽、铼和放射性元素的萃取添加剂，可提高选择性溶解性。还可用作低温晶析的防冻剂。

18.6.14　在电子工业中的应用

DMSO用于法拉级、超大容量电容器——液体双电层电容器的电解质，目前的电容器仅为微法拉容量，而这种电容器可达到1～100F。如：日本3～5V10F、美国1.6V100F电容器，用于太阳能供电系统作为能量储存元件、电子计算机和机器人的信息保护电源和记忆元件。在电子元件、集成线路清洗中大量使用DMSO，它具有对有机物、无机物、聚合物一次清除的功能，而且无毒、无味，容易回收。

目前，DMSO尚有许多新用途仍在开发中。由于其新用途的不断出现，世界DMSO的产量正以平均17%左右的速度递增，其中，开发新抗菌药物是我国市场对DMSO的需求量逐年增加的重要因素之一。随着我国经济的快速发展，加上出口前景看好，DMSO市场的发展潜力较大。

18.7　DMSO的生产与消费

18.7.1　我国

20世纪60年代末，我国设计并建设了坐落于天津跃进化工厂和青岛东风化工厂两套二甲基亚砜生产装置，但由于氧化技术不过关而没有投产。随后我国开发了二氧化氮氧化技术和单塔逆流液相氧化反应器，从而使得二甲基亚砜的生产安全性大大提高，随着生产技术的不断完善以及新的抗菌剂药物氟哌酸等的问世和发展，促进了我国DMSO生产的快速发展。

目前，我国已成为世界上DMSO生产大国，并已从进口国转变为了主要出口国。我国DMSO生产厂家及生产能力如表18-4所示。

表 18-4 我国 DMSO 生产厂家及生产能力 单位：t/a

工厂名称	生产能力	备 注
盘锦市新兴化工厂	10000	
湖北兴发化工集团股份有限公司	10000	
齐鲁石化炼厂	6000	(硫化氢法)主产甲硫醇
本溪橡胶化工厂	2000	
武进县漕桥中学实验厂	800	利用废弃的 DMSO 母液经精制回收 DMSO 产品
山西太谷化工总厂	500	
山西榆次有机化工厂	500	
湖北宜城化肥厂	400	

DMSO 在我国的主要用途是作氟哌酸、氟嗪酸等药物合成时所用的原料氟氯苯胺的溶剂，由于近年来我国对这两种药物的需求量增加较快，生产能力不断增强，产量迅速增加，年总需求 DMSO 3500t 左右，占我国 DMSO 消费总量的一半左右。预计，今后医药行业对 DMSO 的需求将稳步增长。另外，DMSO 作为芳烃抽提与聚酰亚胺、聚砜树脂、三氟硝基苯、对（邻）硝基氟苯等合成时的溶剂，年需求量约 1000t，预计 DMSO 在该行业的需求量也将会稳步增长。加上其他行业的需求，目前我国市场对 DMSO 的总需求量估计在 10000t 左右，其中 70% 以上用于医药及中间体的合成。近期内我国 DMSO 的需求增长量主要取决于氟氯苯胺的生产，预计今后几年我国 DMSO 需求将有一定的增长。从长远来看，芳烃抽提及丙烯腈纤维等的 DMSO 用量不会增加，其市场的发展还依赖于有机合成工业的发展以及其新用途的开发。再加上 DMSO 出口前景看好，其应用领域不断拓展，使其市场销售量逐年增加，因而 DMSO 的开发利用前景仍较为乐观。

18.7.2 世界

目前，世界上只有美国、法国、日本和我国拥有 DMSO 生产装置。到 1997 年底，世界生产能力 2.9 万吨/a，其中美国、法国和日本合计为 1.9 万吨/a。美国 Gaylord 公司宣布，1998 年末将其 DMSO 装置扩建到 2.2 万吨/a，比原装置生产能力翻一番。目前，世界生产能力估计已达 4.0 万吨/a，产量约 3.5 万吨/a。国外 DMSO 生产公司及其生产能力见表 18-5。

表 18-5 国外 DMSO 生产厂家及生产能力 单位：t/a

国家及公司	生产能力
美国 Gaylord	22000
法国 Altochem	6000
日本昭和工业公司	2000

20 世纪 90 年代以来，国外以二甲基亚砜为原料的第三代喹诺酮类抗菌药物发展很快。加之二甲基亚砜在其他领域的应用的扩展，市场需求量日益增长，尤其是印度、日本、韩国的需求量增加很快，需要从我国进口一部分。印度是生产含氟药

物的主要国家之一，DMSO 进口量每年为 4500t 左右。当时，我国的 DMSO 产品大部分出口，年出口量在 3000t 以上。后来因受东南亚金融危机影响，出口量略有降低，到 1999 年初开始复苏。近几年，我国 DMSO 产品年均出口量都在 2000t 以上，主要出口到印度、美国、韩国、加拿大、巴西和东欧地区等 20 多个国家，我国已成为世界上 DMSO 商品的主要出口国之一。

18.8　发展建议

DMSO 是一种重要的小吨位精细化工产品，建议在今后的建设生产中应着重考虑以下两点：①研究开发环境友好型生产工艺。现在普遍使用的"NO_2 氧化法"，用的是由硫酸与亚硝酸钠反应生成的 NO_2，这对环境会造成不良影响。印度学者曾研究过以 Ru^{III} 络合物（EDTA 为配位体）为催化剂，用空气氧化二甲基硫醚制取 DMSO 的实验方法，该法具有良好的反应选择性。若能将这类方法推向工业化应用，并用变压吸附法从空气制取氧气或富氧空气作为 DMS 氧化的氧化剂，这将是一种环境友好型生产工艺。加之，利用来自石油气、天然气、焦炉气或合成气脱硫工段的廉价含 H_2S 气体作合成 DMS 的原料，将会获得低成本、高质量的DMSO 产品。②分离回收副产品甲硫醇。在甲醇与含 H_2S 气体通过 350～420℃的$\gamma\text{-}Al_2O_3$ 催化剂床（接触时间 1.5～5s），反应制取二甲基硫醚（DMS）的同时，还副产相当数量的甲硫醇。经分离，可得到 DMS（用于制取 DMSO）和甲硫醇（用于合成蛋氨酸）。今后建新装置时，可设计成甲硫醇与 DMSO 联合生产装置，以提高生产装置的整体效益。

参 考 文 献

[1] 陈冠荣. 化工百科全书. 北京：化学工业出版社，1998，307-312.

[2] 司航. 化工产品手册——有机化工原料（上册）. 北京：化学工业出版社，1985：600-602.

[3] EP1024136-2000.

[4] 吴方宁等. 二甲基亚砜. 精细化工原料及中间体，2005，(10)；34-39.

[5] J. Mol. Catal. A；chem.，1997，127（1～3）：57-60.

[6] CN 1217326-1999.

（杨仲春　编写）

19 甲酸

甲酸（methanoic acid）是最简单的羧酸，分子式 HCOOH。甲酸又称蚁酸（formic acid），因最早由蒸馏赤蚁获得，故有此名。甲酸在自然界分布很广，并常以游离状态存在，如在赤蚁、蜂、毛虫的分泌物中；某些植物如荨麻、蝎子草、松针和一些果实（如绿葡萄），以及人体的肌肉、皮肤、血液和排泄物中都含有甲酸。

甲酸作为重要的基本有机化工原料，广泛应用于化工、医药、橡塑、食品、制革、纺织、造纸等工业领域。

甲酸在造纸行业替代氯和碱处理纸浆，具有成本低、能大大降低环境污染等特点。在该行业被推广后，甲酸市场将有更广阔的前景。

19.1 物化性质

19.1.1 物理性质

甲酸为无色、透明、发烟、易燃而具有刺激性气味的液体，具有吸湿性和很强的腐蚀性，甲酸与水和乙醇、乙醚、甘油等许多极性溶剂完全混溶，并形成共沸物。在 101.3kPa 时，甲酸与水形成含甲酸 77.5%（质量）的共沸物，共沸点 107.3℃；在 2.4MPa 下，共沸物甲酸含量 87.2%（质量），共沸点 134.6℃。甲酸不溶于烃类。表 19-1 给出了甲酸的主要物理性质。

表 19-1　甲酸的主要物理性质

性　质	数　值	性　质	数　值
沸点/℃	100.7	汽化热(25℃)/(kJ/mol)	20.10
凝固点/℃	8.4	稀释热(7℃)/(kJ/mol)	
密度(20℃)/(g/cm³)	1.220	固体	−9.83
(25℃)/(g/cm³)	1.213	液体	0.33
折射率 n_D^{20}	1.3749	热导率(12℃)/[W/(m·K)]	0.271
n_D^{25}	1.369	燃烧热/(kJ/mol)	267.89
黏度(20℃)/mPa·s	1.784	生成热/(kJ/mol)	394.0
表面张力/(mN/m)		燃点/℃	410
20℃	37.68	闪点/℃	68.9
100℃	34.4	扩散系数(空气中)/(cm²/s)	0.1308
电导率(25℃)/(Ω/cm)	6.08×10^{-5}	爆炸上限(体积分数)/%	57.0
介电常数(25℃)/(F/m)	56.1	爆炸下限(体积分数)/%	18.0
比热容(17℃)/[J/(mol·K)]	98.78		

19.1.2 化学性质

甲酸的分子结构既可视为一个羧基和一个氢原子连接，又可视为一个醛基和一个羟基相连。甲酸分子结构的特点决定了它的化学性质不同于其同系物。甲酸兼有羧酸和醛类的双重化学性质。

（1）羧基反应

甲酸是最强的非取代脂肪族一元羧酸。由于没有烷基，酸性较强，其电离常数约为 3.77。甲酸能进行酯化、酰胺化、加成、中和等化学反应。

① 酯化反应　甲酸极易与醇类发生酯化反应，无需加无机酸。例如，伯醇、仲醇、叔醇在纯甲酸中的酯化速度为在纯乙酸中的 15000～20000 倍。酯化反应式如下：

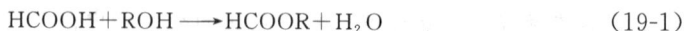

$$HCOOH + ROH \longrightarrow HCOOR + H_2O \tag{19-1}$$

② 酰胺化反应　甲酸的强酸性使之能与大多数有机胺迅速发生反应，以高收率得到酰胺。甲酸与 N-甲基苯胺反应，产物 N-甲基甲酰苯胺的收率高达 93％～97％，酰胺化反应式如下：

$$HCOOH + C_6H_5NHCH_3 \longrightarrow C_6H_5(CH_3)NCHO + H_2O \tag{19-2}$$

③ 加成反应　在没有酸性催化剂存在下，甲酸与不饱和烃加成，形成甲酸酯。例如，乙炔和甲酸气相反应，生成甲酸乙烯酯，收率 76％。反应式如下：

$$HCOOH + HC \equiv CH \longrightarrow HCOOCH = CH_2 \tag{19-3}$$

在硫酸催化剂存在下，在一氧化碳和水与烯烃形成羧酸的 Koch 反应中，若以甲酸为一氧化碳源，反应可在常压和低于 40℃ 温度下进行，且不生成羧酸混合物。反应式如下：

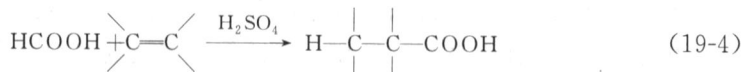

$$HCOOH + \underset{|}{\overset{|}{C}} = \underset{|}{\overset{|}{C}} \xrightarrow{H_2SO_4} H - \underset{|}{\overset{|}{C}} - \underset{|}{\overset{|}{C}} - COOH \tag{19-4}$$

④中和反应　甲酸或其水溶液可以溶解许多比较活泼的金属及其氧化物，并能与它们的氢氧化物反应，生成相应的甲酸盐。例如：甲酸与氢氧化镍反应，生成甲酸镍和水：

$$2HCOOH + Ni(OH)_2 \longrightarrow (COOH)_2Ni + 2H_2O \tag{19-5}$$

将镁溶于甲酸中，得到甲酸镁，并释放出氢气：

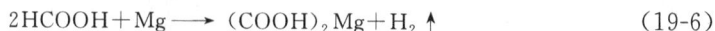

$$2HCOOH + Mg \longrightarrow (COOH)_2Mg + H_2 \uparrow \tag{19-6}$$

此外，甲酸的羧基反应还表现在能与一些有机化合物进行环化和重排等反应。

（2）醛基反应

甲酸有很强的还原能力。在一些反应中，甲酸表现出类似醛类的性能，它能从硝酸银的氨溶液中沉淀出金属银，并能还原各种有机化合物。例如，可把取代的羟甲基胺还原成相应的胺，反应式如下：

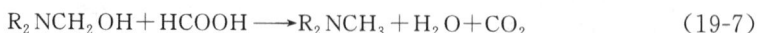

$$R_2NCH_2OH + HCOOH \longrightarrow R_2NCH_3 + H_2O + CO_2 \tag{19-7}$$

酮类在氨和甲酸存在下被还原成胺：

$$R_1-\underset{\underset{O}{\|}}{C}-R_2 + NH_3 \longrightarrow R_1-\underset{\underset{\underset{H}{|}}{\underset{NH}{\|}}}{C}-R_2 + H_2O$$

$$R_1-\underset{\underset{NH}{\|}}{C}-R_2 + HCOOH \longrightarrow R_1-\underset{\underset{NH_2}{|}}{C}-R_2 + CO_2 \qquad (19\text{-}8)$$

（3）分解反应

纯甲酸在室温下比较稳定，并可在常温下蒸馏，不发生大量分解。但在高温或催化剂存在下，它容易通过脱水、脱氢或通过双分子氧化还原反应而分解：

$$HCOOH \longrightarrow H_2O + CO \qquad (19\text{-}9)$$

$$HCOOH \longrightarrow H_2 + CO_2 \qquad (19\text{-}10)$$

$$2HCOOH \longrightarrow H_2O + CO_2 + HCHO \qquad (19\text{-}11)$$

脱氢用铂棉、铜、镍等金属催化，脱水用氧化铝、氧化硅等催化较好。无机酸可以促进脱水，但水会抑制脱水反应。此外，在活性金属表面也会发生脱水反应。因此，在制备、加工以及运输和储存高浓度甲酸时，应予以充分考虑。

19.2 质量标准

甲酸工业品质量标准如表 19-2 所示。

表 19-2 甲酸工业品质量标准

项 目		中国（GB/ T 2093—93）			俄罗斯（ГОСТ 1706—78）			日本（JIS K 1356—85）			
		优等品	一等品	合格品	A 类		B 类	特号	一号	二号	三号
					优等品	一级品	一级品				
色度（铂-钴）号	≤	10	20								
甲酸含量/%	≥	90.0	85.0	85.0	98.5	98.0	86.5	90.0	85.0	80.0	40.0
稀释试验（酸与水配比为 1:3）		不混浊	合格		全溶呈透明		全溶呈透明或乳白色				
氯化物（以 Cl⁻ 计）/%	≤	0.0030	0.0050	0.020				0.03	0.05	0.05	0.5
硫酸盐（以 SO_4^{2-} 计）/%	≤	0.0010	0.0020	0.050	0.005	0.005	0.005	0.01	0.02	0.02	0.05
铁（以 Fe 计）/%	≤	0.0001	0.0005	0.0010	0.0005	0.0005	0.0006				
蒸发残渣/%	≤	0.0060	0.020	0.080	0.005	0.01	未定				
相对密度	≥							1.20	1.95	1.19	1.10

19.3 环保及安全

甲酸属低毒类物质。毒理学资料显示其急性毒性表现为：LD_{50} 1100mg/kg

（大鼠经口）；LC_{50} 15000 mg/m^3，15 min（大鼠吸入）。亚急性和慢性毒性表现为刺激性：家兔 122 mg，重度刺激；家兔经皮开放性刺激试验 610 mg，轻度刺激。

甲酸对人体健康的危害：主要表现在对皮肤和黏膜的刺激性和腐蚀性，它能引起皮肤红肿、起泡和造成愈合极慢的深度烧伤。口服摄取低至 6% 的甲酸水溶液都能明显腐蚀口腔和食管。甲酸还能引起结膜充血、眼睑闭合、流鼻涕、咳嗽、胸痛等症状。甲酸经皮肤、呼吸系统和消化系统进入人体后，部分被氧化，约 18%～25% 以原形排出体外。误服甲酸约 30 g，会因人体肾功能衰竭或呼吸功能衰竭而死亡。甲酸慢性中毒表现为血尿和蛋白尿。偶有过敏反应。

甲酸对环境有危害，特别是对水体可造成污染。

甲酸的燃爆危险：甲酸可燃，具强腐蚀性、刺激性，可致人体灼伤。其蒸气与空气可形成爆炸性混合物，遇明火、高热能引起燃烧爆炸。与强氧化剂接触可发生化学反应。

接触甲酸后的急救措施：皮肤接触应立即脱去污染的衣着，用大量流动清水冲洗至少 15 min，就医。眼睛接触应立即提起眼睑，用大量流动清水或生理盐水彻底冲洗至少 15 min，就医。如吸入应迅速脱离现场至空气新鲜处，保持呼吸道通畅；如呼吸困难，给输氧；如呼吸停止，应立即进行人工呼吸，就医。如误食入应立即用水漱口，给饮牛奶或蛋清，就医。

与甲酸有关的消防措施：甲酸燃烧的有害燃烧产物是 CO、CO_2。灭火方法：消防人员须穿全身防护服、佩戴氧气呼吸器灭火。用水保持火场容器冷却，并用水喷淋保护去堵漏的人员。灭火剂可用抗溶性泡沫、干粉、二氧化碳。

甲酸泄漏应急处理：应迅速撤离泄漏污染区人员至安全区，并进行隔离，严格限制出入。切断火源。建议应急处理人员戴自给正压式呼吸器，穿防酸碱工作服。不要直接接触泄漏物。尽可能切断泄漏源。防止流入下水道、排洪沟等限制性空间。小量泄漏可用沙土或其他不燃材料吸附或吸收。也可以将地面洒上苏打灰，然后用大量水冲洗，洗水稀释后放入废水系统。大量泄漏可构筑围堤或挖坑收容。用泡沫覆盖，降低蒸气灾害。喷雾状水冷却和稀释蒸气，用泵转移至槽车或专用收集器内，回收或运至废物处理场所处置。

接触甲酸操作注意事项：应密闭操作，加强通风。操作人员必须经过专门培训，严格遵守操作规程。建议操作人员佩戴自吸过滤式防毒面具（全面罩），穿橡胶耐酸碱服，戴橡胶耐酸碱手套。远离火种、热源，工作场所严禁吸烟、进食和饮水。工作完毕，淋浴更衣。现场应使用防爆型的通风系统和设备。防止蒸气泄漏到工作场所空气中。避免甲酸与氧化剂、碱类、活性金属粉末接触。应注意倒空的容器可能残留有害物。

甲酸在空气中的最高允许浓度为 5×10^{-6}。可用气相色谱法进行监测。甲酸生产过程应密闭，加强通风。生产操作现场应提供安全淋浴和洗眼设备。

甲酸残余物应尽可能收集利用，禁止向下水道和地面排放。甲酸废弃物处置可采用焚烧法。

19.4 包装及运输

甲酸属我国规定的第 8.1 类危险物品（酸性腐蚀品），甲酸是易燃液体，甲酸蒸气与空气能形成爆炸性混合物，遇明火高热能引起燃烧和爆炸。因而甲酸应储存在阴凉、干燥、通风良好的场所，避免雨淋与暴晒，库温不超过 30℃，相对湿度不超过 85%。并要远离火种及热源，避免与强氧化剂、强碱及活性金属粉末接触，切忌混储。配备相应品种和数量的消防器材（甲酸灭火可用雾状水、泡沫、二氧化碳、沙土等）。储区应备有泄漏应急处理设备和合适的收容材料。

甲酸应使用含钼奥氏体铬镍钢制储罐或槽车储存和运输，也可根据甲酸浓度和温度使用聚乙烯或玻璃衬里的碳钢制容器，市场上有塑料桶（25kg、200kg）包装。当储存和运输甲酸水溶液时，要防止结冰和容器的机械性破坏。甲酸在高温下分解成水和毒性大的一氧化碳，因此不得使储存温度超过 50℃，同时，在储存和运输高浓度甲酸时，注意容器勿采用气密性密封，以防储罐发生爆炸，在进入甲酸储仓时，应首先检测空气中一氧化碳含量是否符合容许标准，防止一氧化碳中毒。

搬运甲酸容器时要轻装轻卸，防止包装及容器损坏。配备相应品种和数量的消防器材及泄漏应急处理设备。

19.5 生产技术

工业上，甲酸合成工艺主要有甲酸钠法、甲酰胺法、丁烷（或轻油）液相氧化法和甲酸甲酯水解法等 4 种生产工艺。

甲酸钠法用 NaOH 与 CO 反应生成甲酸钠，后者酸解制得甲酸。该工艺生产甲酸需消耗大量烧碱和硫酸，生产成本高，质量差，且要处理大量副产物硫酸钠。现在只有一些小规模甲酸生产装置才沿用这条古老的技术路线。

德国 BASF 公司早年开发的甲酰胺法——甲酰胺通过硫酸酸解制甲酸的生产工艺也因生产成本高而被淘汰。

丁烷（或轻油）液相氧化工艺是一种生产醋酸联产甲酸的生产方法，每生产 1t 醋酸，联产 0.05~0.25t 甲酸。该法曾是国外生产甲酸的主要方法，随着甲醇低压羰基合成醋酸技术的工业化，采用该法的多数装置已相继停产。

目前，国外主要采用甲酸甲酯水解工艺生产甲酸，约占甲酸总产能的 80%。

甲酸甲酯水解法又包括 Kemira-Leonard 工艺、BASF 工艺和 USSR 工艺等主要生产工艺。其中，Kemira-Leonard 工艺是目前世界上应用比较广泛的一种甲酸工业生产方法。该工艺由美国 Leonard Process 公司开发，1982 年首次应用于芬兰 Kemira 公司在 Oulu 的 25t/a 甲酸装置上，后经 Kemira 公司进一步改进，成为今天的 Kemira-Leonard 工艺。其工艺特点是采用了添加助剂的醇盐催化剂，使反应压力降低一半，水解时采用预混合和闪蒸技术，甲酸分离塔在低回流比、低反应温度、短接触时间条件下操作，甲酸再酯化率低于 0.1%。所以，该工艺具有投资省、操作费用低和产品质量高的优势。其工艺流程如图 19-1 所示。

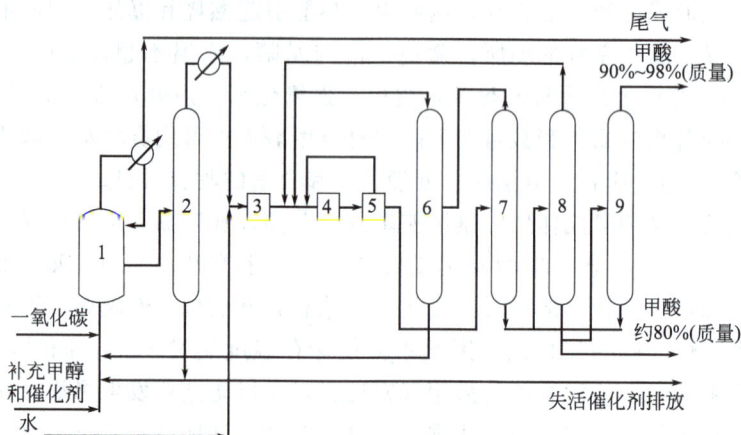

图 19-1 Kemira-Leonard 工艺流程

1—羰化反应器；2—甲酸甲酯塔；3—预反应器；4—主水解反应器；

5—闪蒸器；6—循环塔；7—甲酸分离塔；8，9—产品塔

该工艺的原料气来自合成氨生产中转化炉的放空气，内含 N_2、CH_4、H_2 和 47%（体积）CO。在进入甲酸甲酯反应器之前，气体需经脱水，并用中空纤维膜分离器提浓一氧化碳。通常要求气体中水含量不大于 20×10^{-6}，二氧化碳含量不大于 200×10^{-6}，硫化氢含量小于 20×10^{-6}、一氧化碳浓度达 94% 以上。

在 Kemira-Leonard 工艺中，一氧化碳气体在催化剂甲醇钠和专利添加剂存在下，在羰化反应器中与甲醇反应生成甲酸甲酯。在反应温度 80℃，反应压力约 4.1MPa 下，反应得到的甲酸甲酯、未反应的甲醇和少量催化剂液体物料经闪蒸排放到甲酸甲酯塔。在该塔塔顶得到甲酸甲酯，塔底物甲醇和溶解在内的催化剂返回反应器。Kemira-Leonard 工艺的专利催化剂使羰基化反应操作压力由近 7MPa 下降到 4.1MPa 左右，从而节省了压缩费用。

在水解步骤中，精制的甲酸甲酯是在主水解反应器中与水反应、催化剂为甲酸本身。为获得用作水解反应催化剂的甲酸和避免成品甲酸循环，在主水解反应发生之前，部分甲酸甲酯和蒸汽/水的混合物要在一台预反应器中部分水解，生成加速水解反应所需的少量甲酸。在主水解反应器中，水解反应在 120℃、0.9MPa 条件下发生。反应达到平衡后，反应产品直接加到一台闪蒸器中低温快速闪蒸（常压），闪蒸出的大量未反应甲酸甲酯、甲醇和少量甲酸循环到反应器，冷却的液体进到甲

酸分离塔，甲醇和残余甲酸甲酯迅速与甲酸和水在减压条件下分离。馏出物在循环塔中被分离成甲酸甲酯和甲醇，甲酸溶液进到两个产品塔加压蒸馏分离，分别得到80%（质量）和98%（质量）左右的甲酸。

我国的甲酸技术研发方面也取得了长足发展。山东肥城阿斯德化工公司在引进美国酸胺技术公司的甲酸甲酯水解法工艺后，经过不断创新，现已成功实现了催化剂国产化，形成了具有自主知识产权的技术。西南化工研究设计院、昆明理工大学等单位开发了"净化黄磷尾气制甲酸技术"，将黄磷尾气回收净化，经羰基合成制取质量高、成本低的甲酸。该技术是黄磷工业废气处理和甲酸生产的一项重大创新。

19.6　甲酸的用途

甲酸被广泛应用于化工、轻工、医药、农药、皮革、橡胶、冶金、养殖、印染、造纸、食品等领域。

（1）医药工业

医药工业中主要用于合成冰片、氨基吡啉、氨茶碱、合成樟脑、咖啡因、安乃近、维生素 B、甲硝唑、甲苯咪唑、医药消毒剂、风湿症的擦拭剂等。

（2）有机原料

化工行业中主要用于合成甲酸甲酯、甲酸戊酯、二甲基甲酰胺、甲酰胺、甲酸纤维素、酚醛树脂等。

（3）农药工业

农药工业上用于生产粉锈宁、三唑酮、三环唑、三氨唑、三唑磷、多效唑、烯效唑、杀虫醚、三氯杀螨醇、鸟嘌呤等。

（4）轻工行业

轻工行业上用于皮革工业中的皮革鞣软剂、脱灰剂、中和剂。

此外，甲酸在橡胶工业中可生产防老剂和凝聚剂；在染料工业中可制造吖啶酸性染料；在印染工业中可制毛料织物染色的还原剂及染色的补助剂等；在造纸工业中用于硫酸盐纸浆生产，用于纤维和纸张的染色剂、处理剂及增塑剂；在食品工业中用于酿酒中的消毒、果品等食品的保藏；甲酸在畜牧业中用作青储饲料保鲜剂，在冶金工业中取代盐酸和硫酸作钢板酸洗剂等。

19.7　我国甲酸的生产与消费

19.7.1　现状

我国甲酸生产始于 20 世纪 70 年代中期，在黑龙江省牡丹江市建立第一套采用甲酸钠法的 0.1 万吨/a 甲酸生产装置，此装置在牡丹江化工五厂（牡丹江鸿利化工有限责任公司）。

由于甲酸钠法生产劳动条件差，污染严重。为此，20 世纪 90 年代中期，山东肥城化肥厂（山东肥城阿斯德化工有限公司）与美国酸胺技术公司采用甲酸甲酯法，合资兴建 3 万吨/a 甲酸生产装置。我国甲酸的发展概况如表 19-3 和图 19-2 所示。

表 19-3　我国甲酸的发展概况　　　　　　　　　　　　　单位：万吨/a

年份	生产能力	产量	年份	生产能力	产量	年份	生产能力	产量
1995	4.75	3.8	1999	8.4	5.4	2003	11.5	8
1996	5	3.85	2000	9	6	2004	15	10
1997	6.5	4.4	2001	10	6.25	2005	22	13
1998	8	4.5	2002	10.5	7	2006	24	20

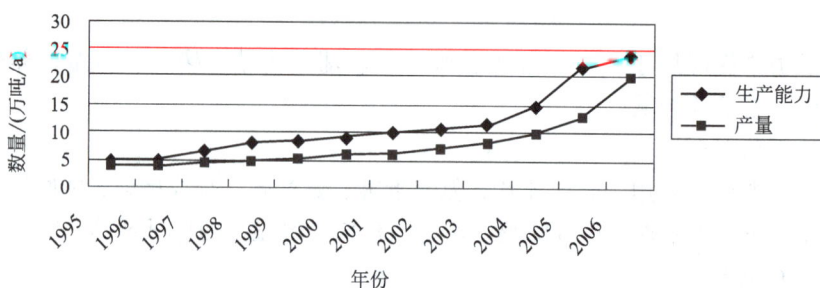

图 19-2　我国甲酸的发展概况

在 1995～2006 年期间，我国甲酸生产能力的年均增长率 15.86%，产量的年均增长率 16.3%。我国甲酸发展迅速的主要原因：①我国畜牧业、医药和化工工业的发展；②由于甲酸对环境影响不大，在使用过程中它可以分解成 CO_2 和 H_2O，不会对水环境造成污染。

据不完全统计，2006 年我国有 25 家主要甲酸生产企业，主要分布在山东、江苏、河南、山西、辽宁、河北和重庆等省市。

2006 年，我国甲酸生产能力 24 万吨/a，产量约 20 万吨/a，开工率 83.33%。2006 年我国甲酸生产企业的概况如表 19-4 所示。

19.7.2　发展趋势

目前，我国也有一些采用甲酸甲酯法生产甲酸的新建或拟建项目，如贵州省开阳县双流乡镇企业开发公司 2 万吨/a 甲酸装置已建设收尾。山东鲁西化工股份有限公司工业园区拟建 2 万吨/a 甲酸项目等。2007 年山东肥城阿斯德化工有限公司新增 4 万吨/a 甲酸项目。

预计到 2010 年我国甲酸生产能力将达 31 万吨/a。2005～2010 年期间，我国甲酸生产能力的年均增长率 7%。预计，2010～2015 年期间，我国甲酸生产能力的年均增长率为 4%。

表 19-4　2006 年我国甲酸生产企业的概况　　　单位：万吨/a

序号	企业名称	生产能力	工艺	备注
1	南京扬子 BASF 股份有限公司	5	甲酸甲酯	2005 年投产
2	山东济南石化集团股份有限公司	2	甲酸甲酯	
3	山东肥城阿斯德化工有限公司	6	甲酸甲酯	1996 年投产,2003 年又上 3 万吨/a 项目
4	重庆川东化工(集团)有限公司	0.5	甲酸钠法	1992 年投产
5	海南农垦甲酸厂	0.2	甲酸钠法	
6	浙江巨化股份有限公司合成氨厂	0.5	甲酸钠法	
7	辽宁开原市正元化工有限公司	0.5	甲酸钠法	
8	山东临沂市兰山区中山化工厂	1	甲酸钠法	
9	黑龙江牡丹江鸿利化工有限责任公司	0.5	甲酸钠法	
10	江苏南京市江宁区南源化工厂	0.4	甲酸钠法	
11	山东宝源化工有限公司	0.5	甲酸钠法	
12	山西省原平市化工有限责任公司	1	甲酸钠法	1991 年投产
13	河北石家庄市泰和化工有限公司	1	甲酸钠法	
14	天津市云奇有机合成厂	0.1	甲酸钠法	
15	河北省景县鑫源橡胶化工有限公司	0.5	甲酸钠法	
16	山东蒙阴县新丰化工有限公司	0.5	甲酸钠法	
17	河南三门峡化工厂	0.1	甲酸钠法	
18	山东淄川精细化工厂	0.5	甲酸钠法	
19	云南省富民县磷酸盐总厂	0.2	甲酸钠法	
20	江苏泰州荣庆精细化工厂	0.5	甲酸钠法	
21	天津明恒工业贸易有限公司	0.5	甲酸钠法	
22	山东潍坊海化三江化工有限公司	0.5	甲酸钠法	
23	浙江台州市申源化学品有限公司	0.5	甲酸钠法	
24	山东博丰植保药业有限公司	0.5	甲酸钠法	
25	湖南长沙鑫本化工有限公司	0.5	甲酸钠法	
	合计	24		

19.7.3　消费与市场

（1）消费量

2006 年，我国甲酸市场表观消费量为 14.579 万吨，主要消费于医药、食品化学品、有机原料、青储饲料及农作物、农药、纺织、印染、酒精饮料、制革、橡胶化学品、造纸化学品等。我国甲酸的市场表观消费量如表 19-5 和图 19-3 所示。

表 19-5　我国甲酸的市场表观消费量　　　单位：万吨/a

年份	总产量	进口	出口	市场表观消费量
2000	6	0.93	1.009	5.921
2001	6.25	1.38	1.033	6.597
2002	7	1.484	0.875	7.609
2003	8	1.53	1.193	8.337
2004	10	1.348	1.406	9.942
2005	13	1.092	2.729	11.363
2006	20	0.181	5.602	14.579

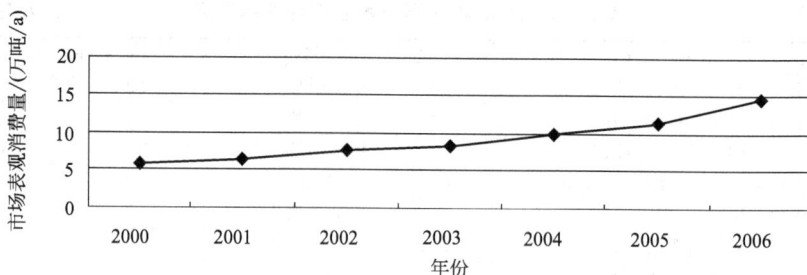

图 19-3　我国甲酸的市场表观消费量

2000～2006 年，我国甲酸市场表观消费量的年均增长率 16.2％。我国甲酸市场增长的主要原因：①我国医药和食品工业的快速发展；②我国畜牧业的快速发展，需要大量甲酸作为青储饲料及农作物的储藏剂。2006 年我国甲酸的消费结构如表 19-6 和图 19-4 所示。

表 19-6　2006 年我国甲酸的消费结构

产　　品	消费量/万吨	所占比例/％
医药和食品化学品	3.79054	26
有机原料	3.20738	22
青储饲料及农作物的储藏剂	1.74948	12
农药	1.31211	9
纺织和印染	1.16632	8
酒精饮料	1.02053	7
制革化学品	0.87474	6
橡胶化学品	0.72895	5
造纸化学品	0.58316	4
其他	0.14579	1
合计	14.579	100

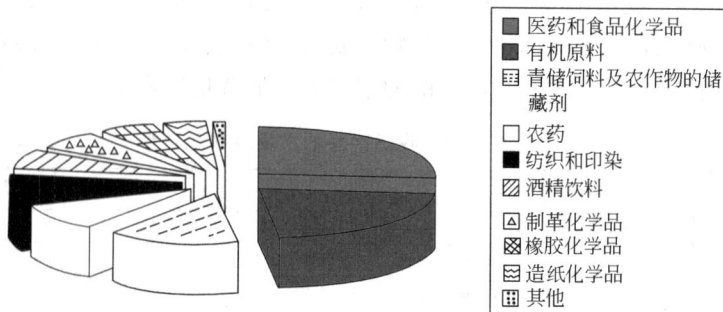

图 19-4　2006 年我国甲酸的消费结构

（2）价格

我国甲酸的价格概况（平均价格）见表19-7。

表 19-7 我国甲酸的价格概况（平均价格）

年 份	国 内 价 格		进 口 价 格	
	/(元/t)	/(美元/t)	/(元/t)	/(美元/t)
2000	3065	370	3310	400
2001	2815	340	3230	390
2002	3230	390	3395	410
2003	3550	429	3980	481
2004	4405	532	3975	480
2005	4400	537	4070	497
2006	6035	757	4255	534

（3）贸易

甲酸是我国的传统出口产品之一，最近几年我国的甲酸出口量增长较快。其中，山东肥城阿斯德化工公司是目前亚洲最大的甲酸生产企业，2006 年甲酸出口量已占到全国总出口量的 38.44%。

2006 年中国大陆甲酸出口量为 56020t，主要出口于韩国，占总出口量的 54%；日本，占总出口量的 53.3%；中国台湾地区，占总出口量的 29.2%；新加坡，占总出口量的 25.7%。

2000～2006 年期间，中国大陆甲酸出口量的年均增长率 33%。中国大陆甲酸出口量增加的主要原因是为了满足国外皮革加工、印染业、畜牧业等行业的发展需求。中国大陆甲酸的进出口概况见表 19-8 和图 19-5、图 19-6。

表 19-8 中国大陆甲酸的进出口概况

年份	进 口			出 口		
	数量/kg	金额/美元	单价/(美元/kg)	数量/kg	金额/美元	单价/(美元/kg)
2000	9287149	3466129	0.373217766	10088070	4006531	0.397155353
2001	13782514	4746697	0.34439994	10333310	4040742	0.391040431
2002	14840808	5779633	0.389441936	8764647	3707483	0.423004258
2003	15273881	6559184	0.42943794	11927876	5739255	0.481163201
2004	13480898	7170170	0.531876289	14061052	6739481	0.479301335
2005	10918796	5862217	0.536892254	27288919	13562367	0.496991728
2006	1813515	1371883	0.756477338	56020636	29913855	0.533979211

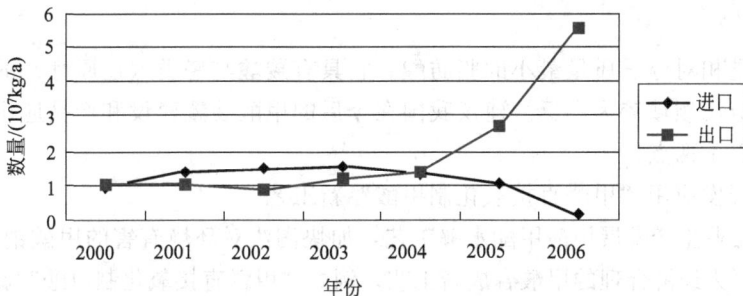

图 19-5 中国大陆甲酸的进出口量

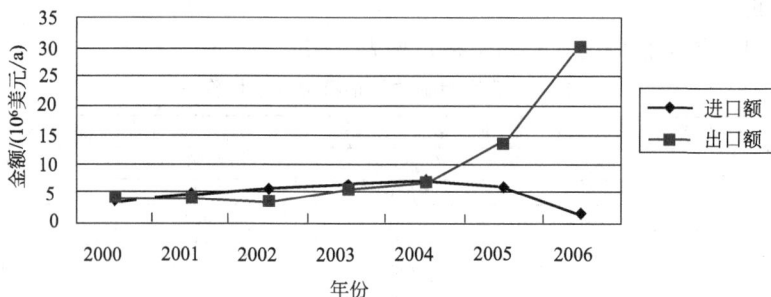

图 19-6　中国大陆甲酸的进出口额

19.8　世界甲酸的生产与消费

2006 年，国外甲酸生产装置总产能 41.8 万吨/a。国外主要甲酸生产企业的概况见表 19-9。除英国 BP 公司使用的是轻油液相氧化法，其余 3 家均采用甲酸甲酯水解工艺。

表 19-9　国外主要甲酸生产企业的概况　　　　　　　　单位：万吨/a

企业名称	产能	企业名称	产能
德国巴斯夫	19.3	英国 BP	6.5
芬兰 Kemira	8.0	合计	41.8
俄罗斯 Techmashimpor	8.0		

国外甲酸消费量最大的产业是皮革加工和印染业，其次是农业（用作粮食储藏防霉剂、青饲料储藏保鲜剂和饲料添加剂等）。例如，西欧的甲酸用途分配比例为青储饲料占 45%，化学品和皮革加工各占 18%，原药占 10% 和印染业占 9%。欧盟自 2006 年开始将全面禁用非处方饲料抗生素。因此，今后欧洲用于饲料添加剂的甲酸需求将会明显增加。亚洲地区用作天然橡胶凝聚剂和青储饲料保鲜剂的甲酸消费量也将明显增加，其市场发展前景将非常广阔。

19.9　发展建议

甲酸是相对分子质量最小的脂肪酸。它具有羧酸与醛类（还原性）的双重化学特性，其应用领域较为广泛。建议我国在今后的甲酸装置建设和产品应用发展中应着重考虑以下两点。

（1）开发应用"甲醛直接氧化制甲酸"新工艺

甲酸工业生产发展甲酸甲酯水解工艺，加快淘汰对环境有害的甲酸钠法。同时，研究开发更为经济合理的甲酸合成新工艺，例如"甲醛直接氧化制甲酸"新工艺。

据文献报道，俄罗斯学者在 20 世纪末开发的"甲醛直接氧化制甲酸"新工艺是将甲醇氧化制得的甲醛气体经冷凝干燥脱水后，再预热到 115～120℃，与空气混合后，送入装有钒钛氧化物催化剂的氧化反应器中，在 $120\sim130℃$ 下氧化制成85％甲酸水溶液产品。据研究者称，该法的甲酸生产成本要比甲酸甲酯水解法低23％左右，因为后者生产甲酸需要消耗大量的水蒸气和电能。值得注意的是，甲酸甲酯水解制甲酸生产成本仅为甲酸钠法的 50％ 左右，而甲醛直接氧化制甲酸的生产成本比甲酸甲酯水解法还要低。而且它可以在甲酸用户附近配套规模不大的甲酸生产装置。或许，这种甲酸生产新工艺是在我国加速淘汰甲酸钠法更为可行的甲酸生产工艺，特别值得我国甲醛行业的高度重视。

(2) 加强甲酸在农业、造纸业的应用技术开发

我国甲酸工业生产现已具备相当的规模，约占世界甲酸总产能的 1/3，而且是我国传统出口化工产品之一。2006 年，我国甲酸出口量已达 5 万吨以上，其中扬子石化-巴斯夫有限责任公司出口 2.28 万吨，肥城阿斯德化工有限公司出口 2.22万吨。今后应该加强应用技术大开发，特别是在农业（如谷物仓储防霉剂、青储饲料保鲜剂等）和造纸业方面的应用技术。

我国造纸业对环境水域的污染已十分严重，其解决方案之一就是用甲酸代替硫酸、碱和氨处理纸浆，可大大减轻环境污染，因为甲酸在使用过程中可分解成不污染水的 CO_2 和 H_2O，这已引起国外业界的广泛关注。例如，西班牙学者对近年来论述以利用含有机酸（甲酸和醋酸）水溶液作木质纤维植物蒸煮剂为基础造纸技术的 74 篇文献进行了综述。其中，重点介绍了 Acetosolv 造纸工艺和 Milox 造纸工艺，以及这些造纸技术的共性、操作程序和不同纤维原所得纸浆的不同结果等。芬兰学者开发出一种采用甲酸（70％～75％）和醋酸（10％）水溶液作蒸煮剂，用草本植物（如芦荟）和落叶木本植物制造纸浆的方法。法国学者将木质纤维植物原料放进含有 5％～10％醋酸的甲酸水溶液中，加热到 50℃ 以上进行蒸煮后，分离出固态物质（用作造纸的纸浆），母液再经分馏可得到醋酸（循环利用）、糖质、木质素和纸浆等多种产品。这些方法都是值得借鉴和开发应用的。

参 考 文 献

[1] 陈冠荣. 化工百科全书. 北京：化学工业出版社，1998：251-258.

[2] 孙宝远等. 国内甲酸生产、技术、市场现状. 化工中间体，2005，(5)：7-9.

[3] Хим. пром-ст，1997，(4)：282-284.

[4] Afinidad，2000，57 (490)：401-406.

[5] WO 99-57364.

[6] FR 2270543—1999.

[7] 李峰等. 甲醇及其衍生物. 北京苏佳惠丰化工技术咨询有限公司，2006.

（杨仲春　朱铨寿　李峰　编写）

20 甲醇制氢

甲醇制氢（MTH）是众所周知的已被证明的技术。氢能是理想的清洁能源之一，已引起极大重视并广泛使用。如将氢气直接用于内燃机的燃料，可获得比一般碳氢化合物燃料更高的效率，而且还具有零污染排放的优异性能；将氢气用于氢氧燃料电池则可得到高达 $45\%\sim60\%$ 的化学能-电能转化效率，而一般的内燃机的热机效率仅为 15%。由于质子交换膜燃料电池（PEMFC）技术的突破，高效燃料电池动力车样车已陆续出现。随着技术的不断发展，氢能的应用范围必将不断扩大，大力开发氢能具有重大意义。

20.1　物化性质

分子式 H_2，相对分子质量 2.0158，无色、无臭、无味、无毒的可燃气体。燃烧时发生蓝色火焰。熔点 $-259.14℃$，沸点 $-252.8℃$。气体相对密度 0.0899，液态相对密度 0.07。是最轻的气体。临界温度 $-239.9℃$，临界压力 13.2MPa，临界密度 30.1g/L。水中溶解度（0℃，100mL 水）为 $2.14cm^3$。常温下与氧的化合反应极缓和，在 800℃ 以上或点火时则爆炸生成水，同时产生强热。燃烧时能与许多金属或非金属直接化合。无毒无腐蚀性。极微溶于水、醇、乙醚及各种液体，常温稳定，高温有催化剂时很活泼，极易燃、易爆，并能与许多非金属和金属化合。

20.2　产品规格

我国甲醇制氢的产品规格如表 20-1 所示。

表 20-1　我国甲醇制氢的产品规格

项　目	指　标	项　目	指　标
转化气组成		CH_3OH	300×10^{-6}
H_2	$73\%\sim74.5\%$	H_2O	饱和
CO_2	$23\%\sim24.5\%$	压力	1.1MPa
CO	$<0.8\%$	温度	$<40℃$

注：西南化工研究设计院的产品规格。

20.3　环保及安全

20.3.1　废气

甲醇制氢技术采用物料内部自循环工艺流程，故正常开车时基本上无三废排放，仅在原料液储罐有少量含 CO_2 和 CH_3OCH_3 释放气排出，以 $1000m^3/h$ 制氢装置为例，其量为 $1.0\sim1.7m^3/h$。

因甲醇制氢技术的气量小，基本上无毒，可直接排入大气。变压吸附工艺弛放气经阻火器后排入大气，其中含大量的二氧化碳气和少量的氢气及微量的一氧化碳和水汽，对环境不造成污染。

20.3.2　废液

甲醇制氢工艺仅汽化塔塔底不定期排出少量废水，其中含甲醇 0.05% 以下，经稀释后可达到 GB 8978—88 中第二类污染物排放标准，直接排入下水。

20.3.3　废渣

导热油锅炉房有一定量的燃烧煤渣，可集中处理（只有以煤为燃料的导热油系统有废渣）。

20.4　包装及储运

$6m^3$ 专用高压钢瓶包装。

属易燃、易爆气体，危规编号：32001。钢瓶应在通风防雨处单独存放。

运输时应防止碰撞，防日光曝晒。装运时要轻拿轻放，严禁碰撞。

失火时，可用水或一氧化碳灭火器扑救。

20.5　生产技术

20.5.1　化学反应原理

早在 20 世纪 20 年代末 Frolich 等研究了甲醇裂解反应的机理，不过当时是希望通过对其机理的研究，探寻有利的催化剂，从而应用于合成气制甲醇的反应。近来对甲醇裂解反应机理的研究主要集中于甲醇在催化剂表面的吸附与脱附。

甲醇可通过 3 种途径转化为氢气：

a. 直接裂解（decomposition）

$$CH_3OH \longrightarrow CO + 2H_2 \qquad \Delta H_{298}^0 = +90.6 kJ/mol \qquad (20\text{-}1)$$

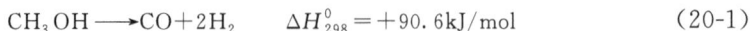

b. 水蒸气重整（steam reforming）

$$CH_3OH + H_2O \longrightarrow CO_2 + 3H_2 \qquad \Delta H_{298}^0 = +40.5 kJ/mol \qquad (20\text{-}2)$$

c. 部分氧化（partial oxidation）

$$CH_3OH + \frac{1}{2}O_2 \longrightarrow CO_2 + 2H_2 \qquad \Delta H_{298}^0 = -192.3 kJ/mol \qquad (20\text{-}3)$$

由 ΔH_{298}^0 的数值可知，式（20-1）、式（20-2）为吸热反应，式（20-3）为放热反应。

20.5.2 工业方法

20.5.2.1 甲醇裂解制氢气

甲醇裂解（decomposition）制氢气因其有很大的应用范围而引起持续的关注。甲醇裂解反应可在常压条件下发生，一般反应温度为 200～500℃。燃机产生的废热可以提供这一吸热反应所需的热量为这一过程创造了很大的便利条件，而单一的原料也是一大优点，这使甲醇裂解在三种方法中有很强的竞争力。

（1）甲醇裂解制氢的催化剂概述

具有高活性、高选择性、高稳定性的低温催化剂在甲醇裂解制氢过程中起重大作用，常用的甲醇裂解催化剂包括 Cu 系催化剂、贵金属负载催化剂等。

① Cu 系催化剂 Cu 系催化剂包括 Cu/ZnO 二元或多元催化剂和 Cu/Cr 二元或多元催化剂，通常采用共沉淀法或浸渍法制得 Cu 系催化剂。

Cu/ZnO 催化剂是工业生产中非常有效的甲醇合成催化剂，根据微观可逆性原理，其对合成气制甲醇的逆过程甲醇裂解反应必然也有较好的活性。所以不少的研究都围绕 Cu/ZnO 为基础的多元催化剂展开。虽然 Zn 在甲醇合成催化剂中是非常重要的元素，但人们对 ZnO 在甲醇裂解反应中所起的作用仍有不同看法。Cheng 通过 XRD（X 射线衍射）和 XPS（X 射线光电子能谱）的研究指出，Cu^0 是催化剂的活性物种，ZnO 可能对分散和支持活性物种 Cu^0 起促进作用。Kung 等则通过 ZnO 表面的 TPD（程序升温脱附）实验指出，CO 在 ZnO 表面吸附并以 CO_2 的形式脱附，导致产物中 O 的过量及 ZnO 晶格中 O 空位的形成，而在 Cu 存在的情况下，ZnO 晶格中过剩的 Zn 渗透到 Cu 晶格中形成 CuZn 合金，从而导致 Cu/ZnO 系催化剂在操作初期的快速失活。虽然 Cu/ZnO 系催化剂具有较低的反应启动温度，但对甲醇的转化率不高，且稳定性较差。因此有必要开发新型不含 Zn 的高效催化剂。

无 Zn 催化剂如 Cu/Cr 催化剂等因其具有高活性并且在较长的操作时间内保持初始活性而逐渐受到重视，近期 Cu 系甲醇裂解催化剂的研究工作基本集中于 Cu/Cr 基催化剂。Cr 以非晶相的形式存在于催化剂中。Cheng 等通过对比大量含 Cr 及不含 Cr 的 Cu 系催化剂在长期操作中的活性衰减过程指出，含 Cr 催化剂失活极缓慢，从而断定 Cr 有利于分散和支撑 Cu^0 活性物种以保持其在甲醇裂解中的活性。由于 Cr_2O_3 的酸性，少量甲醇脱氢生成 CH_3OCH_3，降低了对 CO 的选择性。Cu 与 Cr 的质量比为（3∶1）～（1∶1）之间时，催化剂的活性、选择性、稳定性效果最佳。在 Cu/Cr 催化剂中添加质量分数为 1%～4% 的碱金属（Li、Na、K）不仅可以促进 Cu 的分散增加其表面积得到高的活性，而且碱金属的加入可通过钝化 Cr_2O_3 的酸性而减少反应生成的 CH_3OCH_3，提高对 CO 的选择性。

Cheng 研究了各种助剂对催化剂性能的影响，少量的（质量分数为 2%～4%）Ba、Mn、Si 氧化物显著的增加 Cu 系催化剂的活性。Ba、Mn 对催化剂的促进机理尚不清楚，而 Si 的作用则是在催化剂煅烧过程中抑制 CuO 和 $CuCr_2O_4$ 晶相的形成，Cu 以非晶相的形式存在于煅烧过程中，则可以在随后的还原过程中得到高度分散的 Cu^0 活性物种。而且少量的 Si 可能以多孔疏松结构烧结或分散于 Cu^0 活性的表面，抑制催化反应过程中 Cu 的烧结，而反应物分子则可通过其疏松结构与活性 Cu^0 物种接触发生反应。在所有催化剂中，Cu/Cr/Si/Mn 多元催化剂通过其各种组分的协同作用而具有最佳的性能，250℃时甲醇的转化率及 CO 的选择性均高于 90%。

Cu 系多元催化剂的失活与再生也得到广泛的研究。活性组分的烧结以及积炭是造成甲醇裂解催化剂失活的最主要原因。长时间的高温操作使催化剂表面高度分散的活性 Cu^0 物种烧结在一起，导致 Cu^0 表面积的急剧下降，从而使催化剂的活性衰减。CO 的歧化反应[$2CO \longrightarrow CO_2 + C(S)$]生成的炭沉积在 Cu 的表面造成活性位的堵塞而使催化剂的活性下降。前者可通过添加有效的助剂而减缓，后者导致的活性损失则可通过失活催化剂在含氧气氛中的煅烧和再还原处理的循环操作而得到恢复，这种方法可以反复进行。

② Pd 负载催化剂　与 Cu 系催化剂相比，研究贵金属负载催化剂主要是为了探求一种较低温度的反应条件，以便利用 200℃ 左右的工业废热，近期的研究集中于 Pd/氧化物载体催化剂。Pd 负载催化剂一般可以通过共沉淀法或浸渍法制得，共沉淀法可得到 Pd 高度分散的催化剂。

Iwasa 等试验了一系列金属氧化物负载的 Pd 催化剂并发现 Pd/ZrO_2 催化剂对甲醇裂解的活性最好。Yoshikazn 测试了多种 Pd 负载催化剂在 200～300℃ 条件下对甲醇裂解反应的活性，催化剂的活性依下列次序递减：$Pd/ZrO_2 > Pd/Pr_2O_3 > Pd/CeO_2 > Pd/Fe_3O_4 > Pd/TiO_2 > Pd/SiO_2 > Pd/ZnO$，并通过 XRD 实验发现对于共沉淀催化剂不同担载量的 Pd（质量分数 10%～15%）在催化剂表面的晶粒尺寸均小于 4nm，而氢吸附实验则指出 Pd 的表面积远小于按实际担载量和晶粒大小得出的理论值，这说明一部分 Pd 埋在载体中，加强了表面 Pd 物种与载体之间的相互作用，这可能是导致其催化活性较高的原因。浸渍法制成的催化剂表面 Pd 的颗粒较大（4～10nm），Pd 表面积的理论计算值接近于实测值，Pd 物种基本分布于载体表面，使得 Pd 与载体的作用相对较弱，对应于较低的活性。

351

Cowley 等发现在 Pd/Al$_2$O$_3$ 催化剂中添加少量的助剂，如 Ca、Ce、Li、Ba、Na、K、Ru 等，以降低催化剂的酸性，可以提高甲醇裂解反应对 H$_2$ 和 CO 的选择性。但修饰过的催化剂的初始活性均低于未修饰的催化剂 Pd/Al$_2$O$_3$。各种助剂对 CO 歧化反应的促进能力正比于催化剂的失活程度，从而断定积炭是导致催化剂失活的最主要原因。添加的助剂有可能迁移到 Pd 的表面，助剂的电荷密度显著影响其与 CO 之间的相互作用，高电荷密度的助剂可吸引 CO 中的 O 原子，促进 C—O 键的断裂，从而导致 CO 的歧化反应。所以今后可以通过添加低电荷密度的助剂如 Cs、K 等抑制 CO 的歧化反应发生，从而减缓催化剂的失活。

（2）甲醇裂解制氢的机理

早在 20 世纪 20 年代末，Frolich 等即研究了甲醇裂解反应的机理，不过当时是希望通过对其机理的研究探寻有利的催化剂，从而应用于合成气制甲醇的反应。近来对甲醇裂解反应机理的研究主要集中于甲醇在催化剂表面的吸附与脱附。

一些研究者认为 HCOOCH$_3$ 是甲醇裂解反应的中间产物，低温时 CH$_3$OH 先脱氢生成 HCOOCH$_3$，随着温度的升高 HCOOCH$_3$ 再进一步分解生成 CO 和 CH$_3$OH。

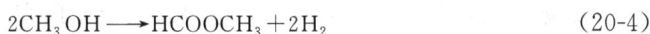

$$2CH_3OH \longrightarrow HCOOCH_3 + 2H_2 \tag{20-4}$$

$$HCOOCH_3 \longrightarrow CH_3OH + CO \tag{20-5}$$

另一些研究则认为 CH$_2$O 为甲醇裂解的中间产物，CH$_3$OH 先脱氢生成 CH$_2$O，然后 CH$_2$O 可能通过两种途径反应：一是按直接裂解为 H$_2$ 和 CO；二是先按式（20-8）生成 HCOOCH$_3$，再按式（20-5）反应。

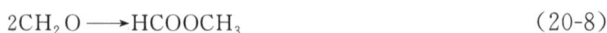

$$CH_3OH \longrightarrow CH_2O + H_2 \tag{20-6}$$

$$CH_2O \longrightarrow CO + H_2 \tag{20-7}$$

$$2CH_2O \longrightarrow HCOOCH_3 \tag{20-8}$$

20.5.2.2 甲醇水蒸气重整制氢气

甲醇水蒸气重整（steam reforming）制氢气同样为吸热反应，亦可利用工业废热提供反应所需的热量。与甲醇直接裂解反应的理论产氢量 CH$_3$OH 与 H$_2$ 含量的比值为 1∶2 相比，甲醇水蒸气重整在理论上可以产生更多的氢气，即 CH$_3$OH 与 H$_2$ 含量的比值为 1∶3。已有利用该反应供氢作为发动机燃料的实例，而且由于该反应另一主要产物为 CO$_2$，对一般的低温质子交换膜燃料电池（PEMFC）的阳极材料无大的影响，所以甲醇水蒸气重整反应早已应用于 PEMFC 的前段供给其所需的氢燃料。高温条件下甲醇水蒸气重整常会导致少量 CO 的生成，这会使阳极的 Pt 中毒，降低燃料电池的效率。因此开发出低温高效催化剂具有非常明显的实用价值。

（1）甲醇水蒸气重整制氢的催化剂概述

常用的甲醇水蒸气重整催化剂主要有 Cu 系催化剂和无 Cu 催化剂两类。就现在的研究来说，Cu 系催化剂无论是在 CH_3OH 的转化率、反应的选择性还是在操作温度方面都具有相对优势。

① Cu 系催化剂　含 Cu 催化剂不仅对 CH_3OH 的裂解反应具有高活性，对 CH_3OH 水蒸气重整反应同样有优良的催化性能，大部分研究工作都集中于这一类催化剂。主要包括 CuO/MO、$Cu/M/Al_2O_3$（其中 M 为另一金属）等。

20 世纪 70 年代末，Kobayashi 等尝试了大量的 CuO/MO 二元催化剂（表 20-2），指出 Cu 与其他金属形成的二元氧化物催化剂能降低甲醇水蒸气重整反应的活化能，二元催化剂的活性和选择性明显优于单一的 CuO 催化剂。当催化剂中的另一种金属其氧化物易被还原时（如 Cu-Co、Cu-Ni），该催化剂对 CO_2 的选择性较低。Cu-Zn、Cu-Cr、Cu-Sn、Cu-Si 催化剂具有较高的选择性。这一工作对后来的研究起了重要的指导作用。

表 20-2　CuO/MO 二元催化剂在甲醇水蒸气重整制氢反应中的动力学参数

催化剂[①]	H_2/CO_2[②]	$CO_2/(CO+CO_2)$[②]	活化能[③]/(kcal/mol)
Cu	7.1	1.0	82.9～87.5
Mn[④]	—	—	—
Cu-Cr	3.0	1.0	75.4
Cu-Mn	4.0	0.95	54.8～6.99
Cu-Zn	3.3	1.0	72.9
Cu-Fe	4.3	1.0	64.1
Cu-Al	2.7	1.0	33.5
Cu-Ti	3.4	1.0	78.7
Cu-Si	3.0	1.0	54.8
Cu-Ca	3.7	0.98	65.3
Cu-Sn	3.0	1.0	59.9
Cu-Co	5.5	0.28	35.2
Cu-Ni	20.0	0.08	49.8

① 以氧化物形式存在，Cu/M 比为 1:2。
② 反应温度 200℃。
③ 以 CO_2 的生成速度计算。
④ 没有 CO_x 生成。

少许助剂的加入对催化剂的活性、选择性、稳定性都有显著影响。Bakhshi 等系统地研究了 Mn、Cr、Zn 对 Cu/Al_2O_3 这一高活性催化剂性能的影响，并认为 Cu^+ 与 Cu^0 以其协同效应共同构成 CH_3OH 水蒸气重整催化剂的活性中心。Cu^+（Cu_2O）促进 O—H 键的解离，Cu^0 促进 C—H 键的断裂。在含 Mn、Cr、Zn 助剂的活性催化剂中除含有 Cu_2O、Cu 晶相外，还分别存在 $CuMnO_2$ 和 Mn_2O_3，$Cu_2Cr_2O_4$ 和 Cr_2O_3，ZnO 晶相。其中 Mn、Cr 均以 +3 价形式存在，且具有多种变价，这一特点使其能在催化反应的电子转移过程中以一系列价态变化，从而保证 Cu^+/Cu^0 质量比在催化过程中的稳定，提高了催化剂的活性。而 ZnO 则是起 Bronst 碱的作用，其中的 O^{2-} 通过接受 $CH_3OH_{(ads)}$ 在活性位上离解产生的 $H_{(ads)}$ 而稳定另一产物 $CH_3O_{(ads)}$，从而阻止 $CH_3O_{(ads)}$ 与 $H_{(ads)}$ 重新结合，提高 CH_3OH 的转化率，这一理论对今后改进催化剂的组分以加强其活性具有重要意义。

Kobayashi 等还研究了不同载体对 Cu 系催化剂性能的影响（表 20-3），由表 20-3 可见 Al_2O_3、ZrO_2 作为载体的催化剂性能较好，Al_2O_3 载体已经广泛用于甲醇水蒸气重整催化剂中，其他载体的研究则还很少。

表 20-3　载体对 Cu 系催化剂性能的影响

催化剂[①]	Cu 的填充率(质量分数)/%	产率[②]/[mLSTP/(min·gCu)]	H_2/CO_2[②]	活化能[③]/(kcal/mol)
Cu/SiO_2	0.52	8.7	7.7	31.7
Cu/Al_2O_3	0.5	564	4.8	21.0
Cu/MnO_2	0.61	162	4.2	24.1
Cu/ZrO_2	0.52	545	5.0	30.8
Cu/TiO_2	2.4	0.78	6.0	41.6
Cu/CeO_2	0.52	144	4.2	27.0

① 500℃焙烧。

② 反应温度220℃。

③ 由 H_2 产率计算。

注：STP 指标准温度与压力。

② 无 Cu 催化剂　在甲醇水蒸气重整反应中，除了 Cu 系催化剂外，无 Cu 催化剂也有不少报道，如多元氧化物催化剂、Ni 系催化剂及 Pd 系催化剂等。

Sun 在其专利中报道了一种高稳定性的无 Cu 多元混合氧化物催化剂，其结构可表示为 $X_aY_bZ_cO_d$：其中 X 代表 Zn、Cd、Hg 中的一种或它们间的相互组合；Y 为 Be、Mg、Ca、Sr、Ba 中的一种或其组合；Z 是载体，可能为 B、Si、Al、Zr、Ti、Hf、Ga、La、Sc、Y 的单一或混合氧化物；O 代表氧，$a:b$ 和 $a:c$ 分别近似于 0.01 和 100。该催化剂能以近 100% 的转化率和选择性催化转化 CH_3OH，其最大缺陷在于反应温度过高，通常需要 $400 \sim 500℃$。不过这种催化剂毕竟突破了占主导地位的 Cu 系催化剂这一局限，相信通过不断改进 X、Y、Z 的组分及调整 a、b、c 的比例，有可能获得低温高效的新型甲醇水蒸气重整催化剂。

Ni 系催化剂具有稳定性较好的特点，但低温时活性不高，选择性较差，CO 和 CH_4 副产物也较多。Mizuno 等研究了 $Ni-K/Al_2O_3$ 催化剂上的甲醇水蒸气重整反应，认为适当提高 H_2O 与 CH_3OH 的比例、升高反应温度可以提高 CH_3OH 转化率和对 CO_2 的选择性。

贵金属 Pd 催化剂的活性、选择性均较高，Iwasa 等的研究指出载体对 Pd 担载催化剂的性能有显著影响。Pd 催化剂负载于 ZnO 载体上时，性能优于 Al_2O_3、SiO_2、ZrO_2、La_2O_3 等其他载体，原因可能是形成了 PdZn 合金。尽管 Pd 负载催化剂优点突出，但 Pd 担载量太高（约 10%）使其价格远高于 Cu 系催化剂，限制了这类催化剂的发展。

（2）甲醇水蒸气重整制氢的机理

Amphlett 等从热力学上的可能性出发，考虑了所有可能的物种，提出了如图 20-1 所示的反应网络。

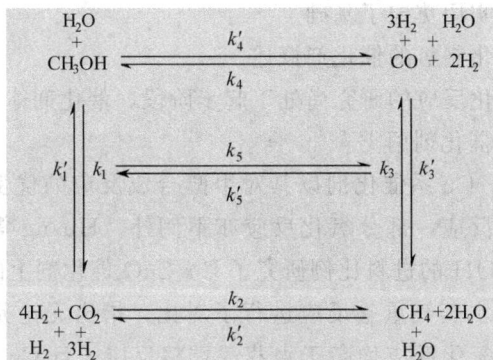

图 20-1　甲醇水蒸气重整的反应网络

一般条件下反应副产物 CH_4 极少，常压下 CH_3OH 的合成反应可忽略不计，所以可将上述反应网络简化为如图 20-2 所示简单的两步反应的组合。

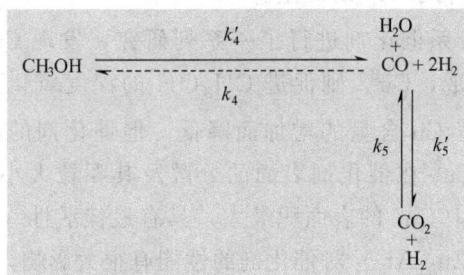

图 20-2　简化的反应网络

即认为 CH_3OH 水蒸气重整可通过两步反应进行，即甲醇裂解反应、水气转换反应。

$$CH_3OH \longrightarrow CO + 2H_2 \tag{20-9}$$

$$CO + H_2O \longrightarrow CO_2 + H_2 \tag{20-10}$$

Jiang 等则通过对反应中间产物的研究，认为上述机理中的甲醇裂解反应不可能发生，而是先经过了一个中间物 $HCOOCH_3$，然后 $HCOOCH_3$ 再进一步反应得到最终产物，其机理可表述如下：

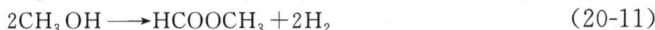

$$2CH_3OH \longrightarrow HCOOCH_3 + 2H_2 \tag{20-11}$$

$$HCOOCH_3 + H_2O \longrightarrow CH_3OH + HCOOH \tag{20-12}$$

$$HCOOH \longrightarrow CO_2 + H_2 \tag{20-13}$$

20.5.2.3　甲醇部分氧化制氢气

甲醇部分氧化（partialoxidation）制氢气是最近十几年才发展起来的，该方法的优势在于这一反应为放热反应，因此不需要提供附加的加热装置，并且另一原料可直接取自空气中的氧气，这些优点大大有利于甲醇制氢装置的小型化，为甲醇部分氧化制氢气今后的实用奠定了基础。

（1）甲醇部分氧化制氢的催化剂概述

由于甲醇部分氧化反应的研究尚处于起步阶段，催化剂体系还不够丰富，仅有 Cu 系催化剂和 Pd 系催化剂两类。

① Cu 系催化剂　Cu 系催化剂以其对甲醇合成反应的优良催化性能而广泛应用于甲醇制氢的各类反应，部分氧化反应亦不例外。Huang 等通过改变 Cu 与 Zn 的比例及 O_2 与 CH_3OH 的进料比例研究了 Cu/ZnO 催化剂上的 CH_3OH 部分氧化反应，并与 CH_3OH 水蒸气重整反应进行了对比，指出无论是 CH_3OH 的转化率和 H_2 的收率，部分氧化反应均高于水蒸气重整反应，且 $Cu_{20}Zn_{80}$ 是最佳配比的催化剂。当 O_2 与 CH_3OH 进料比高于 0.1 时，反应已由吸热转为放热；O_2 与 CH_3OH 进料比小于式（20-3）的化学计量比 0.5 时，直接裂解反应与部分氧化反应同时发生；而 O_2 与 CH_3OH 进料比高于 0.5 时可能导致 CH_3OH 的深度氧化而生成 CO_2 和 H_2O，不利于 H_2 的产生。

Fierro 等对 Cu-Zn 系催化剂进行了一系列研究，发现 Cu^0 是活性物种，Cu^+ 促进 CO 和 H_2O 的生成，Cu^{2+} 则促进 CH_3OH 的深度氧化而得到 CO_2 和 H_2O。尽管反应的活化能随着 Cu 含量的增加而降低，但催化剂的活性依赖于 Cu^0/ZnO 界面的协同作用，即 Cu^0 在催化剂表面的分散及其颗粒大小，综合考虑上述两种情况 $Cu_{40}Zn_{60}$ 催化剂中 Cu^0 的表面积最大，具有最佳活性。在 Cu-Zn 催化剂中添加少量的 Al（如 $Cu_{40}Zn_{55}Al_5$）对催化剂的性能有很大影响，虽然 CH_3OH 的转化率轻微下降，但却获得了对 H_2 和 CO_2 的极高选择性，催化剂的稳定性也有很大提高。当用 N_2O 替代 O_2 作为氧化剂时，CH_3OH 的转化率上升，选择性急剧下降，产生大量的 CO 和 H_2O，这可能是因为氧化性极强的 N_2O 将 Cu^0 氧化为 Cu^+，证明了 Cu^+ 促进 CO 和 H_2O 的生成。

② Pd 系催化剂　Cubeiro 等研究了 Pd 负载催化剂在甲醇部分氧化中的应用，发现 Pd/ZnO 及 Pd/ZrO_2 催化剂的性能优良，且负载量较小，仅为 1%～5% Pd。Pd/ZnO 催化剂在温和条件下即可形成 PdZn 合金，PdZn 与 ZnO 的协同作用使催化剂得到高的活性，但当催化剂表面具有较多的 PdZn 颗粒时则得到很多 CH_2O 和 CO 副产物，降低了反应的选择性。Pd/ZrO_2 催化剂具有较高活性的原因还不清楚。

在 Pd 负载催化剂上，CH_3OH 的转化率及氢气的选择性均随 O_2 与 CH_3OH 的比例趋于 0.5 而增加，对于 Pd 负载催化剂，甲醇部分氧化完全可以按照化学计量比 0.5 进料，这对 CH_3OH 的充分利用和单位时间的高产氢率具有重要意义。而上述 $Cu/Zn/Al$ 催化剂当 O_2/CH_3OH 大于 0.3 时，反应的选择性明显下降，产生大量的 CO_2 和 H_2O 等副产物。因此，Pd 系催化剂相对于 Cu 系催化剂来说更有实用价值，应该作为今后的重点研究方向。

（2）甲醇部分氧化制氢的机理

Huang 等根据 CH_3OH 部分氧化制 CH_2O 的机理进一步提出了 CH_3OH 部分氧化制 H_2 的可能机理为：

$$2CH_3OH + O_2 \longrightarrow 2HCHO + 2H_2O \tag{20-14}$$

$$HCHO \longrightarrow CO + H_2 \tag{20-15}$$

$$H_2 + \frac{1}{2}O_2 \longrightarrow H_2O \tag{20-16}$$

$$CO + \frac{1}{2}O_2 \longrightarrow CO_2 \tag{20-17}$$

Fierro 等通过改变 O_2 与 CH_3OH 进料比的实验证明甲醇裂解反应的存在，认为甲醇部分氧化制氢的机理可能为：

$$CH_3OH + O_2 \longrightarrow CO + 2H_2O \tag{20-18}$$

$$CH_3OH \longrightarrow CO + 2H_2 \tag{20-19}$$

$$CO + H_2O \longrightarrow CO_2 + H_2 \tag{20-20}$$

20.5.3　西南化工研究设计院的工艺过程

甲醇与水蒸气混合物在转化炉中加压催化完成转化反应，反应生成氢气和二氧化碳，其反应式如下。

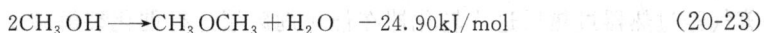

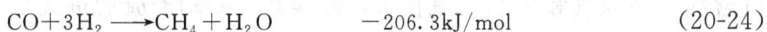

主反应：$CH_3OH + H_2O \longrightarrow CO_2 + 3H_2$ $\qquad +49.5\text{kJ/mol}$ $\tag{20-21}$

副反应：$\quad CH_3OH \longrightarrow CO + 2H_2$ $\qquad +90.7\text{kJ/mol}$ $\tag{20-22}$

$\quad 2CH_3OH \longrightarrow CH_3OCH_3 + H_2O$ $\qquad -24.90\text{kJ/mol}$ $\tag{20-23}$

$\quad CO + 3H_2 \longrightarrow CH_4 + H_2O$ $\qquad -206.3\text{kJ/mol}$ $\tag{20-24}$

主反应为吸热反应，采用导热油外部加热。转化气经冷却、冷凝后进入水洗塔，塔釜收集未转化完的甲醇和水供循环使用，塔顶转化气经缓冲罐送变压吸附提氢装置分离。甲醇转化制氢及变压吸附工艺流程如图 20-3 所示。

（1）原料液预热、汽化、过热工序

将甲醇和脱盐水按规定比例混合，经泵加压送入系统进行预热、汽化过热至反应温度的过程。

（2）催化转化反应工序

在反应温度和压力下，原料蒸汽在转化炉中完成气固相催化转化反应。工作范围是：一台转化炉设备及其配套仪表和阀门。该工序的目的是完成化学反应，得到主要组分为氢气和二氧化碳的转化气。

（3）转化气冷却冷凝工序

将转化炉下部出来的高温转化气经过冷却、冷凝降到40℃以下的过程。

（4）转化气净化工序

含有氢气、二氧化碳以及少量一氧化碳、甲醇和水的低温转化气，进入水洗塔用脱盐水吸收未反应甲醇的过程。

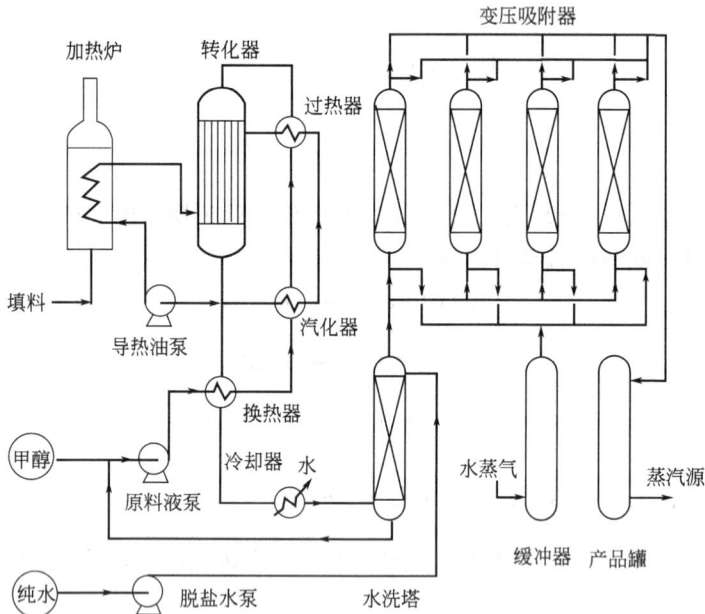

图 20-3　甲醇转化制氢及变压吸附工艺流程

甲醇和脱盐水按一定比例混合后经换热器预热后送入汽化塔，汽化后的甲醇水蒸气经过热器过热后进入转化器在催化剂床层进行催化裂解和变换反应，产出转化气含约74%氢气和24%二氧化碳，经换热、冷却冷凝后进入水洗塔，塔釜收集未转化完的甲醇和水供循环使用，塔顶气送变压吸附装置提纯。

根据对产品气纯度和微量杂质组分的不同要求，采用四塔或四塔以上流程，纯度可达到99.9%～99.999%。设计处理能力为1500m³/h转化气（标准状态）、纯度为99.9%的变压吸附装置，其氢气回收率可达90%以上。

（5）原料和动力消耗及生产成本（以1000m³标准状态纯氢计）

① 原料和动力消耗　本工艺原料简单，配套的公用工程要求较低，极易满足。西南化工研究设计院集多年的工业化装置运转数据，得出其原料及动力消耗如表

20-4 所示。

表 20-4　我国甲醇制氢的原料和动力消耗（以 $1000m^3$ 标准状态纯氢计）

原料及动力消耗	单位	指标	原料及动力消耗	单位	指标
甲醇(99.5%)	kg/t	0.555～0.58	燃油	kg/t	144～145
脱盐水	kg/t	0.32～0.33	冷却水	m^3/t	30～40
电(220V/380V)	kW·h/t	90～95	仪表空气(标准状态)	m^3/h	120～130

　　② 生产成本　每立方米标准状态纯氢车间成本为 2.0～3.0 元，若二氧化碳能回收销售，则产品成本可下降至 1.5～2.0 元（车间成本根据装置规模和甲醇市场价格波动稍有不同）。

20.5.4　结论

　　工业上大量生产氢气的方法是用水蒸气通过灼热的焦炭生成的水煤气或甲烷与水蒸气作用后生成的物质经分离而得，但氢气能广泛利用的最大障碍在于其储存与配给的困难，上述工业方法无法避免这一困难，解决这些问题的有效办法之一就是通过合适的具有高含氢量的液体燃料的催化转化即时产生氢气。在所有可能利用的液体燃料中，甲醇以其含氢量高、廉价、易储存、运输方便、供远大于求而成为最佳选择。

　　目前，我国应用甲醇制氢技术的企业已近百家，通过几年来的运转证明，此工艺技术成熟、操作方便，运转稳定、无污染。同时，也标志着我国甲醇蒸汽转化制氢技术已经走向成熟。

20.6　研发与应用企业及市场

（1）西南化工研究设计院

　　西南化工研究设计院研究开发的甲醇蒸汽转化配变压吸附分离制氢技术为中小用户提供了一条经济实用的新工艺路线。第一套 $600m^3/h$（标准状态）制氢装置于 1993 年 7 月在广州金珠江化学有限公司首先投产开车，在得到纯度为 99.99% 氢气的同时还得到食品级二氧化碳，该技术属国内首创。此项目于 1993 年获得化工部优秀设计二等奖、1994 年获广东省科技进步二等奖。

　　广州金珠江化学有限公司 $600m^3/h$（标准状态）制氢装置自 1993 年 7 月投产后，因后续用户双氧水的扩产，于 1997 年 4 月扩产至 $1000m^3/h$（标准状态）制氢装置投产，后又扩产至 $1800m^3/h$，于 2000 年 3 月投产，并给广州金珠江化学有限公司带来了良好的经济效益。

　　图 20-4，图 20-5 所示分别为 $300m^3/h$（标准状态）和 $3000m^3/h$（标准状态）甲醇裂解制氢装置。

图 20-4　300m³/h（标准状态）甲醇裂解制氢装置（西南化工研究设计院研究提供）

图 20-5　3000m³/h（标准状态）甲醇裂解制氢装置（西南化工研究设计院研究提供）

（2）齐鲁石化研究院

中石化齐鲁石化研究院开发的 150m³/h（标准状态）甲醇蒸汽转化制氢技术已在江苏南京通广石化气体有限公司建成投产。此技术的催化剂制备、无残液排放等方面达到国际水平。

（3）四川亚联生物化工研究所

四川亚联生物化工研究所研制了甲醇裂解重整制氢 ALC-1A 型双功能催化剂，在无梯度反应器中测定了 ALC-1A 型双功能催化剂工业颗粒的宏观反应速率，得到了以速度表示的甲醇裂解重整多重反应的双速率宏观动力学方程。建立了甲醇裂解重整制氢工业管式反应器的维拟均相数学模型，以工业反应器结构尺寸和操作数据为基准计算出计入壁效应及催化剂失活的活性校正因子。研究了不同的原料液配比、系统压力、液空速、壁温及进口温度下甲醇的转化率、氢气的时空产率和床层出口温度的变化。研究结果表明在一定范围内，降低甲醇在原料液中的含量，提高压力，选择适当的液空速和壁温，将有利于提高反应器的操作性能，单纯提高床层进口温度对反应几乎没有影响。

（4）市场

氢气在工业上有着广泛的用途。近年来，由于我国精细化工、蒽醌法制双氧水、粉末冶金、油脂加氢、林业品和农业品加氢、生物工程、石油炼制加氢及氢燃料清洁汽车等的迅速发展，纯氢气需求量急速增加。我国众多中小型精细化工企业的产品开发与生产往往取决于是否有合适的低价氢源，更多企业通过该技术提高自己的产品质量。

20.7 世界甲醇制氢的概况

世界已有 50 多套甲醇制氢装置，这些装置的产量均小于 $2000m^3/h$（标准状态）。同时，还有 100 多套以石脑油为原料的制氢装置在印度、日本和我国运行。它们的总产量大约相当于 500 万吨/a 甲醇。

20.8 展望

综上所述，只要能获得廉价甲醇，就可以发展利用甲醇制氢的方法。实验结果表明甲醇是最经济的供氢原料，但将其转化为氢燃料时通常需要一套催化转化装置，因此将甲醇作为氢源时其催化制氢装置及尾气分离装置必须非常小巧、紧凑。以下两方面还需作出努力才能解决这一问题，促进甲醇制氢的普及利用：①开发低温、高转化率、高选择性、高稳定性的催化剂；②减少制氢的附加装置如催化反应的加热装置。

参 考 文 献

[1] 何永昌. 大甲醇技术及其应用. 西部煤化工, 2003, (1): 68-73.

[2] 吴倩. 甲醇制氢反应器的一维模拟及工况分析. 高校化学工程学报, 2003, (3): 298-303.

[3] 沈培康等. 电解醇制氢物理化学学报, 2007, (1): 107-110.

（李峰　编写）